高等学校土建类专业系列教材

装配式建筑现代设计与建造

高向阳　李学田　编著

化学工业出版社

·北京·

内容简介

《装配式建筑现代设计与建造》一书在装配式建筑的建筑设计、混凝土结构设计、混凝土构件生产制作、混凝土构件安装施工、BIM 技术应用等 6 章中，针对有关装配式建筑的筹划、设计、生产、施工等建设阶段，详细阐述了相关的原理方法、工艺做法、组织管理、技术要求等方面的内容。

本书着重从预制装配式混凝土建筑与传统现浇混凝土建筑之间的差异处，分析总结了具有装配式建筑特色的设计原理方法、生产制作工艺、施工安装技术、质量安全措施等，并针对性地归纳了 BIM 技术在设计建造各个环节的应用方法。

本书尽量体现装配式建筑的工业化本质，同时注意理论联系实际、内容精炼、脉络清晰、讲解透彻。

本书每章由本章要点、学习目标、引言、正文、本章小结、思考与练习题等模块构成，部分章节还包括了例题、案例模块，并给出部分参考提示，以方便读者自学自修时使用。

本书可作为高等学校土木工程、工程管理等相关专业的教材使用，也可供其他相关专业师生学习，还可以作为建筑行业培训教材以及装配式建筑从业人员的自学参考书。

图书在版编目（CIP）数据

装配式建筑现代设计与建造/高向阳，李学田编著.
—北京：化学工业出版社，2023.8
高等学校土建类专业系列教材
ISBN 978-7-122-43430-2

Ⅰ.①装…　Ⅱ.①高…②李…　Ⅲ.①装配式构件
-建筑设计-高等学校-教材　Ⅳ.①TU3

中国国家版本馆 CIP 数据核字（2023）第 080364 号

责任编辑：陶艳玲　　　　　　　　装帧设计：张　辉
责任校对：宋　玮

出版发行：化学工业出版社（北京市东城区青年湖南街 13 号　邮政编码 100011）
印　　装：大厂聚鑫印刷有限责任公司
787mm×1092mm　1/16　印张 27　字数 673 千字　2023 年 10 月北京第 1 版第 1 次印刷

购书咨询：010-64518888　　　　　　　售后服务：010-64518899
网　　址：http://www.cip.com.cn
凡购买本书，如有缺损质量问题，本社销售中心负责调换。

定　　价：89.00 元

党的二十大报告中指出：打造宜居、韧性、智慧城市。这是党中央深刻把握城市发展规律，对新时代、新阶段城市工作作出的重大战略部署。按照推动城乡建设方式绿色低碳转型、发展绿色建造的要求，走装配式建筑产业道路，立绿色高质量发展潮头。一是持续开展绿色建筑创建行动，城镇新建建筑全面执行绿色建筑标准。二是推动建造方式转型，大力发展装配式建筑。三是推动智能建造与建筑工业化协同发展，深化应用自主创新建筑信息模型（BIM）技术，大力发展数字设计、智能生产、智能施工和智慧运维。新时期装配式建筑在各级政府政策的大力引导下得到了快速发展，带动了建筑业转型升级和建造方式的重大变革，为建筑业改革与创新注入了强大活力。装配式不仅使得建筑的人工作业和现场湿法作业最大程度地减少，还结合了大量数字化技术，在建筑业产业现代化、智能化、绿色化的发展方向上持续前行，打开未来增长空间。与传统建造方式相比，装配式建筑具有绿色的建设理念、系统的基础理论和高效的技术方法。

装配式建筑的发展，人才是基础，教育是提升发展质量的根本。装配式建筑的发展对人才培养产生新的需求，技术与管理人才、产业工人短缺的问题已经直接影响和制约了发展质量。在高等学校相关专业中设置有关装配式建筑的课程，是教学改革发展的必然要求。而目前高等学校急需有关适用教材面世，这也是本教材能有所作为的基础。

本教材是根据教育部颁布的专业目录和面向 21 世纪土木工程专业培养方案，并考虑培养创新型应用本科人才的特点和需要编写的，为推进建筑类高等院校开设装配式建筑相关课程，构建新型立体化的装配式建筑人才培养体系，提供基础性支持。本教材编写遵循以下原则：

（1）帮助学生建立建筑工业化的思维模式，理解掌握一体化建造的技术与方法。重点展现现代集成化建设，从标准化设计、工厂化制造、装配化施工、一体化装修、信息化管理等方面展现与原有建筑的极大区别。

（2）为区别已出版的相关教材的情况，本教材适当减少出现实操性强的专业内容，而将注意力集中在基本理论、思维方法、基础知识等层面上，基于基础理论和方法来建立系统逻辑思维的分析方法，更加有助于学生形成科学完整的体系。

（3）系统地结合了目前我国装配式建筑的生产实践经验，教材理论联系实际，有助于学生加深认识、主动思考。

（4）阐述涉及各种装配式结构，以使人才的培养能面向未来。着重阐述目前广泛应用的混凝土结构，从筹备、设计、生产到施工全过程的装配化建设方法，充分反映有着装配建设一体化特色的相关内容。

（5）本书充分体现装配式结构的独特性，又将传统现浇混凝土结构知识结合起来，形成较为完整的装配式建筑工程技术系统。紧密结合建筑学、力学、建筑材料、混凝土结构等相关课程，阐述它们在装配式建筑设计与建造过程中的应用。

装配式建筑的设计和建造课程学习，要求掌握基本概念和主要原理、提供基本的分析方法和一定的计算手段。因此本书结合专业培养目标和编者多年从事教学的经验，竭力做到理论部分够用为度的同时保持知识体系的连续性，以学生就业所需的专业知识和操作技能为着眼点，在适度的基础知识与理论体系覆盖下，着重讲解应用型人才培养所需的内容和关键点，突出实用性和可操作性；将理论讲解深入浅出，注重讲解理论和规定的含义、要点以及用法。

装配式建筑的设计和建造课程学习，要把管理能力和技术能力一起提高。编者在编写时注意了两者的结合，通过对工程问题的分析，将有助于提高学生分析解决实际问题的能力。

本书第 1~5 章由徐州工程学院高向阳编写，第 6 章由徐州工程学院李学田编写。

本书在编写过程中参考了大量的资料，作者尽力将有关情况在书后参考文献中进行说明，在此一并向这些资料的作者表示深深的敬意和感谢！

由于编者的学识有限，恳切希望广大读者和工程建设及土木工程专家、教育界同仁对书中谬误之处予以指正。

编者

2023 年 6 月

目录
Contents

▶**参考文献**

第1章

绪　论

本章要点

　　1. 介绍建筑工业化的概念和国内外发展历程。

　　2. 介绍我国建筑工业化的发展现状及推进形势。

学习目标

　　1. 了解装配式建筑的基本概念和不同结构类型。

　　2. 了解装配式建筑在国内外的发展现状。

　　3. 了解我国建筑工业化的发展趋势。

【引言】

　　斯蒂芬·基兰在《再造建筑》中指出：新的建筑，不是新在造型、风格，而是新在更为本质的东西——建造的方法和流程。

　　《人民日报》1962年9月9日梁思成《从拖泥带水到干净利落》：要发展建筑工业化，首先要实现"设计标准化、构件预制化、施工机械化"。发展模数化、标准化，利用标准构件组成"标准单元"，做成"标准盒子"（标准模块）。在"千篇一律"中取得"千变万化"。

1.1　装配式建筑概述

1.1.1　建筑工业化

　　建筑工业化生产方式，是设计施工一体化的生产方式，标准化的设计至构配件的工厂化生产，再进行现场装配的过程；该生产方式应具备的主要特征：标准化设计、工厂化生产、装配化施工、一体化装修、信息化管理、智能化应用、全生命周期运维等。其与传统生产方式有着根本的区别（见图1.1）。

　　联合国定义工业化有六条标准：生产的连续性、生产物的标准化、生产过程的集成化、工程建设管理的规范化、生产的机械化、技术科研生产一体化。我国当前积极推进的装配式建筑以设计标准化、生产工厂化、施工装配化、装修一体化和管理信息化的"五化"为主要特征（见图1.2），并形成完整的、有机的产业链，实现房屋建造全过程的工业化、集约化和社会化，从而提高建筑工程质量和效益，实现节能减排与资源节约。

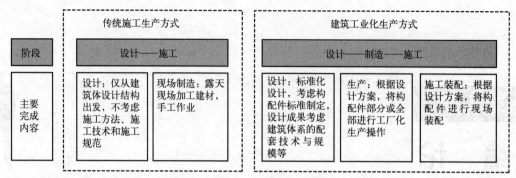

图 1.1　传统施工生产方式和建筑工业化生产方式对比

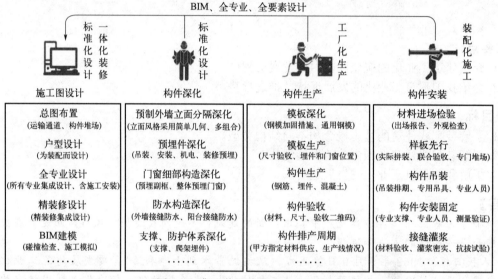

图 1.2　典型装配式项目全阶段管理

装配式建筑（见图 1.3）可充分发挥预制部品部件的高质量优势，实现建筑标准的提高；通过发挥现场装配的高效率，实现建造综合效益的提高。发展装配式建筑，是建筑业建造方式工业化的变革方向。

装配式建筑工业化采用系统集成的方法，统筹设计、生产运输、施工安装，实现全过程的协同，通过标准化设计（通用化、模数化、标准化的要求，少规格、多组合的原则）、工厂化生产（完善的生产质量管理体系，设置生产标识、提高生产精度、保障产品质量）、装配化施工（综合协调建筑、结构、设备和内装等专业，制定相互协同的施工组织方案，并采用装配式施工，保证工程质量，提高劳动效率）、一体化装修（实现全装修，内装系统应与结构系统、外围护系统、设备与管线系统进行一体化设计建造）、信息化管理［运用建筑信息模型（BIM）技术，实现全专业、全过程的信息化管理］、智能化应用（采用智能化技术，提升建筑使用的安全、便利、舒适和环保等性能），进行技术策划，对技术选型、技术经济可行性和可建造性进行评估，并科学合理地确定建造目标与技术实施方案，达到工期、质量、安全及成本总体受控的目的（见图 1.4），满足适用性能、环境性能、经济性能、安全性能、耐久性能等要求，并采用绿色建材和性能优良的部品部件。

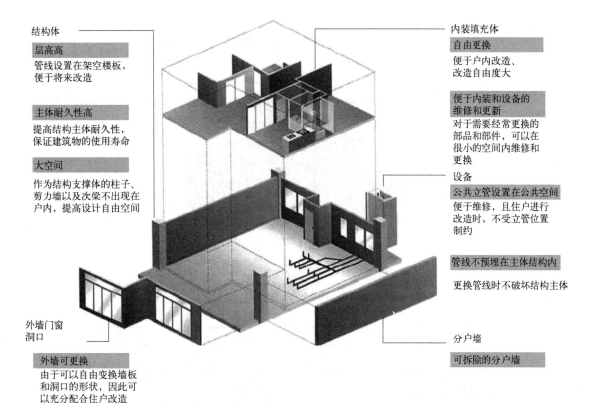

图 1.3　装配式建筑优势

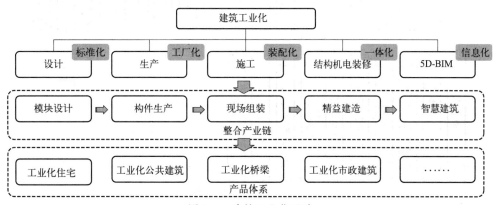

图 1.4　建筑工业化思路

1.1.2　装配式建筑

装配式建筑是将建筑的部分或全部预制部品、部件在工厂预制生产完成，然后将预制构件运输到施工现场，将构件通过可靠的连接方式组装成整体而建成建筑物（见图 1.5），使其具备卓越的保温、隔音、防火、防虫、节能、抗震、防潮功能。

装配式建筑由四大建筑系统集成（见图 1.6）：主体结构系统、建筑外围护系统、内部装修系统、设备与管线系统，四个系统的主要部分均应采用预制部品部件。内装设计是建筑设计的子系统，而不是像常规建筑那样，工程建成后再进行内装设计。需要建筑设计、加工制造、

图 1.5 施工中的装配式建筑

建造施工三大行业统筹协调来建造高质量的装配式建筑。

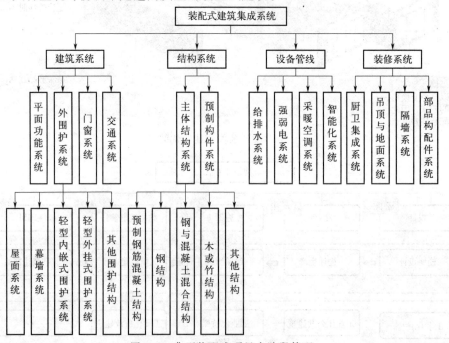

图 1.6 典型装配式项目全阶段管理

作为一个系统工程，需要将预制构件和部品部件通过模数协调（以基本模数或扩大模数实现尺寸协调及安装位置的方法和过程）、模块组合、接口连接、节点构造和施工工法等用装配式的集成方法，在工地高效、可靠装配并做到建筑围护、主体结构、机电、装修一体化。

1.1.3 装配式建筑的主要特征

装配式建筑是实现建筑全生命周期资源、能源节约和环境友好的重要途径之一。装配式建筑的根本特征是生产方式的工业化。

① 在设计角度，体现为标准化、模式化的设计方法。装配式建筑通过标准化设计优化设计方案，减少由此带来的资源、能源浪费。

② 生产环节，强调构件在工厂中制作完成的生产工业化。通过工厂化生产减少现场手工湿作业带来的建筑垃圾等废弃物。

③ 现场施工，提高机械化作业，施工现场的主要工作是对预制构件进行拼装。通过装配化施工减少对周边环境的影响，提高施工质量和效率。

④ 强调结构主体与建筑装饰装修、机电管线预理一体化，实现了高完成度的设计及各专业集成化的设计。

⑤ 建造过程信息化，需要在设计建造过程中引入信息化手段，采用 BIM 技术，进行设计、施工、生产、运营与项目管理全产业链整合。通过信息化技术实施定量和动态管理，达到高效、低耗和环保的目的。

1.1.4　装配式混凝土建筑指标

装配式混凝土结构（简称"PC 结构"），指建筑的结构系统由预制混凝土构件通过可靠的连接方式装配而成的结构体系。

目前除《装配式建筑评价标准》(GB/T 51129—2017) 中对装配率做了统一规定外，上海、江苏、北京、成都、深圳、湖南、湖北等省市也陆续出台了针对当地的预制率和装配率计算细则。但在纳入预制率（装配率）计算的构件范围以及各类构件预制率（装配率）的折算比例方面有所差别。

(1) 预制率

装配式建筑应结合项目的实际情况尽量采用预制构件，过低的预制率不能体现装配式建筑的特点和优势。

预制率指工业化建筑室外地坪（通常按±0.000）以上主体结构和维护结构中，预制构件部分的材料用量占对应构件材料总量的体积比：

$$预制率 = \frac{预制混凝土构件的体积}{预制混凝土构件的体积 + 现浇混凝土构件的体积} \tag{1.1}$$

预制率的计算内容，主要针对主体结构构件和围护结构构件，包括：预制外承重墙、预制外围护墙、内承重墙、柱、支撑、梁、桁架、屋架、楼板、外挂墙板、楼梯、空调板、阳台板、女儿墙、雨篷等构件。由于非承重内隔墙板的种类繁多，预制率计算中暂不包括这类构件。

根据预制率可以把装配式建筑分级（见图 1.7）。预制率指标反映建筑的工业化程度，预制率越高工业化程度越高。

在技术方案合理且系统集成度较高的前提下，较高的预制率能带来规模化、集成化的生产和安装，可加快生产速度，降低人工成本，提高产品品质，减少能源消耗。施工安装技术方案不合理且系统集成度不高，甚至管理水平和生产方式达不到预制装配的技术要求时，片面追求预制率反而会造成工程质量隐患，降低效率并增加造价。

建筑设计应根据预制装配目标，确定合理的预制率、适宜的预制部位与构件种类（见表 1.1）。装配式建筑要根据使用功能、

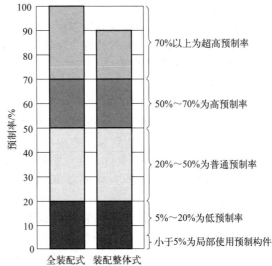

图 1.7　装配式混凝土建筑预制率分级

经济能力、构件工厂生产条件、运输条件等分析可行性，不能片面追求预制率的最大化。

表 1.1　不同预制率下，预制构件的选用

项目	预制率					
	≥15%	≥25%	≥25%	≥30%	≥30%	≥40%
预制外墙（非结构）	●	●	●	●	●	●
预制结构外墙	—	●	●（局部）	●	●	●
预制内承重墙	—	●	—	●	—	●
叠合楼板	—	—	●（局部）	—	●（局部）	●
叠合梁	—	—	—	●（局部）	●（局部）	●
预制楼梯	●	●	●	●	●	●
预制阳台	●	●	●	●	●	●
预制空调板	●	●	●	—	●	●
预制凸窗	●	●	●	●	●	●
预制内隔墙（非结构）	若非结构内墙计算预制率则可以采用					

　　注　"—"表示不选用；"●"表示选用。

　　不同预制率下，预制构件选用原则：优先楼梯、外墙板、空调板、阳台板、内墙板或叠合楼板；30%预制率情况下，如果做叠合楼板，由顶层依次往下层选择布置叠合楼板，尽量减少下层的叠合楼板数量；40%预制率情况下，如需要做叠合楼板，按照由顶层依次往下层的原则，选择布置叠合楼板。

　　根据实践经验，适宜采用预制装配的建筑部位主要有：

　　① 具有规模效应的、统一标准的、易生产的，能够显著提高效率和质量、减少人工和浪费的部位。例如内装预制装配，可以计入整幢建筑的预制率；内装部品采用系列化开发、标准化设计、规模化生产、配套化供应。

　　② 技术上难度不大，可实施度高，易于标准化的部位。常见预制部位如叠合楼板、预制楼梯、预制阳台、预制内隔墙板、预制外挂墙板（外墙饰面可在工厂与预制件同步完成），可省去楼层支模和外脚手架。

　　③ 现场施工难度大，适宜在工厂预制的部位。例如复杂的异形构件、需要高强混凝土等现场无法浇筑的部位，集成度和精度要求高、需要在工厂制作的部位等。凡在现场现浇时，费时、费力、费工的部位，例如楼梯、飘窗等，宜尽量采用工厂预制。

　　④ 其他有特殊要求的部位。

　　（2）装配率

　　装配率指工业化建筑中单体建筑室外地坪以上的主体结构、围护墙和内隔墙、装修和设备管线等，采用预制构件、建筑部品的数量（或面积）占同类构件或部品总数量（或面积）的比率：

$$装配率 = \frac{建筑单体达到装配率要求的建筑面积(\pm 0.000\ 以上，如有架空层可扣除)}{项目总建筑面积(\pm 0.000\ 以上，如有架空层可扣除)} \quad (1.2)$$

　　式中，项目总建筑面积具体要看拿地任务书如何规定，有些任务书中会明确指出是"住宅"的总建筑面积；

　　装配率是衡量单位建筑结构装配化程度的一项重要指标。装配率可用评分法根据评分表（见表1.2）评分后，按下式计算综合比例：

$$P = \frac{Q_1 + Q_2 + Q_3}{100 - Q_4} \times 100\% \quad (1.3)$$

式中，P 为装配率；Q_1 为主体结构指标实际得分值；Q_2 为维护墙和内隔墙指标实际得分值；Q_3 为装修和设备管线指标实际得分值；Q_4 为计算项目中缺少的计算项分值总和。

表 1.2 装配式建筑装配率评分

评价项（采用预制部品部件）		指标要求	计算分值	最低分值
主体结构 （50分）	柱、支撑、承重墙、延性墙板等竖向构件	35%≤占比≤80%	20～30[①]	20
	梁、板、楼梯、阳台、空调板等构件	70%≤占比≤80%	10～20[①]	
围护墙和内隔墙 （20分）	非承重围护墙非砌筑	占比≥80%	5	10
	围护墙与保温、隔热、装饰一体化	50%≤占比≤80%	2～5[①]	
	内隔墙非砌筑	占比≥50%	5	
	内隔墙与管线、装修一体化	50%≤占比≤80%	2～5[①]	
装修和设备管线 （30分）	全装修	—	6	6
	干式工法楼面、地面	占比≥70%	6	—
	集成厨房	70%≤占比≤90%	3～6[①]	
	集成卫生间	70%≤占比≤90%	3～6[①]	
	管线分离	50%≤占比≤70%	4～6[①]	

① 分值为采用"内插法"计算，计算结果取小数点后1位。干式工法指现场采用干作业施工工艺的建造方法。

在表 1.2 中，各应用比例可按计算表（见表 1.3）中 $V_预$、$V_总$ 值计算：

$$P = \frac{V_预}{V_总} \times 100\% \tag{1.4}$$

表 1.3 预制部品部件应用比例计算表

序号	应用比例	$V_预$	$V_总$
1	柱、支撑、承重墙、延性墙板等竖向构件	柱、支撑、承重墙、延性墙板等竖向构件中预制混凝土体积之和	柱、支撑、承重墙、延性墙板等竖向构件混凝土总体积
2	梁、板、楼梯、阳台空调板等构件	梁、板、楼梯、阳台、空调板等构件的水平投影面积之和	各楼层建筑平面总面积
3	非承重围护墙非砌筑	各楼层非承重围护墙中非砌筑墙体的外表面积之和，计算时可不扣除门、窗及预留洞口等的面积	各楼层非承重围护墙的外表面积之和，计算时可不扣除门、窗及预留洞口等的面积
4	围护墙与保温、隔热、装饰一体化	各楼层围护墙体采用墙体、保温、隔热、装饰一体化的墙体外表面积之和，计算时可不扣除门、窗及预留洞口等的面积	各楼层围护墙的外表面积之和，计算时可不扣除门、窗及预留洞口等的面积
5	内隔墙非砌筑	各楼层内隔墙中非砌筑墙体的墙面面积之和，计算时可不扣除门、窗及预留洞口等的面积	各楼层内隔墙墙面总面积，计算时可不扣除门、窗及预留洞口等的面积
6	内隔墙与管线、装修一体化	各楼层内隔墙中采用墙体、管线、装修一体化的墙面面积之和，计算时可不扣除门、窗及预留洞口等的面积	各楼层内隔墙墙面总面积，计算时可不扣除门、窗及预留洞口等的面积
7	干式工法楼面、地面	各楼层采用干式工法施工的楼面、地面的水平投影面积之和	各楼层建筑平面总面积
8	集成厨房橱柜和厨房设备等全部安装到位	各楼层厨房墙面、顶面和地面采用干式工法施工的面积之和	各楼层厨房墙面、顶面和地面的面积之和

续表

序号	应用比例	$V_{预}$	$V_{总}$
9	集成卫生间、洁具设备等应全部安装到位	各楼层卫生间墙面、顶面和地面采用干式工法施工的面积之和	各楼层卫生间墙面、顶面和地面的面积之和
10	管线分离	各楼层管线分离的长度,包括裸露于室内空间以及地面架空层、非承重墙体空腔和吊顶内电气、给排水和采暖管线长度之和	各楼层电气给排水和采暖管线长度之和

预制率单指预制混凝土的比例,而装配率除了需要考虑预制混凝土之外还需要考虑其他预制部品部件(如一体化装修、管线分离、干式工法施工等)的综合比例。装配率是评价装配式建筑的重要指标之一[《装配式建筑评价标准》(GB/T 51129—2017)],也是政府制定装配式建筑扶持政策的主要依据指标。被评价单体建筑同时满足下列要求时,可被确认为装配式建筑:①主体结构部分的评价分值不低于 20 分;②围护墙和内隔墙部分的评价分值不低于 10 分;③采用全装修;④装配率不低于 50%。

装配式建筑主体结构竖向构件中预制部品部件的应用比例不低于 35%时,可进行装配式建筑等级评价。装配式建筑评价等级划分要求如下:①装配率为 60%～75%时,评价为 A 级装配式建筑;②装配率为 76%～90%时,评价为 AA 级装配式建筑;③装配率为 91%及以上时,评价为 AAA 级装配式建筑。

1.2　装配式建筑形成和发展历程

1.2.1　近现代预制建筑四个阶段

① 19 世纪是第一个预制装配式建筑高潮,代表作:水晶宫(见图 1.8)、满足移民需要的预制木屋、预制铁屋等。

图 1.8　英国伦敦 1851 年钢铁骨架嵌玻璃的世博会水晶宫

② 20 世纪初是第二个预制装配建筑高潮,代表作:木制嵌入式墙板单元住宅建造体系、斯图加特住宅展览会、法国 Mopin 多层公寓体系等。

③ 第二次世界大战后是建筑工业化真正的发展阶段,有钢、幕墙、PC 预制等各种体系。

④ 20 世纪 70 年代以后,国外建筑工业化进入新的阶段。预制与现浇相结合的体系取得优势,从专用体系向通用体系发展。

最早的装配式建筑可以追溯到 17 世纪时的木构架拼装房屋(见图 1.9)。其快速发展的原因不外乎两个:一是工业革命带来大批农民向城市集中,导致城市化运动急速发展。二是第二次世界大战后，战争的破坏导致住宅存量减少，住宅供需矛盾更加激化。装配式建筑得以大规模研究、尝试、应用和发展，目前欧、美、日等发达地区和国家对装配式建筑均已形成较为成熟的技术体系和标准体系。

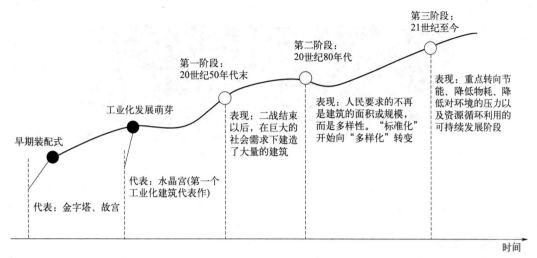

图 1.9　装配式建筑发展的历史进程

1.2.2　建筑发展方向

国际上建筑业的发展方向是标准化、工厂化、环保化、机械化、科学化。

① 设计标准化：建筑设计标准化与多样化相结合，构配件设计要在标准化的基础上做到系列化、通用化。

② 构配件工厂化：构配件生产商品化，有计划、有步骤地提高预制装配程度。

③ 材料环保化：积极发展经济合用的新型材料，重视就地取材，利用工业废料，节约能源，降低费用。

④ 施工机械化：实行机械化、半机械化和改良工具相结合，有计划有步骤地提高施工机械化水平。

⑤ 组织管理科学化：从建筑的设计开始，直到构配件生产、施工的准备与组织，建筑生产全过程都应当纳入科学管理的轨道。

1.2.3　建筑工业技术

建筑工业技术主要体现在：结构技术、装配制造技术、相关支撑技术的发展。

(1) 结构技术

① 钢结构。钢结构工业化体系技术成熟，工业化程度极高，与各自国家的工业技术体系相接轨，很好地形成了工厂到现场的转移。

② 混凝土结构。很多工业发达国家的预制构件已能将建筑装饰的复杂、多样性以及保温、隔热、水电管线等多方面的功能要求与预制混凝土构件结合起来，既可满足用户各种要求，又不失工业化规模生产的高效率。

③ 木结构。在欧洲、北美、日本，预制装配式木结构建筑部件或房屋整体工厂预制基本上已经完全代替了现场制作。

（2）装配制造技术

① 部品部件。预制概念古已有之，古罗马帝国就曾大量预制大理石柱部件（见图1.10）。国外的工业化建筑体系在部品制造和系统集成方面，严格遵守模数协调准则，按标准化思想进行设计和制造。

图1.10 古罗马预制大理石柱头

② 施工工艺与设备。在工程施工工艺与工法方面，发达国家很早地就认识到重大工程建设中施工工艺与工法研究的重要性，在基础理论与应用技术方面展开了研究，利用新颖的施工技术与工艺，顺利组织实施了一大批著名的工程。

（3）相关支撑技术

① BIM信息技术。国际上许多软件公司已经意识到BIM技术在未来建筑行业的发展趋势，开发出许多基于BIM技术的软件系统。

② 节能环保技术。各发达国家关注建筑节能，采用工业化、模块化、标准化技术进行建筑节能开发，在围护结构的保温隔热性能增强、可再生能源有效地利用、建筑运行期间的节能管理、居住环境水平模拟和监控等方面，取得了明显的进步。

1.3　装配式建筑分类体系

1.3.1　按结构材料分类

按结构材料分类，有装配式钢结构建筑、装配式木结构建筑、装配式轻钢结构建筑和装配式复合材料建筑（钢木混合结构、轻钢与混凝土结合结构的装配式建筑）、装配式混凝土结构建筑等。

（1）装配式钢结构

装配式钢结构是由钢制材料（钢板、型钢、钢管、钢绳、钢束等钢材），以"焊、铆、螺栓"等方式连接而成的结构（见图1.11），具有自重轻、安装快捷、施工周期短、抗震性能好、投资回收快、环境污染少等综合优势，与钢筋混凝土结构相比，具有"高、大、轻"三个方面的独特优势。全球范围内，特别是发达国家和地区，钢结构得到广泛的应用。

按钢结构的应用范围，钢结构可分为轻钢结构、高层建筑钢结构、桥梁钢结构、设备钢结构和空间钢结构五种类型（见表1.4）。

表1.4　钢结构分类及应用范围

分类	主要用途	主要特点
轻型钢结构	轻型工业厂房、仓库、各类交易市场等	轻型、便捷
高层建筑结构	大型公共建筑、写字楼、电视塔等	高耸、重载

续表

分类	主要用途	主要特点
桥梁钢结构	铁路桥、公路桥及城市交通立交桥等	强度高、自重轻
设备钢结构	电力、能源、石化、冶金、造船等	自重轻、强度高
空间钢结构	大型工业厂房、机场航站楼、会展中心、体育场馆等	跨度大、空间大

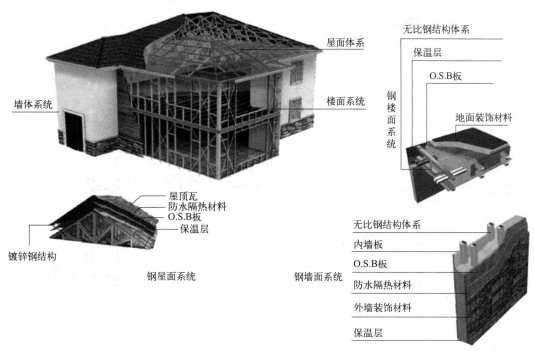

图 1.11　钢结构建筑组成

　　目前多高层装配式钢结构建筑的结构体系，传统的有纯框架、框架－支撑体系，新型的有集装箱房（见图 1.12）、钢管混凝土束剪力墙＋框架、钢框架＋混凝土核心筒、钢异形柱等。装配式钢结构主要由型钢和钢板等制成的梁钢、钢柱、钢桁架等构件组成，并采用硅烷化、纯锰磷化、水洗烘干、镀锌等除锈防锈工艺。

图 1.12　集装箱房

　　钢结构是一种循环使用效率高的节能环保型建筑结构，钢结构建筑具有施工周期短、节能环保的独特优势，是理想的绿色建筑用材，被誉为 21 世纪的"绿色建筑"。钢结构可应用于桥梁、大型公共建筑、工业厂房、住宅、高层建筑、电力等领域。

　　钢结构的推广和使用符合国家节能省地和经济持续健康发展的要求，具有以下几个方面的优点：自重轻、抗震抗风性能好、空间利用率高、工业化程度高、施工成本低、环保性能好、可塑性强、应用领域广。

(2) 装配式木结构

中国是最早应用木结构的国家之一，木结构建筑可追溯至 3500 年前。中国的木结构建筑在唐朝已形成一套严整的制作方法，但见诸文献的是北宋李诚主编的《营造法式》(见图 1.13)，是中国也是世界上第一部木结构房屋建筑的设计、施工、材料以及工料定额的法规。中国木结构建筑艺术别具一格，并在宫殿和园林建筑的亭、台、廊、榭中得到进一步发扬，是中华民族灿烂文化的组成部分。

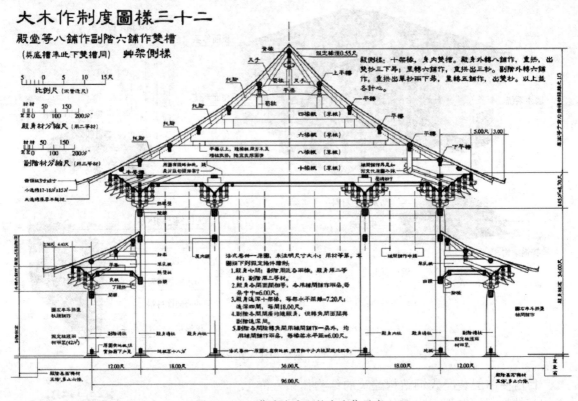

图 1.13 《营造法式》的大木作示意

装配式木结构是指主要的木结构承重构件、木组件和部品在工厂预制生产，并通过现场安装而成的木结构建筑。装配式木结构建筑在建筑全寿命周期中应符合可持续性原则，且应满足装配式建筑标准化设计、工厂化制作、装配化施工、一体化装修、信息化管理和智能化应用的"六化"要求。

木结构建筑的优点：工厂化加工制造，生产效率高，产品质量优；采取现场装配式安装，施工便捷，对环境影响小；工业化生产、施工工艺，节省劳动力资源从低层、多层、大跨到高层现代木结构，结构体系清晰，技术经济性好；采取现代连接技术；采取防虫、防霉、防裂等耐久性提升技术措施及抗震、防火技术措施后，耐久性好、抗震防火能力强。

木结构建筑的结构类型有原木结构、复合木结构（见图 1.14）、井干式木结构（木刻楞，见图 1.15）、轻型木结构（见图 1.16）、梁柱-剪力墙木结构（见图 1.17）、梁柱-支撑木结构（见图 1.18）、CLT 剪力墙木结构（见图 1.19）。

还有一些特殊形式，如核心筒木结构（见图 1.20）、网壳木结构（见图 1.21）、张弦木结构（见图 1.22）、拱结构（见图 1.23）、桁架栱木结构（见图 1.24）。

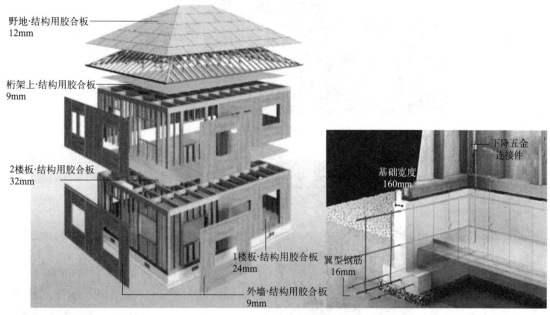

野地·结构用胶合板
12mm

桁架上·结构用胶合板
9mm

2楼板·结构用胶合板
32mm

下降五金
连接件

基础宽度
160mm

1楼板·结构用胶合板
24mm

外墙·结构用胶合板
9mm

翼型钢筋
16mm

图 1.14 日本复合木结构房屋

（a）   （b）

图 1.15 井干式木结构
（a）原木结构；（b）方木结构

图 1.16 轻型木结构

图 1.17 梁柱-剪力墙木结构

图 1.18 梁柱-支撑木结构

图 1.19 CLT 剪力墙木结构

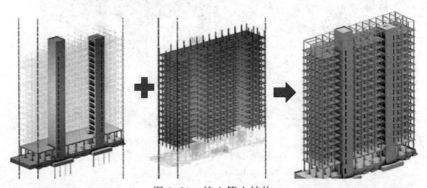

图 1.20 核心筒木结构

图 1.21 网壳木结构（美国塔科马穹顶）

图 1.22 张弦木结构（日本兵库县朝来市温水游泳馆）

图 1.23　拱结构（美国迪斯尼溜冰中心）

图 1.24　桁架栱木结构

（3）装配式钢和混凝土组合结构

装配式钢和混凝土组合结构是指采用工厂生产的型钢梁和混凝土预制构件通过某种构造方式，在现场组合成为整体，兼具钢结构和混凝土结构的特性，共同承受荷载的一种结构。

轻钢轻混凝土结构体系可以改进低层轻型钢住宅在农村地区应用时暴露出的成本较高、舒适感欠佳等缺点。型钢混凝土组合结构技术应用还处于探索阶段，在我国的运用还不是很广泛，施工技术上还不是很成熟。

（4）装配式混凝土结构

常见的装配式混凝土结构体系（见图 1.25），是由预制混凝土构件或部件通过各种可靠的连接方式装配而成的混凝土结构（在建筑工程中，简称装配式建筑；在结构工程中，简称装配式结构），包括装配整体式混凝土结构、全装配混凝土结构等。

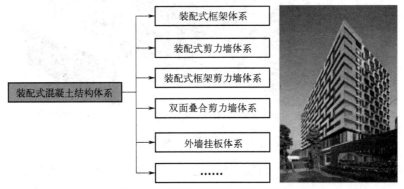

图 1.25　装配式混凝土结构体系

　　装配整体式混凝土结构，由预制混凝土构件通过可靠的方式进行连接并与现场后浇混凝土、水泥基灌浆料形成整体的装配式混凝土结构。装配整体式混凝土结构应该基本达到或接近与现浇混凝土结构等同的效果。

　　全装配式混凝土结构的预制构件靠干法连接（如螺栓连接、焊接等）形成整体。

　　1）外挂墙板体系

　　① 预制部件：外墙、叠合楼板，阳台，楼梯、叠合梁等（见图1.26）。

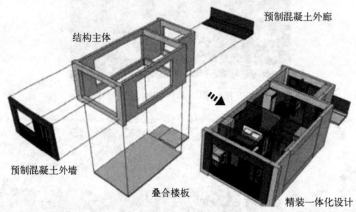

图 1.26　外挂墙板体系

　　② 体系特点：竖向受力结构采用现浇，外墙挂板不参与受力，预制比例一般为10%～50%，施工难度较低，成本较低，常配合大钢模施工。

　　③ 适用高度：高层，超高层。

　　④ 适用建筑：保障房、商品房、办公建筑。

　　2）装配式框架体系。

　　① 预制部件：柱、叠合梁、外墙、叠合楼板，阳台，楼梯等（见图1.27）。

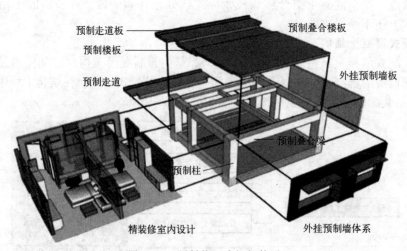

图 1.27　预制装配式框架体系

　　② 体系特点：工业化程度高，预制比例可达80%，内部空间自由度好，室内梁柱外露，施工难度较高，成本较高。

③ 适用高度: 50m 以下 (7 度)。

④ 适用建筑: 公寓、办公楼、酒店、学校、工业厂房建筑等。

3) 装配式剪力墙体系

① 预制部件: 剪力墙、叠合楼板, 楼梯、内隔墙等 (见图 1.28)。

② 体系特点: 工业化程度高, 房间空间完整, 无梁柱外露, 施工难度高, 成本较高, 可选择局部或全部预制, 空间灵活度一般。

③ 适用高度: 高层、超高层。

④ 适用建筑: 商品房、保障房等。

4) 装配式框架剪力墙体系。

① 预制部件: 柱 (柱模板)、剪力墙、梁, 阳台、楼梯、内隔墙等 (见图 1.29)。

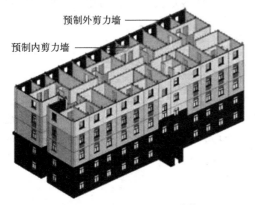
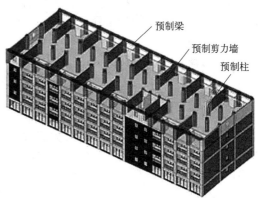

图 1.28 预制装配式剪力墙体系   图 1.29 预制装配式框架剪力墙体系形成

② 体系特点: 工业化程度高, 施工难度高, 成本较高, 室内柱外露, 内部空间自由度较好。

③ 适用高度: 高层、超高层。

④ 适用建筑: 商品房、保障房等。

5) 叠合剪力墙体系。

① 预制部件: 剪力墙 (见图 1.30)、叠合楼板, 阳台, 楼梯、内隔墙等。

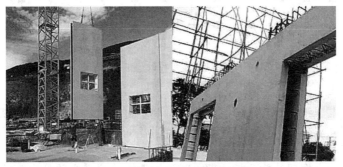

图 1.30 预制装配式叠合剪力墙体系

② 体系特点: 工业化程度高, 施工速度快, 连接简单, 构件重量轻, 精度要求较低等。

③ 适用高度: 高层、超高层。

④ 适用建筑: 商品房、保障房等。

1.3.2　按预制构件的使用程度的不同分类

（1）装配整体式混凝土结构

装配整体式混凝土结构是指部分预制混凝土结构构件（指非原位制作的混凝土构件，如预制外墙、内隔墙、露台板、叠合板等）由工厂生产并运至现场后，与主要竖向承重构件（预制或现浇梁柱、剪力墙等）通过各种可靠方式进行连接（通过钢筋、连接件或施加预应力进行连接）、并与现场后浇混凝土（如叠合层现浇楼板）、水泥基灌浆料连接形成整体的结构体系。结构以"湿连接"为主要连接形式，具有较好的整体性和抗震性。

（2）全装配混凝土结构

全装配混凝土结构是指所有结构构件均由预制工厂生产，运至现场安装，预制构件之间通过干式连接（如螺栓连接、焊接）装配而成的结构体系。其连接形式简单、易施工，但结构整体性稍差，一般用于较低层建筑。

目前国内的工程实例基本为装配整体式混凝土结构。

1.3.3　按承重方式（或者结构形式）的不同分类

（1）装配式框架轻板结构

框架轻板建筑是以柱、梁、板组成框架承重结构，以轻型墙板为围护与分隔构件的新型建筑形式。框架按主要构件组成可分为三种类型（见图1.31）：框架由梁、楼板和柱组成（梁板柱框架系统）；框架由楼板、柱组成（板柱框架系统）；在以上两种框架中增设剪力墙（剪力墙框架系统）。

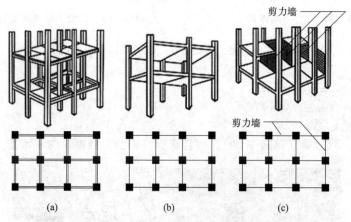

图1.31　框架轻板结构类型
（a）梁板柱框架系统；（b）板柱框架系统；（c）剪力墙框架系统

装配式混凝土框架结构，包括装配整体式混凝土框架结构及其他装配式混凝土框架结构。前者是指全部或部分框架梁、柱采用预制构件，通过可靠的连接方式装配而成。后者主要指各类干式连接的框架结构，主要与剪力墙、抗震支撑等配合使用。

装配整体式混凝土框架结构，指全部或部分框架梁、柱采用预制构件构建成的装配整体式混凝土结构。主要预制构件包括预制楼板（含预制实心板、预制空心板、预制叠合楼板等）、预制框架梁（含预制实心梁、预制叠合梁等）和柱（含预制实心柱、预制空心柱）、预制楼梯（预制楼梯段、预制休息平台）、其他复杂异形构件（预制飘窗、预制带飘窗外墙、预制转角外墙等）。框架结构传力途径为楼板→次梁→主梁→柱→基础→地基，结构传力合理，抗震性能好。其竖向受力构件之间通过套筒灌浆形式，水平受力构件之间通过套筒灌浆或后浇混凝土形式，节点部位通过后浇或叠合方式形成可靠传力机制，并满足承载力和变形要求。由梁、柱为主要受力构件承受竖向和水平作用，是构件刚性连接的空间杆系柔性结构（见图 1.32）。

图 1.32　装配整体式框架结构基本构成

　　这种预制结构体系的预制构件标准化程度高、构件种类较少，后浇混凝土连接节点少，各类构件重量差异较小、起重机械性能利用充分、建筑物拼装节点标准化程度高、钢筋连接及锚固可全部采用统一形式，机械化施工程度高、安装难度较小，有利于提高工效，预制率比较高，内部空间自由度好，可以形成大空间，满足室内多功能变化的需求。但是节点钢筋密度大，要求加工精度高，操作难度较大。适用于办公楼、酒店、商务公寓、学校、医院等多层和小高层装配式建筑，经历过大地震的考验，证明安全性能高，是应用非常广泛的结构。

（2）装配式框架-现浇剪力墙结构

　　装配式框架-现浇剪力墙结构由预制柱和梁、预制叠合楼板、预制楼梯、现浇剪力墙构成，柱、梁、剪力墙共同承受竖向和水平作用的结构（见图 1.33）。除剪力墙一般为现浇混凝土外，其他部位和框架结构一致，框架中增加的剪力墙弥补了框架结构侧向位移大的缺点，也因此大大提高了建筑适用高度，多用于高层装配式建筑。

（3）装配式剪力墙结构

　　装配式剪力墙结构是指竖向结构主要受力构件剪刀墙、梁、板部分或全部由预制混凝土构件（承重预制墙板、叠合梁、叠合板）组成，通过节点部位的连接形成可靠传力机制，并与现场浇筑的混凝土形成整体的装配式混凝土剪力墙结构（见图 1.34）。装配式剪力墙结构由剪力墙承受竖向和水平作用，剪力墙与楼盖组成刚性空间结构体系，

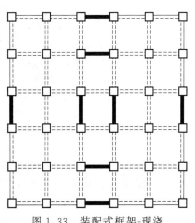

图 1.33　装配式框架-现浇
剪力墙平面布置

包括：装配整体式混凝土剪力墙结构、预制圆孔板剪力墙结构、装配式型钢混凝土剪力墙结构。

　　装配式剪力墙结构体系特点：工业化程度高，预制比例可达 50％以上，房间空间完整，几乎无梁柱外露，施工简易，可选择局部或全部预制。装配式剪力墙结构是目前技术最成熟、应用最广泛的一种装配式混凝土结构体系，是高层住宅建筑的首选结构体系。

　　① 主要预制构件，包括预制叠合楼板、预制叠合梁、预制剪力墙内外墙板。

　　② 连接方式，有干式连接（全部预制构件、预埋件、连接件都在工厂预制，通过螺栓或

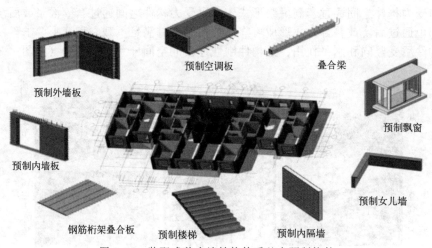

图 1.34 装配式剪力墙结构体系基本预制构件

焊接等方式实现连接)、湿式连接(将两个承重构件之间的钢筋互相连接后,通过浇筑节点实现结构的整体连接,实现节点等同现浇)。还有剪力墙装配体系-现浇密柱结构(见图 1.35),采用现浇柱连接。

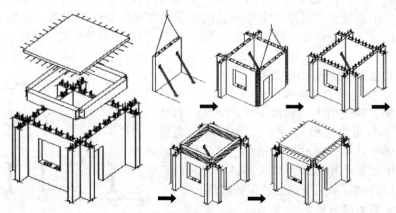

图 1.35 剪力墙装配体系-现浇密柱结构

(4) 装配式部分框支剪力墙结构

当剪力墙因建筑功能要求不能落地,而直接落在下层框架梁上,再由框架梁将荷载传至框架柱上的结构体系,不是很合理的结构体系。预制构件包括预制叠合楼板、预制剪力墙等,但下层框架一般为现浇,可用于底部大空间(商业)上部小空间(住宅)的建筑。

(5) 装配式框架-现浇筒体结构

装配式框架-现浇筒体结构的外围为稀(密)柱框筒,内筒为剪力墙组成的结构,适用于高层和超高层装配式建筑。

另外还有预制圆孔板剪力墙结构、装配式型钢混凝土剪力墙结构、预制叠合剪力墙结构、装配式组合结构、墙板结构、排架厂房结构、无梁板柱结构、空间薄壁结构、悬索结构等。

(6) 全装配式低层住宅体系

全装配式低层住宅体系的整个建筑是由密柱支撑框架结构体系与集装箱式模块相结合,若干个类似于集装箱的模块组合而成。首先在工厂预制集成,然后打包为集装箱形式,采用标准车辆运送至施工现场,在现场以装配化形式施工。

(7) 预应力混凝土结构

预应力混凝土是在结构构件受外力荷载作用前,先人为地对它施加压力,由此产生的预应力状态用以减小或抵消外荷载所引起的拉应力,即借助于混凝土较高的抗压强度来弥补其抗拉强度的不足,达到推迟受拉区混凝土开裂的目的。

预应力技术的引入使得建筑物有可能向更大的跨度发展。随着体育场馆、航站楼、会展中心等建筑的兴建,人们对大跨度结构的不断追求,促进了装配式预应力结构的迅速发展。

① 预应力技术类型包括先张法、后张法、体外预应力技术。

② 装配式预应力框架结构体系指一种装配式、后张、有黏结预应力的混凝土框架结构形式。建筑的梁、柱、板等主要受力构件均在工厂加工完成。预制梁柱运至施工现场吊装就位后,将预应力筋穿过梁柱预留孔道,对其实施预应力张拉预压后灌浆,构成整体受力节点和连续受力框架(见图 1.36)。

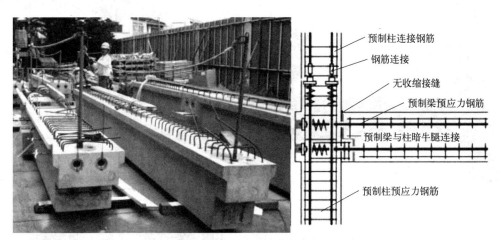

图 1.36 预制装配式预应力框架梁柱压接

日本采用的"压着工法"施工技术(见图 1.37)是在工厂中预制梁和柱,先对梁进行第一次张拉,运至施工现场吊装完成后,通过梁柱中的预留孔洞穿预应力筋,对梁柱节点实施第二次张拉,张拉后实施孔道压力灌浆,节点处采用环氧树脂水泥浆密封凝结,使之形成整体连续的受力节点和受力框架。

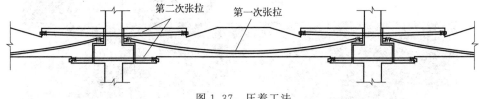

图 1.37 压着工法

预应力混凝土的制作工艺较复杂(见图 1.38),对产品本身质量、制作人员及设备的要求较高,且价格比较昂贵,在我国现阶段项目使用较少。

预应力混凝土主要应用在装配式框架结构(见图 1.39),采用预应力方式压接拼装,属装配速度快的"干节点"。

③ 整体预应力装配板柱结构。整体预应力装配式板柱结构无梁、无柱帽,以预制楼板

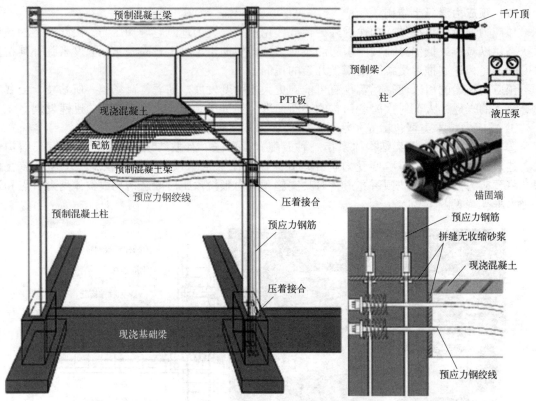

图 1.38　梁柱压着接合构造

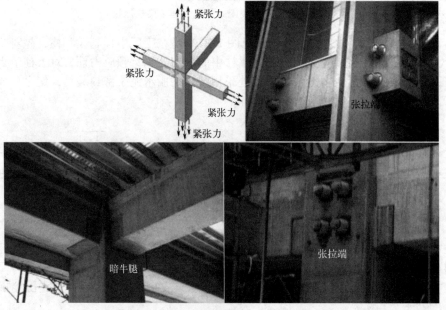

图 1.39　装配式框架预应力方式压接节点

和柱为基本构件，由预制板和预制带预留孔的柱进行装配，通过张拉楼盖、屋盖中各向板缝的预应力筋实现板柱间的摩擦连接（见图 1.40）而形成整体结构，即双向后张拉有粘结的预应力筋贯穿柱孔和相邻构件之间的明槽，并将这些预制构件挤压成整体；楼板依靠预应力及其产生的静摩擦力支撑固定在柱上，板柱之间形成预应力摩擦节点。

（8）模块化结构

模块化建筑即将传统房屋以单个房间或一定的三维建筑空间为建筑模块单元进行划分，并在工厂对模块单元楼板、天花板、墙体、设备管线、内装部品进行提前预制安装组合而成，并满足各项建筑性能要求和吊装运输的性能要求，完成后将这些建筑模块单元运输至现场，使用起重装备像搭建积木一样将其堆叠，这些单元模块通过后张高强杆件、悬索和焊接等方式相互连接在一起，组成一个完整的建筑（见图 1.41）。

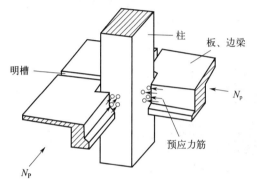

图 1.40 板柱之间预应力摩擦连接

图 1.41 集装箱式模块化结构建筑

例如盒子建筑（见图 1.42），是以在工厂预制成整间的盒子状结构为基础，运至施工现场吊装组合而成的建筑。单个盒子的结构组成有整浇式、骨架条板组装式和预制板组装式等几种方式。按板材的数量分有六面体、五面体、四面体盒子等，盒子之间可以有多种组合形式。

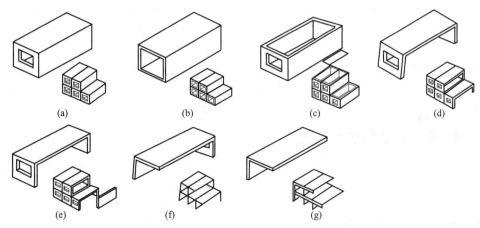

图 1.42 盒子建筑多种构造形式

（a）四面墙板与楼板结合的五面盒子构件；（b）横墙板与上下楼板结合的筒形盒子构件；
（c）四面墙板结合的竖向筒形盒子构件；（d）三个方向墙板与楼板合一的盒子构件；
（e）外墙板与楼板合一 H 形构件；（f）单面内外墙板与楼板结合的组合构件；（g）单面墙板与楼板合一 L 形构件

模块建筑可以分为临时建筑和永久建筑（见图 1.43）。例如一些周转房、营地房等都是临

图 1.43 采用装配式模块技术的雄安
市民服务中心是永久建筑

时建筑，这类建筑对建设速度和可拆除再利用等都有更高的需求，非常适合采用模块建筑的建造形式。

(9) 交错桁架结构体系

交错桁架结构是指以预制钢筋混凝土柱或钢柱、钢桁架、预制楼板等预制构件组成的大跨度空间结构，主体结构采用装配式交错桁架结构，配置外墙、内隔墙和楼盖系统的建筑。

建筑物横向的每个轴线上，平面桁架隔层设置，而在相邻轴线上交错布置。在相邻桁架间，楼层板一端支撑在下一层平面桁架的上弦上，另一端支撑在上一层桁架的下弦上，实现施工少支撑甚至免支撑（见图 1.44）。

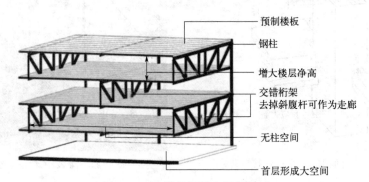

图 1.44 交错桁架配合预制楼板

(10) 双面叠合剪力墙结构

双面叠合剪力墙结构是新型装配式结构体系，由双面叠合剪力墙、预制叠合梁、预制叠合楼板、预制外挂凸窗、预制带凸窗非承重墙、预制楼梯、预制阳台、轻质条板等预制构件，以及现浇剪力墙、现浇混凝土节点、现浇楼板等现浇部分共同组成。

装配式建筑各种结构体系之间的关系，如图 1.45 所示。

未来应开发适合我国新型建筑工业化发展的合理建筑（结构）体系（见图 1.46）。结构体系发展趋势，近、中期以剪力墙结构为主（利：室内不露梁柱，造价相对较低；弊：构件笨重，难以改造），远期以框架或框剪为主（利：易改造，弊：造价相对高）。

1.3.4 装配式建筑应用范围

环境条件、技术条件或成本都可能限制使用装配式建筑，必须先进行必要性、可行性的研究分析。装配式建筑的优势须通过预制构件的标准化、规模化来体现，因此更适用于具有一定规模的、标准化程度比较高的住宅小区、高层建筑、大型工业厂房等建设项目。

(1) 建筑功能和规模条件

预制装配建筑适用住宅、学校、酒店、写字楼、商业建筑、医院等大型公共建筑；车库、多层仓库、标准厂房；有特殊要求和工艺的厂房，如果规模较大，也适宜做装配式建筑。

规模大的高层建筑和超高层建筑比较适合装配式建筑；低层建筑和多层建筑需要构件数量少，构件生产厂的模具周转次数少、成本较高，只有相同楼型数量较多的情况下，装配式建筑才具有经济性。

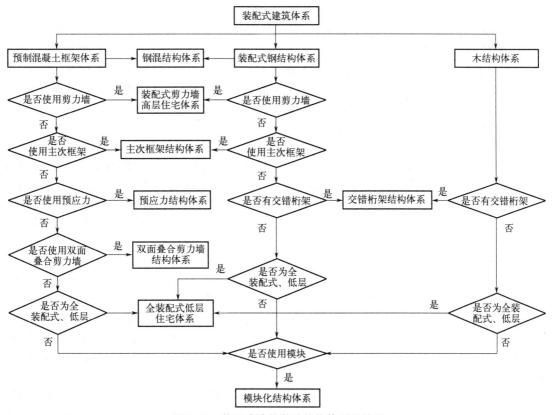

图 1.45 装配式建筑各种结构体系的关系

| (a) | (b) | (c) | (d) |

图 1.46 我国主要装配式结构体系

（a）预制装配式混凝土结构剪力墙体系；（b）工业化木结构建筑桁架体系；

（c）工业化钢结构建筑框架体系；（d）工业化钢结构建筑桁架体系

（2）形体立面条件

预制装配式建筑造型简单、平立面简洁、富有规律的建筑更适宜采用装配式，与现代简约的建筑风格相吻合，通过精致的表现手法、立面线条或色彩富有韵律的组合变化、建筑材质的虚实对比等，同样可以实现建筑的艺术表现力。

追求个性、立面复杂、有大悬挑、无规律不规则的建筑，会有大量非标准构件，且在地震作用下内力分布比较复杂，形体复杂的不适宜采用装配式建筑。其原因是制作预制构件的模具周转次数少、连接及安装节点复杂，增大了建筑成本。

但一些标志性建筑，以工厂预制来实现建筑的复杂造型、高品质、高质量也是很好的，如悉尼歌剧院等建筑，规则化的曲面板，预制比现浇更有优势，有时也是唯一的实施手段。例如双曲面外挂墙板，而且曲率不一样，实际制作过程是将参数化设计图输入数控机床，在聚苯乙烯板上刻出精确的曲面板模具，再在模具表面抹浆料、刮平磨光，而后放置钢筋，浇筑制作出曲面板，在工厂预制可以通过这些工艺准确地实现形状和质感要求。

（3）构件工厂条件

预制构件厂的生产工艺和生产产能（如起重能力、固定或移动模台所能生产的最大构件尺寸等）、与施工现场的距离（超过200km后，预制构件的运费可能占构件价格的7%~12%）、运输道路大型运输车辆的通过能力（道路过窄、大型车辆无法转弯掉头，或途中有限重限高桥、限高隧洞等）等也是装配式建筑是否适宜的前提条件。工程所在地附近没有预制构件工厂，工地现场又没有条件建立临时工厂，或建立临时工厂代价太大，该工程就不具备采用预制装配式建筑的条件。

（4）高度条件

装配式建筑的最大适用建筑高度，应根据建设所在地的抗震设防烈度确定，通常比现浇混凝土结构要低。在抗震设防烈度9度区，装配式混凝土建筑目前无规范支持。

框架结构最主要的问题是高度受到限制，按照我国现行规范，现浇混凝土框架结构，无抗震设计最大建筑适用高度为70m，有抗震设计根据设防烈度高度为35~60m。PC框架结构的适用高度与现浇结构基本一样，只有8度（0.3g），地震设防时高度为30m，比现浇结构低5m。

框架-剪力墙结构的建筑适用高度比框架结构大大提高了。A级高层无抗震设计时最大适用高度为150m，有抗震设计时根据设防烈度，最大适用高度为80~130m。PC框架-剪力墙结构，在框架部分为装配式、剪力墙部分为现浇的情况下，最大适用高度与现浇框-剪结构完全一样（9度区除外）。

本章小结

1. 描述了装配式建筑的基本属性和特点，这是本章的中心议题，需要学习者准确把握。

2. 对国内外相关建筑发展历程和各自特色做了简单回顾，学习者如果需要更多资讯，需做必要的本书外延展性阅读。

3. 多角度介绍了我国在此类建筑的生产、建设、使用中应直面并解决的困惑，这是学习本教材后续内容时刻要把握的方向。

思考与练习题

1. 建筑成为装配式建筑的核心要件有哪些？

2. 装配式建筑有没有应用限制？

3. 如何理解国外装配式建筑曾经的蓬勃发展历史？我们有哪些可以借鉴的经验或应怎样避免重蹈覆辙？

4. 我们今天是否需要装配式建筑？它会给我们带来什么变化？

5. 装配式建筑抗震性能够吗？防水性能满足需要吗？建设速度快吗？工程造价可接受吗？验收有可遵循的标准吗？

6.装配式建筑对于住宅来说建筑安装成本影响不小。目前情况下预制装配率越高，预制构件种类越多，项目成本增量越高。那么如果项目要做装配式建筑，各构件的优先选择顺序以及各构件对于装配率的影响是什么呢？

【参考提示】

1～4　略。

5.具体如下：

(1) 日本等高发强震国家大力发展装配式混凝土建筑；国家规范及大量的论证和试验，采用等同现浇的理念；近年，多地进行了大量装配剪力墙建筑的建设实践。

(2) 外墙防水采用了构造防水、材料防水、工艺防水。

(3) 工程工期缩短30%；结构工期与传统施工持平，但装修施工时间大大缩短。

(4) 目前结构成本高于现浇结构100～300元/m^2，但建筑性能提升，性价比高；推行工程总承包EPC、采用标准化设计、实施设计生产施工一体化，成本优势明显。

(5) 目前《混凝土结构工程施工质量验收规范》(GB 50204—2015) 和《装配式混凝土建筑技术标准》(GB/T 51231—2016) 等标准规范，均对装配式混凝土结构的验收提出了明确的方法和要求；相关国际标准、行业标准还在陆续发布实施中。

6.通过对各种预制构件的分析可以得出以下结论（以普通百米内高层为例）。

(1) 如住宅项目需要采用装配式建筑，在满足装配率的情况下，则优先采用水平构件，若装配率不足再考虑使用竖向预制构件。

(2) 使用顺序为：预制楼梯→预制楼板→预制内墙板→预制外墙板。

(3) 例如预制楼梯装配率约为4%，预制楼板装配率约为9%。

第2章

装配式建筑的建筑设计

本章要点

1. 介绍装配式建筑的设计阶段构成、设计特征。
2. 介绍装配式建筑的方案及建筑施工图的设计方法。
3. 介绍装配式建筑的相关各专业设计工作协同。

学习目标

1. 了解装配式建筑设计的划分、内容和相互关系，掌握模数化、标准化、集成化的概念、内容和做法。
2. 熟悉装配式建筑方案设计的特点、基本要求。
3. 熟悉装配式建筑施工图设计的要求、工作内容、构造做法。
4. 了解设备管线系统与建筑设计的关系、配合和做法。
5. 熟悉内装系统的内容、部品选用要求、接口与管线做法等。

【引言】

发展装配式建筑，要"向制造业学习"。

（1）要像制造业一样建立起"系统工程"的理论基础和方法，将装配式建筑当作一个整体来研究和实践。将装配式建筑看作一个复杂的"系统"，用建筑系统的设计方法实现建设对象若干子系统的"集成"。

（2）要像制造业一样将建筑作为产品，进行系统性的生产组织，对所建造产品的全过程进行控制，进而实现工程建造全过程符合工业化要求的标准化、一体化以及高度组织化。

（3）建筑师要在工程建造全过程中，承担起关键性统筹作用。不仅统筹建筑设计的过程，而且要贯穿房屋建造全过程，充分发挥建筑师在工程建设全过程中从设计到建成应尽的责任和作用。

2.1　建筑设计基本原则

2.1.1　装配式建筑各设计阶段及关系

2.1.1.1　装配式建筑的设计要求和原则

装配式建筑设计，应按照适用、经济、安全、绿色、美观的要求，全面提高装配式建筑建设的环境效益、社会效益和经济效益，同时做到技术先进、确保质量等要求。

① 建筑全寿命周期的可持续性基本原则。

② 标准化设计、工厂化生产、装配化施工、一体化装修、信息化管理、智能化应用。

③ 符合城市规划的要求，并与当地的产业资源、周围环境相协调。

④ 少规格、多组合重要原则，在标准化设计的基础上实现系列化和多样化。"建筑是由预制构件与部品部件组合而成"的设计，减少构件规格和接口种类是关键点。实现基本单元（通过基本模块的组合，构成各种功能、户型、单元、楼栋，见图 2.1）的模数化、标准化定型，以提高定型的标准化建筑构配件的重复使用率。

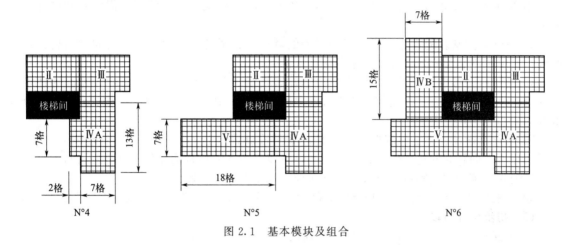

图 2.1　基本模块及组合

2.1.1.2　设计内容

装配式建筑工程设计在传统设计基础上进行（见图 2.2），对传统设计进行策划分析，确定其可行性，进而进行方案设计；并确定构件拆分方案及节点连接分析（要确保不改变原有结构模型，否则会影响结构安全性），最后由设计院进行施工图设计，构件生产厂进行构件深化设计。

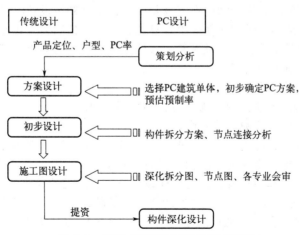

图 2.2　装配式建筑工程设计基本流程

装配式建筑设计，除了方案设计、施工图设计这两个阶段外，为适应装配的要求，要在前面增加设计前期阶段，在后面增加构件深化设计。各阶段主要内容如下。

（1）设计前期阶段

对于预制装配式建筑，设计前期阶段进行技术策划有着不可替代的重要作用。

① 相关设计单位要加强和建设单位的沟通交流，仔细了解建筑项目的外部条件、成本限额、产业化目标、建设规模以及项目定位等内容，提高预制构件的规范化、标准化程序。

② 设计师在工程设计前，要对项目进行定量的技术经济分析、对约束条件进行调查；判断项目是否适合、是否有条件做装配式建筑。

③ 确定合适的技术实施方案，为预制装配式建筑设计提供参考和依据。

（2）方案设计阶段

① 确定项目设计为装配式建筑后，结合预制装配式建筑的技术策划，优化立面设计和平面设计。

② 在确保预制装配式建筑正常使用性能的基础上，坚持多组合、少规格的预制构件设计原则，实现预制装配式建筑设计的系统化和标准化。

③ 设计师要考虑设计工作如何充分表达建筑功能、艺术形象、人文精神等方面的建筑设计理念；协调建设、设计、制作、施工各方之间的关系，并应加强建筑、结构、设备、装修等专业之间的配合。

④ 建设、设计、施工、制作各单位在方案阶段就需要进行协同工作，根据标准化原则，共同对建筑平面和立面进行优化，立面设计时重点分析各种结构构件生产制造的可行性，结合预制装配式建筑的建造特点和方式，设计多样化和个性化的立面。

⑤ 对采用预制构件的技术可行性和经济性进行论证，共同进行整体策划，提出最佳方案。

（3）初步设计阶段

① 根据不同专业的技术要点，做好协同设计。

② 按照要求确定建筑现浇底部的层数，考虑到各种专业管线和设备的预埋预留位置。

③ 选择合适种类的预制构件。

④ 评估建筑项目的可靠性和经济性，分析影响施工成本、施工进度和施工质量的因素，采取科学有效的技术措施。

（4）施工图设计阶段

当建筑设计方案明确后，设计师要在方案基础上，根据初步设计阶段的技术措施，不同专业结合设备设施、内装部品、预制构件等设计参数，在设计预制装配式建筑施工图时，全面考虑到不同展业的预理预留要求，优化预制装配式建筑连接节点的隔声、防火和防水设计，把各项设计思路在具体工程中一一落实。

建筑施工图设计主要包括：

① 与结构工程师确定预制范围，哪一层、哪个部分预制。

② 设定建筑模数，确定模数协调原则。

③ 在进行平、立面布置时考虑装配式的特点与要求，确定拆分原则、表皮造型和质感。

④ 外围护结构尽可能实现建筑、结构、保温、防水、防火、装饰一体化。

⑤ 进行建筑构造设计和节点设计，与构件设计对接，满足各专业对建筑构造的要求。

设计者应该考虑运输、安装等条件对预制构件的限制，这些限制包括：重量（人行道和桥的等级）、高度（桥、隧道和地下通道的净高）、长度（车辆的机动性和相关法律）、宽度（许可、护航要求和相关法律）、可行的起重机的能力。

（5）预制构件设计阶段

预制装配式建筑建设，在设计预制构件时，应坚持模数化、标准化的原则，减少使用的构件类型，确保构件的精确化和标准化，减少工程造价。

① 对于预制装配式建筑中的降板、异形、开洞多等部位，可以采用现浇施工方式。

② 注意预制构件重量及尺寸，全面考虑当地的构件吊装、运输和加工生产能力。

③ 预制构件必须具有良好的耐火性和耐久性，预制构件设计应注意成品安全性、生产可行性和便利性。

④ 若预制构件尺寸比较大，应适当增加构件脱模及吊装用的预埋吊点的数量。

⑤ 结合当地的隔热保温要求，设计合适构造的预制外墙板，满足散热器安装预埋件和空调安装的留洞要求。

⑥ 对于建筑结构中的非承重内墙，尽量选择隔声性好、易于安装、自重轻的隔墙板，结合使用功能，灵活划分预制装配式建筑室内空间，确保主体结构和非承重隔板连接的可靠性和安全性。

(6) 构件加工图设计阶段

预制构件加工厂和设计单位要加强沟通交流，共同配合设计预制装配式建筑构件加工图，建筑专业可以结合实际的建筑项目需求，向设计单位提供预制构件的类型和尺寸。

① 精确定位机电管线和预制构件门窗洞口。

② 注意预制构件的生产运输过程，考虑到预制装配式建筑施工现场各种固定和临时设施安装孔、吊钩的预埋预留。

(7) 构造节点设计阶段

预制装配式建筑结构设计的关键在于优化构造节点设计。

① 预制外墙板的门窗洞口、接缝等防水性不足的材料和构造节点，必须满足建筑的装饰、耐久、力学和物理性能，结合所在地区气候和项目实际情况，优化构造节点设计，满足节能和防水要求。

② 采用构造防水和材料防水相结合的方法，合理设置预制外墙板垂直缝，结合地震作用、风荷载、热胀冷缩等外界环境，设计合适宽度的接缝。

设计质量与进度管理，是进度计划编制、优化、实施情况的跟踪、评价、计划更新以及关系到项目的资源分配、资金需求等的系统工程，应实施设计全过程管控（见图2.3）。

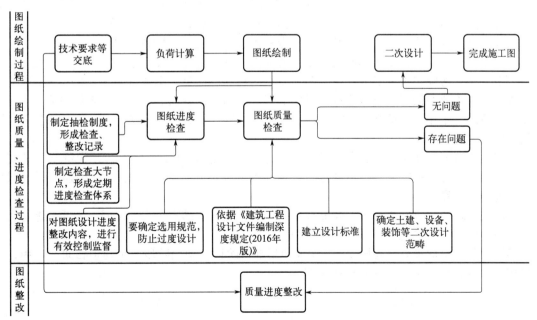

图 2.3　设计质量、进度管理流程

2.1.1.3 建设各阶段一体化

与现浇混凝土建筑的建设流程相比，装配式建筑的建设流程更全面、更精细、更综合，增加了技术策划、工厂生产、一体化装修、维护更新等过程，强调了建筑设计和工厂"生产的协同、内装修和工厂生产的协同、主体施工和内装修施工的协同"。

传统的设计方式会经过方案设计、初步设计、施工图设计三个阶段。装配式建筑的设计包含了五个阶段：技术策划阶段、方案设计阶段、初步设计阶段、施工图设计阶段、构件图设计阶段。两者的基本建设流程有很大不同（见图2.4）。

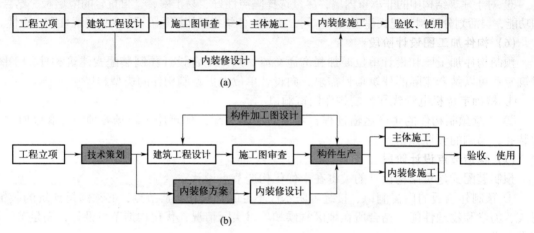

图2.4 现浇式和装配式工程建设流程对比
(a) 现浇式工程建设流程；(b) 装配式工程建设流程

装配式建筑以建筑系统为基础，遵循统一空间基准、标准化模数协调、标准化接口原则，充分开展建筑集成、结构支撑、机电配套、装修一体化协同，形成平行设计模式。

一体化协同技术包括：功能协同技术（机电系统、结构体系支撑并匹配建筑功能装修效果）、空间协同技术（建筑、结构、机电、装修不同专业空间协调，消除错、漏、碰、缺）、接口协同技术（建筑、结构、机电、装修不同专业接口标准化，实现精准吻合）。

一体化设计是工厂化生产和装配化施工的前提，就是要建筑设计把土建、机电和装修设计等重要组成部分协同起来，形成一个完整、系统的设计。避免会出现机电安装和装修阶段的拆改、剔凿，造成效率低下、质量瑕疵和材料浪费。一体化设计的关键是做好各相关单位、相关专业的"协同"工作，并结合实际需要找到"协同"的实施路径和办法，进行有效的管理协同和技术协同。

装配式建筑要一体化设计，各专业间互为条件、互相制约（见图2.5），大量施工及安装工作（内装、幕墙、机电）需在前期设计时精准确定（预制构件中预埋），必须通过最大限度配合实现最优方案。

装配式建筑的建筑结构设计、预制件生产、构件施工安装三个工作之间，需要考虑协调关系，最终完成装配式建筑的工程建设全过程（见图2.6）。

建筑工业化前期策划（见图2.7）主要包括准备阶段、使用阶段，组建项目研究小组，主要对施工技术、质量及生产计划进行策划。

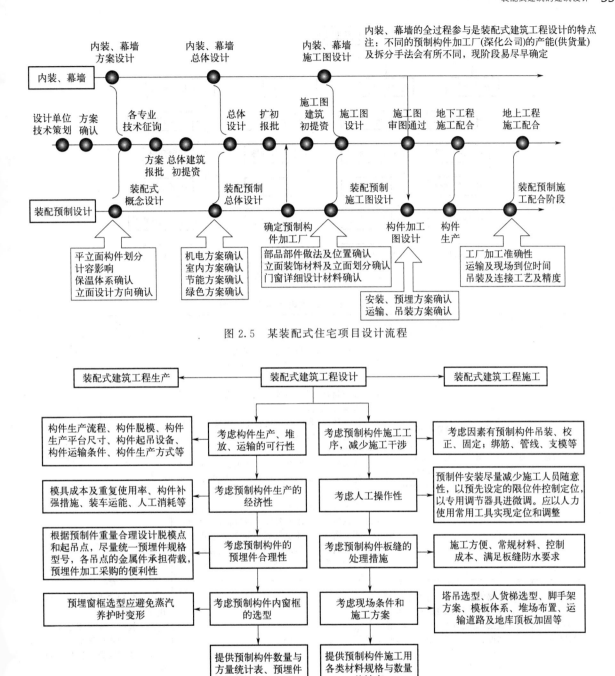

图 2.5　某装配式住宅项目设计流程

图 2.6　装配式建筑工程的设计、生产、施工的关系

2.1.1.4　工作协同

(1) 阶段划分

装配式建筑的建设，大致可分为五个主要阶段，如表 2.1 所示。

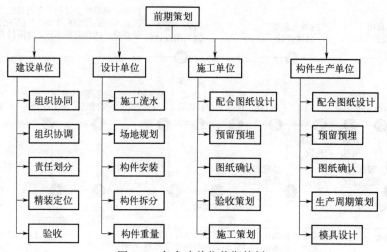

图 2.7　各参建单位前期策划

表 2.1　装配式建筑建设主要阶段划分

阶段	重点工作	基本要求	阶段性成果
方案 设计阶段 (含技术策划)	应根据技术策划要点做好平面设计和立面设计。平面设计在保证满足使用功能的基础上,实现标准化与模数化,遵循预制构件"少规格、多组合"的设计原则	实施范围:按地方政府相关政策文件的最低要求确定实施装配式建造方式的面积比例。 装配目标:根据各地政策文件要求,按最低要求确定项目的装配率。 技术体系:是否有指定技术体系要求,选取效率高且经济性好的装配式工法体系和预制构件类型。 政策奖励:根据各地文件要求,确定项目如何能够获得面积奖励、补贴,是否提前预售等。 报批报建:根据各地政策文件要求,了解当地的认定方法、评审要求等报批报建的流程。 相关资源:了解项目周边相关装配式配套资源,如:构件厂的生产工艺、产能、运距以及总包的装配式技术水平	①《装配式平面立面设计建议》。 ②《装配式建筑评分表》。 ③《装配式方案设计专篇》。 ④《项目装配式方案经营情况变动分析报告》
初步 设计阶段	应根据方案条件进行图纸的深化,预制装配指标复核,典型连接节点做法,优化预制构件种类,充分考虑设备专业管线预留预埋,进行专项的经济性评估,制定合适的技术措施	无	①《装配式平面和立面深化建议》。 ②《装配式建筑评分表》。 ③《装配式计算书》。 ④《装配式典型连接节点设计》
装配式技术 专家评审	在初步设计完成后,施工图审查之前(有结构超限需在结构超限之后)需要针对装配式组织专家评审	此阶段应由设计单位、总包单位、构件厂、门窗单位、精装修单位等共同参与	①《装配式协同管理机制》。 ②经评审的《装配式建筑方案设计》(含建筑、结构、机电、装饰等各专业方案以及穿插施工协作方案)。 ③《信息化管理说明》

续表

阶段	重点工作	基本要求	阶段性成果
施工图设计阶段	按照初步设计阶段制定的技术措施进行设计。并完成预制构件拆分图和节点设计，考虑防水、保温、隔声等设计	建筑专业关注点：增设装配式建筑设计说明、装配式节点大样、保温防水拼缝节点 结构专业关注点：设计总说明（材料说明、施工方案、制作要求、堆场要求、安全生产）；设计优化（少梁大板、混凝土等级、避免上翻梁），构件各阶段计算（脱模、吊装、施工）。 设备专业关注点：管线预埋、预留洞、门窗及幕墙等预埋，点位需进行定位，以便为后续 PC 深化设计图纸的预留预埋提供依据。 施工图设计文件变更涉及技术得分调整的，需要重新组织专家评审并审查	①《施工图装配式设计说明》。 ②《预制构件拆分图》。 ③《连接节点大样图》。 以上阶段性成果连同装配式专家评审全套资料完成后，才可取得"施工图审查合格证"
构件图设计阶段	根据施工图进行绘制预制构件详图，完善预制构件拆分图及节点详图，综合考虑构件生产运输吊装及施工相关的预留预埋点位（包括临时支撑过程），用于工厂生产及指导现场安装施工	无	《全套预制构件图深化设计》

（2）专业协同

协同设计工作是工厂化生产建造的前提。工业化建筑的设计应统筹规划设计、生产运输、施工安装和使用维护，进行建筑、结构、机电设备、室内装修等专业一体化的设计，运用建筑信息模型技术，建立信息协同平台，同时加强建设、设计、生产、施工、管理各方之间的协同。

"协同"的关键是参与各方都要有"协同"意识，在各个阶段都要与合作方实现信息的互联互通，确保落实到工程上所有信息的正确性和唯一性。各参与方通过一定的组织方式（见图 2.8）建立协同关系，互提条件、互相配合，通过"协同"最大限度达成建设各阶段任务的最优效果。

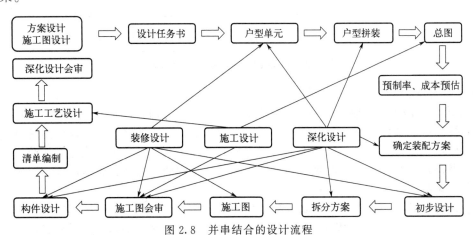

图 2.8 并串结合的设计流程

"协同"有多种方法，当前比较先进的手段是通过协同工作软件、互联网等手段提高协同的效率和质量。例如运用 BIM 技术，从项目技术策划阶段开始，贯穿设计、生产、施工、运营维护各个环节，保证建筑信息在全过程的有效衔接。

　　与传统现浇建筑相比，装配式房屋对设计、建造与各专业的配合度要求更高，需要各专业尽早参与配合（见图2.9）。

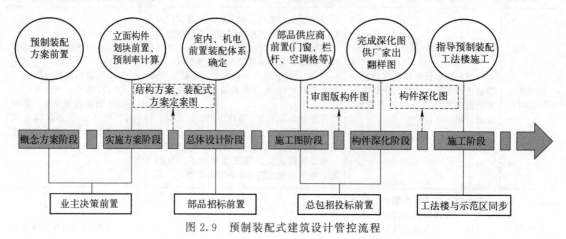

图 2.9　预制装配式建筑设计管控流程

　　相比传统建筑设计阶段的不同，装配式建筑更加注重协同、一体化的设计思路（见图2.10）。未来应完善相关标准和规范体系，进行标准化多样化与工业化结合的标准设计。

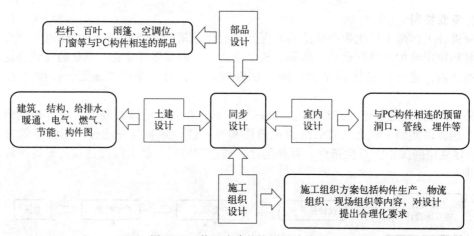

图 2.10　装配式建筑协同设计关系

　　1）土建专业协同

　　① 建筑专业协同。建筑专业协同各专业设计（见图2.11），应充分考虑装配式建筑的特点及项目的技术经济条件，利用信息化技术手段实现各专业间的协同配合，保证内装修设计、建筑结构、机电设备及管线、生产、施工形成完整的系统，利于实现装配式建筑建造的设计技术要求。要考虑对外立面风格、保温形式、降板区域、楼梯面层做法，预埋窗框、瓷砖、石材反打等方面的影响。

　　通过指标计算和控制，满足预制装配率和外墙面积占比：预制构件的选择顺序可考虑容积率和预制指标（如外墙50％和预制率15％）。不同预制装配率有不同的实现方式。

　　② 结构专业协同。装配式建筑体型、平面布置及构造，应符合抗震设计的原则和要求。为满足工业化建造的要求，预制构件设计应遵循受力合理、连接简单、施工方便、少规格、多组合的原则，选择适宜的预制构件尺寸和重量，方便加工运输、提高工程质量、控制建设成

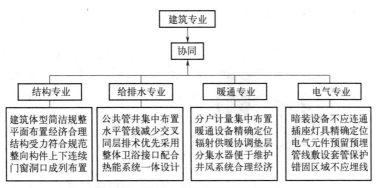

图 2.11　建筑专业协同设计技术要点

本。建筑承重墙、柱等竖件宜上下连续，门窗洞口宜上下对齐、成列布置、不宜采用转角窗；门窗洞口的平面位置和尺寸应满足结构受力及预制构件设计要求，如图 2.12 所示。

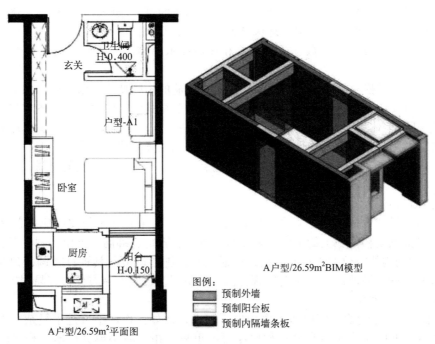

A户型/26.59m²平面图

A户型/26.59m²BIM模型

图例：
■ 预制外墙
□ 预制阳台板
■ 预制内隔墙条板

图 2.12　装配式住宅建筑基本构成

2）设备专业协同

① 给排水专业协同。装配式建筑应考虑公共空间竖向管井位置、尺寸及共用的可能性，将其设于易于检修的部位。竖向管线的设置宜相对集中，水平管线的排布应减少交叉。穿预制构件的管线应预留或预埋套管，穿预制楼板的管道应预留洞，穿预制梁的管道应预留或预埋套管。管井及吊顶内的设备管线安装应牢固可靠，应设置方便更换、维修的检修门（孔）等措施。

② 暖通专业协同。供暖系统的主立管及分户控制阀门等部件，应设置在公共空间竖向管井内，户内供暖管线宜设置为独立环路。采用低温热水地面辐射供暖系统时，分、集水器宜配合建筑地面垫层的做法，设置在便于维修管理的部位。采用散热器供暖系统时，合理布置散热器位置、采暖管线的走向。采用分体式空调机时，满足卧室、起居室预留空调设施的安装位置

和预留预埋条件。当采用集中新风系统时，应确定设备及风道的位置和走向。住宅厨房及卫生间应确定排气道的位置及尺寸。

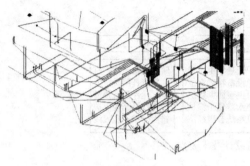

图 2.13 装配式建筑室内电气线路

③ 电气专业协同。确定分户配电箱位置，分户墙两侧暗装电气设备不应连通设置。预制构件设计应考虑内装要求，确定插座、灯具位置以及网络接口、电话接口、有线电视接口等位置。确定线路设置位置与垫层、墙体以及分段连接的配置，在预制墙体内、叠合板内暗敷设时，应采用线管保护。在预制墙体上设置的电气开关、插座、接线盒、连接管线等均应进行预留预埋。在预制外墙板、内墙板的门窗过梁及锚固区内不应埋设设备管线，如图 2.13 所示。

3）内装修协同

装配式内装修设计应遵循建筑、装修、部品一体化的设计原则，部品体系应满足国家相应标准要求，达到安全、经济、节能、环保等各项标准的要求，部品体系应实现集成化的成套供应。部品和构件宜通过优化参数、公差配合和接口技术等措施，提高部品和构件互换性和通用性。

装配式内装设计应综合考虑不同材料、设备、设施的不同使用年限，装修部品应具有可变性和适应性，便于施工安装、使用维护和维修改造。装配式内装的材料、设备在与预制构件连接时宜采用 SI 住宅体系的支撑体与填充体分离技术进行设计，当条件不具备时宜采用预留预埋的安装方式，不应剔凿预制构件及其现浇节点，影响主体结构的安全性。

由于涉及机电点位提资，预制构件会影响精装点位，布置方案需提前交圈，所以精装方案应提前介入，在方案阶段锁定精装方案。

4）施工方协同

需要总包、吊装单位、构件生产厂家都提前介入。构件的施工与安装应提前考虑工程需求，例如：考虑预制构件施工的工序（如吊装、校正、固定、绑筋、支模、脚手架、塔吊、人货梯等）；用预制构件限位件来控制定位，再通过专用施工调节器具进行微调；预制板缝（横缝及竖向缝）的施工处理；PCF 板对穿螺杆洞专项梳理，板应安装方便，容易固定等。

5）构件生产厂家协同

① 构件的加工与运输，应提前考虑构件厂需求，例如：构件不可过于复杂，否则将难以脱模；构件大小匹配生产平台尺寸；构件尽可能重复使用，减小模具成本，构件应为复制关系，而非镜像关系；构件重量合理，预留脱模点和起吊点；预埋件应易于采购和加工；预埋窗框应避免蒸汽养护时变形；构件应满足模式化要求；若在 PC 构件上开设洞口，则板边距洞口距离不应小于 15cm，以保证构件顺利浇筑等。

② 深化设计过程中，应充分提前考虑细节，例如：栏杆对预留洞、预埋件、连接节点深化时，栏杆立杆与预制构件留洞必须完全对应，栏杆立杆的连接须出具节点详图；门窗对槽口、预埋件、连接节点深化时，预制构件采用外保温的应在窗口外侧预留槽口，需出具窗台处预制构件与窗户连接详图等。

做好装配式建筑项目重要的一点是解决好协同设计、同步设计的问题，这会改变传统的招投标采购流程，利于后期施工、利于项目整体施工质量。在设计工程中建立"库"的概念，例如构件库、户型库、厂家库等，这会使工程进度进入产业化时代，数据集成工程可控。

2.1.2 模数化

遵循模数化规则，可减少预制构件种类、优化部件的尺寸，用简单的单元，组合丰富的平面、立面、造型和建筑群。模数化是通用化、标准化、规格化、构件安装便利化的前提；是正确和精确装配的技术保障，设计中运用模数及模数协调，使设计、加工及安装等各个环节的配合简单、明确；是建筑部品制造实现工业化、机械化、自动化和智能化的基础条件，提高工作效率和预制构件质量；从功能、质量、技术和经济等方面获得优化，使生产从粗放型向集约型的社会化协作转化。

2.1.2.1 模数

(1) 模数概念

模数指选定的尺寸单位，是尺度协调中的增值单位。例如，以 100mm 为建筑层高的模数，建筑层高的变化就以 100mm 为增值单位，设计层高可以形成 2.8m、2.9m、3.0m 等，而不是 2.84m、2.96m、3.03m 等。以 300mm 为跨度变化模数，跨度的变化就以 300mm 为增值单位，设计跨度有 3m、3.3m、4.2m、4.5m，而没有 3.12m、4.37m、5.89m。

模数分为基本模数和导出模数，导出模数又分为扩大模数和分模数。在具体设计过程中应遵循《建筑模数协调标准》(GB/T 50002—2013) 的规定。

分模数和扩大模数是基本模数 1M（M 表示基本模数、1M＝100）的系统配套和补充，它们之间应该紧密结合、协调统一。

(2) 模数运用原则

我们国家在模数协调管理中给出了众多标准，在实际运用过程中，一般原则有：

① 结构网格宜采用扩大模数网格（见表 2.2）。装配式混凝土建筑的开间、柱距、进深、跨度、门窗洞口宽度等，宜采用水平扩大模数 2nM、3nM（n 为自然数）；装配式混凝土建筑的层高、门窗洞口高度等，宜采用竖向扩大模数数列 nM；梁、柱、墙等部件的截面尺寸，宜采用竖向扩大模数数列 nM。

表 2.2　装配式剪力墙住宅使用的优先尺寸系列

类型	建筑尺寸			预制楼板尺寸		预制墙板尺寸			内隔墙尺寸		
	开间	进深	层高	宽度	厚度	厚度	长度	高度	厚度	长度	高度
基本模数	3M	3M	1M	1M	0.2M	1M	1M	1M	1M	1M	1M
扩大模数	2M	2M/1M	0.5M	0.1M	0.1M	0.1M	0.1M	0.1M	0.1M	0.1M	0.1M

注　优先尺寸是从基本模数、导出模数和模数数列中事先挑选出来的模数数列，它与地区的经济水平和制造能力密切相关。

② 隔墙、固定橱柜、设备、管井等部件，宜采用基本模数网格。

③ 装修网格，宜采用基本模数网格或分模数网格。

④ 构造节点做法、部件的接口、填充件等分部件，宜采用分模数网格，优先采用分模数数列 nM/2、nM/5、nM/10。

房屋建筑模数协调中的水平尺寸，优选扩大模数系列，强调扩大模数 3M。内装部品采用 3M 系列的模数在很多情况下适用性不强，同时考虑到建筑风格的多样化，建筑内部使用空间的个性化，应按照基本模数 1M 进行设计与生产。尺寸小于 100mm 的内装部品，应严格按照分模数的规定执行。

2.1.2.2 模数化

标准化设计是实施装配式建筑的有效手段，没有标准化就不可能实现主体结构和建筑部品部件的一体化集成，通过标准化设计，预制构件的种类相对较少，适合工业化批量生产，大量的规格化、定型化部件的生产可稳定质量，降低成本。而模数和模数协调是实现装配式建筑标准化设计的重要基础，涉及装配式建筑产业链上的各个环节。

（1）模数协调

1）模数协调概念

模数协调指一组有规律的数列（模数）相互之间配合和协调的方法，实现尺寸协调及安装位置的方法和过程。在生产和施工活动中应用模数协调的原理和原则方法，就是要规范住宅建设生产各环节的行为，制定符合相互协调配合的技术要求和技术规程，满足标准化设计要求。

2）模数协调作用

装配式建筑中运用模数及模数协调，实现设计、制造、施工各个环节和建筑、结构、装饰、水电暖各个专业的互相协调，建筑各部位尺寸进行分割，并确定各个一体化部件、集成化部件、预制构件的尺寸和边界条件。在模数协调控制下，给出合理公差，将标准化设计、工厂化生产的部品部件通过尺寸协调、模块组合、接口连接、节点构造、施工工法，并结合信息化管理技术等在工地高效、可靠集成装配，并做到主体结构、建筑围护、机电装修一体化，形成装配式建筑。

① 能协调预制构件（部品）与构件（部品）之间的尺寸关系，优化构件（部品）的规格，使设计、生产、安装等环节的配合快捷、精确，实现土建、机电设备和装修的"一体化集成"及装修部品部件的"工厂化生产"。

② 能在预制构件的构成要素（钢筋网、预埋管线、点位等）之间形成合理的空间关系，协调建筑部件与功能空间之间的尺寸关系，避免交叉和碰撞。

③ 有利于实现建筑构件（部品）的通用性及互换性，使通用化的部件适用于不同单体建筑；可使模具具有共用性和可改用性。

④ 可减少构件种类、优化部件的尺寸，使部件部品规格化、通用化；可使设计、加工、安装等各个环节的配合简单、明确。

⑤ 可便于建筑部件、构件的定位和安装。

（2）模数化设计要求

模数化设计是以基本构成单元或功能空间为模块，采用基本模数、扩大模数、分模数的方法，实现建筑主体结构、建筑内装修以及部品部件等相互间的尺寸协调。尺寸协调不仅要实现建筑、结构、设备、装修等全专业之间尺寸配合，保证模数化部品部件的应用，还要贯穿于工业化建筑建造的全过程，实现设计、生产运输、施工安装各个环节之间的尺寸配合。

尺寸越多，则灵活性越大，部件的可选择性越强；尺寸越少，则部件的标准化程度越高，但实际应用受到的限制越多，部件的可选择性越低。在建筑设计时应考虑定出合理的设计控制模数数列，以保证装配式建筑在构件生产和建设施工过程中，在功能、质量、精益建造和经济效益方面获得优化。

① 预制构件生产和装配应满足模数和模数协调，应尽可能实现部品、构件和配件的标准化，并考虑制作和安装公差对构件组合的影响。

② 预制构件的配筋应进行模数协调，便于构件的标准化和系列化，还应与构件内的机电设备管线、点位及内装预埋等实现协调。

③ 预制构件内的设备管线、终端点位的预留预埋，宜依照模数协调规则进行设计，并与钢筋网片实现模数协调，避免碰撞和交叉。

④ 门窗、防护栏杆、空调百叶等外围护墙上的建筑部品，应采用符合模数的工业产品，并与门窗洞口、预埋节点等协调。

2.1.2.3 模数化应用

(1) 建筑平面模数化

在建筑平面设计中，利用模数协调原则处理开间或柱距、进深或跨度尺寸、梁、板、墙、门窗洞口宽度，就可以顺利通过对基本空间模块的组合形成多样化的整合。建筑的平面设计为了和构件部品设计、生产和安装等环节的尺寸协调，宜采用基本模数或水平扩大模数数列 $2nM$、$3nM$（n 为自然数）。

装配式建筑的平面设计在模数应用的基础上，应做好各专业间的协同设计，共同确定好构件、部品的平面定位。平面设计通常采用梁、柱、墙等结构部件的中心线定位法，在结构部件水平尺寸为模数尺寸的同时获得的装配空间为模数空间，实现结构主体与内装空间的协调。值得注意的是承重墙体和外围护墙体的厚度选择，应在墙体材料选择的多样性基础上，保证墙体部件围合后的空间符合模数空间的要求。

(2) 建筑剖、立面模数化

立面高度的确定涉及预制构件及部品的规格尺寸，在立面设计中建筑的高度及沿高度方向的部件应进行模数协调，应定出合理的设计参数，采用适宜的模数及优先尺寸，确定合理的建筑层高、门窗洞口高度等尺寸，以便与预制构件及部品的规格尺寸配合。

① 建筑物的高度、层高和门窗洞口高度等，宜采用竖向基本模数和竖向扩大模数数列，层高和室内净高的优选尺寸系列，宜采用竖向扩大模数数列 nM。

各类建筑的层高确定，一定要满足规范对建筑净高（层高）的要求。同时，为实现建筑垂直方向的模数协调，达到可变、可改、可更新的目标，需要设计成符合模数要求的层高，采用基本模数或扩大模数 nM 的设计方法实现结构构件、建筑部品之间的模数协调。室内净高应以地面装修完成面与吊顶完成面为基准面，来计算模数空间高度。层高和室内净高的优先尺寸间隔模数为 $1M$。

② 建筑沿高度方向的部件或分部件定位，应根据不同条件确定基准面，并符合模数层高和模数净高的要求。

(3) 建筑部件及节点模数化

1）节点的模数协调

可以实现部件和连接节点的标准化，提高部件的通用性和互换性。构造节点是装配式建筑的关键技术，应对建筑部件及连接节点采用模数协调的方法确定设计尺寸，设计成具有统一的尺寸规格与参数，并满足公差配合及模数协调的标准化接口，通过构造节点的连接和组合，使所有的部件部品成为一个整体。

如设计中梁、柱、墙等部件的截面尺寸，宜采用竖向扩大模数数列 nM；厨房部品与原材料尺寸，应采用模数协调并尽量采用标准化接口，增加部品的通用性和可置换性。否则本来应该在工厂生产线上大规模工业化生产的部品，不得不逐一丈量，而成为手工业生产的产品，产生大量非标产品和边角废料，浪费了原材料和资源。

2）部件尺寸模数化

部件（结构构件和内装部品）的尺寸（见图2.14）对部件的安装有着重要的意义。部件基准面之间的距离，可采用标志尺寸、制作尺寸和实际尺寸来表示，对应着部件的基准面、制作面和实际面。部件预先假设的制作完毕后的面称为制作面；部件实际制作完成的面称为实际面。

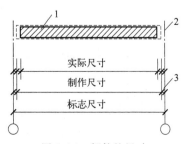

图 2.14　部件的尺寸

1—部件；2—基准面；3—装配空间

部件的标志尺寸应根据部件安装的互换性确定，并应采用优先尺寸系列。设计方更关心部件的标志尺寸，设计人员根据部件的基准面来确定部件的标志尺寸。

部件的制作尺寸应由标志尺寸和安装公差决定。生产方关心部件的制作尺寸，必须保证制作尺寸基本符合制作公差的要求；施工方需要关注部件的实际尺寸，以保证部件之间的安装协调。

（4）模数网格

建筑设计时，应建成由正交或斜交的平行基准线（面）构成平面或空间网格，且基准线（面）之间的距离符合模数协调要求的模数网格。

模数网格可由正交、斜交或弧线的网格基准线（面）构成，连续基准线（面）之间的距离应符合模数（见图 2.15），不同方向连续基准线（面）之间的距离可采用非等距的模数数列（见图 2.16）。

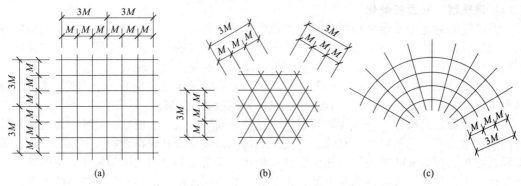

图 2.15　模数网格的类型
（a）正交网格；（b）斜交网格；（c）弧线网格

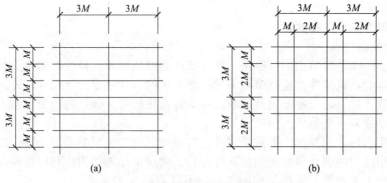

图 2.16　模数数列非等距的模数网格
（a）不同方向非等距；（b）同方向非等距

结构网格宜采用扩大模数网格，且优先尺寸应为 $2nM$、$3nM$ 模数系列。

装修网格宜采用基本模数网格或分模数网格：隔墙、固定橱柜、设备、管井等部件宜采用基本模数网格，构造做法、接口、填充件等分部件宜采用分模数网格，分模的优先尺寸应为 $M/2$、$M/5$。室内装修模数网格由装修部件的重复量和规格决定，是在隔墙部品、收纳部品、设备部品等内装部品基本尺寸上设置建立的，选择应充分考虑到所有室内装修和内装部品的尺寸数据，涉及套内空间和公共部分的网格不能违背内装部品的基本尺寸。

（5）尺寸定位

在模数空间网格中，部品部件的定位主要依据其安装基准面的所在位置决定，每一个部件的位置都应位于模数网格内，可采用中心线定位法、界面定位法或者以上两种方法的综合（见图 2.17）。

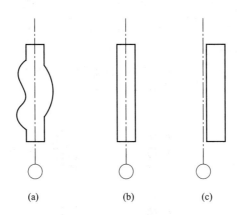

图 2.17　部件的中心线定位法和界面定位法
（a）中心线定位法 1；（b）中心线定位法 2；（c）界面定位法

① 对部件的水平定位宜采用中心线定位法（见图 2.18），如对于柱、梁、承重墙的定位。即把基准面（线）设于部件上（多为部件的物理中心线），且与模数网格线重叠的方法。

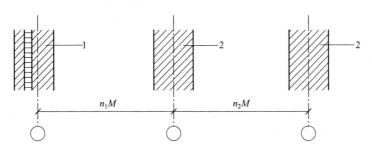

图 2.18　采用中心线定位法的模数基准面
1—外墙；2—柱、墙等部件

当部品部件不与其他部品部件毗邻连接时，一般可采用中心线定位法，如框架柱的定位。当采用中心线定位法定位时，部品部件的中心基准面（线）并不一定必须与部品部件的物理中心线重合，如偏心定位的外墙等。

② 对部件的竖向定位和部品的定位，宜采用界面定位法（见图 2.19），如对于楼板及屋面板的定位。就是把基准面（线）设于部品部件边界，且与模数网格线重叠的方法。

当多部品部件连续毗邻安装，且需沿某一界面部品部件安装完整平直时，一般采用界面定位法，并通过双线网格保证部品部件占满指定领域。

在主体结构部件采用基准面进行定位时，应计算内装部件中基层和面层厚度（见图 2.20），并宜采用技术尺寸进行处理。

③ 对于外挂墙板（安装在主体结构上，起围护、装饰作用的非承重预制混凝土外墙板），应采用中心线定位法和界面定位法结合的方法。板的上下和左右位置按中心线定位，力求减少缝的误差；板的前后位置按界面定位，以求外墙表面平整。

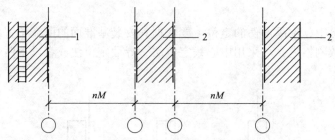

图 2.19　采用界面定位法的模数基准面

1—外墙；2—柱、墙等部件

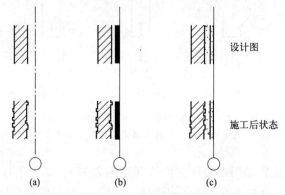

图 2.20　应用技术尺寸处理结构部件厚度

（a）基准面控制；（b）装修面控制（用板）；（c）装修面控制（抹灰）

2.1.3　标准化

2.1.3.1　标准化

工业化建筑进行标准化设计，运用标准化的模数、标准化的构配件，通过合理的节点连接进行模块组装，最后形成多样化及个性化的建筑整体。

建筑标准化设计，就是将部品、部件等模块，采用标准化接口，按功能属性组合成标准单元，单元之间再按性能或形象创意，形成多层级的功能模块组合系统，最终构建成可复制可推广的装配式建筑单体。

装配式建筑宜在适宜的部位采用标准化的产品。根据建筑的主体结构及使用功能要求，选择适合装配的部位与构件种类，如楼梯、阳台构件、管道井等，在装配式建筑中属于易于做到标准化程度高、便于重复生产的部位。

（1）尺寸标准化

只有尺寸标准了，部件、构件之间才可以进行互换，确保部品部件的通用化。

通用化是部品部件具有互换功能，可促进市场的竞争和部品部件生产水平的提高。实现部品部件的互换主要是确定部品部件的边界条件，后安装部品部件与已安装部品部件达到相互尺寸的配合。

（2）规格系列标准化

设计者对部品部件的选用，生产者对部品部件的预生产，安装施工者对设备工具的装备，都可以实现互通协作，形成装配式建筑的工业化顺畅配合。例如，预应力叠合板（叠合构件指由预制混凝土构件或既有混凝土结构构件，和在其顶面上配筋并后浇混凝土而成的叠合层组成，以两阶段成型的整体受力结构构件），板的跨度和板的肋高、厚度、配筋都是相对应的。

（3）接口标准化

接口标准化指安装构造、部品的接口要标准化。例如集成式卫生间（采用建筑部品并通过技术集成，在现场装配的卫生间）与给排水的接口是标准的，选装时可以互换，维修时可以选通用件。

各模块内部与外部组合的核心是标准化设计，组合的关键是接口。接口指两个独立系统、模块或者部品部件之间的共享边界，接口的标准化可以实现通用性以及互换性，才能形成模块之间的协调与契合，达到建筑各模块组合的装配化。

2.1.3.2 标准化设计

装配式建筑标准化设计，构件厂根据设计图纸进行预制构件的拆分设计标准化，构件的拆分在保证结构安全的前提下，尽可能减少构件的种类，减少工厂模具的数量；预制构件与预制构件、预制构件与现浇结构之间节点设计标准化，需参考国家规范图集并考虑现场施工的可操作性，保证施工质量，同时避免复杂连接节点造成现场施工困难。

（1）类型

① 结构设计标准化：由系列的梁、板、柱、墙（水平结构、竖向结构）通过可靠的连接方式装配成结构体系。

② 机电设计标准化：由系列的设备、管道单元组合成标准化的机电模块（强弱电、给排水、供暖、设备、管道），系列功能的机电模块集成化、模块化，装配成有机的机电系统。

③ 装修设计标准化：由系列零配件、部品件装配成标准化的装饰模块（外立面、内隔墙、吊顶、地面、厨卫），系列装饰模块装配成有机的装饰系统。

（2）标准化设计应用

① 结构系统、外围护系统、内装系统及设备与管线系统的部品部件，应采用标准化、系列化尺寸，实现通用性及互换性。可标准化的有楼板（双 T 板、空心板和叠合楼板）、构件常用的连接件（如内置螺母、套筒）、围护结构、隔墙、女儿墙、楼梯、阳台、挑檐板、遮阳板、空调板、管道井等配套构件、室内装修材料、储藏系统、整体厨房、整体卫生间、地板系统等。

② 功能空间优先尺寸的确定，除应与结构系统、外围护系统、内装系统及设备与管线系统相互协调，还应与部品部件的生产、运输及安装相互协调。优先尺寸的确定协调了部品部件之间的尺寸关系，通过优化部品部件的规格，使设计、生产、安装等环节的配合快捷、精确，实现结构、外围护、内装及设备与管线四大建筑系统的一体化集成。

③ 外围护系统应结合建筑总体布局、立面风格、细部处理等进行标准化设计，并应与其他系统进行尺寸协调。建筑立面通过标准单元的有序组合、构件的多样化组合，达到实现立面个性化、多样化设计效果及节约造价的目的。

④ 内装系统宜采用标准化部品，部品部件间应采用标准化接口，满足建筑内部功能空间的可变性和适用性。

⑤ 设备与管线系统和主体结构的耐久年限不一致，宜采用和主体结构相分离的布置方式，并应采用标准化接口。有利于减少设备管线更换时对主体结构造成安全影响，实现部品部件的通用性。

工业化建筑是以标准化为基础的，标准化又以模数协调为中心，模数协调是建筑工业化过程中的必备规则。但是"模数协调"和"标准化"的含义有明显的区别："模数协调"意味着基于 300mm 基本模数的尺寸之间的相互依赖关系；"标准化"意味着大量地重复使用这些模数，同时在外形上并不限制建筑师的自由。

2.1.4 集成化

装配式建筑的关键在于集成，新型装配式建筑不等于传统生产方式和装配化的简单相加，用传统的设计、施工和管理模式进行装配化施工不是真正的装配式建筑建造。

真正意义的装配式建造只有将主体结构、围护结构、内装部品等集成为完整的体系，才能体现装配式建筑的整体优势。装配式建筑设计时，需要考虑让结构系统、外围护系统、设备管线系统和内装系统尽可能地进行集约整合，实现集成化，部品部件采用工厂化生产，实现一体化或者系统间衔接便利，提高建筑功能品质、质量精度及效率效益，减少人工、减少浪费，以实现装配建造的目标。

集成化要满足预制构件在工厂中提前生产的需要，必须要将预留孔洞或埋设管线等提前明确，这样才能在工厂生产中有所安排；还要满足装配式施工安装对接、各专业交叉作业的需要，预制构件精确度极高，所需的预设接口、管线等必须清晰定位，规格和安装顺序要同步设计；还要满足装配式建筑不易拆改的需要，由于装配式建筑存在"脆弱"关键点，一般不可以轻易拆改，安装时调整余地相对较少，必须在设计时考虑周全。

需集成化的有预制构件、夹心保温墙板、门窗、预制构件布置内装系统需要的各种预埋件、埋设机电管线或防雷引下线、整体浴室、整体厨房、整体收纳柜、单元式组合机电箱柜等。

2.1.4.1 集成设计

装配式建筑系统集成，是一个全专业全过程的系统集成的过程。在《装配式混凝土建筑技术标准》(GB/T 51231—2016) 中定义为：以装配化建造方式为基础，统筹策划、设计、生产和施工等，实现建筑结构系统、外围护系统、设备与管线系统、内装系统的一体化（见图 2.21），以及策划、设计、生产与施工一体化的过程。装配式建筑系统集成是与技术体系相适应的技术支撑。

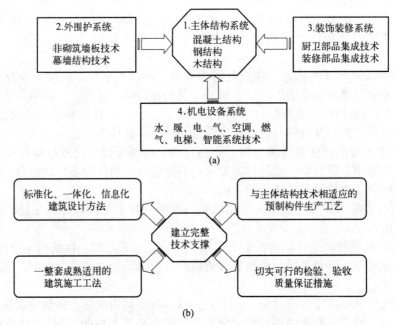

图 2.21 一体化集成技术体系
（a）一体化集成技术体系；（b）一体化集成体系的技术支撑

将建筑当作完整产品进行统筹设计，对以上四大系统一体化的设计称为集成设计。装配式建筑一体化设计（见图 2.22）的基础是模数化、标准化、模块化。

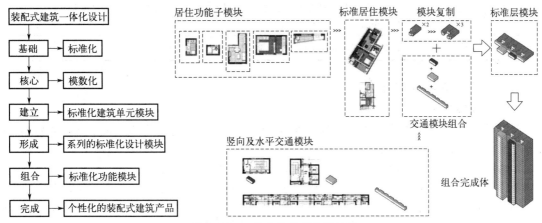

图 2.22　一体化的集成设计过程

（1）建筑主体结构系统

结构系统是指由结构构件通过可靠的连接方式装配而成，以承受或传递荷载作用的整体。

可以集成建筑结构技术、构件拆分与连接技术、施工与安装技术等，并将设备、内装专业所需要的前置预留条件均集成到建筑构件中。

（2）围护结构系统

围护结构系统是指由建筑外墙、屋面、外门窗及其他部品部件等组合而成，用于分隔建筑室内外环境的部品部件的整体。

应将建筑外观与围护性能相结合，考虑外窗、遮阳、空调隔板等与预制外墙板的组合，可集成承重、保温和外装饰等技术。

（3）设备及管线系统

设备及管线系统是指由给水排水、供暖通风空调、电气和智能化、燃气等设备与管线组合而成，满足建筑使用功能的整体。

可以应用管线系统的集约化技术与设备能效技术，保证系统的集成高效。

（4）建筑内装修系统

建筑内装修系统由楼地面、墙面、轻质隔墙、吊顶、内门窗、厨房和卫生间等组合而成，满足建筑空间使用要求的整体。应采用集成化的干法施工技术，将工厂生产的内装部品在现场进行组合安装，体现了装配式建筑的核心要素。例如，集成式卫生间是由工厂生产的楼地面、墙面（板）、吊顶和洁具设备及管线等集成，可以使结构体与装修体相分离，做到安装快捷、维修无损、优质环保。

装配式建筑的设计宜采用主体结构、装修和设备管线的装配化集成技术。评价工程项目设计的建筑集成技术，可采用通过查阅资料，参照一定的评分规则（见表 2.3）打分评价的方法。

表 2.3　某建筑集成技术设计评分规则

序号	评价项目	评价指标及要求	评价分值
1	外围护结构集成技术	采用预制结构墙板、保温、外饰面一体化外围护系统,满足结构、保温、防渗、装饰要求	4
			2

序号	评价项目	评价指标及要求	评价分值
2	室内装修集成技术	项目室内装修与建筑结构、机电设备一体化设计,采用管线与结构分离等系统集成技术	3
3	机电设备集成技术	机电设备管线系统采用集中布置,管线及点位预留、预埋到位	3

2.1.4.2 集成设计应用

(1) 四系统集成

建筑结构系统、外围护系统、设备与管线系统、内装系统的主要部分采用预制部品部件集成,是装配式建筑的主要特征之一。

主体结构包括柱、支撑、承重墙、延性墙板等竖向构件,以及梁、板、楼梯、阳台、空调板等水平构件。结构系统在设计制作过程中要充分适应另外三个系统的特点,统筹考虑使用功能、结构构件、材料性能、加工工艺、运输限制、吊装能力等要求;围护墙应与保温、隔热、装饰一体化,内隔墙与管线、装修一体化;装修和设备管线中充分采用全装修、干法施工楼地面、集成厨房和卫生间、管线分离等集成做法。使得四系统成为互相配合、互相依存、互为条件的集成化体系。

装配式建筑系统集成的关键包括:①强调装配式建筑建造是系统组合的特点;②解决四大系统之间的协同问题;③解决各系统内部的协同问题;④突出体现装配式建筑的整体性能和可持续性。

(2) 模块化设计

我们把建筑中具有独立的特定功能,既相对独立地进行设计、生产和安装,又能够通用互换的单元称为模块。

装配式混凝土建筑采用模块及模块组合的设计方法,建立部件模块、功能模块与空间模块,通过有效连接把模块组合成建筑整体,实现标准化模块多组合应用,提高基本模块、构件和部品重复使用率,可以实现少规格、多组合的目标,有利提升建筑品质、提高建造效率及控制建设成本。

在系统集成设计中,建筑系统、内装系统和设备与管线系统的模块化设计比较容易实现。由于建筑风格的复杂性,结构系统中结构构件比较难实现模块的互换,但预应力楼板等不要求个性化的结构构件,比较容易实现模块化。

1) 模块化对象

公共建筑以标准结构空间为基本单元,应采用楼电梯、公共卫生间、公共管井、基本单元等模块进行组合设计;居住建筑则以套型为基本单元进行模块化组合,应划分楼电梯、公共管井、集成式厨房(采用建筑部品并通过技术集成,在现场装配的厨房)、集成式卫生间等模块,将优化后的套型模块(由起居室、卧室、门厅、餐厅、厨房、卫生间、阳台等功能模块组成)与核心模块(由楼梯间、电梯井、前室、公共廊道、候梯厅、设备管道井、加压送风井等功能模块组成)进行多样化的平面组合设计(见图2.23)。

2) 模块划分

模块应具有"接口、功能、逻辑、状态"等属性,应可分解、组合和更换。其中接口、功能与状态表达模块的外部属性,逻辑反应表达模块的内部属性。划分模块单元应具备某一种或几种建筑功能,结合使用需求、形式、空间特点、结构和构造要求,并考虑工厂加工和现场装配的要求。模块应进行精细化、系列化设计,模块间应具备相应的逻辑及衍生关系,并通过统一的模数化接口,实现符合模数协调的多种不同模块的多样化组合(见图2.24)。

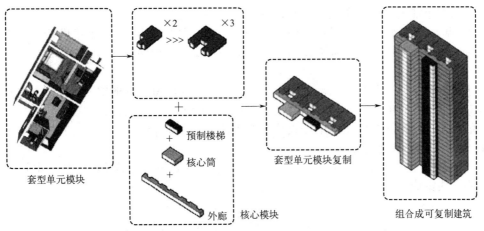

图 2.23　居住建筑套型模块与核心模块组合

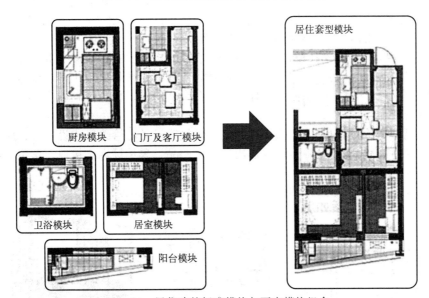

图 2.24　居住建筑标准模块与可变模块组合

(3) 各专业集成与协调

1) 结构系统

为了承受或传递荷载，把预制结构构件通过可靠的连接方式装配成整体。在集成设计中，宜采用功能复合度高的部件进行集成设计，优化部件规格，应满足部件加工、运输、堆放、安装的尺寸和重量要求。为此需做到：

① 结构构件本身集成。如运用莲藕梁使柱与梁集成（见图 2.25）。

② 结构构件与其他系统集成。如夹心保温构件，柱、梁、保温、墙面砖反打一体化设计。

③ 结构构件要满足的环境和条件，进行建筑功能性和艺术性、结构合理性、制作运输安装环节的可行性和便利性等的集成设计。如设计构件的尺寸时，应考虑预制工厂的设备尺

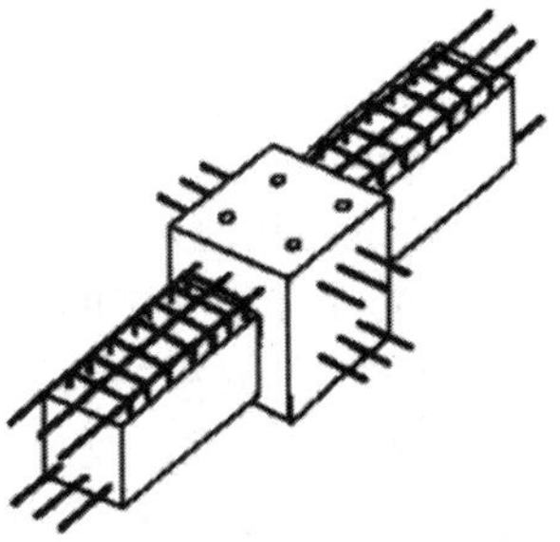

图 2.25　莲藕梁

寸、起重机起重能力、运输车辆限重及超宽、超高的限制等。

④ 结构构件中需全面布置各个专业、各个环节需要的预埋件，为集成供接口和支撑。如施工现场脚手架、防护栏、模板支撑的埋件，都需要在结构构件制作时预埋。

2）围护系统

用于分隔建筑室内外环境的部品部件外墙、屋面、外门窗及其他部品部件等，在集成设计中，应对外墙板、幕墙、外门窗、阳台板、空调板、遮阳部件等进行集成设计，应采用提高建筑性能的构造连接措施，宜采用单元式装配外墙系统。为此需做到：

① 外围护构件本身的集成。

② 外围护构件与其他系统的集成。如采用夹心保温墙板、瓷砖反打、预埋内置幕墙安装用螺母等方法集成。

3）内装系统

楼地面、墙面、轻质隔墙、吊顶、内门窗、厨房和卫生间等内装集成设计时，应满足建筑空间使用要求。应与建筑设计、设备与管线设计同步进行，宜采用装配式楼地面、墙面、吊顶等部品系统，住宅建筑宜采用集成式厨房、集成式卫生间及整体收纳等部品系统。为此需做到：

① 内装系统本身的集成。如装配式建筑采用全装修设计，建筑设计时要考虑内装系统集成设计。

② 内装系统与其他系统的集成。如在建筑设计时要进行内装饰部品部件集成设计，明确预埋件、悬挂件与主体结构的定位关系。包括整体式厨房、整体式卫生间、整体式吊顶、整体式墙面或饰面与基材一体化的墙面、整体收纳、窗帘杆安装、梳妆镜悬挂等。

4）设备与管线

给水排水、供暖通风空调、电气和智能化、燃气等设备与管线集成设计时，应满足建筑使用功能要求。在综合设计过程中，通过选用模块化产品、采用标准化接口、预留扩展条件等途径实现集成化。为此需做到：

① 系统本身的集成。例如使用整体式卫生间（见图 2.26）。

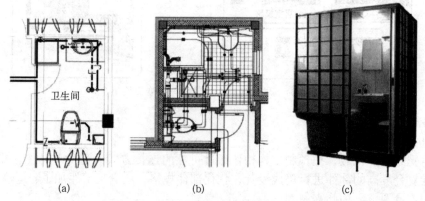

图 2.26　卫生间设计的演变和进化过程
(a) 毛坯房的卫生间；(b) 装配式建筑精细化设计的卫生间；(c) 整体卫生间

② 系统与其他系统的集成。例如管线布置、同层排水（排水横支管布置在排水层或室外，器具排水管不穿越楼层的排水方式）、竖向管井位置等的布置和管线的穿洞，要考虑建筑布局、防火、防水、保温和结构位置，以及考虑方便后期维护更新。

5）接口与构造

接口及构造集成设计中，应使结构系统部件、内装部品部件和设备管线之间的连接方式满足安全性和耐久性要求；结构系统与外围护系统宜采用干式工法连接，其接缝宽度应满足结构变形和温度变形的要求；部品部件的构造连接应安全可靠，接口及构造设计应满足施工安装与使用维护的要求；应确定适宜的制作公差和安装公差设计值；设备管线接口应避开预制构件受力较大部位和节点连接区域。为此需做到：

① 接口与构造设计本身的集成。例如预制外墙板接缝宜通过采用槽口缝或平口缝、选用满足接缝排水要求的材料等，形成构造防水和材料防水的集成。

② 接口与构造设计与各系统之间的集成。例如接口设计时要确定公差设计值以便适应部品部件安装对生产及施工误差的要求；接口选用非焊接、非热溶性的干式连接方式，便于生产、施工和维护；构造节点设计应便于使用过程中部品部件的更换。

(4) 预埋件集成

预制构件设计须汇集建筑、结构、装饰、水电暖、设备等各个专业，制作、堆放、运输、安装等各个环节的要求，处理好所有细节，在制作图上无遗漏地表示出来。这就要求做好以下几点：

① 装饰、暖电气等专业，将有关的要求（如线盒、预埋管线、预埋件等）准确定量地提供给建筑师和结构工程师。

② 设计师与构件制作厂和施工单位协调，确定制作、安装需要的预埋件。如脱模、翻转、安装、吊点、临时支撑、开口构件临时拉结、调节安装高度、后浇模板固定、安全护栏固定等，需要的预埋件的型号、位置、数量等。

③ 结构专业拆分设计人员，将其他专业所有环节对预制构件的要求集成到构件图中。

预制构件制作图应当表达所有专业、所有环节对构件的要求。将各专业预埋件、预埋物和孔洞等埋设物等，都清晰地表达在一张或一组图上，以便所有预埋件等在构件制作时埋入或预留，避免施工时在构件上打眼。常见的预埋件见表 2.4。

表 2.4　预制构件常用预埋件

阶段	用途	种类	埋置位置
制作、运输、施工阶段	脱模	内埋式金属螺母、钢筋吊环、埋入式钢丝绳吊环	楼板、梁、柱、墙板中
	吊运	内埋式金属螺母、钢筋吊环、吊钉	
	翻转	内埋式金属螺母	墙板中
	安装微调	内埋式金属或塑料螺母、专用件	柱中
	临时侧支撑	内埋式金属螺母	柱、墙板中
	后浇筑混凝土模板固定	内埋式金属螺母	
	脚手架或塔吊固定	预埋钢板、内埋式金属螺母	墙板、柱、梁中
	施工安全护栏固定	内埋式金属螺母	
使用阶段	构件连接固定	预埋钢板、内埋式金属螺母	外挂墙板、楼梯板中
	门窗安装	内埋式金属螺母、木砖、专用件	内、外墙板中
	金属阳台护栏、窗帘杆或盒	内埋式金属或塑料螺母	外墙板、柱、梁中
	外墙水落管固定	内埋式金属或塑料螺母	外墙板、柱中
	装修用预埋件	内埋式金属或塑料螺母	楼板、梁、柱、墙板中
	设备、灯具固定	预埋钢板、内埋式金属或塑料螺母	
	通风管线固定	内埋式金属或塑料螺母	
	管线固定	内埋式金属或塑料螺母	
	电源、电信线固定	内埋式金属或塑料螺母	

2.2 建筑方案设计

2.2.1 建筑风格与功能

2.2.1.1 装配式建筑风格设计

(1) 造型简洁规律

造型变化不大、立面凹凸少、有规律的情况下，即使是采用非线性墙板、复杂质感墙板等，或者工厂制作的非结构受力的复杂造型外挂墙板，装配式都比现浇更具有优势。

非标建筑的现浇模板搭设是一个难度极大的问题，而将其不规则平面进行拆分，由于工厂制作条件好反而利于生产。例如悉尼歌剧院帆形壳顶在施工现场搭设模板进行现浇几乎是不可能的，通过对帆形壳顶拆分进行工厂预制，再现场装配，其非凡艺术构想得以成功实现。

但如剪力墙是结构构件，如果做成曲面或其他各种造型，不利于结构传力，不适宜做复杂的造型。

(2) 立面质感表达

外挂墙板或剪力墙板的各种质感，包括清水混凝土质感、瓷砖反打、石材反打、装饰混凝土的各种纹理，可以在预制厂中通过模具方便地实现。

装配构件组合形成的建筑立面不可避免地存在缝隙，无法做到连续性无缝建筑立面表皮。

2.2.1.2 装配式建筑功能设计

装配式建筑通过四大系统的集成、全装修、管线分离和同层排水（见图 2.27）等区别于现浇建筑的做法，提高建筑的标准与质量、舒适度、建筑物的耐久性，改善和扩展使用功能。

① 建筑保温、抗渗漏性、隔声性能、防火功能较好。夹心保温墙板保温性能好；门窗一体化使窗口密实性增加，解决传统建筑透风、透寒等建筑通病。

② 全装修省去了装修麻烦。管线不在结构里埋设，方便日后维修更换；避免自行装修砸墙凿洞造成建筑结构破坏。

③ 同层排水不会因为楼上下水道堵了楼下漏水。

但是也有一些不利影响需要考虑，例如由于层高增加导致成本增加，叠合楼板的现浇带有可能形成裂缝。为此可采用假墙（见图 2.28）等措施减少增加层高。

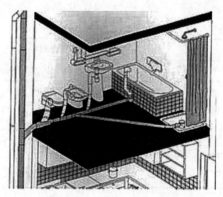

图 2.27 卫生间同层排水

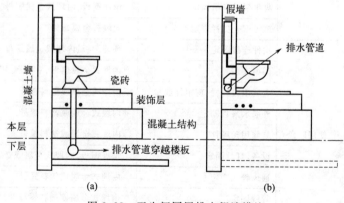

图 2.28 卫生间同层排水假墙措施
(a) 吊顶装饰；(b) 无须吊顶

2.2.2　建筑方案协调与限制

从装配式建筑设计角度看，建筑方案设计阶段除了常规工作外，还需对装配特点进行针对性工作：

① 对装配式建筑的适用条件、约束条件进行调查，并从建筑风格、造型、形体、高度、质感等方面研究，判断项目是否可以采用装配式建设。

② 为实现工程所在地的当地政策要求，须采取哪些做法。例如一般土地招拍挂时会设定预制率的刚性要求。

2.2.2.1　与生产和施工单位协调

(1) 方案设计阶段

充分了解构件工厂制作、工厂到工地运输条件、施工单位施工能力等方面的条件信息，制作、安装各环节对预制构件的要求；在此基础上形成预制方案。

确定部品与预制构件的交接关系、需要预留的部件，需要厂家做深化设计的部品应提供详图，选用成品部件的应明确品牌、型号、材质。

(2) 施工图设计阶段

制作、施工单位应当以书面的形式提出各自环节详细的要求，设计师尽可能地将这些要求在施工图中实现，无法实现时再进行讨论，总结出可行性的办法。

(3) 审图交底阶段

设计师应当与制作、施工单位进行详细沟通并提出意见，避免出错或遗漏。

(4) 协调的关键环节

① 与工厂、施工安装企业确认适宜的规格尺寸和质量的构件。

② 构件造型和拆分设计，要充分给予工厂制作、工地安装方便。例如，构件造型要便于制作过程的拆模作业；构件里的钢筋、埋件位置不能拥挤而影响制作质量；构件安装时现场浇筑空间不能太小而导致无法作业。

③ 构件设计时要充分考虑生产工艺。例如预制平台是否是自动翻转台对构件预埋件不同；不同墙板翻转需要的埋件不同。

2.2.2.2　尺度限制

(1) 平面形状尺寸

为配合装配式混凝土构件拆分，建筑设计需做到平面简单、规则、对称，质量、刚度分布均匀，长宽比、高宽比、局部突出或凹入部分的尺度均不宜过大，尽量避免出现短小墙体，不应采用严重不规则的平面布置。南北侧墙体、东西山墙应尽可能采用一字形墙体，北侧楼梯间及电梯间、局部凹凸处应采用现浇墙体。户型设计时宜做突出墙面设计，不宜将阳台、厨房、卫生间等凹入主体结构范围内，如表 2.5 所示。

表 2.5　平面尺寸限值

装配整体式剪力墙结构	非抗震地区	抗震设防烈度		
		6 度	7 度	8 度
长宽比	<6.0	<6.0	<6.0	<5.0
高宽比	<6.0	<6.0	<6.0	<5.0

（2）运输尺寸、重量

在设计时需考虑混凝土预制构件工厂模台对构件最大尺寸的限制，装配式建筑部品部件运输的尺寸、重量限制。

（3）构件受力

在进行方案选择的过程中，决定哪些构件采用预制、哪些构件为非预制，以及选择什么形式的预制件，还应考虑构件在整体结构中的受力情况及影响（见表2.6）。

表 2.6　各种构件在结构中的受力情况

构件类型	受力情况	
	参与整体结构受力	不参与整体结构受力
水平构件	预制混凝土叠合楼板 预制混凝土叠合梁	预制阳台板 预制空调板 预制混凝土雨棚
竖向构件	预制混凝土柱 预制混凝土剪力墙 预制叠合剪力墙板（PCF）	预制混凝土外墙挂板 预制混凝土内隔墙 预制混凝土平窗板 预制混凝土凸窗板
其他	预制混凝土楼梯	—

2.2.2.3　构件拆分

预制装配式建筑设计是在常规建筑设计的基础上，增加对预制装配技术的延伸设计。

构件拆分指的是预制混凝土构件的深化设计，根据工程结构特点、建筑结构图及甲方要求，在建筑方案设计过程中要充分考虑构件拆分的可能性、合理性，配合结构设计进行详细的构件拆分，出具拆分设计图纸（主要包括构件拆分深化设计说明、项目工程平面拆分图、项目工程拼装节点详图、项目工程墙身构造详图、项目工程量清单明细、构件结构详图、构件细部节点详图、构件吊装详图、构件预埋件埋设详图）。

结构构件拆分的具体要求和做法，详见第3章相关内容。

2.3　建筑施工图设计

2.3.1　施工图设计要求

2.3.1.1　设计依据

（1）规范的要求

装配式建筑设计除了执行结构建筑有关标准外，还应执行关于装配式建筑的有关国家规范标准、行业标准、地方标准等。例如《装配式混凝土建筑技术标准》（GB/T 51231—2016）、《装配式混凝土结构技术规程》（JGJ 1—2014）、《装配式剪力墙结构设计规程》（DB 11/1003—2013）等。

（2）用户、地方政策的要求

① 若是用户关于装配式建筑的设计任务书和设计要求与国家及行业标准相违背，则以国家及行业标准为主。

② 工程所在地当地政策对装配式建筑的一些限制性要求。例如在土地转让条件中政府关于装配式建筑的一些条件，要求必须使用 BIM 进行设计管理，对预制率的要求及预制范围核

算方法等。

当建筑设计需要借鉴国外成熟的经验时，应进行试验以及请专家进行论证等。

2.3.1.2 设计要点

装配式建筑的建筑施工图设计，关于装配要求的设计要点主要有：

① 通过四大系统集成设计分析，确定哪些部品部件可以预制。

② 通过实施模数化、规格化、标准化，实现建筑部品制造工业化、机械化、自动化和智能化，从技术上确保正确和精确装配，有效降低生产成本。

③ 通过协同设计，保障各个专业之间无撞车、打架、遗漏等问题。可通过采用 BIM 技术、建立有效的沟通机制等手段，避免发生此类在装配式建筑中难以补救的问题。与制作、运输和安装环节协同，确定在生产、安装过程中建筑设计内容能够实施，并把这些过程的需要（如预埋件）全面、准确表达在设计图中。

④ 合理可行地设计构件的拆分与连接，把每一处拆分、连接的建筑构造要求（如防水、防火、保温等）正确清晰地表达出来。

2.3.2 施工图设计内容

装配式建筑在设计全过程应提供完整成套的设计文件，这是装配式建筑顺利实施的关键。

2.3.2.1 设计基本工作内容

(1) 各阶段设计文件

各阶段设计文件主要包括：技术报告、施工设计图、构件加工设计图、室内装修设计图等。

1）技术报告

技术报告的内容主要包括：项目采用的结构技术体系、主要连接技术与构造措施、一体化设计方法、主要技术经济指标分析等相关资料。

2）预制构件的加工图纸

装配式建筑相对于现浇混凝土建筑的设计图纸增加了构件加工设计图。

构件加工设计图可由建筑设计单位与预制构件加工厂配合设计完成，建筑专业可根据需要提供预制构件的尺寸控制图。

设计过程中可采用 BIM 技术，提高预制构件的设计完成度与精确度，确保构件加工图全面准确地反映预制构件的规格、类型、加工尺寸、连接形式、预埋设备管线种类与定位尺寸，满足预制构件工厂化生产及机械化安装的需要。

(2) 涉及装配式建筑需要的工作内容

① 建筑师确定建筑模数、模数协调原则，并与结构工程师对预制范围协商一致。

② 平、立面设计中考虑装配式的特点与要求，合理安排平面布置、确定立面拆分原则，拆分应与结构设计师协同，设计建筑造型和表面质感。

③ 进行外围护结构建筑设计，尽可能实现外围护系统的集成化设计，进行建筑、结构、保温、装饰一体化设计。设计外墙预制构件接缝防水、防火构造，并与构件设计对接。

④ 进行建筑构造设计和节点设计，应充分体现各专业或环节（如门窗、装饰、厨卫、设备、电源、通信、避雷、管线、防火等）的要求。

⑤ 统筹内装系统的全装修设计，建筑师组织内装与结构、围护、设备管线各专业进行协同设计。

⑥ 根据甲方是否要采用管线分离和同层排水的决定，统筹机电设备、结构、内装等相关

专业的协同设计。

⑦ 将各专业对建筑构造的要求汇总等。

(3) 涉及装配式需要的设计图纸文件

① 建筑立面的拆分图。

② 建筑部品部件、连接节点的设计要求。例如，整体式厨房的规格选用、组合一体化的墙板及飘窗的构造设计，外挂墙板的构造详图，预制构件的接缝处理，连接缝的构造图。

③ 建筑细部构造图。例如，夹心保温剪力墙建筑构造、外墙门窗节点、剪力墙女儿墙构造、滴水构造、排水构造、泛水构造、构件细部构造等。

④ 机电设备部件与建筑衔接接口图。

⑤ 预制部品部件选用的标准图或厂家提供的技术文件。

⑥ 内外装修施工图。例如瓷砖、石材反打的排版图。

2.3.2.2　设计说明

建筑设计说明应按常规设计进行说明编制，根据工程所在地的政策要求，另外增加关于装配式建筑的说明。

① 本项目装配式设计概况包括：设计依据、结构的预制、部品部件的说明、全装修的概述、其他装配式的有关内容、预制率和装配率。

② 预制构件、预制部品表。

③ 装配式建筑材料的选用要求。

④ 关于装修的说明。

2.3.2.3　总平面

装配式建筑的总平面设计应在符合城市总体规划要求，满足国家规范及建设标准要求的同时，充分考虑项目所在区域的构件生产能力、运输条件、施工装配能力（如现场运输与吊装条件）等，结合工程经济性，安排好装配式设计生产的技术路线、实施部位及规模；配合现场施工方案，充分考虑构件运输通道、吊装及预制构件临时堆场的设置。

(1) 总平面运输条件

预制构件场外至施工现场塔吊所覆盖的临时停放区，道路宽度、荷载、转弯半径、净高等应满足通行条件。如交通条件受限，应统筹考虑设置其他临时通道、出入口或道路临时加固等措施，或改变预制构件的空间尺寸、规格、重量等，以保证预制构件的顺畅到达。

(2) 总平面空间场地

装配式建筑的大部分预制构件在工厂加工后，运到施工现场，经过短时间存放或立即进行吊装，施工组织计划和各施工工序的有效衔接相比传统的施工建造方式要求更高。

① 考察预制构件生产地到施工现场之间道路的路况、荷载、宽度、高度等条件，统筹考虑预制构件的规格、重量、运输成本及道路临时加固等因素，并确定构件运输的施工现场进出口位置。

② 考虑预制构件需要在施工的过程中运至塔吊所覆盖的区域进行吊装，总平面的道路交通设计应与建筑构件施工运输的方案相结合，为构件的运输、堆放、吊装预留足够的安装动线空间。运输道路应有足够的路面宽度和转弯半径。

③ 在总平面设计时，综合施工顺序、塔吊半径、塔吊运力等，合理选择预制构件临时堆放场地，尽量避开施工开挖区域。在临时堆场条件不能满足需要时，应尽早结合施工组织，为塔吊和施工预留好现场条件。

2.3.2.4　建筑平面

装配式建筑的平面设计除了要满足使用功能的要求外，还应采用标准化的设计方法全面提升建筑品质、提高建设效率及控制建造成本。

(1) 应采用大开间、大进深、空间灵活可变的平面布置方式

平面设计不仅应考虑建筑各功能空间使用尺寸，还应考虑建筑全寿命周期的空间适应性，让建筑空间适应使用者不同时期的不同需要，大空间结构形式有助于实现这一目标。大空间的设计还有利于减少预制构件的数量和种类，提高生产和施工效率、减少人工、节约造价。

① 为适应个性化建筑空间要求，不妨碍在使用寿命周期内户内布置的随时改变，大空间结构形式设计可以采用轻质空腔内墙（如轻钢龙骨石膏板、轻质条板、家具式分隔墙等）、顶棚吊顶、地面架空、管线不埋设在混凝土中（而是利用构件空腔进行设备管线设置，方便维修和改造），以便结构设计中大跨度构件负荷、尺寸较小。

② 平面布置大开间、大进深，可以更适应剪力墙结构平面布置较多限制的情况。

③ 要尽量按一个结构空间来设计公共建筑单元空间或住宅的套型空间。根据结构受力特点合理设计结构预制构配件（部品）的尺寸，并注意预制构配件（部品）的定位尺寸，既应满足平面功能需要又应符合模数协调的原则。

(2) 装配式建筑的平面形状及竖向构件布置要求，应严于现浇混凝土结构的建筑

① 建筑平面设计的平面形状规则有利于结构的安全性，保证结构的安全及满足抗震设计的要求。结构竖向构件布置均匀、合理，避免抗侧力结构的侧向刚度和承载力沿竖向突变。承重构件（承重墙、柱等竖向构件）布置应上下对齐连续贯通，外墙洞口宜规整有序。门窗洞宜上下对齐、成列布置，其平面位置和尺寸应满足结构受力及预制构件的设计要求；剪力墙结构不宜采用转角窗。平面设计的规则性可以减少预制楼板与构件的类型，有利于经济的合理性。

对平面规则性的限制，从结构抗震角度主要有两个目的：

a. 控制结构扭转。结构在地震作用下的扭转会造成结构边缘的构件中剪力较大，对装配式混凝土结构特别不利（预制构件水平接缝，容易产生开裂和破坏）；扭转还会在叠合楼板中、楼板与竖向构件的接缝处产生较大的平面内应力，引起面内剪力，容易造成破坏。

b. 避免楼板中出现应力集中。对于平面较长外伸、角部重叠和细腰形的平面，凹角部位楼板内会产生应力集中，中央狭窄部分楼板内应力也很大，设计中应有针对性地进行分析和局部加强，如采用现浇楼板、加厚叠合楼板的现浇层及构造配筋，或者在外伸端部设置刚度较大的抗侧力构件等。

特别不规则的平面设计，在地震作用下内力分布较复杂，不适宜采用装配式结构；会增加预制构件的规格数量及生产安装的难度；会出现各种非标准的构件，不利于降低成本及提高效率；形体不规则的建筑，为实现相同的抗震设防目标，要比形体规则的建筑耗费更多的结构材料；不规则程度越高，对结构材料的消耗量越大，性能要求越高，不利于节材。

平面形状宜简单、规则、对称，质量、刚度分布宜均匀，如图 2.29 所示。平面长度不宜过长，长宽比（L/B）宜按表 2.7 采用；平面突出部分的长度 l 不宜过大、宽度 b 不宜过小，宜按

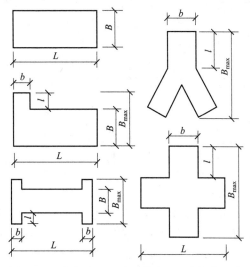

图 2.29　建筑平面、平面尺寸和凸出部位示意

表 2.7 采用；不宜采用角部重叠或细腰形平面布置。

表 2.7 平面尺寸及突出部位尺寸的比值限值

抗震设防烈度	L/B	l/B_{max}	l/b
6、7 度	≤6.0	≤0.35	≤2.0
8 度	≤5.0	≤0.30	≤1.5

② 在建筑设计中要从结构和经济性角度优化设计方案，尽量减少平面的凸凹变化，避免不必要的不规则和不均匀布局。平面凹凸变化过多、过深，将不利于外挂墙板预制，且不利于楼板搭接。

当选用外挂板时，对窗洞大小及位置可能有调整；应尽量减少飘窗等异形构件的设计，如有则尺寸宜统一。

③ 平面布置应合理，厨房和卫生间的平面尺寸宜满足标准化整体橱柜及整体卫浴的要求。

2.3.2.5 立面

装配式建筑的立面是标准化预制构件和各种立面形式的构配件装配后的集成与统一，立面设计与标准化预制构件、部品的设计是总体和局部的关系。立面设计宜考虑预制构件生产加工的可能性，根据装配式建造方式的特点、技术策划的要求，最大限度考虑采用预制构件，要实现建筑立面的个性化和多样化效果，应采用标准化设计、模数协调等设计方法，并依据"少规格、多组合"的原则尽量减少立面预制构件的规格种类，体现装配式建筑建造方式的特点及平面组合设计实现。

(1) 建筑立面处理

① 为形成建筑艺术风格，外墙设计应满足建筑外立面多样化和经济美观的要求。宜通过建筑体量、材质肌理、色彩等变化，利用标准化构件的重复、旋转、对称等多种方法组合，以及立面构件凸凹产生的光影，形成既有规律性的统一，又有韵律性的个性变化，丰富多样的立面效果。预制混凝土外墙的装饰面层宜采用清水混凝土、装饰混凝土、免抹灰涂料和反打面砖等耐久性的墙的建筑材料。

② 建筑立面要呈现整齐划一、简洁精致、富有装配式建筑特点的韵律效果，应规整、外墙宜无凸凹、减少装饰构件，尽量避免复杂的外墙构件。建筑外立面造型变化不宜过多，减少立面线脚装饰或采用 GRC 等材料后期贴筑；预制构件外形应尽量提高构件生产用的模具重复率，以降低生产成本。

建筑物竖向不规则会造成结构地震力和承载力沿竖向的突变，装配式混凝土结构在突变处的构件接缝更容易发生破坏。如果发生竖向承载力或刚度突变的情况，突变位置可局部采用现浇结构。

③ 层高、门窗洞口、立面分格等竖向尺寸应符合模数化要求，尽可能协调统一。门窗洞口宜上下对齐、成列布置，其平面位置和尺寸应满足结构受力及预制构件设计要求。

剪力墙门窗洞口宜上下对齐、对称布置，形成明确的墙肢和连梁；抗震等级为一级、二级、三级的剪力墙底部加强部位不应采用错洞墙，结构全高均不应采用叠合错洞墙，见图 2.30。

④ 立面分格应与构件组合的接缝相协调，做到建筑效果和结构合理性的统一；构件的立面拼缝应同时考虑防水与美观。一方面结合门窗洞口、阳台、空调板及装饰构件等按设计要求进行划分；另一方面要充分考虑预制构件工厂的生产条件，结合结构现浇节点及外挂墙板的受力点位，确定外墙的墙板组合模式。

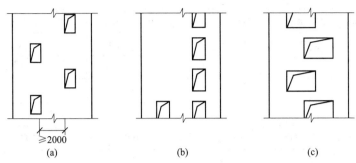

图 2.30   剪力墙门窗洞口开设位置

（a）一般错洞墙；（b）底部局部错洞墙；（c）叠合错洞墙

⑤ 外墙表面应选用合适的建筑装饰材料，运用不同的表面肌理和色彩可满足立面效果设计的多样化要求。一般可选择混凝土、耐候性涂料、面砖和石材等；如混凝土可处理成彩色混凝土、清水混凝土、露骨料混凝土及表面带图案装饰的拓模混凝土等；如耐久、不易污染的涂料饰面可采用工厂预涂刷，其整体感强、装饰性好、施工简单、维修方便，较为经济；如面砖饰面、石材饰面坚固耐用，具备很好的耐久性和质感，且易于维护，但在生产过程中饰面材料应与外墙板采用反打工艺一次制作成型，减少现场工序，改善质量，提高使用寿命。

⑥ 墙外设施和装饰等部品部件，宜进行标准化、一体化设计，如外墙、阳台板、空调板、外窗、遮阳等。门窗应采用标准化部件，宜采用预留副框或预埋等方式与墙体可靠连接，外窗宜采用合理的遮阳一体化技术。

（2）立面门窗设计

装配式建筑立面门窗设计应满足建筑的使用功能、经济美观、采光、通风、防火、节能等现行国家规范标准的要求。

1）门窗洞口的尺寸

门窗洞口尺寸应遵循模数协调的原则，符合《建筑门窗洞口尺寸系列》(CB/T 5824—2021)的规定，在满足功能要求的前提下宜采用优先尺寸（见图 2.31）中的基本规格，其次选用辅助规格，并减少规格数量，使其相对集中。

采用组合门窗时，优先选用基本门窗组合而成的门或窗。减少门窗的类型，就是减少预制构件的种类，利于降低工厂生产和现场装配的复杂程度，保证质量并提高效率。

2）门窗洞口的布置

装配式建筑设计在确定功能空间的开窗位置、开窗形式的同时，重点考虑结构的安全性、合理性，门窗洞口布置应满足结构受力的要求，位置与形状应方便预制构件的加工与吊装。

① 门窗洞口宜上下对齐、成列布置，其平面位置和尺寸应满足结构受力及预制构件设计要求。

② 转角窗的设计对结构抗震不利，且加工及连接比较困难，装配式混凝土剪力墙结构不宜采用转角窗设计。

③ 开洞预制剪力墙洞口宜居中布置，洞口两侧的墙肢宽度不应小于 200mm，洞口上方连梁高度不宜小于 250mm。

④ 对于框架结构预制外挂墙板上的门窗，要考虑外挂墙板的规格尺寸、安装方便和墙板组合的合理性。

（3）建筑立面拆分

① 外立面拆分要考虑建筑功能和艺术效果。相关因素包括：

a. 建筑功能的需要。如围护功能、保温功能、采光功能等。

标志尺寸/mm	洞口宽度	700	800	900	1000	1200	1500	1800
洞口高度	序号	1	2	3	4	5	6	7
2100	2	□	□	□	□	□	□	□
2400	3	□	□	□	□	□	□	□

(a)

标志尺寸/mm	洞口宽度	600	900	1200	1500	1800	2100
洞口高度	序号	1	2	3	4	5	6
600	1	□	□	□	□	□	□
900	2	□	□	□	□	□	□
1200	3	□	□	□	□	□	□
1500	4	□	□	□	□	□	□
1800	5	□	□	□	□	□	□
2100	6	□	□	□	□	□	□

(b)

图 2.31　民用建筑门窗洞口优先尺寸系列
(a) 门洞尺寸；(b) 窗洞尺寸

b. 建筑艺术的要求。如对外墙或外围柱、梁后浇筑区域的表皮处理。

c. 建筑、结构、保温、装饰一体化。

d. 构件规格尽可能少。制作、运输、安装条件不能满足整间墙板尺寸或重量时，应采取的办法。

② 外立面拆分要考虑结构的合理性和实现的便利性，应与结构师协调：

a. 符合结构设计标准的规定和结构的合理性。

b. 外墙板等构件有对应的结构可安装等。

③ 装配式建筑的立面分格。

立面分格应与构件组合的接缝相协调，做到建筑效果和结构合理性的统一。

装配式建筑要充分考虑预制构件工厂的生产条件，结合结构现浇节点及外挂墙板受力点位，综合立面表现的需要，选用合适的建筑装饰材料，设计好墙面分格、确定外墙合理的墙板组合模式。

a. 立面构成要素宜具有一定的建筑功能。例如外墙、阳台、空调百叶、栏杆等，避免大量应用装饰性构件（尤其是与建筑不同寿命的），影响建筑使用的可持续性，不利于节材、节能。

b. 预制外墙板的组合设计，主要考虑结构的安全性要求、预制构件模具的适应性、吊装的可行性及经济性、现场塔吊或其他起吊装置的起吊能力等。

预制混凝土外墙板通常分为整板和条板。整板大小通常为一个开间的长度尺寸，高度通常为一个层高的尺寸。条板通常分为横向板、竖向板等，根据工程设计也可采用非矩形板或非平面构件，在现场拼接成整体。

装配式剪力墙结构建筑，外围护结构通常采用具有剪力墙功能的预制混凝土外墙板，一般设计为整间板。框架结构建筑的外围护结构通常采用预制外挂墙板及轻质外墙板等，可设计为整间板、横向板和竖向板。

　　c.采用预制外挂墙板的立面分格，宜结合门窗洞口、阳台、空调板及装饰构件等按设计要求进行划分。

　　d.预制女儿墙墙板，宜采用与下部墙板结构相同的分块方式和节点做法。

2.3.2.6　剖面

(1) 建筑层高

　　装配式建筑的层高要求与现浇混凝土建筑相同，应根据不同建筑类型、使用功能、设备管线、装修的需求来合理确定，应满足专用建筑设计规范中对层高、净高的规定。影响装配式建筑层高的因素如下。

　　① 室内净高：室内楼地面（有架空层的按架空层完成面）至吊顶底面之间的垂直距离。使用要求的净高尺寸需要越高，对应的层高就越高。室内的净高除满足建设项目使用的要求外，应符合《民用建筑设计统一标准》(GB 50352—2019) 及各专用建筑设计规范的要求。

　　② 梁、板的厚度：结构选型不同、开间尺寸的跨度不同，梁、板的厚度则不同。

　　③ 吊顶（天棚）的高度：指梁板底面到吊顶底面的高度。主要取决于机电管线与梁占用的空间高度。建筑专业应与结构专业、机电专业及内装修进行一体化设计，合理布置吊顶内的机电管线，尽量避免交叉以减小空间占用。吊顶高度一般为100~200mm。

　　④ 架空地板的高度：指架空地板完成面到下面梁（反梁）楼板之间的高度，主要取决于给水排水管道（采用同层排水）占用的空间高度。架空的高度一般为150~200mm。

　　采用SI体系设计的楼地面高度与传统地面高度相比是不同的。例如装配式建筑SI内装体系中，设备管线敷设（电气管线、弱电布线、给水管、暖气管、太阳能管线等）采用与吊顶、架空地板和轻质双层墙体结合的明装安装方式（见图2.32），因此其层高与传统地面高度相比，一般要设计高一些，如图2.32所示。

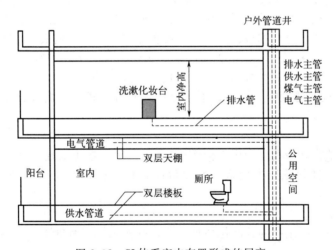

图 2.32　SI体系室内布置形成的层高

　　建筑专业应与结构专业、机电专业及内装修进行一体化设计，配合确定梁的高度及楼板的厚度，合理布置吊顶内的机电管线，避免交叉，尽量减小空间占用，协同确定室内吊顶高度。设计各专业通过协同设计确定建筑层高及室内净高，使之满足建筑功能空间的使用要求。

(2) 楼梯尺寸

　　楼梯尺寸包括梯段宽度、梯段板的坡度、踏步高宽、梯井宽度、休息平台长宽、楼梯净空高度等。除一般要求外，还应考虑装配式建筑要求，见表2.8。

表 2.8 装配式楼梯踏步的尺寸 单位：mm

楼梯类别	踏步最小宽度	踏步最大高度
公用楼梯	260	175
服务楼梯、住宅套内楼梯	260	200

2.4 建筑节点构造设计

2.4.1 外围护系统构造

建筑外围护系统由建筑外墙、屋面、外门窗及其他部品部件等组合而成，用于分隔建筑室内外环境的部品部件的整体。

2.4.1.1 外围护类型

外围护包括屋面和外墙。装配式屋面系统包括预制屋面板、空间薄壁结构系统；外墙围护系统包括柱梁体系的外挂墙板（普通预制混凝土墙板、夹芯保温墙板）、条板结构、结构本身或尺寸扩展加上玻璃窗所形成的外围护结构、带有暗柱暗梁的墙板结构、剪力墙外墙板（双面叠合剪力墙板、夹心保温一体化剪力墙板）。

(1) 外挂墙板

外挂墙板指安装在结构主体上，起围护、装饰作用的非承载预制混凝土外墙板，应用非常广泛，包括预制外墙、现场组装骨架外墙、建筑幕墙。外挂墙板的常见类型如下。

① 按立面布置方式分：有整间板、横向板和竖向板（见图 2.33）。整间板是覆盖一跨和一层楼高的板，安装节点一般设置在梁或楼板上；横向板是水平方向的板，安装节点设置在柱子或楼板上。竖向板是竖直方向的板，安装节点设置在柱旁或上下楼板、梁上。

② 按预制混凝土外挂墙板组成的保温构造层次分：有单叶板（单层自保温板）、单叶板＋保温板（二合一板，分为外保温板和内保温板）、夹心保温板（三合一板）。

③ 按照外挂墙板在建筑中所处位置不同分：主要有梁式外挂墙板、柱式外挂墙板和墙式外挂墙板。

(2) 其他结构

包括拼接板式结构（墙板之间用螺栓连接）、全预制螺栓干式连接体系（由预制墙板、墙柱、垫块、门窗框、预制预应力楼板、屋面板或轻钢屋盖建筑构件组成，由螺栓干式连接形成）。

(3) 外墙门窗

外门窗应采用在工厂生产的标准化系列产品，并应采用带有批水板等的外门窗系列部品。

1) 安装类型

预制外墙板的门窗安装方式，在不同的气候区域存在施工工法的差异，应根据项目所在区域的地方实际条件，按照地方标准的规定，结合实际情况合理设计。预制外墙中外门窗可采用预装法或后装法设计，外门窗宜采用企口或预埋件等方法固定。

① 预装法：我国南方多雨地区的工程多采用预装法，在工厂生产过程中将门窗框直接预装在预制外墙板上，窗框与混凝土墙板被一次性浇筑成整体（见图 2.34）。门窗与墙体在工厂同步完成的预制混凝土外墙，在加工过程中能够更好地保证门窗洞口与框之间的密闭性，避免形成热桥。其生产模板的统一性及精度决定了门窗洞口尺寸偏差很小、便于控制。其进一步强

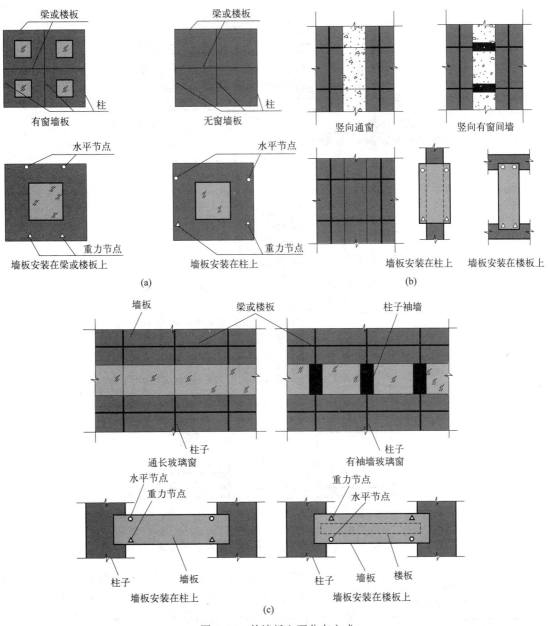

图 2.33 外墙板立面分布方式
（a）整间板；（b）横向板；（c）竖向板

化集成性和防水性能，可保证外墙板安装的整体质量，减少门窗的现场安装工序。但缺点是成品保护难度大，适应变形能力低，可能会造成接缝开裂漏水。因此，四季温差大的地区，在缺乏大量实验数据和实施经验的情况下，不建议采用预装法。

整块墙板上的阳台门和落地窗使墙板有一边是敞口的，运输吊装过程板的受力和变形情况复杂，不宜一体化制作门窗。

② 后装法：北方寒冷地区冬夏温差大、外门窗的温度变形大，可采用后装法安装门窗框（见图 2.35），预制外墙板上应预埋连接件，连接构造结合实际条件合理设计。

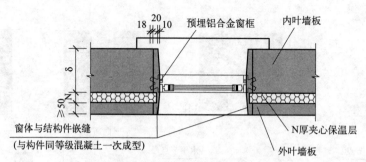

图 2.34　预制承重夹心外墙板门窗预装法构造

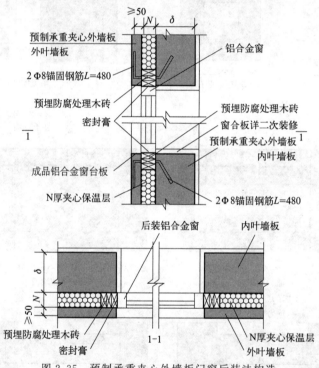

图 2.35　预制承重夹心外墙板门窗后装法构造

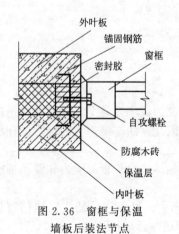

图 2.36　窗框与保温
墙板后装法节点

采用后装法时，窗户由两个以上构件围成（如墙上下横向板之间的窗户、左右竖向板之间的窗户、柱梁构件围成的窗户等），预制外墙的门窗洞口应设置预埋件（见图 2.36），墙板做好或就位后安装门窗框。

2）门窗部位节点做法

外门窗应可靠连接，保证气密性能、水密性能和保温性能。

预制混凝土墙门洞（见图 2.37）左右两侧及上部设置防腐木砖，用于门的固定，在底部设置一道加强钢，加强墙体的整体刚度，保证墙体吊装过程中不因自重发生损坏。

墙板与窗户一体化制作，或虽用后装法但在工厂将窗户装配好后，应对窗户采取保护措施，设计需要提出保护要求。

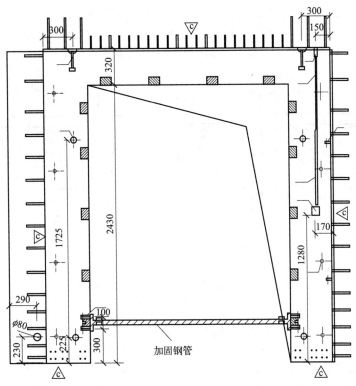

图 2.37　预制混凝土墙门洞构造

2.4.1.2　设计基本内容

(1) 设计要求

① 外围护系统的性能要求。应根据装配式混凝土建筑所在地区的气候条件、使用功能等综合确定抗风性能、抗震性能、耐撞击性能、防火性能、水密性能、气密性能、隔声性能、热工性能和耐久性能要求，屋面系统应满足结构性能要求。

应合理确定外围护系统的设计使用年限，住宅建筑的外围护系统的设计使用年限应与主体结构相协调。装配式建筑不仅要强调主体结构的耐久性，还应提高围护结构的耐久性。外围护构件面砖饰面、石材饰面外墙板工厂加工反打一次成型工艺制作，可以避免外饰面后贴和后挂石材等工艺带来的质量和粘接性能差的弊端，同时能够减少后期的变更和不必要的浪费。涂料饰面外墙板所用外墙涂料应采用装饰性强、耐久性好的涂料，宜优先选用耐候性好的材料，满足设计要求。

② 外墙板及屋面板的模数协调要求。设计应符合模数化、标准化的要求，并满足建筑立面效果、制作工艺、运输及施工安装的条件。

③ 外墙板连接、接缝构造节点。预制外墙板接缝的处理以及连接节点的构造设计是影响外墙物理性能设计的关键。预制外墙板的各类接缝设计应施工方便、坚固耐久、构造合理，并应结合本地材料、制作及施工条件进行综合考虑。

构造设计措施是保证外挂墙板变形能力的重要手段，如必要的胶缝宽度、构件之间的弹性或活动连接。

a. 连接节点。在保证主体结构整体受力的前提下，应牢固可靠、受力明确、传力简捷、构造合理，连接节点应具有足够的承载力。承载能力极限状态下，连接节点不应发生破坏；单个连接点失效时，外墙板不应掉落。连接部位应采用柔性连接方式，连接节点应具有适应主体结构变形的能力。当主体结构位移时，连接节点允许墙板不随之扭曲（见图2.38），有相对的"自由度"，以削弱主体结构施加给墙板的作用力，以及墙板对主体结构的约束。

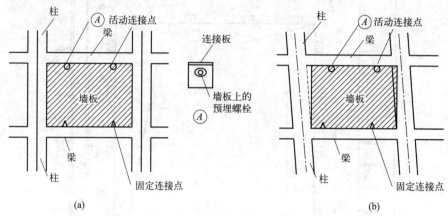

图 2.38　主体结构变形时墙板的相对位移
(a) 正常状态；(b) 层间位移发生时

连接节点设计应便于工厂加工、现场安装就位和调整。节点位置有足够的空间可以放置和锚固连接预埋件以便加工生产、有足够的安装作业空间以便安装操作。

连接件是保证夹心外墙板内外叶墙板拉结成整体的重要构件，应具备一定的抗拉强度和耐久性，满足使用年限要求。而连接件往往会形成热桥，因此在材料选择和连接构造设计上应避免形成热桥，同时采用可靠的防腐、防结露措施，避免其对保温层的破坏。

b. 接缝。应根据当地气候条件合理选用构造防水、材料防水等相结合的防排水设计。

接缝宽度及接缝材料应根据外墙板材料、立面分格、结构层间位移、温度变形等因素综合确定；所选用的接缝材料及构造应满足防水、防渗、抗裂、耐久等要求，应与外墙板具有相容性；外墙板在正常使用下，接缝处的弹性密封材料不应破坏。接缝处以及与主体结构的连接处应设置保持墙体保温性能的连续性、防止形成热桥的构造措施。

④ 屋面构造。应按照相应的屋面防水等级［见《屋面工程技术规范》(GB 50345—2012)］进行防水设计，形成良好的排水功能，宜采用有组织排水系统。与太阳能系统［见《民用建筑太阳能热水系统应用技术规范》(DB 11/T 461—2019)、《建筑光伏系统应用技术标准》(GB/T 51368—2019)］、屋面采光［见《采光顶与金属屋面技术规程》(JGJ 255—2012)］进行一体化设计。

(2) 设计内容

① 确定围护系统类型选择，包括外挂板版型的选择等。

② 拆分设计，在满足环境、功能要求的情况下拆分屋面、墙面等。

③ 集成设计，包括结构部件的集成设计，综合考虑各因素的集成。

④ 连接设计，包括构件与主体的连接、外叶板与内叶板的连接、门窗的连接等。

2.4.1.3　防水、防火、保温设计

(1) 预制外墙防水构造

在进行外墙接缝的构造设计时，应注意建筑所在地气候区条件的影响；外墙板缝中使用的密封材料应符合国家标准要求，且应注意南北方不同使用条件下对密封材料的正确选用。

1) 预制外墙板板缝

预制外墙板板缝受温度变化、构件及填缝材料的收缩、结构受外力后变形及施工的影响，

处出墙板本身具有较好的防水性能，但其板接缝处受到温度变化、构件及填缝材料的收缩、结构受外力后变形及施工工艺操作的影响，板缝出现变形产生裂缝，导致外墙防水性能出现问题。防排水措施应采用构造防水为主，材料防水为辅。装配式建筑外墙防水，节点防水形式如图 2.39 所示。

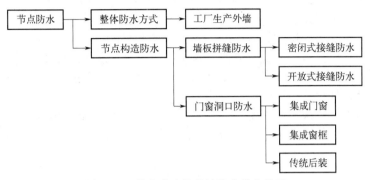

图 2.39　装配式建筑外墙防水节点类型

预制外墙板的接缝及门窗洞口等防水薄弱部位，宜采用材料防水和构造防水相结合的做法，并当板缝空腔需设置导水管排水时，板缝内侧应增设气密条密封构造。

① 接缝形式。外墙接缝部位防水采用封闭式接缝与开放式接缝两种形式（见图 2.40）。

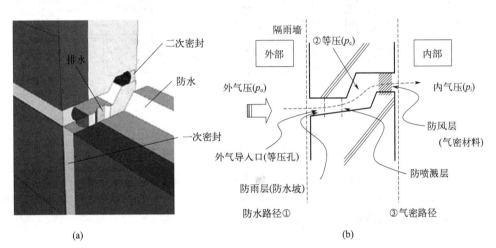

　　　　　　(a)　　　　　　　　　　　　　　　　(b)

图 2.40　外墙接缝形式
(a) 封闭式接缝；(b) 开放式接缝

封闭式接缝是用不定型密封材料来填充缝隙，保持气密性和水密性的方法。在正确的施工下，不定型密封材料可以同时保证水密性和气密性。封闭式接缝采用以材料防水"堵"为主、构造防水"导"为辅的设计方式，外墙防水性能与密封材料的性能及耐久度直接相关，需要定期维修，是国内目前常用的接缝防水方式。

开放式接缝采用以构造防水"导"为主、材料防水"堵"为辅的设计方式，适用于高层建筑材料相同、防水走向连续清晰的墙面，耐久度高。开放式接缝作法是一种让建筑外侧处于开放或半开放状态，将建筑内侧进行气密处理，通过等压原理确保水密性和气密性的作法。

② 接缝尺寸。板缝宽度应综合结构变形量以及防水构造要求确定，一般不宜大于20mm，材料防水的嵌缝深度不得小于20mm。

板缝宽度应根据极限温度变形、风荷载及地震作用下的层间位移、密封材料最大拉伸—压缩变形量及施工安装误差等因素设计计算，并应满足板缝宽度为10～35mm，密封胶的厚度应按缝宽的1/2且不小于8mm设计。外挂墙板间接缝宽度，应满足主体结构的层间位移、密封材料的变形能力、施工误差、温差引起变形等要求，且不应小于15mm。

与主体结构柔性连接的桥式构件拼缝，缝宽不宜小于50mm，应采用橡胶止水带的防水构造，防水范围应包括桥式构件顶面及侧面，露天环境下尚在止水带端部设置滴水构件。

③ 构造防水。构造防水是采取合适的构造形式阻断水的通路，以达到防水的目的，可在预制外墙板接缝外口处设置适当的线性构造。

a.水平缝：水平缝宜采用高低缝或企口缝，将下层墙板的上部做成凸起的挡水台和排水坡，嵌在上层墙板下部的凹槽中，上层墙板下部设披水构造（设置密封胶、橡胶条和企口，见图2.41）。

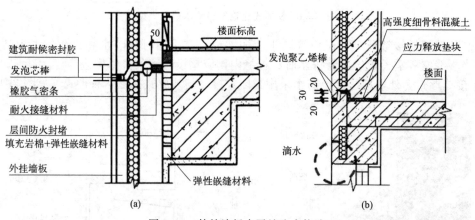

图2.41 外挂墙板水平缝防水构造
(a) 水平缝斜面止水；(b) 水平缝企口止水

b.垂直缝可采用平口或槽口构造，或构做截断毛细管通路的空腔，利用排水构造将渗入接缝的雨水排出墙外等措施（见图2.42）；当板缝空腔需设置导水管排水时，板缝内侧应增设气密条密封构造。竖缝内应每隔三层左右设置斜向下的排水导管，设计应明确其构造做法及技术要求。

c.斜缝：与水平线夹角小于30°的斜缝按水平缝构造设计，其余斜缝按垂直缝构造设计。

预制外墙板立面接缝不宜形成T形缝。外墙板十字缝部位每隔两三层应设置排水管引水处理，板缝内侧应增设气密条密封构造。当垂直缝下方为门窗等其他构件时，应在其上部设置引水外流排水管。

④ 材料防水：是靠防水材料阻断水的通路，以达到防水和增加抗渗漏能力的目的。

防水密封材料的性能，对于保证建筑的正常使用、防止外墙接缝出现渗漏现象起到重要的作用。必须使用防水性能、耐候性能优良的防水密封胶做嵌缝材料，以保证预制外墙板接缝的防排水效果和使用年限。接缝处的背衬材料宜采用发泡氯丁橡胶或发泡聚乙烯塑料棒；外墙板接缝中用于第二道防水的密封胶条，宜采用三元乙丙橡胶、氯丁橡胶或硅橡胶。

对于普通嵌缝材料，在嵌缝材料外侧应勾水泥砂浆保护层，其厚度不得小于15mm；对于高档嵌缝材料，其外侧可不做保护层。

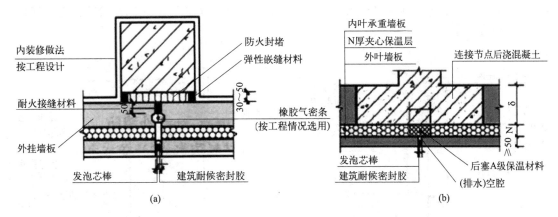

图 2.42　预制墙板垂直缝防水构造

（a）外挂墙板垂直缝；（b）预制承重夹心外墙板垂直缝

⑤ 变形缝：外墙变形缝的构造设计应符合建筑相应部位的设计要求（见图 2.43）。有防火要求的建筑变形缝应设置阻火带，采取合理的防火措施；有防水要求的建筑变形缝应安装止水带，采取合理的防排水措施；有节能要求的建筑变形缝应填充保温材料，符合国家现行节能标准的要求。

2）墙板门窗洞口

防水构造与现浇混凝土建筑一样，防水性能会更好。

门窗洞口与外门窗框接缝处，气密性能、水密性能和保温性能不应低于外门窗的有关性能。预制外窗周边宜设置企口；窗户上沿板的滴水槽（见图 2.44）在预制时采用硅胶条模具形成，或埋设塑料槽；窗台坡度在预制时就形成。

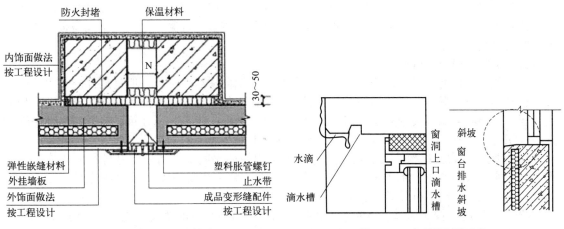

图 2.43　外挂墙板变形缝构造　　　　　　图 2.44　窗顶墙板滴水檐

门窗洞口尺寸和工厂制造的门窗部品尺寸的公差协调，有助于实现门窗的定型生产、高效装配（施工工序简单、省时省工）、质量控制有保障（避免施工误差，提高安装的精度）和"零渗漏"，可较好地解决外门窗的渗漏水问题。

3）女儿墙

女儿墙设置是有组织排水屋面防水层上翻后，固定收头的构造措施，对于屋面防水系统的完整性至关重要。为保证预制装配式建筑屋面防水系统的完整性与防水的严密性，应做好预留泛水收头构造（见图 2.45）。

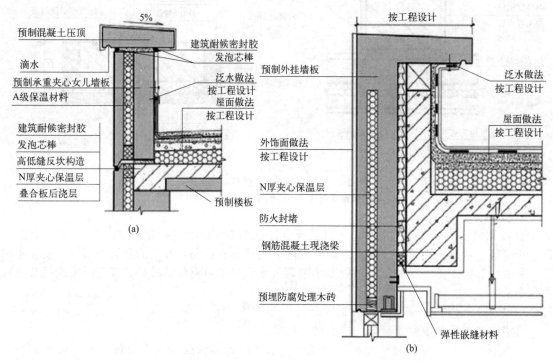

图 2.45　外挂墙板女儿墙构造
（a）外挂墙板女儿墙构造；（b）预制承重夹心女儿墙板构造

　　女儿墙采用外挂墙板时，可以在墙内侧设置现浇叠合内衬墙，与现浇屋面楼板形成整体式的刚性防水构造。预制承重夹心女儿墙在女儿墙顶部设置预制混凝土压顶或金属盖板，压顶的下沿做出鹰嘴或滴水。

（2）预制外墙防火构造

　　对于装配式钢筋混凝土结构，其节点缝隙和明露钢支撑构件部位一般是构件的防火薄弱环节，这些部位又是保证装配式结构整体承载力的关键部位。要求采取防火保护措施，耐火极限相应要求；夹心外墙板接缝处填充用保温材料的燃烧性能，应满足《建筑材料及制品燃烧性能分级》(GB 8624—2012) 中 A 级的要求。预制混凝土外挂墙板的防火要求如下。

　　① 露明的金属支撑构件及墙板内侧与主体结构的调整间隙、墙板保温材料的边缘，应采用燃烧性能等级为 A 级的材料进行封堵，封堵构造的耐火极限不得低于墙体的耐火极限，封堵材料在耐火极限内不得开裂、脱落。

　　② 防火性能应按非承重外墙的要求执行，当夹心保温材料的燃烧性能为 B1 级或 B2 级时，内、外叶墙板应采用不燃材料且厚度均不应小于 50mm。

　　③ 外墙防火构造的三个部位，是板缝、层间缝隙和板柱缝隙。

　　预制外墙板作为围护结构，自身的防火性能较好，但在安装时梁、柱及楼板周围与挂板内侧一般要求留有 30～50mm 的调整间隙，以防止防火措施不足时火势的蔓延。

　　按照《建筑防火设计规范（2018 年版）》(GB 50016—2014) 的要求，外挂墙板应在与周边各层楼板、防火墙、隔墙相交部位（构件之间的缝隙，与楼板、梁柱以及隔墙外沿之间的缝隙）设置防火封堵措施（见图 2.46），预制构件节点外露部位应采取防火保护措施。与梁、板、柱相连处的填充材料应选用弹性不燃材料填塞密实，要求不脱落、不开裂。

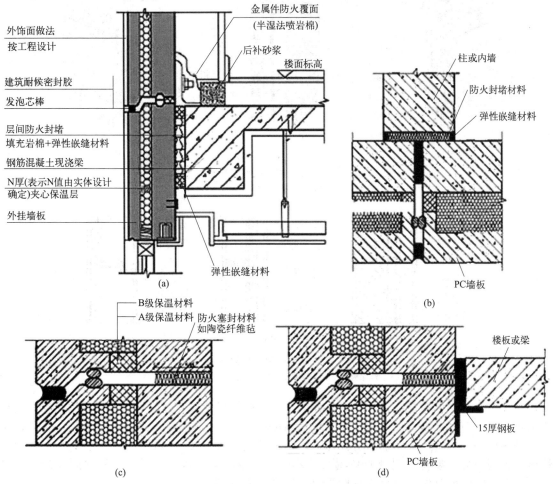

图 2.46 外挂墙板防火构造

（a）外挂墙板层间防火封堵构造；（b）板柱缝隙防火；（c）板缝防火；（d）层间缝隙防火

（3）预制外墙保温构造

在建筑节能技术中，外围护墙体节能是一个重要的环节，开发和利用外墙保温技术是实现建筑节能的主要途径。按外墙保温材料所处位置的不同（见图 2.47），主要类型有外墙外保温、外墙内保温和外墙夹心保温三种。

预制外墙板的接缝及连接节点处，应保持墙体保温性能的连续性。有保温或隔热要求的装配式建筑外墙，应采取防止形成热桥的构造措施。

当围护结构为外挂墙板时，与梁、柱、楼板等的连接处应选用符合防火要求的保温材料填塞。对于夹心外墙板，当内叶墙体为承重墙板，相邻夹心外墙板间浇筑有后浇混凝土时，在夹心层中保温材料的接缝处，应选用 A 级不燃保温材料（如岩棉等）填充。

外墙的保温隔热性能应符合国家建筑节能设计标准的要求。预制装配式建筑外挂墙保温的各种构造如图 2.48 所示，常采用预制夹心保温系统。

1）外墙夹心保温

将保温材料至于外墙的内外侧墙片之间，使墙体本身具有保温隔热的功能。这种保温技术

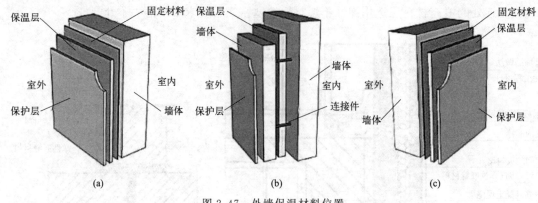

图 2.47 外墙保温材料位置
(a) 外保温；(b) 夹芯保温；(c) 内保温

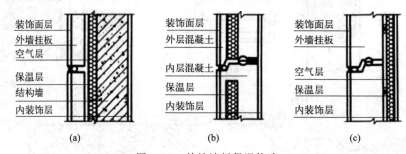

图 2.48 外挂墙板保温构造
(a) 外保温系统；(b) 夹芯保温系统；(c) 内保温系统

的优点是防水、耐候等性能良好，对内侧墙片和保温材料形成有效的保护，对保温材料的选材要求也不高，有不计容优惠政策，能实现外墙保温一体化。缺点是人为地将完整的墙体分成了内、外两侧墙片，墙片之间需要连接件连接，本身就形成了许多小的热（冷）桥，保温材料的性能得不到充分的发挥。另外整体耐久性不明确，成本高、构件重量大，外立面线条不易处理、凸窗及阳台处难做，石材外饰面受限，保温无法替换。

当采用夹心保温时，其保温层宜连续，保温层厚度应满足建筑围护结构节能设计要求；内外叶板的拉结件穿过保温层时应采取与结构耐久性相当的防腐措施，并在混凝土中有效锚固防止外叶板脱落；在易产生结露的部位，应采用热工性能优良的保温材料或在板内设置排除湿气的孔槽。

2）内保温

内保温的优点是造价低、施工方便、可更换，材料防火要求不高，可结合石材工厂反打工艺，内保温层可少量埋管，可遮施工误差缝；缺点是后期使用易破坏、影响保温，影响室内使用面积，计容。

当采用内保温系统和自保温系统时，对围护结构特殊部位如热（冷）桥处应采取保温措施以防围护结构内表面结露。

3）外保温

外保温的优点是外保温施工方法能遮挡立面分缝，不影响内部使用；缺点是施工时需外部脚手架，材料防火要求较高，新规下计容，外保温反打易破损，难补救，工艺复杂。对于夹心外墙板，当内叶墙板为承重墙，相邻夹心外墙板间浇筑有后浇混凝土时，在夹心层中保温材料的接缝处，应选用符合防火要求的保温材料填充。

2.4.2　地楼屋面构造

2.4.2.1　楼地面构造

（1）各种管线水平布置

装配式建筑的楼板宜采用叠合楼板设计，叠合预制底板的厚度不宜小于 60mm，现浇混凝土叠合层厚度不应小于 60mm。通常将建筑的电气管线、弱电布线预埋在现浇叠合层中，设备管线预埋在建筑垫层中。

架空地板系统（见图 2.49）常用于 CSI 住宅体系的楼地面，架空层内敷设排水和供暖等管线。架空层的设置应根据不同建筑的特点和需求，采用通层设置或局部设置。通层设置是指整个建筑平面内设置架空层，设备管线全部同层布置，有利于建筑平面布局的整体改造（厨卫均可移位），其缺点是建筑层高较高。而局部设置设备管线架空层是通过厨卫局部降板来实现管线的同层布置，其优点是节省层高，但厨卫房间要相对固定不能移位，不利于平面布局的整体改造。

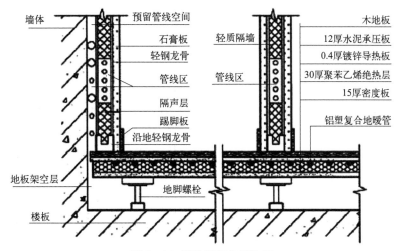

图 2.49　楼地面架空层构造

（2）防水设计

室内的防水如果设计、施工不好，造成漏水，将对工作、生活造成不便，造成经济损失。防水设计应满足相关规范的规定，有用水要求的房间、部位应做防水处理，采取可靠的防水措施。

厨房、卫生间等用水房间，管线敷设较多，条件较为复杂，设计时应提前考虑，可采用现浇混凝土结构。如果采用叠合楼板，预制构件留洞、留槽、降板等均应协同设计，提前在工厂加工完成。采用架空地板的须预留检修盖板，并推荐使用柔性防水材料。

2.4.2.2　屋面构造

① 卷材、涂膜的基层宜设找平层。屋面防水层的整体性受结构变形与温差变形叠加的影响，变形超过防水层的延伸极限时就会造成开裂及漏水。叠合板屋盖应采取增强结构整体刚度的措施，采用 30～35mm 厚 C20 细石混凝土找平层；基层刚度较差时，宜在混凝土内加钢筋网片。

② 装配式结构屋面应形成连续的完全封闭的防水层，应选用耐候性好、适应变形能力强的防水材料。防水材料应能够承受因气候条件等外部因素作用引起的老化；防水层不因基层的开裂和接缝的移动而损坏破裂。

本章小结

1. 简要梳理了装配式建筑的各阶段设计特点、要求、内容、协同关系和设计文件，以便读者在深入学习前，对装配式建筑的工程设计框架有一个初步了解。

2. 详细介绍了模数化、标准化、集成化等装配式建筑设计的基本原则，为设计工作树立工作基准，这是后续装配式工程的核心，需仔细体会和掌握。

3. 重点描述了装配式建筑的方案设计和施工图设计的要求、内容要点，并针对装配式建筑的特点，分别介绍了节点构造、管线系统、内装部品、接口连接等方面的技术要求，为后续预制构件的生产制造和施工安装打下基础。

思考与练习题

1. (　　) 装配式混凝土建筑的设备和管线宜在架空层或吊顶内设置。
A. 正确　　　　　　　　　　　　　　　　B. 错误

2. (　　) 装配式混凝土建筑的设备和管线设计应与建筑设计同步，预留预埋应满足结构专业相关要求，不得已的情况下可在安装完成后的预制构件上剔槽开孔等，穿越楼板管线较多且集中的区域可采用现浇楼板。
A. 正确　　　　　　　　　　　　　　　　B. 错误

3. (　　) 外门窗应可靠连接，门窗洞口与外门窗框接缝处的气密性能、水密性能和保温性能不应低于外门窗的有关性能。
A. 正确　　　　　　　　　　　　　　　　B. 错误

4. (　　) 装配式钢结构建筑平面几何形状宜规则平整，并宜以连续跨柱为基础布置，柱距尺寸应按模数统一。
A. 正确　　　　　　　　　　　　　　　　B. 错误

5. (　　) 装配式混凝土建筑轻质隔墙部品安装时，门、窗洞口等位置应采用单排竖向龙骨。
A. 正确　　　　　　　　　　　　　　　　B. 错误

6. (　　) 在建筑排水系统中，器具排水管及排水支管不穿越本层结构楼板到下层空间，与卫生器具同层敷设并接入排水立管的排水方式叫同层排水。
A. 正确　　　　　　　　　　　　　　　　B. 错误

7. 设备与管线设计中，下列部件应统一设计在公共区域的是_____。
A. 检修口　　　　　B. 电表箱　　　　　C. 配电箱　　　　　D. 开关箱

8. 装配式混凝土建筑构造节点和部件的接口尺寸宜采用分模数系列_____。
A. $nM/2$　　　　　B. $nM/3$　　　　　C. $nM/5$　　　　　D. $nM/10$

9. 住宅建筑应采用楼电梯与_____等模块进行组合设计。
A. 公共卫生间　　　B. 公共管井　　　　C. 集成式卫生间　　　D. 集成式厨房

10. 公共建筑应采用楼电梯与_____等模块进行组合设计。
A. 公共卫生间　　　B. 公共管井　　　　C. 集成式卫生间　　　D. 基本单元

11. 装配式混凝土建筑应采用模块及模块组合的设计方法，遵循的原则是_____。
A. 少规格　　　　　B. 多组合　　　　　C. 多样化　　　　　D. 少组合

12. 集成式卫生间设计应符合的规定是_____。

A. 不宜采用干湿分离的布置方式

B. 应综合考虑洗衣机、排气扇、暖风机等的位置

C. 应在给水排水、电气管线等连接处设置检修口

D. 应做等电位联结

13. 关于内装系统的设计，下列说法正确的是_____。

A. 装配式混凝土建筑的内装设计应遵循标准化设计和模数协调的原则，宜采用 BIM 技术与结构系统、外围护系统、设备管线系统一体化设计

B. 装配式混凝土建筑的内装设计应满足内装部品的连接、检修更换和设备及管线使用年限的要求，不宜采用管线分离

C. 装配式混凝土建筑宜采用工业化生产和集成化部品进行装配式装修

D. 装配式混凝土建筑应在内装设计阶段对部品进行统一编号，在生产、安装阶段按编号实施

14. 装配式混凝土建筑的电气和智能化设备与管线设置及安装应符合下列规定_____。

A. 配电箱、智能化配线箱不宜安装在预制构件上

B. 当大型类具、桥架、母线、配电设备等安装在预制构件上时，应采用预留预埋件固定

C. 电气和智能化系统的竖向主干线应在公共区域区电气竖井内设置

D. 不应在预制构件受力部位和节点连接区域设置孔洞及接线盒，隔墙两侧的电气和智能化设备可能直接连通设置

15. 预制外墙中外门窗宜采用_____固定方法。

A. 企口法　　　　　B. 膨胀螺栓固定法　　　C. 铆钉固定法　　　　　D. 预埋件法

16. 设计造成外墙渗漏常见原因是_____。

A. 外墙部分构件墙板未设计上翻 600mm，未预留止水企口

B. 构件水平拼接缝未采取有效防水措施

C. 保温板拼接缝直接用水泥砂浆封堵，未设置止水设施形成外墙层间接水槽

D. 使用不合格的防水材料

17. 梁、柱、墙板等部件截面尺寸宜采用_____nM。

A. 水平基本模数数列　　　　　　　　B. 竖向基本模数数列

C. 水平扩大模数数列　　　　　　　　D. 竖向扩大模数数列

18. 装配式混凝土建筑应按照_____原则，将建筑、结构、给排水、暖通空调、电气、智能化和燃气等专业之间进行协同设计。

A. 协同设计　　　　　B. 集成设计　　　　C. 一体化设计　　　　D. 共同设计

19. 装配式混凝土建筑应模数协调，采用_____的标准化设计，将结构系统、外围护系统、设备与管线系统和内装系统进行集成。

A. 部品组合　　　　　B. 部件组合　　　　C. 模型组合　　　　D. 模块组合

20. 构造节点和部件的接口尺寸宜采用_____$nM/2$、$nM/5$、$nM/10$。

A. 水平基本模数数列　　　　　　　　B. 竖向基本模数数列

C. 分模数数列　　　　　　　　　　　D. 水平扩大模数数列

【参考提示】

1. A	2. B	3. A	4. A	5. B	6. A
7. ABCD	8. ABCD	9. BCD	10. ABCD	11. AB	
12. BCD	13. ACD	14. ABCD	15. ABCD	16. ABCD	
17. D	18. D	19. D	20. C		

第3章

装配式建筑混凝土结构设计

本章要点

1. 介绍装配式建筑结构的基本要求、基本材料和基本构件。
2. 重点介绍装配式建筑的结构设计系统标准化设计方法。
3. 介绍预制混凝土结构施工图设计的要求。

学习目标

1. 了解各种装配式结构的优缺点及适用范围。
2. 掌握各种装配式结构的体系分类、设计要点。
3. 掌握主要的预制构件拆分、节点连接技术。
4. 熟悉预制结构构件的构造要求。

【引言】

一座建筑无论造型多么复杂、体量如何巨大，一是要满足功能需求，即人类在建筑空间里开展的各种各样的特定活动；二是要满足基本的受力性能。

无论是现浇结构还是装配式结构，究其根本，都是由单个构件通过特定的节点构造构成的一个整体受力的结构体系，共同承受竖向及水平荷载。

结构工程师构造的结构体系，就是要满足在竖向荷载与水平荷载的共同作用下，人类在建筑空间里活动的安全，这是恒定的、不可动摇的目标。为了实现这个目标，工程师们在努力掌握自然规律的同时，使建筑力学这门古老的学科得到发展并不断地绽放出新的异彩；新型结构材料的应用衍生出新的结构体系，使得人类建设更高更大更辉煌的建筑的愿望得到突破性的满足，同时也刺激着人们提出更高的挑战。在大工业如此发达的现代，像造汽车一样造房子，采用装配式方法建造建筑何尝不是人类对自己建造能力的又一次挑战?!

3.1　材料与构件

3.1.1　装配式混凝土结构主要材料

3.1.1.1　混凝土

(1) 混凝土强度

装配式混凝土结构中，混凝土的各项力学性能指标和有关结构耐久性的要求，应符合《混凝土结构设计规范（2015 年版）》(GB 50010—2010) 的规定，不宜低于 C30（比现浇混凝土高一个等级）。《装配式混凝土结构技术规程》(JGJ 1—2014) 要求：预制构件的混凝土强度等级不宜低于 C30；预应力混凝土预制构件的混凝土强度等级不宜低于 C40，且不应低于 C30；现浇混凝土的强度等级不应低于 C25。

预制构件在工厂生产，易于进行质量控制，对其采用的混凝土的最低强度等级的要求高于现浇混凝土。使用高强度等级混凝土，对套筒在混凝土中的锚固有利；可以减少钢筋数量，避免钢筋配置过密、套筒间距过小影响混凝土浇筑，对提高整个建筑的结构质量和耐久性有利。

① 预制构件结合部位和叠合梁板的后浇筑混凝土强度等级，应不低于预制构件的强度等级。

② 不同强度等级结构件组合成一个构件时（如梁与柱结合、柱与板结合的一体构件），混凝土的强度等级应当按结构件设计的各自的强度等级制作。

③ 预制构件在工厂制作时搅拌站就在车间旁，混凝土不需要缓凝，配合比不需要增加初凝时间。

（2）轻质混凝土

考虑工厂或工地的起重能力，重量是预制混凝土构件拆分的制约因素。轻质混凝土可以减轻构件重量和结构自重荷载，为建筑提供了便利性；轻质混凝土有导热性能好的特点，用于外墙板或夹心保温板的外叶板，可以减小保温层厚度。当保温层厚度较小时，也可以用轻质混凝土取代 EPS 保温层。

轻质混凝土的力学物理性能，应当符合有关混凝土国家标准的要求。由于流动性大，应采取措施避免在浇筑振捣过程中骨料上浮产生离析。

轻质混凝土主要通过选用憎水型的轻质骨料替代砂石减重。用憎水型陶粒配制的轻质混凝土，强度等级 C30，重力密度为 17kN/m^3，比普通混凝土减小质量 25％～30％。

（3）现浇商品混凝土

装配式混凝土建筑也需要用到现场浇筑混凝土，包括：规范规定的现浇部位（首层、转换层、现浇顶层）的现浇混凝土；构件节点连接处、叠合构件的后浇部分的后浇混凝土等。

装配式建筑的现浇或后浇混凝土，与传统现浇混凝土要求、选用、验收是一样的，但也需要注意：柱子与梁连接节点处的后浇混凝土强度注意区分开。节点区的后浇混凝土不但要求其与预制构件的结合面紧密结合，还要求其自身浇筑密实，要控制混凝土强度指标；对有特殊要求的后浇混凝土应单独制作试块进行检验评定。气温低的剪力墙结构水平现浇带和叠合层，涉及斜支撑的锚固件和持续后续安装时，早强混凝土对施工期间的结构安全会有利一些。

3.1.1.2 钢筋

（1）钢筋性能

装配式混凝土结构中，钢筋的各项力学性能指标，均应符合《混凝土结构设计规范（2015 年版）》(GB 50010—2010) 的规定。普通钢筋采用套筒灌浆连接、浆锚搭接连接时，连接钢筋应采用《钢筋混凝土用钢 第 2 部分：热轧带肋钢筋》(GB/T 1499.2—2018) 及《钢筋混凝土用余热处理钢筋》(GB/T 13014—2013) 要求的热轧带肋钢筋。

预制构件的吊环用钢筋制作时，应采用未经冷加工的 HPB300 级钢筋制作。吊装用内埋式螺母或吊杆的材料，应符合国家现行相关标准的规定。

（2）钢筋强度、直径

相对于现浇结构，连接套筒、浆锚螺旋筋、钢筋连接和预埋件在预制构件内布置拥挤，宜选用大直径高强度钢筋，以减少钢筋根数，从而减少套筒连接节点数量，避免间距过小对混凝土浇筑的不利影响，也因此减少套筒和灌浆料的使用量，降低成本。

尽量统一钢筋布置类型。如钢筋位置和间距不变，调整钢筋强度和直径，可以减少与构件出筋有关的模具种类。

（3）钢筋加工

钢筋冷拉、钢筋冷拔这两种冷加工，都是以牺牲钢材的变形能力为代价，达到提高强度和硬度的效果，但处理后的钢材屈强比增大、安全储备降低、延性降低，破坏前不再有明显的变形发生。因此，装配式结构构件不能使用冷拔钢筋。当用冷拉办法调直钢筋时，必须控制冷拉率。光圆钢筋冷拉率小于 4%，带肋钢筋冷拉率小于 1%。

钢筋焊接连接的质量是保证结构传力的关键主控项目，应由具备资格的焊工进行操作，并应符合国家现行标准《钢筋焊接及验收规程》(JGJ 18—2012) 的有关规定进行验收。

3.1.1.3 钢材

（1）灌浆套筒

1）材料要求

钢筋套筒灌浆连接接头采用的套筒要求具有刚度大和变形小的能力，制作材料可以是碳素结构钢、合金结构钢或球墨铸铁等，前两种套筒采用机械加工工艺制造，球墨铸铁套筒采用锻造工艺制造。钢筋套筒灌浆连接接头应符合《钢筋连接用套筒灌浆料》(JG/T 408—2013) 的规定；采用的套筒应符合《钢筋连接用灌浆套筒》(JG/T 398—2012) 的规定。

采用与连接筋牌号、直径配套的灌浆套筒。连接筋的强度等级不应大于套筒规定的连接筋强度等级；《钢筋套筒灌浆连接应用技术规程》(JGJ 355—2015) 要求工程中连接筋规格和套筒规格要匹配使用，不允许套筒规格小于连接筋规格，但允许套筒规格比连接筋规格大一级使用；钢筋、灌浆套筒的布置需考虑可靠灌浆的施工作业条件，将灌浆口、出浆口朝着方便灌浆作业和观察检查的方向；截面尺寸较大的构件，应在底部设置键槽抗剪，键槽应充分考虑设置排气孔，以确保灌浆作业密实。

2）灌浆套筒构造

灌浆套筒构造包括筒壁、剪力槽、灌浆口、排浆口、钢筋定位销，见图 3.1。

3）全、半灌浆套筒选择

全灌浆套筒是两端均采用灌浆连接的灌浆套筒，半灌浆套筒是一端采用套筒灌架连接，另一端采用机械连接方式连接的灌浆套筒，见图 3.2。

（2）波纹管

金属波纹管可以用在受力结构构件的浆锚搭接连接上（预埋于构件中，形成浆锚孔内壁，见图 3.3，连接接头的性能取决于孔洞的成型技术、灌浆料的质量以及对被搭接钢筋形成约束的方法等），也可以当作非受力填充墙构件限位连接筋的预成孔模具使用（不能脱出）。

（3）挤压套筒

径向挤压套筒连接是连接套筒先套在一根钢筋上，与另一钢筋对接就位后，套筒移到两根钢筋中间，用压接钳沿径向挤压套筒，使得套筒和连接筋之间形成咬合力（见图 3.4），通过钢筋与套筒咬合作用将一根钢筋的力传递到另一根钢筋。

挤压套筒适用于热轧带肋钢筋的机械连接。当其用于构件之间连接节点后浇筑混凝土区域的纵向钢筋连接时，关键是生产和安装精度控制、钢筋准确对位、预制构件之间后浇段应留有足够的施工操作空间 [压接钳连接操作空间一般需要 100mm 左右（含挤压套筒）]。

（4）拉结件

拉结件是涉及建筑安全和正常使用的墙板构件连接件。

① 类型：拉结件有非金属和金属两类，一般用高强玻璃纤维和不锈钢丝等制作，可选用防锈钢筋桁架拉结件或者 FRP 复合材料拉结件等。非金属拉结件由高强玻璃纤维和树脂制成，导热系数低、应用方便，非耐碱普通玻璃纤维在混凝土中的耐久性不够。金属拉结件在力学性

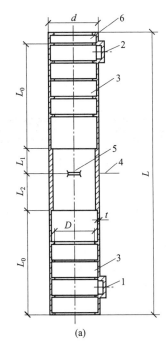
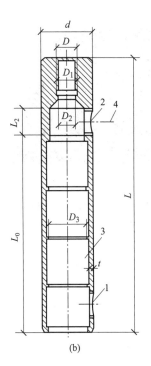

图 3.1　灌浆套筒构造

（a）全灌浆套筒；（b）半灌浆套筒

1—灌浆孔；2—排浆孔；3—剪力槽；4—强度验算用截面；5—钢筋限位挡块；6—安装密封垫的结构；

L—灌浆套筒总长；L_0—描固长度预制端预留钢筋安装调整长度；L_1—现场装配端预留钢筋安装调整长度；

L_2—灌浆套筒壁厚；d—灌浆套筒外径；D—内螺纹的公称直径；D_1—内螺纹的基本小径；

D_2—半灌浆套筒螺纹端与灌浆端连接处的通孔直径；D_3—灌浆套筒锚固段环形突起部分的内径

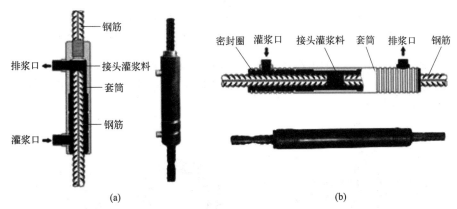

图 3.2　套筒分为全灌浆和半灌浆

（a）半灌浆套筒；（b）全灌浆套筒

能、耐久性和确保安全性方面有优势，但导热系数比较高，埋置麻烦，价格也比较贵。

② 性能要求：锚固牢固，在荷载作用下不能被拉出；有足够的强度，在荷载作用下不能被拉断剪断；有足够的刚度，在荷载作用下不能变形过大，导致构件位移；导热系数尽可能小，减少热桥；具有耐久性、防锈蚀性、防火性；埋设方便。

图 3.3 浆锚连接用金属波纹管

图 3.4 径向机械挤压连接

（5）螺栓、内埋式螺母、吊环、吊钉

① 螺栓：高强螺栓或不锈钢螺栓用于安装楼梯、外挂墙板等预制构件；内埋式螺栓是预埋在混凝土中的，用于端部焊接锚固钢筋。

② 内埋式螺母（见图 3.5）：高强度碳素结构钢或合金结构钢材质的内埋式螺母，用于吊顶或设备管线的悬挂、安装临时支撑、构件吊装和翻转吊点、后浇区模具固定等。它避免了后锚固螺栓可能与受力钢筋顶撞或对保护层破坏，也不会像内埋式螺栓那样探出混凝土表面容易挂碰。

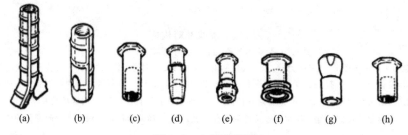

图 3.5 内埋式螺母

（a）Y 型螺母；（b）O 型螺母；（c）P 型螺母；
（d）PT 型螺母；（e）PK 型螺母；（f）PQ 型螺母；（g）PCI 型螺母；（h）P-SUS 型螺母

塑料材质的内埋式螺母较多用在楼板底面，用于悬挂电线等不重的管线。

③ 吊环（见图 3.6）：可以用未经冷加工的 HPB300 级钢筋制作，也可以选成品吊环配合内埋式螺栓或螺帽使用。

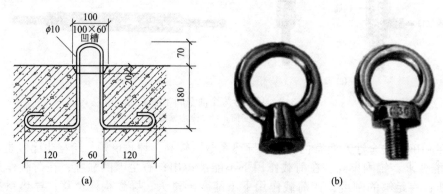

图 3.6 吊环及预埋连接方法

（a）预埋钢筋吊环；（b）配合内埋式螺栓、螺母的吊环

④ 吊钉（见图 3.7）：吊钉采用内埋式预先埋在构件中，配合卡具连接进行吊装，形成快速起吊系统。

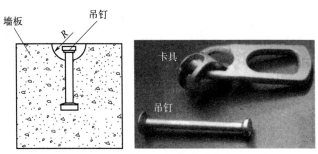

图 3.7　吊钉、卡具及预埋方法

（6）钢筋锚固板、锚筋

装配式混凝土结构中，钢筋的锚固方式推荐采用锚固板锚固。

① 钢筋锚固板（见图 3.8）：钢筋锚固板是设置于钢筋端部用于锚固钢筋的承压板，在预制混凝土建筑中用于后浇区节点受力钢筋的锚固。

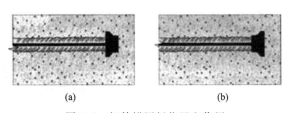

图 3.8　钢筋锚固板位置和作用

（a）正放；（b）反放

② 直锚筋：与锚板应采用 T 形焊接。

3.1.1.4　连接材料

（1）灌浆料

灌浆料有钢筋套筒灌浆连接接头采用的灌浆料、浆锚搭接连接接头采用的灌浆料、坐浆料三种，均为水泥基灌浆材料，应符合《水泥基灌浆材料应用技术规范》(GB/T 50448—2015) 的有关规定。

1）钢筋套筒灌浆连接接头采用的灌浆料

钢筋连接用套筒灌浆料应当与套筒配套选用，按照产品说明规定比例加水搅拌后形成灌浆料拌和物浆体，具有流动性好（施工方便）、早强、高强（接头连接性能好）及硬化后无收缩和微膨胀（与构件界面连接好）的特点。以使其能与套筒、被连接钢筋更有效地结合在一起共同工作，同时满足装配式结构快速施工的要求。其应符合《钢筋连接用套筒灌浆料》(JG/T 408—2013)、《钢筋套筒灌浆连接应用技术规程》(JGJ 355—2015) 的规定。

2）浆锚搭接所用的灌浆料

浆锚搭接由金属波纹管做成，形成的约束力低于金属套筒的，若灌浆料强度高会比较浪费。因此，浆锚搭接所用的灌浆料强度值要求低于套筒灌浆连接的灌浆料强度值。

浆锚搭接连接在我国尚无统一的技术标准，目前针对该项技术的研究尚存在需要进一步完善的方面。

3）坐浆料

坐浆料作为水泥基料在结构连接点封堵密封（见图3.9）及分仓（预制墙板底部拼缝位置）使用。坐浆料也应有良好的流动性、可塑性好（封堵后无塌落）、黏结性好、干缩性小、微膨胀等性能，应符合《水泥基灌浆材料应用技术规范》(GB/50448)的有关规定。

采用坐浆料分仓或作为灌浆层封堵料时，不应降低结合面的承载力设计要求，考虑到二次结合面带来的削弱因素，坐浆料的强度等级值应高于被连接的预制构件的强度等级值。

（2）接缝用密封胶

1）橡胶密封条

橡胶密封条用于板缝节点，与建筑密封胶共同构成多重防水体系。密封橡胶条是环形空心橡胶条，应表面光洁美观，具有较好的弹性和抗压缩变形、可压缩性、耐候性（耐天候老化）和耐久性（耐臭氧、耐化学作用）、防火性能，一般在构件出厂前粘贴在构件上（见图3.10）。

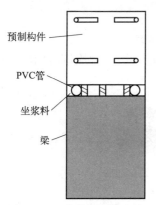

预制构件

PVC管

坐浆料

梁

图3.9　坐浆料封堵剪力墙

图3.10　构件出厂前粘贴的密封条

2）建筑密封胶

设计应给出密封胶的具体参数要求，施工方应严格按照设计方给出的这个标准选用密封胶。

① 密封胶设计受力（抗剪切、抗压）要求非常高，并具有一定的弹性，在侧向力的作用下具有足够的压缩空间，可以避免把地震的侧向力传递给主体结构，造成主体结构的损害。

② 密封胶应具备良好的位移能力、弹性回复率、压缩率，以适应结构层间位移（强风地震引起的）、伸缩位移（热胀冷缩引起的）、干缩位移（干燥收缩引起的）和沉降位移（地基沉降引起的）等要求。这些永久变形会对密封胶产生持续性的应力，密封胶应能最大限度地释放预应力，保证自己胶不被破坏。

③ 密封胶应与混凝土具有相容性，与混凝土黏结有足够强的黏结力。普通密封胶很难黏结碱性混凝土材料，且表面多孔的混凝土有效黏结面积较小；雨水可能使混凝土出现反碱现象，会严重破坏密封胶的黏结界面。

④ 密封胶质量不好或者施工工艺不对而导致漏水，引起墙板内部保温层损坏并很难维修，使得建筑的保温功能受到严重削弱。

⑤ 密封胶应具有防霉、防水、防火、耐候等性能。

3.1.2　预制构件

3.1.2.1　预制构件分类

预制构件一般有受力构件、非受力构件和外围护构件三大类（见图3.11）。常用预制构件有：楼板、剪力墙板、外挂墙板、框架墙板、梁、柱、复合构件和其他构件（见表 3.1）。它们的设计、绘制图纸等工作，除应符合现浇构件的要求外，尚应满足预制装配建筑特点的需要（如应适宜工厂预制、能够被运输、承包商能够采用吊车吊装）。

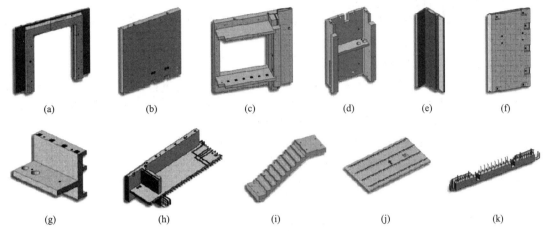

图 3.11　装配式构件系列

(a) 预制外墙板；(b) 预制内墙板；(c) 预制飘窗；
(d) 预制隔墙板；(e) 预制 PCF 板；(f) 预制阳台墙；(g) 预制空调板；
(h) 预制阳台板；(i) 预制楼梯；(j) 预制叠合板；(k) 预制叠合梁

表 3.1　预制构件分类

构件类型	构件描述	标准、规范编号	技术发展和应用
框（排）架柱	实心、空心、格构	CB50010、JGJ1、JGJ3	铰接和半刚接连接技术、混合连接框架结构体系推广应用
剪力墙	实心、空心、叠合（单面/双面）、格构	JGJ1 地方标准	干式和干湿混合连接技术推广应用
柱梁节点	一形、L 形、T 形、十形、牛腿式 柱、梁、节点一体化	CB50010、JGJ1	推广应用
支撑	X 形、V 形、K 形	无	完善结构体系
梁（屋架）	预制、叠合 实心、空心、桁架、格构……	CB50010、JGJ1、JGJ3	干式连接、与型钢配合的技术等推广应用
板	预制、叠合 平板、带肋、双 T、V 形折板、槽形、格栅…… 预应力板（空心、实心、带肋）	CB50010、JGJ1、JGJ3、JGJ/T258	推广应用
楼梯	板式、梁式 剪刀、双跑、多跑	JGJ1 建筑标准设计	推广应用
围护和分隔墙	实心、空心、复合型 幕墙、装饰……	JGJ1	点、线连接技术，与预制混凝土结构和装修相结合推广应用
功能性部品部件	送排风道、管道井、电梯井道、整体式厨房和卫生间、太阳能支架、门窗套、遮阳	无	完善产品标准与建筑体系结合推广应用
其他	地下设施、地面服务设施……	无	完善产品标准和技术标准

工程中使用的预制构件以一字型、平面类构件为主，板、梁、楼梯等构件类型应用范围最广，并逐步向框架柱、剪力墙、围护墙、功能性部品部件等方向发展。预制构件应用影响着现场施工方式转变（如取消外脚手架等）。预制构件使用有以下两种主要方式。

① 在预制混凝结构中系统地使用预制构件。

② 在施工现场应用标准化通用构件，或采用定制化预制构件替代现浇混凝土不易解决的构件。

3.1.2.2 预制构件的设计原则

装配式、装配整体式混凝土结构中各类预制构件及连接构造进行设计时，应在结构方案和传力途径中确定预制构件的布置、连接方式，并在此基础上进行整体结构分析和构件及连接设计，以满足建筑使用功能，并符合标准化设计的要求。

① 预制构件的连接宜设置在结构受力较小处，且宜便于施工。

② 结构构件之间的连接构造应满足结构传递内力的要求。

③ 各类预制构件及其连接构造，应按从生产、施工到使用过程中可能产生的不利工况进行验算。

a. 对持久设计状况，应对预制构件进行承载力、变形、裂缝控制验算；

b. 对地震设计状况，应对预制构件进行承载力验算。

c. 对短暂设计状况（制作、运输和堆放、安装等）下的预制构件验算，应符合《混凝土结构工程施工规范》(GB 50666—2011) 的有关规定。制作施工环节结构与构造设计内容包括：脱模吊点位置设计、结构计算与设计；翻转吊点位置设计、结构计算与设计；吊运验算及吊点设计；堆放支承点位置设计及验算；易开裂敞口构件运输拉杆设计；运输支承点位置设计；安装定位装置设计；安装临时支撑设计，临时支撑和现浇模板同时拆除；预埋件设计。

（a）预制构件在翻转、运输、吊运、安装等短暂设计状况下的施工验算，应将构件自重标准值乘以动力系数后作为等效静力荷载标准值。构件脱模、翻转、运输、吊运时，动力系数宜取 1.5；构件安装过程中就位、临时固定时，动力系数可取 1.2。

（b）进行脱模验算时，等效静力荷载标准值应取构件自重标准值乘以动力系数后与脱模吸附力之和，且不宜小于构件自重标准值的 1.5 倍。动力系数与脱模吸附力动力系数不宜小于 1.2，脱模吸附力应根据构件和模具的实际状况取用，且不宜小于 $1.5kN/m^2$。脱模吸附力与构件形状、模具材质和光洁度、脱模剂种类和涂刷质量等有关，设计取用时应向预制件厂了解脱模起重设备的计量装置测得的实际吸附力。

d. 非承重预制构件的设计应符合下列要求。

（a）与支承结构之间宜采用柔性连接方式；

（b）在框架内镶嵌或采用焊接连接时，应考虑其对框架抗侧移刚度的影响；

（c）外挂板与主体结构的连接构造，应具有一定的交形适应性。

④ 预制构件的设计应满足标准化的要求，宜采用 BIM 技术进行一体化设计，确保预制构件的钢筋与预留洞口、预埋件等相协调，简化预制构件连接节点施工。

⑤ 预制构件的形状、尺寸、重量等，应满足制作、运输、安装等各环节的条件对预制构件的重量和尺度的限制。

a. 构件尺度，主要应满足国道、省道和一般道路的交通条件要求。构件高度，主要取决于运输过程中的限高，桥、隧道和地下通道的净高；构件长度，取决于车辆的机动性和相关法律；构件宽度，主要取决于道路宽度、运输车辆的长度和相关法律。

b. 构件的重量，主要是根据人行道和桥的等级、从预制构件工厂到安装施工现场的运输条件、塔吊的起吊能力、塔吊伸臂的长度和吊重来决定的（见图 3.12）。

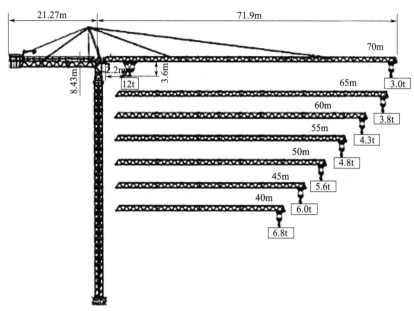

图 3.12　构件质量与塔吊起重能力的关系

另外构件厂的生产线对构件设计有影响。生产线的模板尺度对构件设计尺寸有要求，例如 4.0m 宽的模板基本只能生产 3.0m 宽的楼板。

⑥ 装配式、装配整体式混凝土结构中各类预制构件的连接构造，应便于构件安装、装配整体式。对计算时不考虑传递内力的连接，也应有可靠的固定措施。

⑦ 预制构件的配筋设计应便于工厂化生产和现场连接。当预制构件中钢筋的混凝土保护层大于 50mm 时，宜对钢筋的混凝土保护层采取有效的构造措施（如采取加钢筋网片等防裂措施）。

⑧ 预制构件拼接部位，混凝土强度等级不应低于预制构件的混凝土强度等级，拼接位置宜设置在受力较小部位，拼接应考虑温度作用和混凝土收缩徐变的不利影响，宜适当增加构造配筋。

3.1.2.3　预制构件设计的基本内容

① 各种工况下预制构件及其连接的承载力、变形、裂缝控制验算。

② 各种工况下预制构件的配筋构造设计。

③ 预制构件连接界面和连接配筋构造设计。

④ 预制构件所需各种连接件、拉结件设计。

⑤ 预制构件内所有预埋件和管线等设计。

⑥ 预制构件及其生产、安装施工的误差控制和调整设计。

⑦ 根据预制构件的类型、环境类别、使用要求、维护和更换方式等规定合理的设计使用年限，必要时应针对预制构件及其连接件的耐久性能、防腐蚀和防火性能、建筑物理性能等具体要求进行设计。

⑧ 预制构件加工详图设计。

⑨ 对于复杂的预制构件，应进行安装工艺设计。

⑩ 其他工程中需要设计的内容。

3.1.2.4 预制混凝土构件的设计要求

（1）要考虑的因素。

预制构件的设计要求与现浇混凝土结构构件有很大的不同：

① 既要考虑结构整体性能的合理性，还要考虑构件结构性能的适宜性；

② 既要满足结构性能的要求，还要满足使用功能的需求；

③ 既要符合设计规范的规定，还要符合生产和安装施工工艺的要求；

④ 既要受单一构件尺寸公差和质量缺陷的控制，还要与相邻构件进行协调；

⑤ 与材料、环境、部品集成、运输、堆放等相关。

（2）需要协调的相互关系。

① 设计适宜的建筑方案，应了解、掌握预制混凝土技术，充分发挥预制构件的功能和表现力。

② 结构布置应根据选用预制构件及其连接的特点，努力做到规则、连续、均匀。

③ 预制构件设计是集生产、安装、使用等要求于一体，要对所有可能出现的设计状况逐一分析，特别是短暂设计状况。

④ 提高预制构件的使用效率。通过对预制构件可能发挥的建筑功能、生产和施工条件、运营维护需求等进行全面分析，合理集成技术和产品，提高预制构件的性价比。

3.1.2.5 常见非主体非主要结构预制构件

图 3.13 钢筋桁架叠合楼板的预制板部分

（1）叠合板

叠合楼板是现场混凝土后浇在预制板上部叠合而成，共同组成受弯构件。叠合板的下半层为预制板（见图 3.13），预制板内铺设了叠合楼板的底部受力钢筋；上半层为混凝土现浇层，层内铺设了叠合楼板的顶部受力钢筋。叠合楼板一定厚度的现浇叠合层可以有效传递水平力，能有效保证上下叠合成为一个整体共同工作。预制板一般制作成预应力或非预应力板，混凝土现浇层仅配置负弯矩钢筋和构造钢筋，叠合面要做成凹凸不平的粗糙面或拉毛，增加结合面的抗剪性能，使得预制层和现浇层能整体协同工作。

除叠合板外，预制板还有双 T 板、圆孔板、带肋底板、槽形板等，如图 3.14 所示。

图 3.14 各种预制板

1）相对现浇楼板的优势

在预制层截面上建立的有效预应力提高了板的抗裂性能，或可以节省钢筋的用量；预制层作为板的主要受力部分，在工厂制造，机械化程度高、易于保证质量、采用流水作业生产速度快，预制部分的模板可以重复使用，并且可以提前制作，不占现场施工工期。

预制层在现浇施工时还起板底模板的作用，较全现浇楼板可以减少支模的工作量，减少施工现场湿作业量，改善施工现场条件，提高施工效率。叠合现浇层内可敷设水平机电设备管线，板底表面平整，易于装修饰面。

2）分类和选用

叠合板主要包括预应力平板叠合板、钢筋桁架叠合板、预应力带肋叠合板、预应力夹心叠合板、预应力空心叠合板等几种形式。

叠合楼板根据空间使用功能分为：楼板、阳台板、空调板、预制沉箱、楼梯平台板；叠合楼板根据生产工艺分为：桁架楼板和预应力楼板；叠合楼板根据结构受力形式分为：单向板和双向板。

由于叠合板的预制层作为独立的薄板（见图3.15），当跨度较大时，不能满足预制板脱模、吊装时的整体刚度，以及用阶段的水平截面抗剪性能。为此，我们可以选用钢筋桁架叠合板、预应力带肋叠合板等。但为增加刚度而采用钢筋桁架叠合板，应有足够的桁架高度（现浇层比较厚）。目前我国普遍采用叠合底板6cm、后浇层7cm时，如果钢筋桁架的高度为8cm，外露高度很小，可能对底板刚度贡献很小。

(a)　　　　　　　　　　(b)

图 3.15　叠合板预制层
（a）带桁架筋的叠合板；（b）无桁架筋的叠合板

夹芯叠合板在后浇叠合层中放置了轻质泡沫芯，减少了后浇混凝土的用量，减轻了楼板自重，同时泡沫条可以有效地提高楼板的隔音和保温性能。

① 钢筋桁架叠合板配凸出板面的弯折型细钢筋桁架，该桁架将混凝土楼板的上下层钢筋连接起来，组成能够承受荷载的空间小桁架。桁架钢筋作用如下。

a. 钢筋桁架板多为密拼双向板，需要采用间接搭接实现横向受力钢筋传力，钢筋桁架是实现钢筋间接搭接的前提（见图3.16），可以增加预制板和后浇叠合层之间水平结合面的抗剪性能和整体刚度。

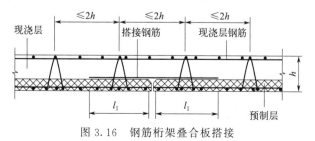

图 3.16　钢筋桁架叠合板搭接

b.可以作为板面钢筋的架立筋,部分桁架筋的上下弦筋可代替楼板受力钢筋。

c.可以在预制板制作、运输过程中,起到加强筋的作用,提高预制底板在脱模、吊装、运输等过程中的面外刚度,防止预制底板开裂。

d.可以在施工阶段,改善预制板的承载力和抗变形能力,兼做上铁钢筋的施工马镫或直接作为叠合板吊点。

e.现浇层混凝土成型后,空间小桁架成为混凝土楼板的承载力储备。

② 预制预应力带肋薄板的跨度一般在8m以内。在板肋上的预留孔(见图3.17)中布设横向穿孔钢筋及在底板拼缝处布置折线形抗裂钢筋,再浇注混凝土形成双向配筋楼板。预应力肋的作用等同于桁架钢筋,可以节约钢筋;提高薄板的刚度和施工阶段的承载力,增加预制薄板与叠合层的结合力;在运输及施工过程中不易折断,且施工时可以少设置或不设置支撑,施工工艺简单。

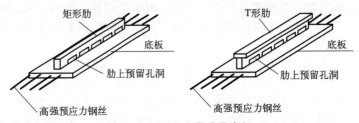

图 3.17 预应力带肋叠合板

3)吊点设计

楼板不用翻转就不需要翻转吊点,只需要考虑脱模吊点、吊运吊点和安装吊点,这些吊点通常设计为共用吊点。

① 脱模强度。脱模强度指要求工厂脱模时混凝土必须达到的强度和验算脱模时构件承载力的混凝土强度值,与构件重量和吊点布置有关。脱模起吊时,混凝土立方体抗压强度应满足设计要求,且不应小于 $15N/mm^2$,需根据荷载和吊点位置通过强度验算确定。

② 脱模荷载。脱模荷载指脱模时构件和吊具所承受的荷载,包括模具对构件的吸附力、构件在动力作用下的自重。

③ 吊点布置。钢筋桁架叠合楼板脱模时,吊点可借用桁架筋、架立筋采用多点布置(见图3.18);无桁架筋叠合板和预应力叠合板,吊点为专门埋置,采用钢筋吊环(见图3.19)或者预埋螺母。

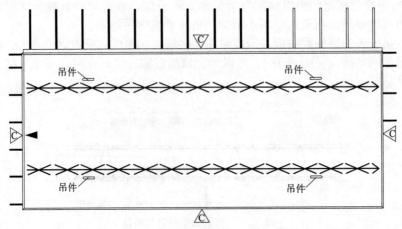

图 3.18 叠合板吊点平面布置

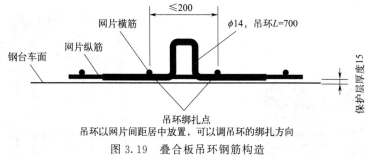

图 3.19　叠合板吊环钢筋构造

吊点的数量和间距，根据板的厚度、长度和宽度通过计算确定。通常楼板长度 $L \leqslant 4m$ 不少于 4 个吊点，长度 $4m < L < 6m$ 不少于 6 个吊点，长度 $L \geqslant 6m$ 不少于 8 个吊点；第一个吊点距边大于 300mm 以上。

吊点结构验算用的混凝土强度等级取值，脱模和翻转吊点验算取脱模时混凝土达到的强度，或按 C15 混凝土计算；吊运和安装吊点验算取设计混凝土强度等级的 70% 计算。

计算简图选用，采用 4 个吊点（见图 3.20）的楼板可按简支板计算；6 个以上吊点（见图 3.21）的楼板计算可按无梁板，用等代梁经验系数法转换为连续梁计算。边缘吊点距板的端部不宜过大，长度小于 3.9m 的板，悬臂段不大于 600mm；长度为 4.2mm～6m 的板，悬臂段不大于 900mm。

图 3.20　叠合板 4 吊点布置

图 3.21　叠合板 8 吊点布置

4）支撑点设计

楼板支承点包括堆放、运输支承点和安装支承点。支承要求包括：支承点数量、位置、构件是否可以多层堆放、堆放层数等。

① 堆放、运输支承点。支承点位置需进行结构受力分析，通常在吊点对应的位置设置支承点。楼板的堆放和运输可用点式支承，也可用垫木方条支承（见图 3.22）；有桁架筋的楼板，垫木应当与桁架筋垂直（桁架筋方向是叠合预制板的受弯方向）。

楼板可以多层水平堆放、运输，要做到支承点位置经过验算、上下支承点对应一致、一般不超过 6 层。

② 安装支撑点。楼板安装时需要设置临时支撑，设计应考虑支撑方式、位置、间距、支撑荷载、楼板支撑可以撤除的后浇筑混凝土强度（也有规定其上两层安装完后可以拆除）等要求。

楼板支撑一般使用金属支撑系统，有柱梁式支撑（见图 3.23）和柱式支撑两种方式。专业厂家会根据支撑楼板的荷载情况和设计要求给出支撑部件的配置。龙骨的布置要满足薄板承受施工荷载条件下不产生裂缝和超出允许的挠度。立柱间距以 1.2～1.5m 为宜，立柱间必须加水平拉杆。上下楼层的立柱位置要保证在一条垂直线上，以免楼板受立柱冲切力。

图 3.22　叠合板垫木方条多层堆放　　　　图 3.23　叠合板下方钢梁（龙骨）定型柱支撑

5）预埋件

根据各专业提供的要求在楼板中预埋，预埋件主要包括电气 PVC 线盒、消防镀锌线盒、水暖预留孔洞、现场施工吊线孔、施工用混凝土泵管预留洞等。

（2）预制叠合剪力墙

预制叠合剪力墙是一种采用部分预制、部分现浇工艺生产的钢筋混凝土剪力墙（见图 3.24），简称叠合剪力墙。其预制部分成为预制剪力墙外侧板（外叶板）和内侧板（内叶板），在工厂制作、养护成型，运至施工现场后和现浇部分整浇。预制剪力墙板参与结构受力，其外侧的外墙饰面可根据需要在工厂一并生产制作，预制剪力墙板在施工现场安装就位后可作为剪力墙外制模板使用。

叠合剪力墙不需要套筒或浆锚连接，具有整体性好、板的两面光洁的特点。叠合剪力墙综合了预制结构施工进度快及现浇结构整体性好的优点，预制部分不仅大范围地取代了现浇部分的模板，而且还为剪力墙结构提供了一定的结构强度（试验结果表明，双面叠合剪力墙具有与现浇剪力墙接近的抗震性能和耗能能力），还能为结构施工提供操作平台，减轻支撑体系的压力。

图 3.24　叠合剪力墙内、
外叶墙板、保温层

1）双面叠合剪力墙

双面叠合剪力墙从厚度方向划分为三层（见图 3.25），内外两侧层预制，通过叠合筋（又称桁架筋）连接，中间是空腔，现场浇筑自密实混凝土（具有高流动度而不离析、不泌水和高均匀性的特点，能在不经振捣或少振捣的情况下自流平充满空腔达到充分密实。符合《自密实混凝土应用技术规程》(JGJ/T 283—2012) 的规定，当采用普通混凝土时，混凝土粗骨料的最大粒径不宜大于 20mm），但预制混凝土板及其内的钢筋网与上下层不相连接。现场安装后，上下构件的竖向钢筋和左右构件的水平钢筋在空腔内布置、搭接，然后浇筑混凝土形成实心墙体。

双面叠合剪力墙的墙肢厚度不宜小于 200mm（预制板厚太小则刚度、承载力较低，在构件制作、运输和施工中易产生裂缝造成损坏），单叶预制墙板厚度不宜小于 50mm（单叶墙板厚度过小会导致桁架钢筋距墙板内边距离过小，在混凝土浇筑过程中容易被拉出，难以抵抗混凝土浇筑过程中产生的侧向力），空腔净距不宜小于 100mm。预制墙板内外叶内表面应设置粗

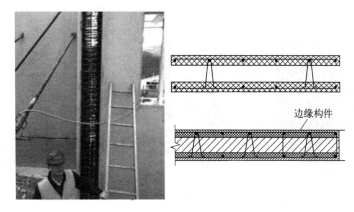

图 3.25　双面叠合剪力墙组成

糙面，粗糙面凹凸深度不应小于 4mm。

双面叠合剪力墙相对于预制实心剪力墙，其优点见表 3.2。适用于抗震设防烈度为 7 度及 6 度以下抗震区和非抗震区，房屋高度不超过 60m，层数在 18 层以内的多层、高层住宅结构。

表 3.2　预制实心剪力墙与双面叠合剪力墙对比

预制实心剪力墙	双面叠合剪力墙
自重大，对生产、运输、吊装设备设施的要求高	自重减少高达 50％，便于生产、施工、运输，降低构件的生产、施工、运输成本
需端部预留出钢筋与相邻构件装配连接，生产时，需在模具上定制开洞，生产工艺复杂，模具重复使用率和生产效率低	构件四面端部无预留支出钢筋，模具重复使用率高，生产工艺简单，有效降低生产成本，提高生产效率；也无生产、运输、存放等钢筋易受扰动变形的缺陷
生产时端部会有预留钢筋，也不便于后期吊装、运输和存放，同时预留出的钢筋易受扰动而产生变形，导致安装施工定位困难	墙上下、左右连接均为利用现浇层和现浇边缘构件等，采用插筋连接，施工便捷，无钢筋与套筒精准定位的困难，施工质量便于保证；同时也规避了专用套筒和灌浆料的高额成本
墙上下连接时，多采用套筒灌浆连接，上下剪力墙的钢筋精准对位对设计、施工的要求很高；于实际工程项目中存在的各种原因，出现上下钢筋定位不准确、定位难的情况，施工质量难以保证；连接的钢筋众多，套筒和专用灌浆料的价格昂贵	双面叠合剪力墙可将保温体系进行一次性预制复合，可实现保温节能一体化、外墙装饰一体化；夹心保温叠合剪力墙墙身中间浇筑 150mm 厚自密实混凝土，防水性能更好

2）叠合夹心保温剪力墙

外墙采用预制单面叠合保温外墙板（见图 3.26），剪力墙从厚度方向划分为四层，外叶板、保温层、空腔和内叶板。外叶板不承重，外叶板和保温层通过拉结件与内叶板相连。剪力墙一侧钢筋预埋在内叶板中，另一侧钢筋外露在空腔中，通过桁架钢筋与内叶板连接。现场安装后，上下构件的竖向钢筋和左右构件的水平钢筋在空腔内布置、搭接，然后浇筑混凝土形成实心墙体。

双面叠合保温剪力墙不需要套筒或浆锚连接，具有整体性好，保温性能好，防火性能好，墙板两面光洁的特点。

3）预制叠合剪力墙有效厚度

预制叠合剪力墙有效厚度为预制叠合剪力墙总厚度扣除预制剪力墙板饰面及接缝切口深度后的厚度。它是配筋率及承载力计算的基准厚度。

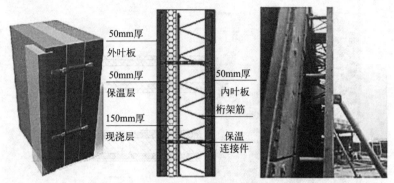

图 3.26　叠合单面保温（夹心保温）剪力墙组成

叠合剪力墙的叶板厚度，要根据剪力墙水平钢筋和竖向钢筋、桁架钢筋的直径取大值并加上钢筋保护层来计算，有防火要求的叠合剪力墙叶板厚度要加大。一般欧洲叠合剪力墙的单面叶板厚度为 60～70mm。

4）叠合筋

叠合筋又称桁架筋。由上弦钢筋、下弦钢筋和弦杆之间斜向连接用腹筋三根截面成等腰三角形，焊接面成 K 形三角桁架钢筋笼。

叠合筋主要作用在于连接预制剪力墙板和现浇部分，增强其整体性，保证预制剪力墙板在制作、吊装、运输及现场施工时有足够的强度和刚度，避免开裂、损坏。

欧洲叠合剪力墙的叠合钢筋最小规格是 8/5/5，即上弦钢筋是 $\phi8$、下弦钢筋是 $\phi5$、腹杆钢筋是 $\phi5$，叠合钢筋的最大间距是 625mm。

5）外叶板拉结件设计

拉结件起到拉结预制夹心保温墙体三个构造层（内外叶板和保温夹层）传递墙板剪力，以使内、外层墙板形程整体的作用，它不仅承受外叶板和保温板的自重，还承受风荷载、地震作用等其他荷载（见图 3.27），属于受力构件，拉结件是预制夹心保温墙体的关键，应该有足够的承载力、变形和耐久性能，并经过试验验证，确保外叶板不会掉落。外叶板相对于内叶板有一定的自由变形的空间（变形应有所限制）。

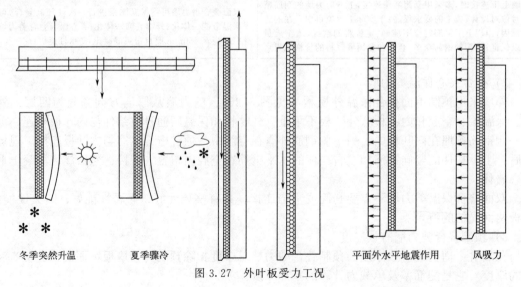

冬季突然升温　　　夏季骤冷　　　　　　　　　平面外水平地震作用　　　风吸力

图 3.27　外叶板受力工况

当预制剪力墙采用夹心墙板时，非组合式外叶板仅作为荷载，与内叶板不共同受力。预制剪力强应满足下列要求：

① 作为承重墙时，内叶墙板按剪力墙进行设计；外叶墙板按围护墙板设计，且与相邻外叶墙板不连接。

② 外叶墙板厚度不应小于 50mm。内叶和外叶墙板之间，应采用具备良好的热工性能和力学性能的拉结件可靠连接，宜采用 FRP（纤维增强复合塑料）连接件或不锈钢拉结件，有抗拉和抗剪两种。

当采用 FRP 连接件时，外叶墙板厚度一般不宜小于 60mm，当外侧采用面砖/石材等不燃材料并采用反打工艺做装饰面时，可取 55mm。连接件在混凝土中的锚固长度不宜小于 30mm，其端部距墙板外表面距离不宜小于 25mm。

当采用 GFRP（玻璃纤维增强塑料）连接件（见图 3.28）时，连接件应使用高强型、含碱量小于 0.8% 的无碱玻璃纤维或耐碱玻璃纤维，不得使用中碱玻璃纤维及高碱玻璃纤维。

图 3.28　非组合式外叶板 GFEP 连接件

③ 夹心保温层厚度不宜小于 30mm，且不宜大于 120mm。

④ 内叶和外叶墙板之间宜采取防塌落措施。

(3) 预制楼梯

1）吊点

预制楼梯（见图 3.29）的吊点包括脱模吊点、翻转吊点、安装吊点、吊运吊点。脱模吊点和翻转吊点为共用吊点，安装吊点和吊运吊点为共用吊点。带梁楼梯和带平台板的折板楼梯在吊点布置时需要进行重心计算，根据重心布置吊点；楼梯板水平吊装吊点布置计算简图为四点支撑板。

图 3.29　预制楼梯

① 脱模吊点。预制楼梯需要专门设置脱模吊点，常用内埋式螺母。

② 翻转吊点。楼梯在修补、堆放过程中，一般楼梯面朝上，需要 180° 翻转，翻转吊点设在楼梯板侧边，可兼做吊运吊点（见图 3.30）。

立模生产（见图 3.31）的楼梯需要在一侧设置翻转吊点；平模生产（楼梯为两侧带梁时必须选用见图 3.32）的楼梯需要在两侧设置翻转吊点。

③ 吊运、安装吊点。吊运吊点和安装吊点共用，常用内埋式螺母（见图 3.33）。

2）支承点

楼梯可采用水平堆放和运输的方式，支承点包括堆放、运输支承点。可用垫方木支承，见图 3.34；楼梯吊运安装可采用四点起吊，选择使用预埋吊钉配合相应的快速起吊挂钩器，使用一根平衡梁如图 3.35 所示。

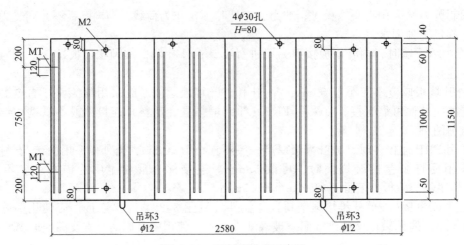

图 3.30　预制楼梯表面布置

M2—安装吊点（4 个）吊环；3—翻转吊点（2 个）；MT—构件连接埋件（2 个）；φ30 孔—栏杆安装预留孔（4 个）

图 3.31　预制楼梯立式模具

图 3.32　预制楼梯卧式模具

图 3.33　预制楼梯安装吊点

每垛不超过5块
支点一般为吊装点位置
最下面垫木通长
各层垫木在一条垂线上
垫木避开楼梯薄板处

图 3.34　预制楼梯堆放支承点

3）预埋件

楼梯中预埋件（见图 3.36）主要有预埋螺母、预留安装孔。

（4）外挂墙板

"后安装法"即待房屋的主体结构施工完成后，再将预制好的预制混凝土墙板作为非承重结构安装在主体结构上，其中主体结构可以是钢结构、现浇混凝土结构、预制混凝土结构，这样的非承重预制混凝土墙板又称为"外墙挂板"（见图 3.37），又叫作"干式系统"或者"日本工法"。在工厂预制加工、具有各类形态或质感的、装饰围护保温一体化的、安装在主体结

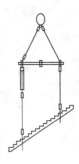

图 3.35　预制楼梯吊装吊点位置　　　　图 3.36　预制楼梯的预埋螺母和预留安装孔

构上的非承重预制混凝土外围护墙板，中间夹有保温层的称为预制混凝土夹心保温外墙板，简称夹心外墙板（见图 3.38）。

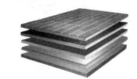

图 3.37　外挂墙板　　　　　　　　图 3.38　外挂墙板的组成层

外挂板采用反打成型工艺，将饰面材料在工厂事先打到混凝土里，形成一体的带有装饰面的预制构件。外挂墙板在制作过程中应确保预埋的安装节点位置准确，存放、运输、安装过程中应注意保护安装节点，以免受到损坏。

按其安装方向分为横向外挂板和竖向外挂板，根据采光方式分为有窗外挂板和无窗外挂板。

外挂墙板的高度不宜大于一个楼层，厚度不宜小于 100mm；墙板宜双层、双向配筋，竖向和水平钢筋的配筋率均不小于 0.15%，且钢筋直径不宜小于 5mm，间距不宜大于 200mm。

（5）其他

预制建筑中除了主体结构外，还有很多构配件也可以采取预制装配形式，常见的有内隔墙板、凸窗（飘窗）、阳台等（见图 3.39）。

1）预制阳台板、空调板、遮阳板、女儿墙

这类板构件在工厂预制，可以节约施工现场支模的人工、材料费用，提高施工效率、保证质量、节省工期，如图 3.40 所示。

凸窗（飘窗）结构包含预制水平构件和竖向构件，在工厂预制同样能有效提高施工效率、保证质量、节省工期，如图 3.41 所示。

预制女儿墙通过简化的钢筋连接方式（见图 3.42），达到了既满足强度要求，又便于预制装配施工的目的，节省材料、方便施工、缩短工期。

① 叠合阳台板等构件安装时不用翻转，安装吊点、脱模吊点与吊运吊点为共用吊点。吊点数量和间距的确定，应根据板的厚度、长度和宽度，通过计算确定。

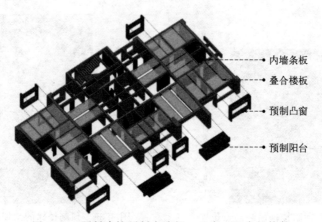

图 3.39　预制建筑预制内墙板、凸窗、阳台板构件

图 3.40　叠合阳台板的预制部分

图 3.41　凸窗

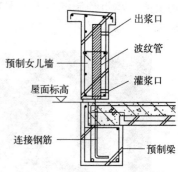

图 3.42　预制女儿墙钢筋连接

图 3.43　临时柱支撑

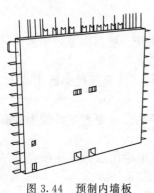

图 3.44　预制内墙板

构件可采用水平堆放，可采用点式或垫方木支承。大多数构件采用多层堆放，堆放的原则是：支承点位置经过验算，上下支承点对应一致，一般不超过 6 层。

安装时需要设置梁柱式或柱式临时支撑，如图 3.43 所示。构件需要预留孔洞和吊点、栏杆等预埋件。

② 全预制的阳台板等构件，一般是平模制作，安装吊点设置在表面。不规则尺寸的构件应计算确定重心，根据重心布置吊点。

小型板式构件的翻转、吊运和安装，可以用软带捆绑，设计图应给出捆绑位置和说明。若捆绑吊运位置不当，易导致板断裂。

2）内墙板

① 轻质隔墙板。轻质隔墙板有蒸压轻质加气混凝土隔墙板、陶粒轻质隔墙板、轻钢龙骨隔墙板等，具备轻质、坚固耐用、强度高、免涂、不裂缝、易施工，防火、防水、隔声效果好，环保、节能、可数次利用、使用寿命长等优点。轻质隔墙板作为非承重墙体，大量应用于各类预制装配式结构中。

② 空心隔墙板。空心隔墙板是国内常用的内隔墙，价格便宜，但隔声效果不如轻钢龙骨石膏墙板，布置管线也不是很方便，户间墙也无法做保温。

③ 剪力墙结构建筑的内墙。剪力墙结构建筑的内墙包括结构剪力墙和内隔墙（见图 3.44），具体可参看预制剪力墙相关内容。

3.2　结构设计

3.2.1　结构设计思路

结构设计的目的是使结构足以抵抗：连续性坍塌；结构的失败、开裂和不可接受的变形。装配式结构设计不是预制构件的拼凑，是概念为本、机理为先，是概念设计、计算设计、节点连接构造设计的整合。

3.2.1.1　结构设计基本原理

装配式混凝土建筑的设计原则与现浇混凝土建筑结构一样，设计也是基于现浇混凝土结构设计展开的。只是通过调整个别系数（如周期折减系数、梁刚度增大扭矩折减系数等），调整有些构件结构分析内容和采取一些构造措施，以达到与现浇混凝土结构等同的效果，不需要另外建立自己的设计体系。

但是装配式建筑的设计不能当作常规设计的后续工作，先按现浇结构设计完，再改成装配式结构（例如可造成问题见图 3.45(a) 原现浇设计，钢筋保护层厚度满足要求；图 3.45(b) 钢筋位置、柱子断面尺寸均不变，钢筋保护层保证，但套筒保护层厚度不够；图 3.45(c) 钢筋位置内移、柱子断面尺寸不变，套筒保护层厚度保证，但钢筋计算高度变小，柱承载力降低；图 3.45(d) 钢筋位置不变、柱子断面尺寸增大，套筒保护层厚度保证，但柱刚度增大、结构建筑尺寸变化），更不能作为后续工作交给其他机构去做。

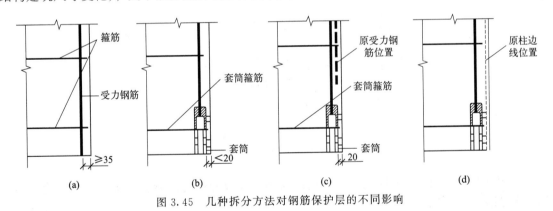

图 3.45　几种拆分方法对钢筋保护层的不同影响

相对于现浇混凝土结构，装配式建筑结构设计的工作量增加两成多。例如增加了拆分设计（考虑构件制作、运输和安装的约束条件）、预制构件设计（考虑制作、堆放、运输和吊装环节）和连接节点设计（考虑各专业所需要的预埋件、预留孔洞和预埋物），增加了结构图的表达内容（拆分（装配）图、连接节点图、预制构件图等）。

(1)　结构设计方法

1）设计依据

装配式建筑的混凝土结构设计除了执行现行混凝土结构建筑有关标准外，根据自身的结构特点，还应当执行关于装配式混凝土建筑的现行国家标准《装配式混凝土建筑技术标准》（GB/T 51231—2016）、行业标准《装配式混凝土结构技术规程》（JGJ 1—2014）和已制定的各省的地方标准。这些特点和规定，必须从结构设计一开始就充分考虑、贯彻落实，并贯穿整个结构设计过程，而不能在延伸或深化设计中处理。

2）结构设计基本原则

装配式混凝土结构的设计应符合《混凝土结构设计规范（2015 年版）》(GB 50010—2010)的基本要求。结构设计还应采用合理的预制构件设计和节点接缝（预制构件之间、预制构件与后浇混凝土之间的连接节点）的构造措施（接缝混凝土粗糙面及键槽的处理、钢筋连接锚固技术、设置的各类联系钢筋、构造钢筋等），加强结构的整体性，结构的节点和接缝应受力明确、构造可靠，使结构符合承载力、延性和耐久性要求（一般通过构造要求、施工工艺要求等来实现，必要时应对节点和接缝的承载力进行验算），满足等同现浇结构的要求。

① 以一维构件（见图 3.46）为主，以形成刚性节点的湿式连接为主要技术基础。

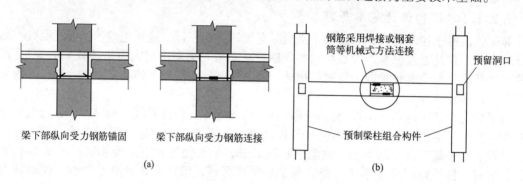

梁下部纵向受力钢筋锚固　　梁下部纵向受力钢筋连接

(a)

钢筋采用焊接或钢套筒等机械式方法连接

预留洞口

预制梁柱组合构件

(b)

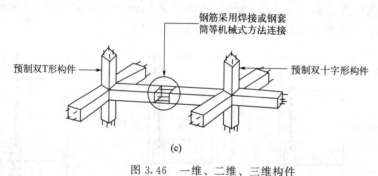

钢筋采用焊接或钢套筒等机械式方法连接

预制双T形构件　　　　　　预制双十字形构件

(c)

图 3.46　一维、二维、三维构件
(a) 一维构件；(b) 二维构件；(c) 三维构件

② 预制和现浇相结合的原则：预制构件与部分部位的现浇混凝土相结合，预制构件与节点区后浇混凝土相结合。

③ 结构设计应标准化和尺寸协调。

a.结构构件布置，要通过截面尺寸的分类统一、选择合理的构件类型，体现均匀性、连续性、对称性和规则性。

b.预制构件在对称布置与模块化组合原则基础上，需做到模具、钢筋骨架、预留预埋标准化，构件-钢筋骨架-预埋尺寸协调，与连接相关的构造简捷有效。

c.现浇构件要选择合理的设置部位，并与预制构件协调、构件截面尺寸与模板尺寸协调，钢筋骨架标准化。

d.建筑底部加强部位、标准层和屋顶层，要考虑竖向构件的截面尺寸变化。屋顶层的设计中框架结构的顶板采用的叠合板尺寸、剪力墙结构顶层的墙板和圈梁尺寸会变化。

④ 预制构件和后浇混凝土的结合面（接缝），采用粗糙面或抗剪键槽；节点设计实现强接缝，弱构件的原则。

⑤ 预制构件中的受力钢筋的连接，以钢筋套筒灌浆连接为主要连接技术，结合浆锚搭接、机械连接、焊接、绑扎搭接。

期望的效果：使装配式混凝土结构具有与现浇混凝土结构基本等同的整体性能、稳定性能、抗震性能和耐久性能。

3）等同原理

装配整体式混凝土结构，由预制混凝土构件经现场采用可靠的连接技术（钢筋连接、后浇混凝土、水泥基料灌浆等）、必要的结构与构造措施形成整体，效能基本等同于现浇混凝土结构，可采用与现浇混凝土结构相同的方法进行结构分析、结构整体计算分析和构件设计，即等同原理。对应用条件限制得比现浇混凝土结构更严。

例如，结构模型和计算与现浇结构相同，仅对个别参数微调整；配筋与现浇相同，只是在连接或其他个别部位加强，比如柱子套筒区域钢筋加强；在预制构件之间及预制构件与现浇及后浇混凝土的接缝处，受力钢筋采用安全可靠的连接方式，且接缝处新旧混凝土之间采用粗糙面、键槽等连接构造措施；因钢筋连接部位不仅在每个构件同一截面内达到 100%，而且每一个楼层的钢筋连接都在同一高度，故装配式建筑竖向构件的连接，对制作、施工环节的要求应更清晰、具体。

等同原理一个严谨的科学原理，而是一个技术目标。柱梁结构体系实现了这个目标，剪力墙结构体系离目标还有距离。例如，建筑最大适用高度降低、边缘构件现浇等规定，在技术效果上尚未达到等同。当同一层内抗侧力构件既有预制又有现浇时，地震设计状况下宜对现浇抗侧力构件在地震作用下的弯矩和剪力进行适当放大。

等同现浇是装配整体式结构的整体性能，可以达到与现浇结构相同或相近。等同现浇是指性能，而不是指设计的全部内容。例如钢筋在受力较小部位连接时，可以采用更小的长度；预制构件的配筋构造应采用适合工厂生产和装配施工的形式；装配整体式结构的屈服机制、破坏形态决定了其抗震构造措施与现浇结构不完全相同。

4）设计特点

① 结构方案与生产条件、施工能力配合。

a. 生产条件决定预制构件类型，才能充分发挥生产线的利用率、生产设备的使用率。新型产品需要预留足够的研制和工艺评定时间。

b. 施工能力决定结构方案的技术路线，表现在设计的标准化程度，预制构件的尺寸和重量，施工企业的管理、组织、设备等方面。

② 结构模型和计算可与现浇结构相同，仅进行个别参数微调整。配筋与现浇相同，仅在连接处或个别部位（如柱子套筒区域）加强。

③ 竖向构件钢筋连接部位，全部在每个构件同一截面内，且在每一个楼层的同一高度。连接设计要格外谨慎，对制作、施工的要求要清晰、明确、具体。

④ 剪力墙水平缝，受剪承载力计算与现浇相同。

⑤ 混凝土预制与现浇的结合面，应采取抗剪构造措施（如设置粗糙面、键槽等）。

5）结构规则性设计要求

平面形状宜简单、规则、对称；质量、刚度分布宜均匀；平面长度不宜过长；平面突出部分的长度不宜过大；不宜采用角部重叠或细腰形平面布置；竖向布置应连续、均匀；应避免侧向刚度和承载力沿竖向突变

6）其他要求

宜设置地下室，地下室宜采用现浇混凝土结构；剪力墙结构底部加强部位剪力墙，宜采用现浇混凝土；框架结构首层柱宜现浇，顶层宜采用现浇楼盖结构；底部框支层不宜超过两层；

预制构件节点及接缝处，后浇混凝土强度等级不应低于预制构件的混凝土强度等级。

（2）结构体系分析

结构的分析计算模型的建立，应与其相应的构造相吻合，根据连接节点和接缝的构造方式和性能，确定结构的整体计算模型，与现浇等同的概念不可滥用。《装配式混凝土结构技术规程》（JGJ 1—2014）中，高层装配整体式框架结构和剪力墙结构，采用与现浇等同的概念和技术，其结构的整体计算模型也与现浇混凝土结构相同。装配式大板结构采用的连接节点和接缝的构造方式和性能不能与现浇等同，其结构的整体计算模型也与现浇混凝土结构不完全相同。

1）刚节点框架

地震频发地区，高烈度地震区（设防烈度 8 度以上）的高层、超高层集合住宅、仓储、超市等多层框架，常采用节点刚接框架结构。

① 结构的主要技术特征。预制构件之间的连接以刚接为主的框架；节点以湿式连接为主；强调预制和现浇相结合；60m 以上建筑为超高层，必须结合隔震减震技术；预制构件受力钢筋的连接主要采用灌浆套筒；造价高于现浇结构。

② 计算分析模式。简化为三维空间框架，通过节点位移的连续性（见图 3.47），实现弯矩、扭矩、剪力和轴向力的平衡。特点是较小的层间位移、较小的柱底弯矩、适宜用于地震区。

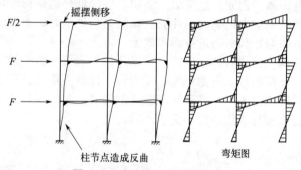

图 3.47　框架刚性节点连续性

2）铰节点框架结构

部分地区是地震区的国家，运输能力强大（可达 150～350km，用火车和海运时，最大的经济距离可达 2000km），在 5 层及 5 层以下的低层、多层公共建筑，如停车场、超市、仓储用房等，常采用铰接点、刚节点并用的框架结构。

① 结构的主要技术要求。预制构件之间的连接以铰接为主的框架结构；节点以干式连接为主；强调结构的整体性和稳定性；尽量采用大跨度构件；预制构件与预应力技术相结合；预制竖向构件受力钢筋仅在柱底与基础相部位进行连接；连接方式主要采用波纹管进行间接锚固，也称为间接搭接。

② 计算分析模式。简化为二维平面框架，梁柱之间不能传递弯矩（见图 3.48），通过基础对柱子的约束、平面中布置的剪力墙和核心筒、楼板和屋面板的隔膜作用，实现结构的稳定性。该模式的特点是有较大的层间位移、较大的柱底弯矩，不适宜用于地震区。

按照国家抗震和高层建筑规范的要求，高层建筑以剪力墙和框架－剪力墙结构为主，框架结构的使用高度和层间位移角控制较严。目前高层建筑以节点刚接的剪力墙为主、高层框架结构梁柱节点以刚性连接为主。

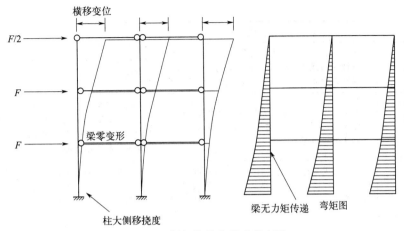

图 3.48　框架铰接点形成的变形

3.2.1.2　结构设计流程

(1) 预制构件设计要求

① 预制构件的设计除应满足整体结构的设计要求外，还应满足施工阶段验算的要求。

结构构件及节点的内力分析与验算时，除了应满足承载力、正常使用两个极限状态外，还需要进行短暂设计状况下的承载力验算，因为：

a. 预制构件在脱模、翻转、起吊、运输、堆放、安装等生产和施工过程中，会产生一系列的外加荷载作用，其受力工况和计算模式与构件正常使用阶段的受力状态有很大不同。

b. 由于预制构件的混凝土强度在制作、施工过程中尚未达到设计强度，预制构件的截面及配筋设计在许多情况下不是由使用阶段的工况起控制作用，而是由制作与安装阶段的工况起控制作用。

② 预制构件的设计应满足标准化的要求。宜采用 BIM 技术进行一体化设计，确保预制构件的钢筋与预留洞口、预埋件等互相协调，简化预制构件连接节点施工。

③ 预制构件的形状、尺寸、重量等应满足制作、运输、安装各环节的要求。

④ 预制构件的配筋设计应便于工厂化生产和现场连接。

(2) 结构设计流程

装配式混凝土结构设计主要设计流程如图 3.49 所示。

与普通现浇建筑的主要区别在于技术策划和预制构件制作加工详图设计两个过程，各过程的执行单位及工作重点如图 3.50 所示。

1) 装配式建筑的结构设计内容

有关装配式建筑的结构设计主要工作内容，如表 3.3 所示。

表 3.3　装配式设计有关的结构设计内容

设计内容	设计依据	主要工作
选定适宜的结构体系	建筑功能需要、项目环境条件、装配式国家标准、行业标准或地方标准的规定和装配式结构的特点	确定框架结构、框-剪结构、筒体结构还是剪力墙结构
建筑最大适用高度和最大高宽比	已经选定的结构体系	—

续表

设计内容	设计依据	主要工作
确定装配式范围	建筑功能需要、项目约束条件(如政府对装配率、预制率的刚性要求)、装配式国家标准、行业标准或地方标准的规定和所选定的结构体系的特点	与建筑师沟通哪一层哪一部位哪些构件需要预制
独立构件的可靠连接方式	各构件连接起来同时满足结构受力及工厂加工的要求,需要考虑构件类型、模具类型、施工工艺、运输和吊装的能力	向构件制作企业了解(构件厂对构件生产规格、重量、形体、运输的要求),向安装企业了解(节点的设置是否能够方便施工,是否节约人工及模具、现场的起重吊装能力)
结构分析、荷载与作用组合和结构计算	装配式国家标准、行业标准或地方标准的要求,将不同于现浇混凝土结构的有关规定,如抗震的有关规定、附加的承载力计算、有关系数的调整等	因装配式而附加或变化的作用与作用分析,对构件接缝处水平抗剪能力进行计算,对预制构件承载力和变形进行验算
结构拆分设计	等同原则和规范确定拆分原则	选定可靠的结构连接方式,进行连接节点,选定连接材料进行节点设计,后浇混凝土区的结构构造设计,设计结构构件装配图
结构构造设计	因装配式所需要的或进行局部加强、改变的部位	—
一体化构件进行结构设计	与建筑专业确定哪些部件实行一体化(建筑、结构、保温、装饰)	结构图上表达其他专业的内容。如夹心保温板的结构图不仅有结构内容,还要有保温层、窗框、装饰面层、避雷引下线等
独立预制构件设计	—	如楼梯板、阳台板、遮阳板等构件
拆分后的预制构件结构设计	各专业需要在预制构件中埋设的管线、预埋件、预埋物、预留沟槽,连接需要的粗糙面和键槽要求,制作、施工环节需要的预埋件等	汇集到构件制作图中
结构复核,构造设计	预制构件制作、脱模、翻转、存放、运输、吊装、临时支撑等各个环节	—

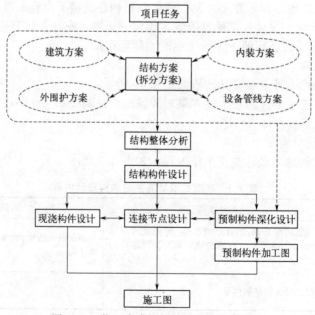

图 3.49 装配式建筑的结构设计基本流程

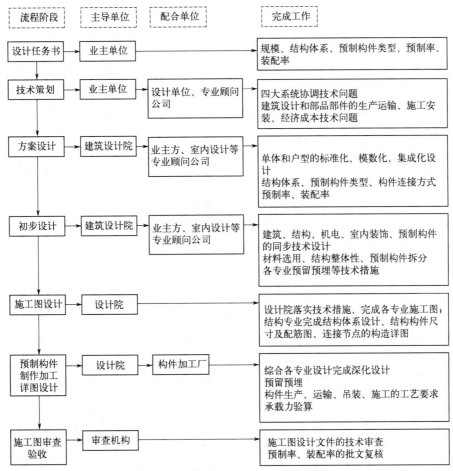

图 3.50　装配式建筑设计执行单位和工作重点

① 预制构件拆分设计：配整体式混凝土结构的构件拆分是设计的关键环节，应在确定结构方案时统一考虑。装拆分应考虑的因素包括：项目定位、产业化政策、外部条件、建筑功能和艺术性、结构合理性、标准化模数化的集成、工厂化生产及经济、环境与制作运输安装环节的可行性和便利性等。

构件拆分前，设计方需与建造商和施工方沟通。拆分应由建筑、结构、预算、工厂、运输和安装各个环节技术人员协作完成，技术协同应当贯穿整个项目建设过程。

② 结构整体分析：在等同原理条件下，整体计算分析与现浇混凝土结构相同。结构分析时，应按照现行国家规范、成熟的预制装配技术的要求，对计算参数、计算模型进行调整。

③ 结构构件设计：依据整体计算分析结果及现行国家规范，进行结构构件设计。预制混凝土构件，除了要满足现浇混凝土构件的全部设计要求外，还要考虑构件在制作、运输与安装阶段的需要，进行相关计算（如预制构件生产、施工阶段的验算）。

④ 连接节点设计：装配式混凝土结构连接节点的选型和设计应注重概念设计，满足承载力、延性及耐久性要求。合理的连接节点与构造应做到三点。

a. 保证构件传力的连续性和结构的整体稳定性。使整个结构具有与现浇混凝土结构相当的承载能力、刚度和延性，以及良好的抗风、抗震和抗偶然荷载的能力，并避免结构体系出现连续倒塌。

b. 满足正常使用和施工阶段的承载力、稳定性和变形的要求。

c. 在保证结构整体受力性能的前提下，力求连接构造简单、受力明确、传力直接、施工便捷，适合于工业化、机械化、标准化的施工及安装。

⑤ 预制构件深化设计：深化设计是指在原设计方案、施工图基础上，结合工厂的生产条件和运输路况、现场施工方案等对图纸进行完善，绘制成具有满足构件厂加工要求的加工图纸。深化设计需同时满足建筑、结构、机电、内部装修等各专业及构件运输、安装施工等的要求。

2）装配式建筑的结构设计深度

结构专业设计包括：设计说明、预制构件平面、立面拆分及构件详图、施工预埋件定位及布置图，连接节点及构件各阶段计算书。

① 结构总说明：主要结构材料部分要写明连接材料种类（包括连接套筒型号、浆锚金属波纹管、水泥基灌浆料（以水泥为基本材料，并配以细骨料、外加剂及其他材料混合而成的，用于钢筋套筒灌浆连接的干混料）性能指标、螺栓规格、螺柱所用材料、接缝所用材料、接缝密封材料及其他连接方式所用材料等。

② 结构平面图：应区分现浇结构及预制结构、绘出预制结构构件的位置及定位尺寸、构件拆分图。

③ 计算书：采用装配式结构的相关系数调整计算，应给出装配式结构预制率的计算、连接接缝计算、无支撑叠合构件两阶段验算、夹心保温板连接计算等。

④ 结构施工图应包括以下内容。

a. 构件布置图（见图 3.51）区分现浇部分及预制部分构件。

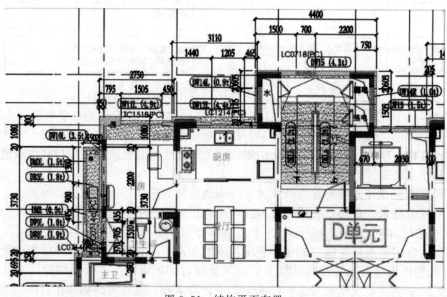

图 3.51　结构平面布置

b. 装配式混凝土结构的连接详图包括连接节点、连接详图等。

c. 绘出预制构件之间和预制与现浇构件间的相互定位关系，构件号，连接材料，附加钢筋（或埋件）的规格、型号，并注明连接方法，以及对施工安装、后浇混凝土的有关要求等。

d. 采用夹心保温墙板时，应绘制拉接件布置及连接详图。

e. 预制构件标记方法可以采用统一的代号、序号方法表示（见表 3.4）。

表 3.4 预制构件参考代号

预制构件类型	代号	序号	备注
预制墙板	PCQ	×××	含剪力墙板、外墙板、内隔墙板等
预制柱	PCZ	×××	含框架柱、构造柱等
预制梁	PCL	×××	含全预制或叠合的框架梁、次梁、梯梁等
预制板	PCB	×××	含全预制或叠合的楼板、平台板、空调板等
预制楼梯	PCLT	×××	一般指预制梯段
预制阳台	PCYT	×××	含全预制或叠合的外挑或内凹阳台
预制凸窗	PCTC	×××	一般指外挂于主体的凸窗（飘窗）
预制隔墙	PCGQ	×××	指非受力填充类隔墙

3.2.1.3 计算规定及指标

(1) 结构计算规定

《装配式混凝土结构技术规程》(JGJ 1—2014) 第 6.3 节、《装配式混凝土建筑技术标准》(GB/T 51231—2016) 第 5.3 节等指出，当预制构件之间采用后浇带且接缝构造及承载力满足规定要求时，可以认为等同现浇。装配整体式混凝土结构可采用与现浇混凝土结构相同的弹性分析模型。此外的连接节点及接缝形式的装配式混凝土结构，计算模型应按照实际情况模拟。

装配整体式混凝土结构构件及节点应进行承载能力极限状态、正常使用极限状态的设计。其中作用效应分析采用弹性方法时，应符合《混凝土结构设计规范（2015 年版）》(GB 50010—2010)、《建筑抗震设计规范（2016 年版）》(GB 50011—2010) 的相关规定。

(2) 结构计算指标

① 按弹性方法计算的风荷或多遇地震标准值作用下的楼层层间最大水平位移与层高之比，见《装配式混凝土结构技术规程》(JGJ 1—2014) 第 6.3.3 条的规定。

② 假定楼盖在其自身平面内为无限刚性后，计入翼缘作用的楼面梁的刚度可予以增大，梁刚度增大系数可根据翼缘情况近似取 1.3~2.0。

③ 抗震设计时，构件及节点的承载力抗震调整系数，见《装配式混凝土结构技术规程》(JGJ 1—2014) 第 6.1.11 条的规定。房屋高度、规则性、结构类型等超过规程的规定或者抗震设防标准有特殊要求时，可按现行行业标准《高层建筑混凝土结构技术规程》(JGJ 3—2010) 的有关规定进行结构抗震性能设计。

④ 当同一层内抗侧力构件既有预制又有现浇时，地震设计状况下宜对现浇抗侧力构件在地震作用下的弯矩和剪力进行适当的放大。

⑤ 结构的作用及作用组合，应根据《建筑结构荷载规范》(GB 50009—2012)、《建筑抗震设计规范（2016 年版）》(GB 50011—2010)、《高层建筑混凝土结构技术规程》(JGJ 3—2010) 和《混凝土结构工程施工规范》(GB 50666—2011) 等确定。

3.2.1.4 构件制作和吊装工况下承载力验算

① 结构构件及节点设计中的构件制作及施工阶段的验算，应根据实际工况的荷载、计算简图、混凝土强度等选择计算方法，并满足《混凝土结构工程施工规范》(GB 50666—2011) 第 9 节的相关规定。

对预制构件在运输、堆放阶段的承载力、变形、裂缝等进行验算，方法见《混凝土结构设计规范（2015 年版）》(GB 50010—2010)、《混凝土结构工程施工规范》(GB 50666—2011)。计算模型应与实际受力模型相符。

设置吊环、吊装孔及各种内埋式预留吊具时，应按在该处承受吊装荷载作用的效应，对构件进行承载力的验算，并应采取相应的构造措施，避免吊点处混凝土局部破坏。

② 在进行翻转、运输、吊运、安装等短暂设计状况时，预制构件的施工验算，等效静力荷载标准值＝构件自重标准值×动力系数。动力系数可根据实际受力情况和安全要求适当增减。

a. 构件翻转、运输、吊运时，动力系数宜取 1.5。

b. 构件安装过程中就位、临时固定时，动力系数可取 1.2。

c. 动力系数可根据具体情况适当增减。

③ 在预制构件脱模、翻转、运输和堆放、吊装和临时固定等过程中，由于预制构件的类型、尺寸、使用的材料、生产和安装工艺、生产和施工设备、起吊使用的产品、运输中的道路状况和码放、固定措施等因素影响，预制构件进行脱模验算时，等效静力荷载标准值＝构件自重标准值×动力系数＋脱模吸附力，且不宜小于构件自重标准值的 1.5 倍。

a. 动力系数不宜小于 1.2。

b. 脱模吸附力应根据构件和模具的实际状况取用，且不宜小于 1.5kN/m^2。

预制构件在翻转、运输、吊运、安装等短暂工况下的施工验算，可由责任主体（即构件加工厂、施工单位）完成，最终结果应由设计院确认。

3.2.2　作用及分析

3.2.2.1　作用及作用组合

装配式结构设计过程中，作用与作用组合与其他类型结构是一致的，应根据《建筑结构荷载规范》(GB 50009—2012)、《建筑抗震设计规范（2015 年版）》(GB 50011—2010)、《高层建筑混凝土结构技术规程》(JGJ 3—2010)，施工阶段的荷载及荷载组合主要按照《混凝土结构工程施工规范》(GB 50666—2011) 等确定。

(1) 设计工况

预制构件的计算应包括持久设计状况、短暂设计状况、地震设计状况。

① 持久设计状况：持久设计状况指在结构使用过程中一定出现，且持续期很长的设计状况。持续期一般与设计使用年限为同一数量级。

② 短暂设计状况：短暂设计状况指在结构施工、安装、检修或使用过程中出现的概率较大，而与设计使用年限相比，其持续期很短的设计状况。

两种状况所需的结构可靠度水平有所不同，但都应进行承载能力极限状态设计，对持久状况应进行正常使用极限状态设计，对短暂状况可以根据需要进行正常使用极限状态设计。在正常使用极限状态设计时，持久状况应进行抗裂、裂缝宽度、挠度等计算；短暂状况不做挠度计算，对抗裂、裂缝宽度则根据需要计算。

预制构件从制作、施工到使用过程中，可能产生各种工况（见图 3.52）的验算：不同的荷载、不同的计算简图、不同的混凝土实体

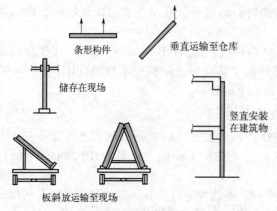

图 3.52　预制构件各种工况

强度、不同的计算控制要求。

（2）持久设计和地震设计

持久设计状况和地震设计状况的计算内容及方法，应符合《混凝土结构设计规范（2015年版）》（GB 50010—2010）、《建筑抗震设计规范（2016年版）》（GB 50011—2011）和《装配式混凝土结构技术规程》（JGJ 1—2014）及《高层建筑混凝土结构技术规程》（JGJ 3—2010）的有关规定。

装配式建筑主体结构使用阶段的作用和作用组合计算，与现浇混凝土结构一样，但翻转、运输、吊运、安装等施工过程要考虑各种工况荷载下的构件验算。

1）设计要求

① 对持久设计状况，应对预制构件进行承载力、变形、裂缝控制验算。

装配式结构构件及节点应进行承载能力极限状态及正常使用极限状态设计，并应符合《混凝土结构设计规范（2015年版）》（GB 50010—2010）、《建筑抗震设计规范（2016年版）》（GB 50011—2011）、《混凝土结构工程施工规范》（GB 50666—2011）等的有关规定。

② 对地震设计状况，应对预制构件进行承载力验算。

装配整体式结构构件的抗震设计，应根据设防类别、烈度、结构类型和房屋高度采用不同的抗震等级，并应符合相应的计算和构造措施要求。

抗震设计时，构件及节点的承载力抗震调整系数 γ_{RE} 应按表3.5采用。预埋件锚筋截面计算的承载力抗震调整系数 γ_{RE} 应取为1.0；当仅考虑整向地震作用组合时，承载力抗震调整系数 γ_{RE} 应取1.0。

表 3.5　构件及节点承载力抗震调整系数 γ_{RE}

结构构件类别	正截面承载力计算					斜截面承载力计算	受冲切承载力计算、接缝受剪承载力计算
	受弯构件	偏心受压柱		偏心受拉构件	剪力墙	各类构件及框架节点	
		轴压比小于0.15	轴压比不小于0.15				
γ_{RE}	0.75	0.75	0.80	0.85	0.85	0.85	0.85

2）设计特点

① 在同一层现浇、预制构件同时存在的情况下，需将现浇构件的地震剪力、弯矩均乘以1.1的放大系数。

② 外挂墙板进行结构设计计算时，按围护结构进行处理。只考虑直接施加于外墙上的荷载与作用，不考虑墙板分担主体结构承受的荷载和作用。

③ 竖直外挂墙板承受的作用，包括自重、风荷载、地震作用和温度作用。

④ 仰斜的墙板应当参照屋面板考虑荷载，还有施工维修时的集中荷载等。

⑤ 混凝土预制构件在脱模、吊装等环节所承受的荷载，是现浇混凝土结构所没有的。脱模验算时，等效静力荷载标准值应取构件自重标准值乘以动力系数与脱模吸附力之和。

夹心保温构件外叶板在脱模或翻转时，所承受的荷载作用可能比使用期间更不利，拉结件锚固设计应当按脱模强度计算。

（3）短暂设计

预制装配式结构除考虑持久设计状况、地震设计状况外，还应充分考虑制作、运输、安装等短暂设计状况对设计的影响。短暂设计主要包括构件制作、运输与堆放、安装与连接阶段，各阶段都有自己的关键环节：构件制作阶段有施加预应力、脱模翻转起吊、厂内吊运、厂内运输、厂内堆放环节；运输与堆放阶段有装卸、运输（从构件厂到储存场地、从储存场地到施工工地的运输）、堆放储存（支撑和荷载）环节；安装与连接阶段有场内翻转、场内堆放、吊装、临时支撑、后浇混凝土环节。

短暂设计状况的计算内容及方法除应符合《混凝土结构工程施工规范》(GB 50666—2011)及《装配式混凝土结构技术规程》(JGJ 1—2014) 的有关规定外，还应满足预制构件生产和建造全过程的实际状态的需要。

短暂设计状况主要是进行施工验算。验算对象包括：构件自身、预埋吊件、临时支撑等。验算工况包括：构件制作、吊运、运输、安装与连接。荷载取值包括：等效荷载、风荷载、施工活荷载。验算要求主要是：预制构件需控制标准荷载组合下混凝土应力或钢筋应力，临时支撑与预埋吊件采用安全系数法。验算过程有：确定工况、荷载取值、内力分析、应力计算、验算结论。

短暂设计状况下的构件及连接节点验算包括：构件脱模翻身、吊运、安装阶段的承载力及裂缝控制，吊具承载力验算，构件安装阶段的临时支撑验算、临时连接预埋件验算等。

1）工况及荷载取值

预制混凝土构件常见工况及荷载见表 3.6。动力系数不宜小于 1.2；脱模吸附力应根据构件和模具的实际状况取用，且不宜小于 $1.5\mathrm{kN/m^2}$。

表 3.6　短暂设计状况下的工况及荷载取值

工况	荷载取值（等效荷载标准值）
脱模	起吊时，构件和模板之间的吸附力可根据构件和模具表面状况适当增减
吊运	过程中的动荷载，动力系数取 1.5
堆放	构件自重
运输	动力系数取 1.5，路面条件较差情况适当提高
安装	墙板：施工现场风荷载，安装中允许倾斜偏差下构件自重水平分量 叠合板：后浇层混凝土重量（考虑堆载的影响）、施工活荷载

预制构件在翻转、运输、吊运、安装等短暂设计状况下的施工验算，应将构件自重标准值乘以动力系数后作为等效静力荷载标准值。

2）分析计算

① 根据实际的情况简化受力模型，计算构件的内力；根据构件内力，计算应力。

由于在制作、施工安装阶段的荷载、受力状态和计算模式经常与使用阶段不同，预制构件的混凝土强度在此阶段尚未达到设计强度，造成许多预制构件的截面及配筋设计，不是使用阶段的设计计算起控制作用，而是此阶段的设计计算起控制作用。因此，预制混凝土构件在生产、施工前和过程中，应根据设计要求和施工方案按实际工况的荷载、计算简图、混凝土实体强度进行施工阶段验算。

② 预制构件的施工验算应符合设计要求。当设计无具体要求时，宜符合下列规定。

根据《混凝土结构工程施工规范》(GB 50666—2011) 所要求的控制条件，混凝土构件正截面边缘的混凝土法向压应力，应满足

$$\sigma_{cc} \leqslant 0.8 f'_{ck} \tag{3.1}$$

混凝土构件正截面边缘的混凝土法向拉应力，应满足

$$\sigma_{ct} \leqslant 1.0 f'_{tk} \tag{3.2}$$

施工过程中允许出现裂缝的钢筋混凝土构件，开裂截面处受拉钢筋的应力应满足

$$\sigma_s \leqslant 0.7 f_{yk} \tag{3.3}$$

式中，σ_{cc}、σ_{ct} 为各施工环节在荷载标准组合作用下产生的构件正截面边缘混凝土法向压、拉应力，N/mm^2，可按毛截面计算；σ_s 为各施工环节在荷载标准组合作用下的受拉钢筋应力，应按开裂截面计算，N/mm^2；f_{ck}'、f_{tk}' 为与各施工环节的混凝土立方体抗压强度相应的抗压强度标准值、抗拉强度标准值，N/mm^2；f_{yk} 为受拉钢筋强度标准值，N/mm^2。

3）预埋件及临时支撑。

按 $K_c S_c \leqslant R_c$ 进行相关验算。

3.2.2.2 结构分析

(1) 分析原则

根据等同原理，《装配式混凝土结构技术规程》(JGJ 1—2014) 指出：装配整体式结构在各种设计状况下，可采用与现浇混凝土结构相同的方法进行结构分析。包括基本原则、分析模型、弹性分析、塑性分析等。

① 对结构整体变形和内力，一般采用弹性方法进行计算，框架梁及连梁等构件可考虑塑性变形引起的内力重分布。如果结构需要进行性能化设计，则可能需要进行弹塑性分析。弹性计算中，采用的各种参数与现浇结构计算基本相同，注意抗震等级的划分高度与现浇结构不同。

② 对于主要采用干式连接的装配式结构，其整体计算方法也应符合《混凝土结构设计规范（2015 年版）》(CB 50010—2010) 中的原则性要求，节点的模拟宜按照实际节点构造进行。如采用简单的按照现浇结构折减刚度或者承载力来等效计算，应有充分的依据。

③ 对多层装配式剪力墙结构，如果节点接缝以后浇带连接为主，可近似按照现浇结构进行分析；如果有干式连接节点，应按照实际连接情况建立计算模型，选取适当的方法进行结构分析。

④ 对一些重要的设计参数，应考虑结构特点，按照《装配式混凝土建筑技术标准》(GB/T 51231—2016)、《装配式混凝土结构技术规程》(JGJ 1—2014) 等的规定予以调整。

(2) 楼层层间最大位移与层高之比（层间位移角）

装配整体式框架结构和剪力墙结构的层间位移角限值均与现浇结构相同。对多层装配式剪力墙结构，当按现浇结构计算而未考虑墙板间接缝的影响时，计算得到的层间位移会偏小。因此按弹性方法计算，风荷载或多遇地震标准值作用下的楼层层间位移角限值更严格。

① 风荷载或多遇地震标准值作用下，结构楼层内最大弹性层间位移与层高之比，应满足表 3.10。

$$\frac{\Delta u_e}{h} \leqslant [\theta_e] \tag{3.4}$$

式中，Δu_e 为楼层内最大弹性层间位移，mm；$[\theta_e]$ 为弹性层间位移角限值，见表 3.7；h 为层高，mm。

表 3.7　弹性层间位移角 θ_e 限值

结构类型	限值
装配整体式框架结构	1/550
装配整体式框架-现浇剪力墙结构	1/800
装配整体式剪力墙结构、装配整体式部分框支剪力墙结构	1/1000
墙板结构	1/1200

② 罕遇地震作用下，结构薄弱层（部位）弹塑性层间位移与层高之比，应满足：

$$\frac{\Delta u_p}{h} \leqslant [\theta_p] \tag{3.5}$$

式中，Δu_p 为楼层内最大弹性层间位移，mm；$[\theta_p]$ 为弹塑性层间位移角限值，见表3.8；h 为层高，mm。

表 3.8　弹塑性层间位移角 θ_p 限值

结构类型	限值
装配整体式框架结构	1/50
装配整体式框架-现浇剪力墙、装配整体式框架-现浇核心筒	1/100
装配整体式剪力墙结构、装配整体式部分框支剪力墙结构	1/120

（3）楼盖刚度

采用叠合楼盖时，计算假定按照如下规定：

① 在结构内力与位移计算时，对现浇楼盖和叠合楼盖，均可假定楼盖在其自身平面内为无限刚性。

② 楼面梁的刚度可计入翼缘作用予以增大。梁刚度增大系数可根据翼缘情况近似取为1.3～2.0。

（4）填充墙刚度影响

1）结构自振周期折减

① 在整体计算时，考虑砌体填充墙对结构刚度的影响，结构的计算自振周期予以折减。

折减系数取值：框架结构0.6～0.7、框剪结构0.7～0.8、框架－核心筒0.8～0.9、剪力墙结构0.8～1.0。其他结构体系或采用其他非承重墙体时，可根据工程情况确定周期折减系数。

② 内力和变形计算时，应计入填充墙对结构刚度的影响。当采用轻质墙板填充墙时，可采用周期折减的方法考虑其对结构刚度的影响。

周期折减系数：框架结构0.7～0.9、剪力墙结构0.8～1.0。

2）装配式混凝土结构弹性分析模型中，节点和接缝的模拟

① 当预制构件之间采用后浇带连接且接缝构造及承载力满足规范中的相应要求时，可按现浇混凝土结构进行模拟。

② 对于本规范中未包含的连接节点及接缝形式，应按照实际情况模拟。

进行抗震性能化设计时，结构在设防烈度地震及罕遇地震作用下的内力及变形分析，可根据结构受力状态采用弹性分析方法或弹塑性分析方法。弹塑性分析时，宜根据节点和接缝在受力全过程中的特性进行节点和接缝的模拟。材料的非线性行为可根据《混凝土结构设计规范（2015年版）》（GB 50010—2010）确定，节点和接缝的非线性行为可根据试验研究确定。

3）地震作用下的弯矩与剪力的放大

当同一层内既有预制又有现浇抗侧力构件时，地震设计状况下宜对现浇抗侧力构件在地震作用下的弯矩和剪力进行适当放大。

对于同一层内既有现浇墙肢也有预制墙肢的装配整体式剪力墙结构，现浇墙肢水平地震作用弯矩、剪力宜乘以不小于1.1的增大系数。

3.2.3　构件连接、节点受剪计算

装配式结构不是预制构件的拼凑，而是概念设计、计算设计、节点连接构造设计的有机配

合的结果。预制和现浇相结合的原则，是采用预制构件与节点区的后浇混凝土相结合的方式，用湿式连接节点，现浇混凝土结构和装配式混凝土的区别，在于预制构件在现场的连接（见图 3.53）和安装。

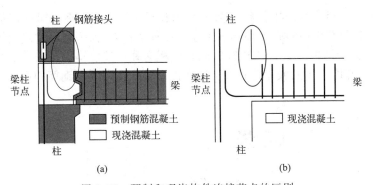

图 3.53   预制和现浇构件连接节点的区别
(a) 预制钢筋混凝土构件；(b) 标准现浇钢筋混凝土构件

3.2.3.1　构件接缝处受剪承载力验算

装配式结构中，预制构件接缝的正截面承载力验算与现浇混凝土结构相同，应符合《混凝土结构设计规范（2015 年版）》(GB 50010—2010) 的规定；接缝的受剪承载力应符合《装配式混凝土结构技术规程》(JGJ 1—2014) 的规定。

(1) 接缝的受剪承载力

1) 持久设计状况

$$\gamma_0 V_{jd} \leqslant V_u \tag{3.6}$$

式中，γ_0 为结构重要性系数，安全等级为一级时不应小于 1.1，安全等级为二级时不应小于 1.0；V_{jd} 为持久设计状况下接缝剪力设计值；V_u 为持久设计状况下梁端、柱端、剪力墙底部接缝受剪承载力设计值。

2) 地震设计状况

$$V_{jdE} \leqslant \frac{V_{uE}}{\gamma_{RE}} \tag{3.7}$$

式中，V_{jdE} 为地震设计状况下接缝剪力设计值；V_{uE} 为地震设计状况下梁端、柱端、剪力墙底部接缝受剪承载力设计值；γ_{RE} 为抗震调整系数，见表 3.9。

表 3.9　构件及节点承载力抗震调整系数

结构构件类别	正截面承载力计算					斜截面承载力计算	受冲切承载力计算、接缝受剪承载力计算
	受弯构件	偏心受压柱		偏心受拉构件	剪力墙	各类构件及框架节点	
		轴压比小于 0.15	轴压比不小于 0.15				
γ_{RE}	0.75	0.75	0.8	0.85	0.85	0.85	0.85

在梁、柱端部箍筋加密区及剪力墙底部加强部位，还应满足：

$$\eta_j V_{mua} \leqslant V_{uE} \tag{3.8}$$

式中，η_j 为接缝受剪承载力增大系数，抗震等级为一、二级取 1.2，抗震等级为三、四级取 1.1；V_{mua} 为被连接构件端部按实配钢筋面积计算的斜截面受剪承载力设计值。

（2）装配整体式结构混凝土叠合梁竖向接缝的受剪承载力

1）持久设计状况

$$V_u = 0.07 f_c A_{cl} + 0.10 f_c A_k + 1.65 A_{sd} \sqrt{f_c f_y} \tag{3.9}$$

式中，V_u 为持久设计状况下接缝受剪承载力设计值；A_{cl} 为叠合梁端截面后混凝土叠合层截面面积；f_c 为预制构件混凝土轴心抗压强度设计值；f_y 为垂直穿过结合面钢筋抗拉强度设计值；A_k 为各键槽的根部截面（见图 3.54）面积之和，按后浇键槽根部截面和预制键槽根部截面分别计算，并取二者的较小值；A_{sd} 为垂直穿过结合面所有钢筋的面积，包括叠合层内的纵向钢筋。

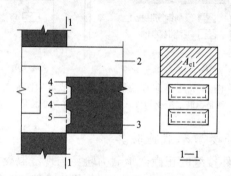

图 3.54 叠合梁端受剪承载力计算参数
1—后浇节点区；2—后浇混凝土叠合层；3—预制梁；4—预制键槽根部截面；5—后浇键槽根部截面

式(3.9)中的第一项是后浇层混凝土抗剪作用，第二项是键槽抗剪作用，第三项是穿过结合面的钢筋销栓抗剪作用。

2）地震设计状况

$$V_{uE} = 0.04 f_c A_{cl} + 0.06 f_c A_k + 1.65 A_{sd} \sqrt{f_c f_y} \tag{3.10}$$

式中，V_{uE} 为地震设计状况下接缝受剪承载力设计值。

（3）装配整体式结构在地震设计状况下，预制柱底水平接缝的受剪承载力

在非抗震设计时，柱底剪力一般较小，不需要对接缝受剪承载力验算。

预制柱底结合面的受剪承载力主要包括：新旧混凝土结合面的粘结力、粗糙面或键槽的抗剪能力、轴压产生的摩擦力、穿过结合面的柱纵向钢筋的销栓（或摩擦）抗剪作用，通常以后两者为主。柱轴力大小对柱底水平接缝的受剪承载力影响较大。当柱受拉时，水平接缝的抗剪能力较差，易发生接缝的滑移错动。

在地震设计状况下，预制柱底水平接缝的受剪承载力设计值主要组成，是轴压产生的摩擦力、穿过结合面的柱纵向钢筋的销栓抗剪作用；地震往复作用下混凝土自然粘结及粗糙面的受剪承载力丧失较快，计算中不考虑其作用。计算如下：

1）当预制柱受压时

$$V_{uE} = 0.8 N + 1.65 A_{sd} \sqrt{f_c f_y} \tag{3.11}$$

式中，N 为与剪力设计值 V 相应的垂直于水平结合面的轴向力设计值，取绝对值进行计算。

当柱受压时，式(3.11)中第一项是指计算轴压产生的静摩擦力时，柱底接缝灌浆层上下表面接触的混凝土均有粗糙面及键槽构造，因此摩擦系数取 0.8（但混凝土自然粘结面、粗糙面的受剪承载力在计算中不予考虑，因往复作用的地震作用情况下这两种承载力丧失较快）；

第二项是穿过结合面的钢筋销栓抗剪作用。

2）当预制柱受拉时

$$V_{uE}=1.65A_{sd}\sqrt{f_cf_y\left[1-\left(\frac{N}{A_{sd}f_y}\right)^2\right]} \tag{3.12}$$

当柱受拉时，没有轴压产生的摩擦力。由于受拉力作用，钢筋的销栓抗剪作用或摩擦抗剪作用会削弱，这对抗剪承载力是不利的。由于钢筋受拉，计算钢筋销栓作用时，需要根据钢筋中受拉的应力结果，对销栓抗剪承载力进行折减。

避免结构柱出现受拉的措施包括：采用小的结构高宽比、结构质量和刚度平面分布均匀、结构竖向质量和刚度竖向分布均匀。

(4) 装配整体式结构在地震设计状况下，预制墙底部水平接缝的受剪承载力

$$V_{uE}\leqslant 0.6f_yA_{sd}+0.8N \tag{3.13}$$

式中，V_{uE} 为水平接缝受剪承载力设计值；f_y 为垂直穿过水平结合面的钢筋或螺杆抗拉强度设计值；A_{sd} 为垂直穿过水平结合面的抗剪钢筋或螺杆面积；N 为与剪力设计值 V 相应的垂直于水平结合面的轴向设计值，压力时取正，拉力时取负；当大于 $0.6f_cbh_0$ 时，取为 $0.6f_cbh_0$，此处 f_c 为混凝土轴心抗压强度设计值，b 为剪力墙厚度，h_0 为剪力墙截面有效高度。

3.2.3.2   构件连接节点处受剪承载力验算

装配整体式框架梁柱节点核心区抗震受剪承载力验算和构造，应符合《混凝土结构设计规范（2015 年版）》(GB 50010—2010) 的有关规定。

进行验算主要是确保节点核心区截面抗震受剪承载力，实现"强节点弱构件"目标，保证结构的安全性。

对一、二、三级抗震等级的装配整体式框架，应进行梁柱节点核心区抗震受剪承载力验算；对四级抗震等级可不进行验算。《建筑抗震设计规范（2016 年版）》(GB 50011—2010) 第 6.2.14 规定，框架节点核心区的抗震验算应符合下列要求：

① 一、二、三级框架的节点核心区应进行抗震验算；四级框架的节点核心区可不进行抗震验算，但应符合抗震构造措施要求。

② 核心区截面抗震验算方法，应符合规范附录 D 的规定。

应对连接件、焊缝、螺栓或铆钉等紧固件在不同设计状况下的承载力进行验算。

3.2.4   装配整体式框架结构设计

全部或部分框架梁、柱采用预制构件，由预制柱、预制叠合梁、预制叠合楼板通过可靠的钢筋连接方式，由后浇混凝土、灌浆料等胶结材料可靠连接，其他构件（外围护墙板、阳台板，楼梯、内墙板等）酌情选择预制，组成整体的结构体系，称为装配整体式钢筋混凝土框架结构。后浇混凝土部位（见图 3.55）有：梁柱连接部位、主次梁连接部位、叠合梁的对接部位。

装配整体式框架结构梁柱以一维构件为主，性能等同于现浇混凝土框架结构。设计可按现浇混凝土框架结构进行整体计算，承载力计算关键是叠合梁拼缝、预制柱拼缝的抗剪承载力计算，构件构造主要应满足叠合梁、预制柱的构造要求，节点构造主要应满足主次梁节点、叠合梁拼接节点、梁柱节点的构造要求。

装配整体式框架结构设计的基本内容包括：结构最大适用高度和抗震等级的确定、结构整体计算分析、预制构件拆分设计、预制构件设计、连接节点设计、预制构件深化设计。

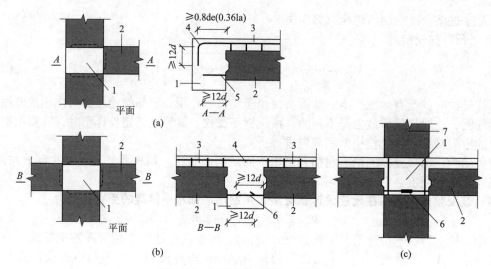

图 3.55　装配整体式框架后浇部位

（a）主次梁连接部位；（b）叠合梁对接部位；（c）梁柱连接部位

1—预制梁端后浇节点；2—预制梁；3—后浇混凝土；4—钢筋；5—预留钢筋；6—预留钢筋连接；7—预制柱

3.2.4.1　基本规定

装配整体式框架结构应进行"强剪弱弯""强柱弱梁""强节点弱构件"的设计，减轻震害造成的梁端发生剪切破坏、梁柱节点核心区发生剪切破坏、箍筋滑落、钢筋锚固失效、柱端出现塑性铰发生弯曲破坏、短柱发生剪切破坏等。这些方面与现浇框架结构的要求一样。

框架预制梁、柱的连接位置在柱底、梁端，正是震害最易发生的地方，因此连接节点处的抗弯、抗剪承载力计算是装配式框架结构的设计重点。

注意底层柱根为塑性铰开展区，并且由于建筑功能的需要，底层层高往往不太规则，所以不适合采用预制构件。

（1）框架结构设计要点

装配式框架结构的设计要点主要是构件连接。例如预制桩的连接、梁柱的连接、主次梁的连接、预制板与梁的连接、预制板之间的连接等。特别之处在于预制柱的连接位置在柱底、预制梁的连接位置在梁端，因此连接节点处的抗弯、抗剪承载力计算是设计重点。

1）设计内容

① 概念设计。

a. 结构体系选择、高度、高宽比设计。

b. 结构平面布置设计，平面布置宜简单、规则、对称，质量、刚度分布宜均匀，不应采用严重不规则的平面布置，宜选择大柱网、大跨度的结构布置方式。

c. 结构竖向布置设计，竖向布置连续、均匀，避免抗侧力结构的侧向刚度和承载力侧向突变。

d. 选择合适的连接方式，柱子连接高层一般采用灌浆套筒连接，低多层连接方式较多，有挤压套筒连接、浆锚搭接、螺栓连接和焊接等。梁与柱子连接一般采用注胶套筒连接、挤压套筒连接等方式。

② 结构承载力计算及设计。

a. 装配整体式框架结构构件抗震设计，对一、二、三级抗震等级的装配整体式框架，应进行梁柱节点核心区的抗剪承载力验算，对四级抗震等级可不进行验算。

b. 对叠合梁竖向接缝抗剪承载力进行验算。

c. 地震设计情况下，对预制柱底水平缝抗剪承载力进行验算。

d. 对于结构构件还需要对其进行脱模、存放、运输和吊装的承载力计算。

③ 构造设计：要进行结构节点连接设计，例如装配式框架结构节点包括中柱与梁的连接节点、边柱与梁的连接节点、框架主梁与次梁的连接节点、基础与柱的连接节点等。

④ 结构拆分设计。

⑤ 预埋件设计。

⑥ 构件脱模、存放、运输和吊装的设计。

⑦ 预制构件深化图设计：应与各个专业、建筑部品、装饰装修、构件厂等配合，做好构件拆分深化设计，提供能够实现的预制构件大样图；做好大样图上的预留线盒、孔洞、预埋件和连接节点设计；做好节点的防水、防火、隔声设计和系统集成设计，解决好连接节点之间和部品之间的"错漏碰缺"。

2）与现浇不同之处

① 适用高度不同：装配整体式框架结构，当采取了可靠的节点连接方式和合理的构造措施后（符合《装配式混凝土结构技术规程》(JCJ 1—2014) 的要求），其性能可以等同现浇混凝土结构，两者最大适用高度基本相同（见表 3.10）；如果节点及接缝构造措施的性能达不到现浇结构的要求，其最大适用高度应适当降低。预应力装配整体式框架要低一些（见表 3.11）。

表 3.10　装配整体式框架结构的最大适用高度

结构类型	抗震设防烈度				
	非抗震设计	6 度	7 度	8 度	8 度(0.3g)
装配整体式框架结构	70	60	50	40	30
装配整体式框架-现浇剪力墙结构	150	130	120	100	80
装配整体式框架-现浇核心筒结构	—	150	130	100	90

注：房屋高度指室外地面到主要屋面的高度，不包括局部突出屋顶的部分。

表 3.11　预制预应力混凝土装配整体式框架适用的最大高度　　　　　单位：m

结构类型		非抗震设计	抗震设计设防烈度		
			6 度	7 度	8 度
装配式框架结构	采用预制柱	70	50	45	30
	采用现浇柱	70	55	50	35
装配式框架-剪力墙结构	采用现浇柱、墙	140	120	110	100

② 选用材料最低强度指标不同：装配式建筑框架结构混凝土强度不宜低于 C30；现浇混凝土框架结构，混凝土强度不应低于 C20，采用强度等级 400MPa 及以上的钢筋时，混凝土强度等级不应低于 C25。

③ 模型参数选取不同：装配式建筑框架结构内力和变形验算时，应计入填充墙对结构刚度的影响，当采用轻质隔墙板填充墙时，可采用周期折减的方法考虑其对结构刚度的影响；对于框架结构，周期折减系数取 0.7～0.9。

④ 计算内容不同：装配式框架结构设计除完成现浇模型计算外，还要对叠合梁端、预制柱底等进行装配式特有的接缝抗剪强度验算。

⑤ 构造不同。

a. 梁构造不同：装配式框架结构梁采用下部分预制、上部分现浇的叠合梁。

b. 框架柱构造不同：预制框架柱在柱的底面留有连接注浆套筒或波纹管等的钢筋连接件、柱上端有伸出钢筋，现浇框架柱没有；预制框架柱上有脱模、支撑、吊装等预埋件，现浇框架柱没有；钢筋采用套筒灌浆连接时柱底箍筋加密区域，与现浇框架柱不同。

c. 板构造不同：叠合楼板底层预制、采用桁架钢筋、上面现浇层，现浇楼板整体现浇。

d. 节点不同：装配整体式框架结构梁柱构件预制，节点域范围内或节点域与部分梁现浇，现浇结构节点的构件全部现浇。

⑥ 设计理念不同。

a. 装配式框架结构构件截面比现浇结构梁柱截面大，这样有助于构件统一和钢筋排布。

b. 钢筋直径大、间距大。宜多采用大直径、高强度钢筋和高强度的混凝土，简化结构的连接，便于预制构件的生产、安装。

⑦ 图样设计不同。

装配式框架结构设计除完成现浇设计外，还需要进行结构拆分设计、构件连接设计、预埋件设计，还需要进行构件在脱模、存储、运输及吊装等设计。

（2）结构整体分析

① 装配整体式混凝土框架结构在满足现行国家标准《装配式混凝土结构技术规程》(JGJ 1—2014)、《装配式混凝土建筑技术标准》(GB/T 51231—2016) 的相关规定时，可采用与现浇混凝土框架结构相同的方法进行结构分析。

② 在结构内力与位移计算时，对现浇楼盖和叠合楼盖，均可假定楼盖在其自身平面内为无限刚性；楼面梁的刚度可计入翼缘作用予以增大，梁刚度增大系数可根据翼缘情况近似取为1.3～2.0（现浇楼盖），也可取合理的增大系数（叠合楼盖的中梁可取 1.3～2.0、边梁取 1.0～1.5）。

③ 主体结构计算时，应计入外挂墙板的影响。

a. 应计入支承于主体结构的外挂墙板的自重。

b. 当外挂墙板相对于其支承构件有偏心时，应计入外挂墙板重力荷载偏心产生的不利影响。

c. 采用点支承与主体结构相连的外挂墙板，连接节点具有适应主体结构变形的能力时，可不计入其刚度影响。

采用线支承与主体结构相连的外挂墙板，应根据刚度等代原则计入其刚度影响，但不得考虑外挂墙板的有利影响。

d. 应考虑填充墙及外围护墙对结构刚度的影响。当采用轻质墙板填充墙时，可采用周期折减的方法考虑其对结构刚度的影响，如框架结构时周期折减系数可取 0.7～0.9。

（3）连接要求

装配式混凝土结构中，节点及接缝处的纵向钢筋连接，宜根据接头受力、施工工艺等要求，选用套筒灌浆连接、机械连接、浆锚搭接连接、焊接连接、绑扎连接等连接方式。

（4）采用现浇的结构部位

① 高层建筑的地下室结构，采用现浇的结构。

结构底部或首层往往由于建筑功能的需要，平面及层高一般与标准层不一致，若采用预制构件，会增加预制构件的种类，与装配式结构尽量少构件、多组合的原则不相符，且这些部位结构内力较大、构件截面大、配筋多，也不利于预制构件的连接。

a. 地下室部分的建筑功能比较复杂，建筑平、剖面布置不规则，使得结构构件规则性、重复性少，不适合采用预制结构构件。

b. 上部结构需要嵌固在地下室结构上，并有很好的延性、整体性，故地下室结构±0.00楼板不宜采用叠合楼板，宜采用现浇楼板。

② 高层建筑首层是结构整体抗震性能的重要部位，宜采用现浇结构。

a.在高烈度区,为保证结构具有很好的延性、抗震性能,框架结构的首层采用现浇结构。

b.使用功能需要建筑首层一般不太规则,结构构件不适合采用预制构件。

c.结构首层构件截面大、配筋多,配筋构造比较复杂,不利于预制构件的连接。

③ 结构的顶层采用现浇楼盖结构,保证结构的整体性。

顶层楼板应加厚并采用现浇,加强建筑物顶部的约束,保证结构的整体性,提高抗风、抗震能力,同时抵抗温度应力的不利影响。

④ 框支层、转换层。

a.当采用部分框支剪力墙结构时,底部框支层不宜超过两层,且框支层及相邻上一层应采用现浇结构。

b.部分框支剪力墙以外的结构中,转换梁、转换柱宜现浇。

转换梁、转换柱是保证结构抗震性能的关键受力部位,且往往构件截面较大、配筋多,节点构造复杂,不适合采用预制构件,而宜采用现浇的方式。

c.部分框支剪力墙结构的框支层受力较大且在地震作用下容易破坏,为加强整体性、提高结构的抗震能力,框支层及相邻上一层宜采用现浇结构。

d.结构转换层、平面复杂或开洞较大的楼层、作为上部结构嵌固部位的地下室楼层等,宜采用现浇楼盖。

转换层楼盖上面是剪力墙或较密的框架柱,下部为部分框架、部分落地剪力墙。转换层上部抗侧力构件的剪力要通过转换构件及楼板进行重分配,再传递到落地墙和框支柱上去。因而楼板承受较大的内力,要采用现浇楼板并采取加强措施。

⑤ 大底盘多塔楼结构的底盘屋面板、开口过大的楼板,应采用现浇板以增强其整体性。

(5) 抗震等级

装配整体式结构构件的抗震设计,应根据设防类别、烈度、结构类型和房屋高度采用不同的抗震等级,并应符合相应的计算和构造措施要求。

(6) 柱轴压比

轴压比指柱组合的轴压力设计值与柱的全截面面积和混凝土轴心抗压强度设计值乘积之比值。对规范规定不进行地震作用计算的结构,可取无地震作用组合的轴力设计值计算。

控制框架柱的轴压比的目的,主要是为了保证柱的塑性变形能力、保证框架的抗倒塌能力。柱轴压比不宜超过表 3.12 的规定不应大于 1.05。建造于Ⅳ类场地且较高的高层建筑,柱轴压比限值应适当减小。

表 3.12 轴压比限值

结构类型	抗震等级			
	一	二	三	四
装配整体式框架结构	0.65	0.75	0.85	0.90
装配整体式框架-现浇剪力墙结构 装配整体式框架-现浇核心筒结构	0.75	0.85	0.90	0.95

表 3.15 内限值适用于剪跨比大于 2,混凝土强度等级不高于 C60 的柱;剪跨比不大于 2 的柱,轴压比限值应降低 0.05;剪跨比小于 1.5 的柱,轴压比限值应专门研究并采取特殊构造措施。

(7) 结构高宽比限值

高宽比是对结构刚度、整体稳定、承载能力、经济合理性的宏观评价指标。控制高宽比主要是为了控制在侧向力作用下结构底部的倾覆弯矩,尤其是对首层即采用装配式的结构。当建筑平面比较复杂时,应根据建筑平面布置、体型、采取的技术措施,综合确定建筑宽度。高层装配整体式结构的高宽比不宜超过表 3.13 的数值。

表 3.13 高层装配整体式结构适用的最大高宽比

结构类型	抗震设防烈度		
	非抗震设计	6、7 度	8 度
装配整体式框架结构	5	4	3
装配整体式框架-现浇剪力墙结构	6	6	5
装配整体式剪力墙结构	6	6	5
装配整体式框架-现浇核心筒结构	—	7	6

一般情况下,可按所考虑方向的最小宽度计算高宽比,但对突出建筑物平面很小的局部结构(如楼梯间、电梯间等),一般不应包含在计算宽度内。

3.2.4.2 关键部位承载力

(1) 构件接缝的正截面承载力

应符合《混凝土结构设计规范(2015 年版)》(GB 50010—2010)的规定,此外还应符合以下基本要求。

1) 预制柱

① 截面尺寸。矩形柱截面宽度或圆柱直径不宜小于 400mm,圆形截面柱直径不宜小于 450mm,且不宜小于同方向梁宽的 1.5 倍。

采用较大直径钢筋及较大的柱截面,可以减少钢筋的根数、增大钢筋间距,便于钢筋连接及节点区域钢筋布置。

要求柱截面宽度大于同方向梁宽度 1.5 倍,有利于避免节点区梁钢筋和柱钢筋的位置冲突,便于安装时现浇节点的施工。

② 截面纵向筋。柱纵向受力钢筋直径不宜小于 20mm,间距不宜大于 200mm 且不应大于 400mm。柱的纵向受力钢筋可集中于四角配置且宜对称布置(见图 3.56)。当纵向钢筋间距较大导致箍筋肢距不满足现行规范要求时,柱中可受力纵向钢筋之间设置纵向辅助钢筋,且为了保证对混凝土的约束作用,直径不宜小于 12mm 和箍筋直径;当正截面承载力计算不计入辅助钢筋时,纵向辅助钢筋可不伸入框架节点。

③ 截面箍筋。

a. 箍筋形式:箍筋可采用连续复合箍筋。设置辅助纵筋后,可采用拉筋、菱形箍筋等形式。为了保证柱的延性,建议采用复合箍筋。

灌浆套筒长度范围内,箍筋宜采用连续复合箍或连续复合螺旋箍。如采用拉筋,其弯钩的弯折角度宜为 180°。

b. 箍筋加密:套筒连接区域柱子的强度与刚度较大,柱子产生塑性铰的区域可能会上移到套筒连接区域以外,为了保证这个区域的延性,采用箍筋加密。

纵向受力钢筋在柱子底部连接时,柱子的箍筋加密区长度不应小于纵向受力钢筋连接区域长度与 500mm 之和;当采用套筒灌浆连接或浆锚搭接连接方式时,套筒或搭接段上端第一道箍筋距离套筒或搭接段顶部不应大于 50mm(见图 3.57)。

当在框架柱根部之外连接时,自灌浆套筒长度外向上延伸 300mm 范围内,箍筋直径不应小于 8mm,箍筋间距不应大于 100mm。

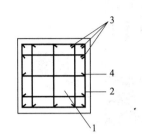

图 3.56 柱截面配筋构造
1—预制柱；2—箍筋；
3—纵向受力钢筋；4—纵向辅助钢筋

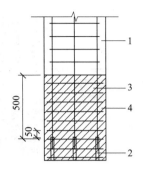

图 3.57 柱底箍筋加密区域
1—预制柱；2—连接接头（或钢筋连接区域）；
3—加密区箍筋；4—箍筋加密区（阴影区域）

④ 保护层厚度：灌浆套筒长度范围内外侧，箍筋的混凝土保护层厚度不应小于 20mm。

2）叠合梁

叠合梁指顶部在现场后浇混凝土而形成的预制混凝土整体受弯梁。叠合梁身下部预制，上部后浇混凝土。与叠合楼板配合使用，浇筑成整体楼盖。混凝土叠合梁的设计应符合《装配式混凝土结构技术规程》(JGJ 1—2014)、《混凝土结构设计规范（2015 年版）》(GB 50010—2010) 中的有关规定。

① 强度设计：承载力按现浇梁计算，配筋按现浇梁配筋；预制梁需要按脱模、存放、吊装的承载力计算。

② 截面选取：协调叠合梁后浇层厚度与叠合楼板厚度；预制部分高度一般不小于梁全高的 40%，且后浇混凝土层的厚度不宜小于 100mm。

叠合梁预制部分有矩形截面、凹口截面（见图 3.58）。凹口截面与后浇混凝土结合面面积大，并形成嵌合作用，新旧混凝土连接性能更好。另外，当叠合板的总厚度小于叠合梁的后浇混凝土叠合层厚度要求时，采用凹口截面形式可增加梁的后浇层厚度。凹口深度不宜小于 50mm，凹口边厚度不宜小于 60mm。

③ 混凝土的强度等级：不宜低于 C30。

④ 叠合梁钢筋。

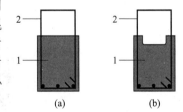

图 3.58 叠合预制梁截面形状
(a) 平口截面；(b) 凹口截面
1—梁预制部分；2—箍筋

a.纵筋：预制柱、预制（叠合）梁内的纵向受力钢筋布置在同等的情况下，宜采用较少根数、较大直径的方式。叠合梁预制部分的水平纵向受力钢筋的连接，可以采用套筒灌浆连接、钢筋冷挤压套筒连接、直螺纹接头连接、焊接连接等。梁底钢筋后浇段连接常用机械连接、焊接连接等。

当梁的下部纵向钢筋在后浇段内采用直螺纹接头连接时（被连接钢筋直径不宜小于 18mm，一般只能采用加长丝扣型直螺纹接头，滚轧直螺纹加长丝头在安装中会存在一定的困难，且无法达到 I 级接头的性能指标。

当采用挤压套筒连接时，采用预制柱及叠合梁的装配整体式框架结构节点，两侧叠合梁底部水平钢筋挤压套筒连接时，若梁下部纵向钢筋在节点区内连接较困难，可在核心区外侧的梁端后浇段内连接，也可以在核心区外两侧梁端后浇段内连接（见图 3.59）。

叠合梁后浇叠合层顶部的水平钢筋贯穿后浇核心区。梁端后浇段的箍筋间距不宜大于 75mm；抗震等级为一、二级时，箍筋直径不应小于 10mm；抗震等级为三、四级时，箍筋直

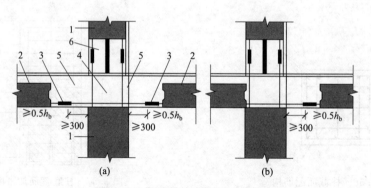

图 3.59　梁下纵筋在核心区外连接
(a) 钢筋在两侧梁端连接；(b) 钢筋在一侧梁端连接
1—预制柱；2—叠合梁预制部分；3—挤压套筒；4—节点后浇区；5—梁端后浇段；6—柱底后浇段

径不应小于 8mm。当叠合梁的纵筋间距及箍筋肢距较小导致安装困难时，可以适当增大钢筋直径并增加纵筋间距和箍筋肢距。

b. 箍筋：预制梁的箍筋应该全部深入叠合层，且各肢深入叠合层的长度不宜小于 10d (d 为箍筋直径)。

采用叠合梁时，在施工条件允许的情况下，箍筋宜采用整体封闭箍筋 (见图 3.60)，且当梁受扭时箍筋的搭接部分宜设置在预制部分；抗震等级为一、二级的叠合框架梁的梁端箍筋加密区宜采用整体封闭箍筋；当采用封闭箍筋无法安装梁顶上部纵筋时，可采用下开口箍筋加上箍筋帽的组合封闭箍筋形式，有利于提高现场钢筋安装的效率与质量，但由于对组合箍的研究尚不够完善，因此在抗震等级为一、二级的叠合框架梁梁端加密区中不建议采用，受扭叠合梁和框架梁端箍筋加密区不宜采用。

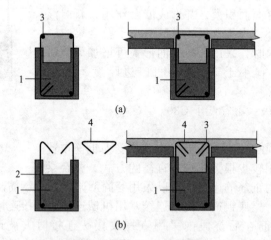

图 3.60　叠合梁箍筋构造形式
(a) 采用整体封闭箍筋的叠合梁；(b) 采用组合封闭箍筋的叠合梁
1—预制梁；2—开口箍筋；3—上部纵向钢筋；4—箍筋帽

现场采用箍筋帽来封闭开口箍筋 (见图 3.61) 时，开口箍筋上方、箍筋帽末端均应做成 135°弯钩，也可做成一端 135°另一端 90°弯钩，但 135°弯钩和 90°弯钩应沿纵向受力钢筋方向交错设置。非抗震设计时，弯钩端头平直段长度不应小于 5d (d 为箍筋直径)；抗震设计时，框架梁弯钩平直段长度不应小于 10d，次梁弯钩平直段长度不应小于 5d。

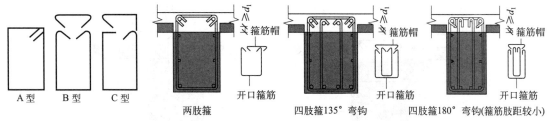

图 3.61　箍筋形式

　　预制叠合梁采用封闭箍筋，若在上部混凝土现浇时无法安装钢筋，可以将梁顶钢筋暂不绑扎，预放在预制叠合梁上部和梁一起吊装（见图 3.62）。也可采用预制板底板钢筋无外伸的节点构造，采用附加连接钢筋的方式（见图 3.63）。

　　在预制柱底部和顶部、预制（叠合）梁柱边塑性铰区、主次梁交叉处主梁两侧等部位，应保证箍筋加密的构造要求。后浇段内的箍筋应加密，箍筋间距不应大于 5d（d 为纵向钢筋直径），且不应大于 100mm。

图 3.62　预制叠合梁梁顶钢筋

　　⑤ 预制梁顶面：应做成凸凹高差不小于 6mm 的粗糙面。

图 3.63　预制叠合梁用附加钢筋连接预制板（单位：mm）

　　⑥ 叠合预制板在梁预制部分上的搁置长度。

　　a. 采用设置挑耳［见图 3.64(a)］方式：挑耳高度应计算确定且不宜小于预制板厚度；挑耳挑出长度应满足预制板搁置长度要求；挑耳内应设置纵向钢筋和伸入梁内的箍筋，纵向钢筋和箍筋的直径分别不应小于 12mm 和 8mm。

　　b. 采用设置 U 形插筋［见图 3.64(b)］方式：插筋直径、间距宜同预制梁箍筋。预制板端后浇混凝土接缝宽度不宜小于 50mm，且不应考虑其叠合效应。

　　⑦ 叠合层厚度：从梁预制部分顶面（凹口截面应从凹口底面，见图 3.65）向上至后浇层顶面。当采用叠合梁时，框架梁的后浇混凝土叠合层厚度不宜小于 150mm，次梁的后浇混凝土叠合层厚度不宜小于 120mm。

　　当叠合板的总厚度小于叠合梁的后浇混凝土叠合层厚度要求时，梁预制部分可采用凹口截

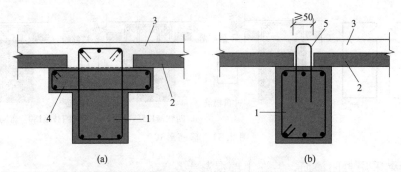

图 3.64 预制板在梁预制部分上搁置长度较大时梁的构造

（a）设置挑耳方式；（b）设置 U 形插筋方式

1—梁预制部分；2—预制板；3—后浇混凝土叠合层；4—梁挑耳；5—U 形插筋

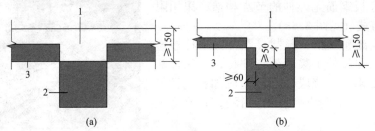

图 3.65 预制梁与叠合板关系

（a）矩形截面；（b）凹口截面

1—后浇混凝土叠合层；2—预制梁；3—预制板

面形式，增加梁的后浇层厚度，凹口深度不宜小于 50mm，凹口边厚度不宜小于 60mm。预制梁也可采用其他截面形式，如倒 T 形截面或传统的花篮梁的形式等。

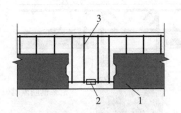

图 3.66 叠合梁端连接节点

1—预制梁；2—钢筋连接接头；3—后浇段

⑧ 梁端后浇区：连接处应设置后浇段，后浇段的长度应满足梁下纵向钢筋连接作业的空间需求（见图 3.66）；后浇段内梁下部纵向钢筋宜采用机械连接（加长丝扣型直螺纹接头）、套筒灌浆连接或焊接连接。

⑨ 施工阶段验算：预制构件在生产、施工过程中，应按实际工况的荷载、计算简图、混凝土实体强度进行；验算时应将构件自重乘以相应的动力系数（对模具翻转、吊装、运输时可乘以 1.5，临时固定时可以取 1.2，还可以根据具体情况适当增减）。

（2）构件接缝的受剪承载力

应符合本章 3.2.3 中相关要求。

3.2.5 预制混凝土柱

预制柱是装配式混凝土结构中的主要竖向受力构件，多用矩形截面形式，如图 3.67 所示。上下层预制框架柱之间通常采用套筒灌浆连接钢筋。

3.2.5.1 基本要求

预制柱的设计应符合《混凝土结构设计规范（2015 年版）》(GB 50010—2010)、《建筑抗震设计规范（2016 年版）》(GB 50011—2010)、《装配式混凝土建筑技术标准》(GB/T 51231—2016)、《装配式混凝土结构技术规程》(JGJ 1—2014) 的规定。

图 3.67 混凝土矩形截面预制柱

(1) 截面尺寸

矩形柱截面边长不宜小于 400mm，圆形截面柱直径不宜小于 450mm，且不宜小于同方向梁宽的 1.5 倍。

(2) 钢筋

柱纵向受力钢筋在柱底连接时，柱箍筋加密区长度不应小于纵向受力钢筋连接区域长度与 500mm 之和；当采用套筒灌浆连接或浆锚搭接连接等方式时，套筒或搭接段上端第一道箍筋距离套筒或搭接段顶部不应大于 50mm，见图 3.68。

柱纵向受力钢筋直径不宜小于 20mm，纵向受力钢筋的间距不宜大于 200mm 且不应大于 400mm。柱的纵向受力钢筋可集中于四角配置且宜对称布置。柱中可设置纵向辅助钢筋（见图 3.69）且直径不宜小于 12mm 和箍筋直径；此钢筋不计入正截面承载力计算时，可不伸入框架节点。

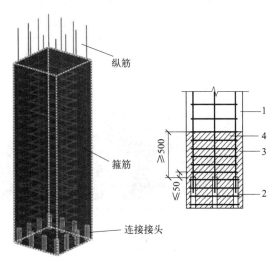

图 3.68 预制柱箍筋加密区构造
1—预制柱；2—连接接头（或钢筋连接区域）；
3—箍筋加密区（阴影区域）；4—加密区箍筋

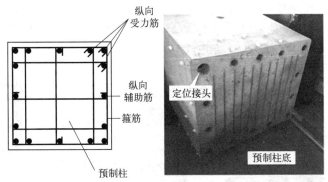

图 3.69 辅助钢筋在预制柱断面中的位置

3.2.5.2 吊点

(1) 吊点类型

包括脱模吊点和吊运吊点（共用）、翻转吊点和安装吊点（可共用）。

① 脱模吊点，常用的有内埋式螺母、预埋钢筋吊环、预埋钢丝绳索、预埋尼龙绳索等。

② 翻转吊点，一般为预埋螺母。柱子大都是"平躺着"制作的，堆放、运输状态也是平躺着的，吊装时则需要翻转90°立起来，须验算翻转工作状态的承载力。

（2）吊点位置

位置设计应考虑受力合理、重心平衡、与钢筋和其他预埋件互不干扰、制作和安装便利等主要因素。

（3）吊点计算

柱的翻转吊点和安装吊点可共用，设在柱子顶部（见图3.70）。断面大的柱子一般设置3~4个，断面小的柱子可设置1~2个吊点。

安装过程中柱子为竖直状态主要承受自重作用，计算简图为受拉构件；柱子从平放到立起来的翻转过程中，计算简图相当于两端支承的简支梁（见图3.71）。

图3.70　柱翻转、吊装

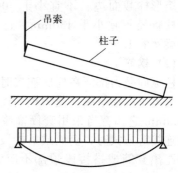

图3.71　柱翻转、吊装时的受力

3.2.5.3　支承点

柱安装施工环节需要设置的支承点包括：构件竖向连接支点及标高调整、临时斜支承、施工辅助设施固定等。

（1）堆放、运输和吊运支承点

水平堆放柱采用垫方木支承，水平运输时柱的支承点的位置应与堆放时一样。

（2）安装支承点

① 支垫点：上下预制柱水平连接缝一般为20mm高，在上部构件安装就位时，应当将构件支垫起来；如果下部构件或现浇混凝土表面不平，支垫点还可调整标高（预埋螺母法和钢垫片法，见图3.72），标高支点一般布置4个。

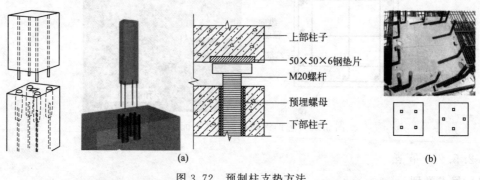

(a)　　　　　　　　　　　　　　　　(b)

图3.72　预制柱支垫方法

（a）预埋螺母法；（b）钢垫片法

预埋螺母法是在下预制柱顶部或现浇混凝土表面预埋螺母（见图 3.73，对应螺栓直径 20mm），旋入螺栓作为上部构件调整标高的支点，通过旋转螺栓进行微调标高。为减轻螺帽对上柱底面局部应力集中的影响，可在上柱对应螺栓的位置预埋 50mm×50mm×6mm 的镀锌钢片。

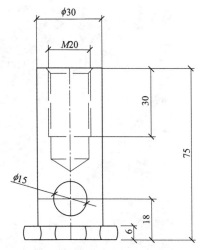

图 3.73 调整标高用预埋 P 型螺母

钢垫片法省去了埋设螺母的麻烦。但对接缝处断面抗剪力稍稍有点削弱，且要准备不同厚度的钢垫片进行微调标高，不如螺栓方便。

② 临时斜支撑：柱子安装就位后，为防止倾倒需设置斜支撑。断面较大的柱子稳定力矩大于倾覆力矩时，可不设立斜支撑；安装柱子后马上进行梁的安装或组装后浇区模板，也不需要斜支撑。

柱子的斜支撑布置有一个方向和两个方向两种情况。斜支撑的一端用螺栓将杆件连接件与内埋式螺母连接固定在被支撑的 PC 构件上，另一端固定在地面预埋件上（见图 3.74。斜支撑一般是单杆支撑，也有用双杆支撑。支撑杆的角度与支撑面空间有关。

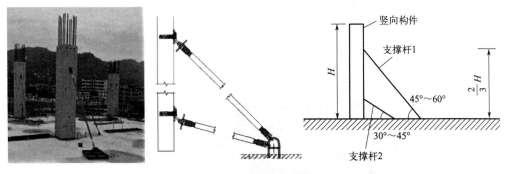

图 3.74 预制柱斜支撑

预制柱施工期间水平荷载主要是风荷载，宜按施工期间最大风荷载取值，据此进行临时斜支撑倾覆稳定验算。

(3) 预埋件

柱中需要预埋的预埋件有：各种吊点、电气 PVC 穿线管、预留模板锚栓螺母或穿孔、斜支撑螺母、灌浆套筒。

3.2.6 预制混凝土梁

3.2.6.1 分类

预制混凝土梁根据制造工艺和施工方法的不同，分为预制实心梁、预制叠合梁两类。

(1) 预制实心梁

实心梁制作简单，构件自重较大，多用于厂房和多层建筑中。

(2) 叠合梁

叠合梁在高度上两次制作（见图 3.75），先在预制场浇筑成下半部分预制梁，然后在施工现场把该梁吊装安放后，再浇捣上部的混凝土使其连成整体，梁的中部会形成一层水平施工缝。叠合梁便于和预制柱及叠合楼板连接，使结构整体性增强。

梁模板中的预留槽

图 3.75　预制叠合梁

3.2.6.2　吊点、支撑点

预制梁不用翻转，脱模吊点、安装吊点与吊运吊点为共用吊点。梁的吊点需要专门埋设，一般埋设螺母，较重的构件埋设钢筋吊环、钢丝绳吊环（见图 3.76）。

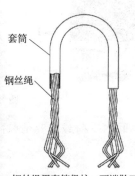

套筒

钢丝绳

钢丝绳用套筒保护，两端散开
可增加与混凝土的锚固力

图 3.76　预制梁的钢丝绳吊环

（1）起吊吊点的位置

① 吊点位置尽可能在重心位置以保证吊起后平衡，吊点位置要具备一定的强度和刚度，考虑起吊后好就位。

② 吊点（或堆放时的支撑点）少于或等于两个时，其位置应按梁身产生的正、负弯矩值相等（见图 3.77）的原则由计算确定；当吊点为三个时，其位置应按设计或施工要求确定；当吊点多于三个时，其位置则应按吊点处反力相等的原则由计算确定，这样较为经济。

（2）梁吊点数量和间距

应根据梁断面尺寸和长度，通过计算确定吊点数量和间距。

（3）支撑点

① 构件堆放、运输和吊运时要设支撑点。可用垫方木支承，应合理设置垫块支点位置，确保预制构件存放稳定，支点宜与起吊点位置一致，垫块与清水混凝土面接触时应采取防污染措施，梁构件叠放不宜超过三层。

② 安装支撑点指安装时设置的临时支撑。叠合梁板一般在两端支撑，距离边缘 500mm，且支撑间距不宜大于 2m。

3.2.6.3　预埋件

梁中预埋件根据各专业提供的要求在梁中预埋，主要包括：电气 PVC 穿线管、预留模板锚栓螺母或穿孔、吊环或吊装螺母。

3.2.6.4　梁柱一体

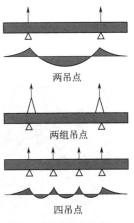

图 3.77　梁吊点位置与弯矩分布关系

柱梁一体化预制构件，是将梁与柱或柱头整体浇筑成型（莲藕梁），单个构件重量较大，一般用于大跨度框架结构体系中。它不在梁柱交汇处进行后浇混凝土连接，而是把后浇混凝土部位设置在梁上，这样做的优点是：

① 避免了梁柱连接处梁的钢筋锚固长度不够的问题。

② 避免了梁柱连接处钢筋拥挤干涉，梁伸入支座的钢筋也不需考虑弯曲避让。

③ 避免了梁柱节点钢筋间距过小、后浇混凝土无法振捣，甚至混凝土浆料无法填满的质量隐患（见图 3.78），确保混凝土密实以及对钢筋的握裹力，确保"强节点、弱构件""强柱弱梁"原则的实现。

图 3.78　梁柱节点钢筋布置

④ 避免了各方向梁伸出钢筋安装时的互相干涉，安装简单方便。

⑤ 减少了套筒使用量和现场灌浆作业，柱纵向钢筋只进行灌浆连接，灌浆料凝结快、早期强度高，比后浇混凝土达到可继续施工的强度时间要少很多，由此可缩短工期。

（1）单莲藕梁

单莲藕梁是一个柱头与两侧的叠合梁整体预制成型构件，柱身位于莲藕梁中部，向两个方向伸出叠合梁，向另外两个方向伸出与其他梁连接的钢筋（见图 3.79），柱头部位预留若干用于穿插上下柱钢筋的孔洞。

（2）双莲藕梁

双莲藕梁是一根梁及两端的柱头整体预制成型构件（见图 3.80），也可将两侧柱头的外梁段同时预制，柱头部位预留若干用于穿插上下柱钢筋的孔洞。

图 3.79 单莲藕梁

图 3.80 双莲藕梁

单、双莲藕梁均采用水平浇筑的方式制作和运输（见图 3.81），关键要控制好柱头部位预留孔的位置和误差（预留孔内模竖直角度准确，固定牢固），双莲藕梁还需控制好两个柱头中心相对位置误差；当柱头与梁使用不同强度等级的混凝土，柱头部位常采用较高等级的混凝土。

（3）十字形莲藕梁

十字形莲藕梁包括一个柱头和四段叠合梁。柱身位于中心，向平面四个方向伸出叠合梁，用于内柱上（见图 3.82）。

图 3.81 莲藕梁运输

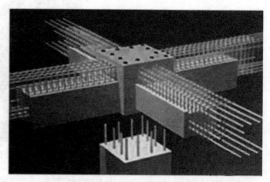

图 3.82 十字形莲藕梁

（4）T 形梁柱

T 形梁柱是单向梁与柱整体预制成型的构件（见图 3.83）。宜采用水平浇筑的方式，要控制好柱端梁的位置及角度；还要注意柱和梁使用的混凝土强度等级是否一致。T 形梁柱可采用水平或立式运输方式。

（5）平面十字形梁柱

平面十字形梁柱是平面双向梁与竖向柱整体预制成型的构件（见图 3.84）。应采用竖立浇筑的方式，要控制好柱端梁的位置及角度；还要注意柱和梁使用的混凝土强度等级是否一致。平面十字形梁柱多采用立式运输方式。

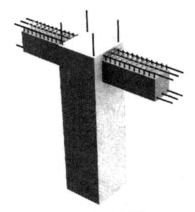

图 3.83　T 形梁柱　　　　　　　　　　图 3.84　平面十字形梁柱

3.2.7　装配式楼盖构件

3.2.7.1　类型及选用

(1) 类型

装配式建筑楼盖包括叠合楼盖、全预制楼盖和现浇楼盖。楼盖常用的楼板有以下几种（见图 3.85）：普通叠合楼板、带肋预应力叠合楼板、空心叠合板、全预制楼板。

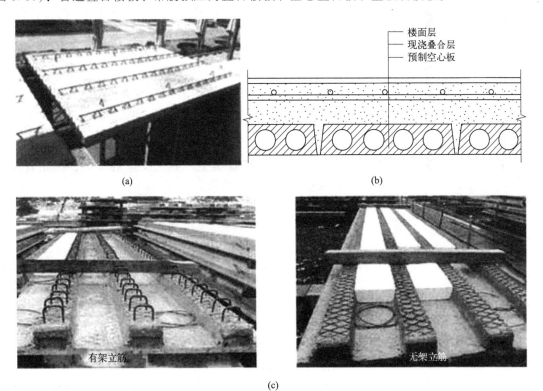

图 3.85　预制板常见类型

（a）叠合板的预制底板；（b）预应力空心叠合板；（c）带肋预应力叠合楼板

（2）选用

楼盖类型选用依据一般包括：结构体系、跨度；当地预制构件生产厂家具备的条件；建筑的功能性（如建筑空间高度要求）；经济性（生产效率高降低成本）。

① 高层装配整体式混凝土结构。

a. 结构转换层和作为上部结构嵌固部位的楼层，宜采用现浇楼盖。

b. 屋面层和平面受力复杂的楼层，宜采用现浇楼盖。当采用叠合楼盖时，为保证屋面板整体性，楼板的后浇混凝土叠合层厚度不应小于 100mm，且后浇层内应采用双向通长配筋，钢筋直径不宜小于 8mm，间距不宜大于 200mm。

② 装配整体式结构的楼盖，宜采用叠合楼盖。普通叠合楼板适用于框架结构、框-剪结构、剪力墙结构、筒体结构等结构体系的装配式混凝土建筑，也可用于钢结构建筑。结构转换层、平面复杂或开洞较大的楼层、作为上部结构嵌固部位的地下室楼层宜采用现浇楼盖。

③ 应采用现浇的部位。

a. 通过管线较多的楼板，如电梯间、前室。

b. 局部下沉的不规则楼板，如卫生间。

3.2.7.2　设计内容

① 根据规范要求和工程实际情况，确定现浇楼盖和预制楼盖的范围。

② 选用楼盖类型。

③ 进行楼盖拆分设计。详细拆分要求见 3.3 节。

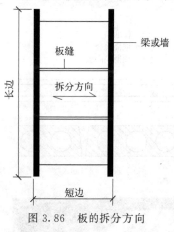

图 3.86　板的拆分方向

a. 在板的次要受力方向拆分，在板的受力小的部位分缝，也就是板缝应当垂直于板的长边，如图 3.86 所示。

b. 板的宽度不超过运输宽度的限制、工厂生产线模台宽度的限制，一般不超过 3.5m。

c. 尽可能统一或减少板的规格，宜取相同宽度。

d. 有管线穿过的楼板，拆分时须考虑避免与钢筋或桁架筋的冲突。顶棚无吊顶时，板缝应避开灯具、接线盒或吊扇位置。

④ 根据所选楼板类型及其与支座的关系，确定计算简图，进行结构分析和计算。

⑤ 进行楼板连接节点、板缝构造设计。当叠合板的预制板采用空心板时，板端空腔应封堵。

⑥ 进行支座节点设计。

⑦ 进行吊点布置与设计，对不需要专门设计吊点的桁架筋叠合板，需要确定起吊位置和局部加强构造措施。

⑧ 进行预制楼板构件制作图设计。

⑨ 给出施工安装阶段预制板临时支撑的布置和要求。

⑩ 将预埋件、预埋物、预留孔洞汇集到楼板制作图中，避免与钢筋干扰。

3.2.7.3　叠合楼板

叠合楼板是现场混凝土后浇在预制板上部叠合而成，共同组成受弯构件。叠合板的下半层为预制板（见图 3.87），预制板内铺设了叠合楼板的底部受力钢筋；上半层为混凝土现浇层，层内铺设了叠合楼板的顶部受力钢筋。叠合楼板一定厚度的现浇叠合层可以有效传递水平力，能有效保证上下叠合成为一个整体共同工作。预制板一般制作成预应力或非预应力板，混凝土现浇层仅配置负弯矩钢筋和构造钢筋，叠合面要做成凹凸不平的粗糙面或拉毛，增加结合面的抗剪性能，使得预制层和现浇层能整体协同工作。

预制层的优点有：a.预制层作为板的主要受力部分，在工厂制造，机械化程度高、易于保证质量、采用流水作业生产速度快，预制部分的模板可以重复使用，并且可以提前制作，不占现场施工工期；b.预制层在现浇施工时还起板底模板的作用，较全现浇楼板可以减少支模的工作量、减少施工现场湿作业量，改善施工现场条件，提高施工效率。叠合现浇层内可敷设水平机电设备管线，板底表面平整，易于装修饰面；c.在预制层截面上建立的有效预应力提高了板的抗裂性能，或可以节省钢筋的用量。

除叠合板外，预制板还有双 T 板、圆孔板、带肋底板、槽形板等，如图 3.88 所示。

图 3.87　钢筋桁架叠合楼板的预制板部分

图 3.88　各种预制板

(1) 叠合板类型

叠合板主要包括预应力平板叠合板、钢筋桁架叠合板、预应力带肋叠合板、预应力夹心叠合板、预应力空心叠合板等几种形式。

① 根据空间使用功能分为：楼板、阳台板、空调板、预制沉箱、楼梯平台板。

② 根据生产工艺分为：桁架楼板和预应力楼板。

③ 根据结构受力形式分为：单向板和双向板。

(2) 叠合板选用

① 钢筋桁架叠合板。跨度大于 3m 的叠合板，预制层作为独立的薄板（见图 3.89），当跨度较大时，不能满足预制板脱模、吊装时的整体刚度，以及使用阶段的水平截面抗剪性能。宜采用钢筋混凝土桁架筋叠合板（见图 3.90）；跨度大于 6m 的叠合板宜采用预应力混凝土预制板。

图 3.89　叠合板的预制层
(a) 带桁架筋的叠合板；(b) 无桁架筋的叠合板

a.桁架筋作用。

(a) 钢筋桁架板多为密拼双向板，需要采用间接搭接实现横向受力钢筋传力，钢筋桁架是

图 3.90 叠合板桁架筋

实现钢筋间接搭接的前提（见图 3.91），可以增加预制板和后浇叠合层之间水平结合面的抗剪性能和整体刚度。

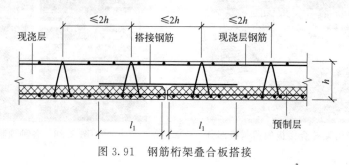

图 3.91 钢筋桁架叠合板搭接

（b）可以作为板面钢筋的架立筋，部分桁架筋的上下弦筋可代替楼板受力钢筋。

（c）可以在预制板制作、运输过程中，起到加强筋的作用，提高预制底板在脱模、吊装、运输等过程中的面外刚度，防止预制底板开裂。

（d）可以在施工阶段，改善预制板的承载力和抗变形能力，兼作上铁钢筋的施工马镫或直接作为叠合板吊点。

（e）现浇层混凝土成型后，空间小桁架成为混凝土楼板的承载力储备。

b. 桁架钢筋要求。

（a）桁架钢筋应沿主要受力方向布置，为增加刚度而采用钢筋桁架叠合板，应有足够的桁架高度（现浇层比较厚）。

（b）桁架钢筋距板边不应大于 300mm，间距不宜大于 600mm。

（c）桁架钢筋弦杆钢筋直径不宜小于 8mm，腹杆钢筋直径不应小于 4mm。

（d）桁架钢筋弦杆混凝土保护层厚度不应小于 15mm。

钢筋桁架（见图 3.92）放置于底板钢筋上层，下弦钢筋与底板沿跨度方向钢筋（纵向受力筋）同层，并与底板钢筋绑扎连接，放置桁架筋的位置处纵筋可以省略。

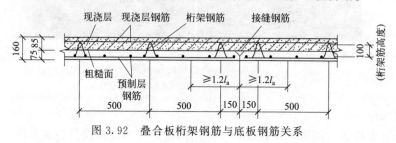

图 3.92 叠合板桁架钢筋与底板钢筋关系

预制底板沿宽度方向钢筋（横向分布筋）在最下层（见图 3.93）；叠合层顺桁架方向的钢筋应在下侧，垂直桁架方向的在上侧。桁架钢筋尽量放在板边，可有效提高预制板刚度、增加预制板在制作、运输、吊装过程中的承载力，降低构件破损率。

图 3.93 叠合楼板的钢筋与钢筋桁架的方向关系

② 跨度大于 6m 的叠合板，宜采用预应力混凝土叠合板，经济性比较强。

③ 厚度大于 180mm 的叠合板，宜采用混凝土空心板，可以减轻楼板自重、节约材料。

（3）设计方法

叠合板应按《混凝土结构设计规范（2015 年版）》（GB 50010—2010）进行设计。进行结构整体分析时，对于现浇结构或装配整体式结构，可假定楼盖在其自身平面内无限刚性。在结构内力与位移计算时，对现浇楼盖和叠合楼盖，均可假定楼盖在其自身平面内为无限刚性。现浇厚度大于 60mm 的叠合楼板可作为现浇板考虑。

1）板的尺寸

① 板厚的选取：叠合楼板最小厚度为 120mm，叠合板的预制板厚度不宜小于 60mm，后浇混凝土叠合层厚度不应小于 60mm。厚大于 180mm 的叠合板，宜采用混凝土空心板，板端空腔应封堵。斜截面受剪承载力控制着叠合层厚度。

考虑到预制板在脱模、吊装、运输、施工过程中的承载力及安全等因素，叠合板的预制板厚度不宜小于 60mm；设置桁架钢筋或板肋等，增加了预制板刚度时，可以考虑将其厚度适当减小。考虑到楼板的整体性要求以及设备管线预理、钢筋铺设、施工误差等因素，后浇混凝土叠合层厚度不应小于 60mm，工程中多用 70mm。

② 板平面尺寸的确定：应适应叠合楼板的支座的平面尺寸、板分缝需要、板工厂生产模台尺寸、运输宽度限制的要求。

③ 板边角：为保证连接节点钢筋保护层厚度、避免后浇段混凝土转角部位应力集中，叠合板的预制单向板和双向板，侧边上部边角需做成 45°倒角（见图 3.94）。单向板侧边下部边角做成倒角是为了便于接缝处理；如采取吊顶，单向板侧下部倒角可以不做。

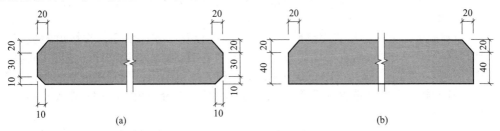

图 3.94 叠合板的预制板倒角构造
（a）单向板断面；（b）双向板断面

2）配筋设计

叠合楼板的平面内抗剪、抗拉、抗弯设计验算，可按常规现浇楼板进行设计。预制底板受弯钢筋、起抗剪作用桁架钢筋是通过布置荷载计算而来。吊装阶段也应根据吊点布置不同（见图 3.95），进行相应受力分析及配筋。

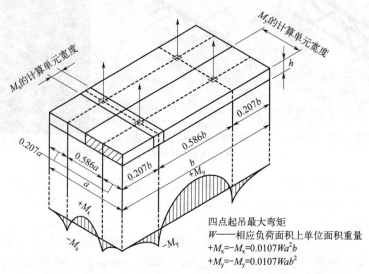

图 3.95　叠合板四点吊装受力分析

施工阶段有可靠支撑的叠合受弯构件，可按整体受弯构件设计计算，但其斜截面受剪承载力、叠合面受剪承载力应按《混凝土结构设计规范（2015 年版）》(GB 50010—2010) 附录 H 计算。施工阶段无支撑的叠合受弯构件，应对底部预制构件及浇筑混凝土后的叠合构件，按《混凝土结构设计规范（2015 年版）》(GB 50010—2010) 附录 H 的要求进行二阶段受力计算。

当板跨度较大时，为了增加预制板的整体刚度和水平界面抗剪性能，可在预制板内设置桁架钢筋。钢筋桁架的下弦钢筋可视情况作为楼板下部的受力钢筋使用。

钢筋桁架（见图 3.96）上弦筋受压失稳、下弦筋受拉及受压屈服、腹筋受剪失稳；预制底板的板底钢筋受拉

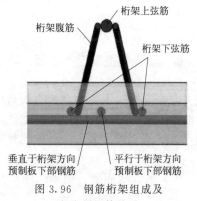

图 3.96　钢筋桁架组成及与底板钢筋关系

屈服。

确定单向板和双向板，应根据预制板布置接缝构造（见图 3.97）、支座构造和长宽比等多方面因素综合考虑。

① 当预制板之间采用分离式接缝时，宜按单向板设计。支座负筋，宜按单向板模型和双向板模型包络设计。预制底板在非受力方向应配置构造钢筋，构造钢筋的配置要求可按《混凝土结构设计规范（2015 年版）》(GB 50010—2010) 相关规定采用，预制底板间的构造钢筋宜相互连接；当预制底板间的构造钢筋采用不连接的做法时，叠合楼板应按照正常使用极限状态的设计结果确定板厚。

板侧的分离式接缝有密接缝、后浇小接缝，见图 3.98。为避免构件公差和施工误差导致施工困难、预制板制作方便（板边不做倒角）、改善施工质量，工程中多采用浇小接缝，接缝

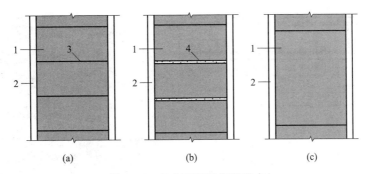

图 3.97　叠合预制板板缝形式
(a) 分离式接缝的单向板；(b) 整体式接缝的双向板；(c) 无接缝的双向板
1—预制板；2—梁或墙；3—板侧分离式接缝；4—板侧整体式接缝

宜配置附加钢筋；预制底板采用密缝拼接时，叠合楼板应按照正常使用极限状态的设计结果确定板厚。当后浇层厚度较大（大于 75mm），且设置有钢筋桁架并配置足够数量的接缝钢筋时，分离式接缝可承受足够大的弯矩和剪力，此时也可将其作为整体式拼缝。

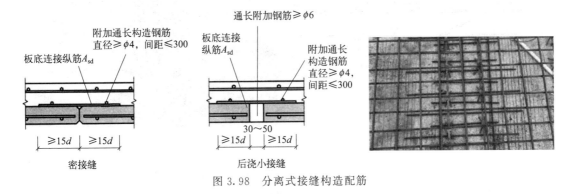

图 3.98　分离式接缝构造配筋

　　② 对长宽比不大于 3 的四边支承叠合板，当其预制板之间采用整体式接缝或无接缝时，可按双向板计算。由于板接缝处的承载力会有损失，因此双向板的拼缝位置宜离开受力较大部位（设置在次要受力方向上且宜避开最大弯矩截面等）。

　　双向板的拼缝应进行加强设计，按照计算要求在拼接方向配置受力钢筋，且该钢筋应相互连接。当采用后浇带形式时，应符合要求：后浇带宽度不宜小于 200mm；后浇带两侧板底纵向受力钢筋可在后浇带中焊接、搭接、弯折锚固（见图 3.99）、机械连接，应符合《混凝土结构设计规范》GB 50010 相关规定，如纵向受拉钢筋绑扎搭接接头的搭接长度不应小于 300mm 等。

　　③ 板与支座：双向板支座处搁置长度 10mm、单向板侧边支座处搁置长度 0～10mm。板边与支座之间，为满足楼板的整体性、传递水平力、抗剪切应力的要求，预制板内的纵向受力钢筋在板端宜伸入支座，并应符合现浇楼板下部纵向钢筋的构造要求。

　　a. 板端支座：为保证楼板的整体性及传递水平力的要求，预制板内的纵向受力钢筋宜从板端伸出并锚入支承梁或墙的后浇混凝土中，锚固长度不应小于 5d（d 为纵向受力钢筋直径），且宜伸过支座中心线（见图 3.100），并应符合现浇楼板下部纵向钢筋的构造要求；在预制板侧面（单向板长边支座），为了加工及施工方便，可不伸出构造钢筋，但为保证楼面的整体性及连续性，宜在紧邻预制板顶面的后浇混凝土叠合层中设置构造附加钢筋。附加钢筋截面面积

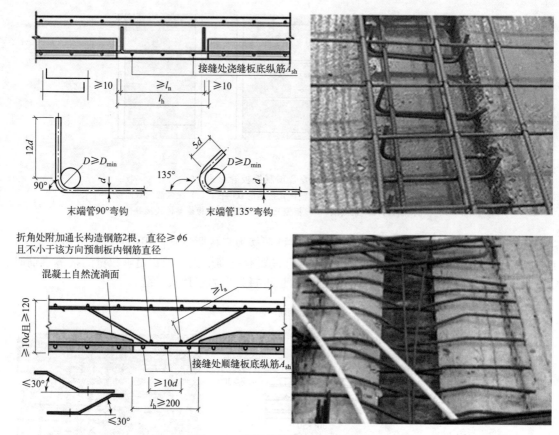

图 3.99 底板纵向筋弯折锚固构造

不宜小于预制板内的同向分布钢筋面积，间距不宜大于 600mm；在板的后浇混凝土叠合层内、在支座内锚固长度均不应小于 15d（d 为附加钢筋直径），且宜伸过支座中心线。

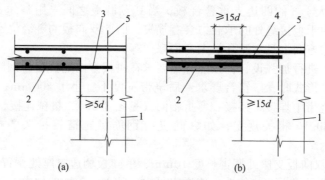

图 3.100 叠合板端及板侧支座构造
(a) 板端支座；(b) 板侧支座
1—支承梁或墙；2—预制板；3—纵向受力钢筋；4—附加钢筋；5—支座中心线

单向板和双向板的负弯矩钢筋，伸入支座转直角锚固，下部钢筋伸入支座中心线处。预制板端部甚至可以脱开设置（见图 3.101），现浇补空板。

无外伸钢筋叠合板板端受剪（见图 3.102）承载力，一般情况下满足斜截面受剪承载力要求，即可满足直剪承载力要求。

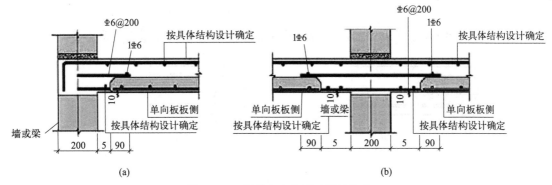

图 3.101　板端与支座脱开设置构造

(a) 侧支座构造；(b) 中间支座构造

b. 板的侧支座：双向板的每一边都是端支座，不存侧支座，其构造完全一样，双向板支座处搁置长度 10mm。单向板侧支座做法有两种：一种是板边距离墙或梁有一个宽 δ 的缝隙（见图 3.103）；另一种是板边"侵入"墙或梁 10mm（见图 3.103）。

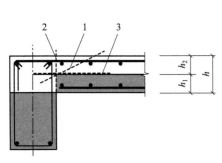

图 3.102　叠合板板端受剪裂缝

1—斜截面裂缝；2—直剪裂缝；3—叠合面裂缝

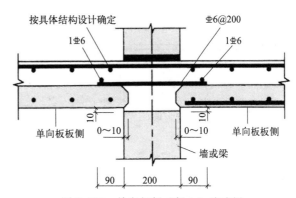

图 3.103　单向板侧"侵入"墙或梁

c. 中间支座。注意区分墙或梁的两侧是单向板还是双向板，支座对于两侧的板是端支座还是侧支座，侧支座是无缝支座还是有缝支座。

④ 当桁架钢筋混凝土叠合楼板的后浇混凝土叠合层厚度不小于 100mm 且不小于预制板厚度的 1.5 倍时，支承端预制板内纵向受力钢筋可采用间接搭接方式，锚入支承梁或墙的后浇混凝土中（见图 3.104）。

⑤ 底板拼缝钢筋。

a. 单向叠合板板侧的分离式接缝，做法有密缝和后浇小接缝（见图 3.105）。后浇小接缝是将板之间拉开 30～50mm，可一定程度地弥补构件公差及施工误差引发的施工困难，接缝处的施工质量亦会好于密拼接缝。后浇小接缝预制板可不设倒角，制作方便。接缝处紧邻预制板顶面宜设置垂直于板缝的附加钢筋。

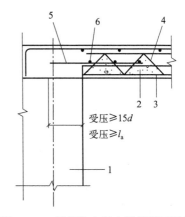

图 3.104　桁架叠合板支撑端间接搭接

1—支承梁或墙；2—预制板；3—板底钢筋；4—桁架钢筋；5—附加钢筋；6—横向分布筋

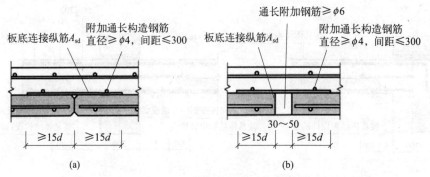

图 3.105　单向叠合板板侧分离式拼缝
(a) 密拼接缝；(b) 后浇小接缝

b. 双向叠合板板侧的整体式接缝（如后浇带形式），宜设置在叠合板的次要受力方向上且宜避开最大弯矩截面。后浇带宽度不宜小于 200mm，两侧板底纵向受力钢筋可在后浇带中焊接、搭接、弯折锚固、机械连接，两侧板底纵向受力钢筋在后浇带中搭接连接、锚固构造做法如图 3.106 所示。

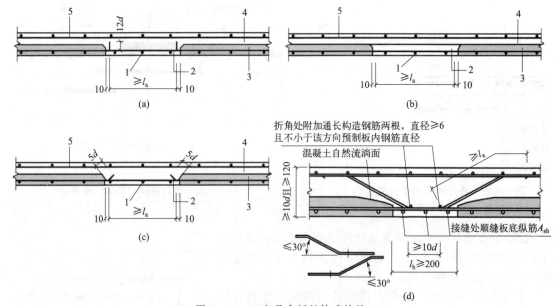

图 3.106　双向叠合板整体式接缝
(a) 板底纵筋末端带 90°弯钩搭接；(b) 板底纵筋直线搭接；
(c) 板底纵筋末端带 135°弯钩搭接；(d) 板底纵筋末端在后浇带弯折锚固
1—通长钢筋；2—纵向受力钢筋；3—预制板；4—后浇混凝土叠合层；5—后浇层内钢筋

单向板的侧边钢筋不伸出底板，双向板的钢筋伸出底板。

3) 叠合板预制底板开洞

底板需要根据水暖专业的条件预留套管洞口、根据施工单位提供的条件预留放线孔、混凝土泵管洞口等，位置必须在设计时确定、制作时预留出来，不得在施工现场打孔切断钢筋。如叠合楼板钢筋网片和桁架筋与孔洞互相干扰，应移动孔洞位置或调整板的拆分；实在无法避开，再去调整钢筋布置。当洞口边长不大于 300mm 时，局部放大钢筋网的大样；当洞口边长大于 300mm 时，需要切断钢筋，但应采取钢筋补强措施。如图 3.107 所示。

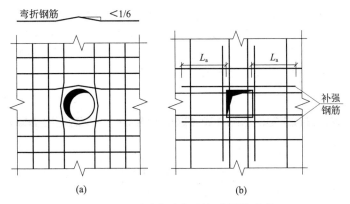

图 3.107 叠合板底板预留孔洞构造筋

（a）洞口边长小于 300mm 用弯折钢筋；（b）洞口边长大于 300mm 用补强钢筋

4）结合面处理

预制板和后浇叠合层之间的结合面，预制板板面应制作成粗糙面（见图 3.108）。粗糙面面积不宜小于结合面的 80%，凹凸深度不应小于 4mm。

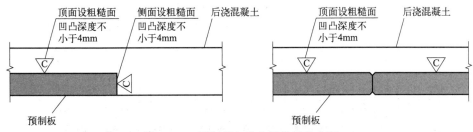

图 3.108 预制板与叠合层粗糙结合面

5）预制层预留洞、设备线盒的预埋

设备预留线盒由电气专业提供条件，预留洞由水暖专业和现场施工单位提供条件。

（4）预制层与现浇层抗剪验算

预制板与现浇叠合层之间的水平叠合面，在外力、温度等作用下，会产生水平剪力；大跨度板、有相邻悬挑板的上部钢筋锚入等情况，叠合面的水平剪力尤其大。需配置截面抗剪构造钢筋来保证水平截面的抗剪能力，桁架钢筋是最常见的截面抗剪钢筋（见图 3.109）。没有桁架钢筋时，需要在预制板与后浇混凝土叠合层之间设置抗剪构造钢筋，可采用马凳形状钢筋，钢筋直径（不应小于 6mm）、间距（不宜大于 400mm）及锚固长度应满足叠合面抗剪的需求。

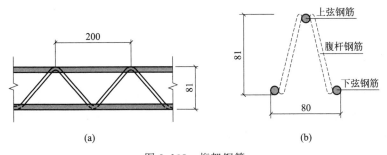

图 3.109 桁架钢筋

（a）钢筋桁架立面图；（b）钢筋桁架剖面图

预制底板设置桁架筋的叠合楼板：有利于增加板的刚度和抗剪能力。当桁架钢筋布置方向为主受力方向时，预制底板受力钢筋计算方式等同现浇楼板，桁架下弦杆钢筋等同板底受力钢筋，按照计算结果确定钢筋直径、间距。根据板厚和配筋进行底板的选型，绘制底板平面布置图（见图3.110）并另行绘制楼板后浇叠合层顶面配筋图。

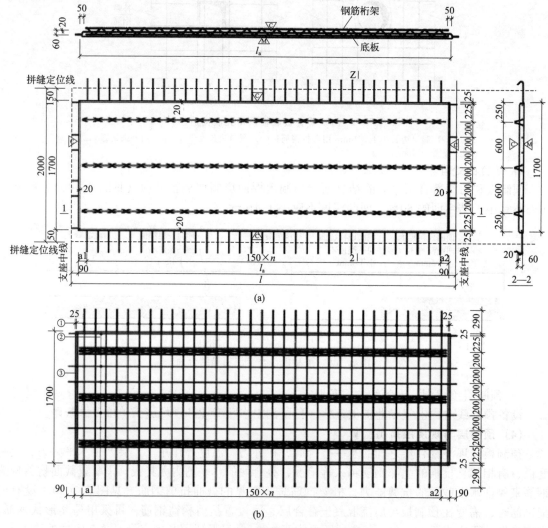

图3.110 桁架筋叠合板的模板配筋图

（a）板模板图；（b）板配筋图

（5）叠合板底板验算

制作施工要求和施工阶段验算，应满足

$$S \leqslant R \text{ 或 } C \tag{3.14}$$

式中，S 为制作、施工阶段各个工况（包括脱模、吊装、堆放、运输、施工）下，根据实际支点位置所计算得到的内力；R 或 C 为对于各种可能出现的破坏及影响正常使用的裂缝，对应各工况下混凝土实际强度的承载能力或限值。

1）脱模、吊装验算

① 荷载取值。脱模验算时，等效静力荷载标准值取预制底板自重标准值乘以动力系数与

脱模吸附力之和，且不小于构件自重标准值的 1.5 倍。其中，动力系数取 1.2，脱模吸附力取 1.5kN/m²（按实际增减）。

　　吊装验算时，等效静力荷载标准值取预制底板自重标准值乘以动力系数，动力系数取 1.5。脱模要求在同条件混凝土立方体抗压强度达到 22.5MPa 之后。所用混凝土相关指标对应。

　　② 内力分析、验算。脱模、吊装工况下按四点（或六点）支承构件，采用等代框架法按两端悬臂的简支梁进行内力分析。两个方向均取全部荷载。吊装时吊钩同时勾住钢筋桁架的上弦和腹杆钢筋（见图 3.111）。四点吊取三点承受构件自重，即每点承受 1/3 底板自重荷载，并由四根腹杆共同承担，每根腹杆容许应力 65N/mm²。

图 3.111　桁架筋叠合板吊装吊钩钩挂方法

　　内力按比例分配在柱上板带及跨中板带上。取控制截面内力，验算各控制指标。

　　2）施工阶段验算

　　施工阶段的具体验算内容包括：混凝土表面开裂、混凝土外边缘压应力、上弦筋受拉屈服和失稳、腹杆钢筋失稳、吊点处腹杆钢筋屈服等。

　　施工临时支撑验算时，施工均布荷载（不包括均匀分布的叠合层混凝土自重，见图 3.112）不应大于 1.5kN/m²，荷载不均匀时单板范围内折算均布荷载不宜大于 1.0kN/m²，否则应采取加强措施。

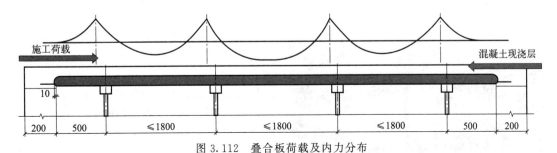

图 3.112　叠合板荷载及内力分布

　　板顶现浇层施工中，应防止预制叠合板底板受到冲击作用。

（6）吊点设计

　　楼板不用翻转就不需要翻转吊点，只需要考虑脱模吊点、吊运吊点和安装吊点，这些吊点通常设计为共用吊点。

　　① 脱模强度。脱模强度指要求工厂脱模时混凝土必须达到的强度和验算脱模时构件承载力的混凝土强度值，与构件重量和吊点布置有关。脱模起吊时，混凝土立方体抗压强度应满足设计要求，且不应小于 15N/mm²，需根据荷载和吊点位置通过强度验算确定。

　　② 脱模荷载。脱模荷载指脱模时构件和吊具所承受的荷载，包括模具对构件的吸附力、构件在动力作用下的自重。

　　③ 吊点布置。钢筋桁架叠合楼板脱模时，吊点可借用桁架筋、架立筋采用多点布置（见图 3.113；无桁架筋叠合板和预应力叠合板，吊点为专门埋置，采用钢筋吊环（见图 3.114）或者预埋螺母。

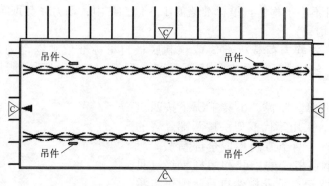

图 3.113 叠合板吊点平面布置

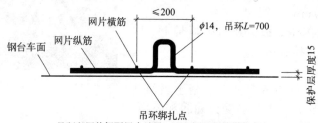

图 3.114 叠合板吊环钢筋构造

吊点的数量和间距，根据板的厚度、长度和宽度通过计算确定。通常楼板长度 $L \leqslant 4m$ 不少于 4 个吊点，长度 $4m \leqslant L \leqslant 6m$ 不少于 6 个吊点，长度 $L \geqslant 6m$ 不少于 8 个吊点；第一个吊点距边大于 300mm 以上。

图 3.115 叠合板 4 吊点布置

吊点结构验算用的混凝土强度等级取值，脱模和翻转吊点验算取脱模时混凝土达到的强度，或按 C15 混凝土计算；吊运和安装吊点验算取设计混凝土强度等级的 70% 计算。

计算简图选用，采用 4 个吊点（见图 3.115）的楼板可按简支板计算；6 个以上吊点的楼板计算可按无梁板，用等代梁经验系数法转换为连续梁计算。边缘吊点距板的端部不宜过大，长度小于 3.9m 的板，悬臂段不大于 600mm；长度为 4.2mm~6m 的板，悬臂段不大于 900mm。

（7）支撑点设计

楼板支承点包括堆放、运输支承点和安装支承点。支承要求包括：支承点数量、位置、构件是否可以多层堆放、堆放层数等。

① 堆放、运输支承点。支承点位置需进行结构受力分析，通常在吊点对应的位置设置支承点。楼板的堆放和运输可用点式支承，也可用垫木方条支承（见图 3.116）；有桁架筋的楼板，垫木应当与桁架筋垂直（桁架筋方向是叠合预制板的受弯方向）。

楼板可以多层水平堆放、运输，要做到支承点位置经过验算，上下支承点对应一致，一般不超过 6 层。

② 安装支承点。楼板安装时需要设置临时支撑，设计应考虑支撑方式、位置、间距、支

撑荷载、楼板支撑可以撤除的后浇筑混凝土强度（也有规定其上两层安装完后可以拆除）等要求。

楼板支撑一般使用金属支撑系统，有柱梁式支撑（见图 3.117）和柱式支撑两种方式。专业厂家会根据支撑楼板的荷载情况和设计要求给出支撑部件的配置。龙骨的布置要满足薄板承受施工荷载条件下不产生裂缝和超出允许的挠度。立柱间距以 1.2～1.5m 为宜，立柱间必须加水平拉杆。上下楼层的立柱位置要保证在一条垂直线上，以免楼板受立柱冲切力。

图 3.116　叠合板垫木方条多层堆放　　　　图 3.117　叠合板下方钢梁（龙骨）定型柱支撑

(8) 预埋件

根据各专业提供的要求在楼板中预埋，预埋件主要包括电气 PVC 线盒、消防镀锌线盒、水暖预留孔洞、现场施工吊线孔、施工用混凝土泵管预留洞等。

3.2.8　预制剪力墙

3.2.8.1　预制剪力墙板的形式及布置

(1) 形式

预制剪力墙（见图 3.118）宜采用一字形内外条形墙板，也可采用 L 形、T 形或 U 形立体式外墙板（见图 3.119）。可结合建筑功能、结构平立面布置的要求，根据构件的生产、运

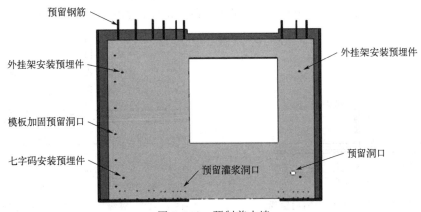

图 3.118　预制剪力墙

输和安装能力，确定预制构件的形状和大小。开洞预制剪力墙洞口宜居中布置，洞口两侧的墙肢宽度不应小于200mm，洞口上方连梁高度不宜小于250mm。

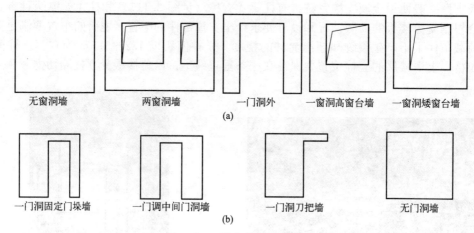

图3.119　剪力墙平面板形式
（a）剪力墙外墙板形式；（b）剪力墙内墙板形式

图3.120　预制混凝土剪力墙板
（现场就位）

（2）布置

装配式结构中剪力墙进行布置（见图3.120）时，除了按传统剪力墙结构中的思维去布置剪力墙外，还应注意如下要点。

① 在对剪力墙结构进行布置时，多布置L、T形剪力墙，少在L、T形剪力墙中再加翼缘，特别是外墙，否则拆墙时被拆分的很零散。

② 剪力墙结构中翼缘长度确定的两种不同思路。

a. 对于L形外墙，翼缘长度一般不大于600mm，T形翼缘分长度一般不大于1000mm（防止边缘构件现浇长度太长而在浇筑中出现问题），在门窗处留出不小于200mm的门垛（见图3.121），1800mm为窗宽，200mm为留出的窗垛（方便拆分），1000mm为翼缘长度。当窗垛不小于600mm时，可以做空心外隔墙。约束边缘构件部位宜现浇，且窗户一般应带不大于200mm的垛。

b. 对于L形外墙，翼缘长度可不小于600mm，T形翼缘分长度可不小于1000mm，翼缘端部顶着窗户（见图3.122）。1800mm为窗，1400mm为翼缘长度，其中600mm为现浇，

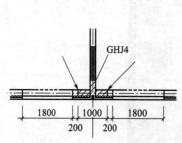

图3.121　翼缘较窄的剪力墙门窗垛

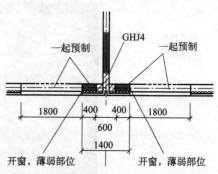

图3.122　翼缘较宽的剪力墙翼缘处理

400mm 为预制；箭头处在层高方向，与 400mm 预制边缘构件整体相连，梁带外隔墙（含窗户）与 400mm 剪力墙一起预制，再把钢筋锚入 600mm 现浇混凝土中。

③ 剪力墙与带梁隔墙的连接，主要是满足梁的锚固长度，在平面内一般不会出现问题，因为往往暗柱留有 400mm 现浇（200 厚墙）或者与暗柱一起预制；一字型剪力墙平面外一侧伸出的墙垛一般可取 100mm（可能出现套筒个数太多，不好安装。无论在剪力墙平面内还是平面外，门垛或者窗垛不小于 200mm 或者为 0mm。当梁钢筋锚固采用锚板的形式时，梁纵筋不应大于 14mm（200 厚剪力墙）。

抗震等级为三级的多层装配式剪力墙结构，在预制剪力墙转角、纵横墙交接部位应设置后浇混凝土暗柱。后浇混凝土暗柱截面高度不宜小于墙厚，且不应小于 250mm，截面宽度可取墙厚（见图 3.123）；后浇混凝土暗柱内应配置竖向钢筋和箍筋，配筋应满足墙肢截面承载力的要求，并应满足表 3.14 的要求。

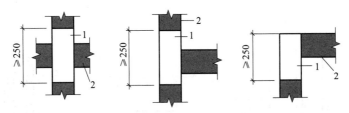

图 3.123　多层装配式剪力墙结构后浇混凝土暗柱
1—后浇段；2—预制剪力墙

表 3.14　多层装配式剪力墙结构后浇混凝土暗柱配筋要求

楼层	配筋		
	纵向钢筋最小值	箍筋/mm	
		最小直径	沿竖向最大间距
底层	$4\phi12$	6	200
其他层	$4\phi10$	6	200

④ 梁带墙一起预制时，起重质量过大，需把剪力墙的长度加大；

⑤ 门垛部位预制构件长度太短时，可以让其与剪力墙一起预制，加大剪力墙长度；

⑥ 电井旁边管线较多时，现浇部分厚度一般为 60～80mm，以 80mm 居多。

⑦ 尽量将柱子的截面尺寸一样，模具不变，根数相同，直径不相同。剪力墙与连梁也是一样，根数一样，直径不一样，侧模不变。

3.2.8.2　预制剪力墙的连接

(1) 上下层剪力墙竖向钢筋的连接

预制剪力墙的竖向分布钢筋宜采用双排连接。竖向分布钢筋直径小且数量多，如果全部连接会导致施工烦琐且造价较高，连接接头数量太多对剪力墙的抗震性能也有不利影响。因此墙体厚度不大于 200mm 的丙类建筑预制剪力墙的竖向分布钢筋可采用单排连接，且在计算分析时不应考虑剪力墙平面外刚度及承载力。剪力墙边缘构件用于保证剪力墙抗震性能的，其每根钢筋应逐根连接。

竖向钢筋采用套筒灌浆连接，当采用"梅花形"部分连接时（见图 3.124），应符合《装配式混凝土建筑技术标准》(GB/T 51231—2016) 的相关规定。

竖向钢筋采用挤压套筒连接、浆锚搭接连接（见图 3.125），和套筒灌浆连接的构造类似，

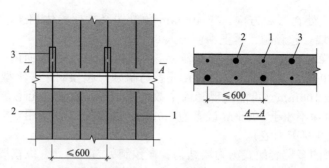

图 3.124 剪力墙竖向分布筋套筒灌浆"梅花形"连接
1—未连接的竖向分布钢筋；2—连接的竖向分布钢筋；3—灌浆套筒

也应符合《装配式混凝土建筑技术标准》(GB/T 51231—2016) 的相应要求。

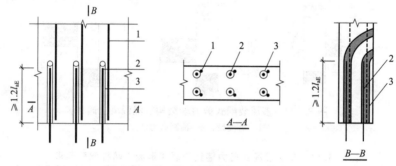

图 3.125 竖向钢筋浆锚搭接连接
1—上层预制剪力墙竖向钢筋；2—下层剪力墙竖向钢筋；3—预留灌浆孔道

底部预留后浇区的预制剪力墙（见图 3.126），在预制墙体内预留孔洞，由顶端浇注混凝土，自上而下的灌注产生了强大的压力，确保了后浇区内混凝土的密实程度。仅在"预制腿"处应用套筒灌浆连接，大大减少了套筒的使用数量，降低了综合成本。

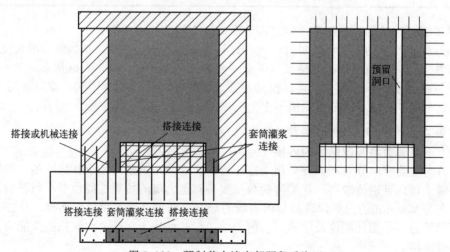

图 3.126 预制剪力墙底部预留后浇区

① 水平分布筋加密。

a. 预制剪力墙竖向钢筋采用套筒灌浆连接时，自套筒底部至套筒顶部并向上延伸 300mm

范围内，预制剪力墙的水平分布钢筋应加密（见图 3.127），套筒上端第二道水平分布钢筋距离套筒顶部不应大于 50mm，加密区水平分布钢筋的最大间距及最小直径应符合表 3.15 的规定。

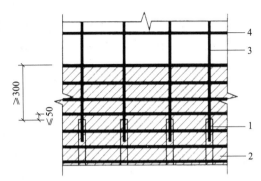

图 3.127　剪力墙套筒灌浆连接处水平分布筋加密区
1—竖向钢筋灌浆套筒连接；2—水平钢筋加密区域（阴影区域）；3—竖向钢筋；4—水平分布钢筋

表 3.15　剪力墙水平分布钢筋在加密区的要求

抗震等级	最大间距/mm	最小直径/mm
一级、二级	100	8
三级、四级	150	8

剪力墙底部竖向钢筋连接区域，裂缝较多且较为集中，对该区域的水平分布筋加强，可提高墙板的抗剪能力和变形能力，并使该区域的塑性铰可以充分发展，提高墙板的抗震性能。

b. 预制剪力墙竖向钢筋采用浆锚搭接连接时，竖向钢筋连接长度范围内的水平分布钢筋应加密，加密范围自剪力墙底部至预留灌浆孔道顶部（见图 3.128），且不应小于 300mm。

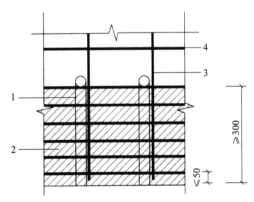

图 3.128　剪力墙浆锚连接处水平分布筋加密区
1—预留灌浆孔道；2—水平分布钢筋加密区域（阴影区域）；3—竖向钢筋；4—水平分布钢筋

② 水平分布钢筋加密范围内，剪力墙竖向分布钢筋连接长度范围内未采取有效横向约束措施时，拉筋应加密；拉筋沿竖向的间距不宜大于 300mm 且不少于两排；拉筋沿水平方向的间距不宜大于竖向分布钢筋间距，直径不应小于 6mm；拉筋应紧靠被连接钢筋，并钩住最外层分布钢筋。

③ 保护层厚度。预制剪力墙中钢筋接头处，套筒外侧钢筋的混凝土保护层厚度不应小于

15mm。钢筋保护层根据防火和非防火要求，保护层厚度是不同的，有防火要求的叠合剪力墙叶板厚度要加大。

（2）预制剪力墙板横向连接

楼层内相邻预制剪力墙之间应采用整体式接缝连接。边缘构件后浇段内设置竖向钢筋、封闭箍筋和拉筋，预制墙板中的水平分布筋在现浇拼缝内的水平钢筋需通过搭接、焊接等措施锚固。配筋及构造做法应符合《建筑抗震设计规范（2016 年版）》(GB 50011—2010)、《混凝土结构设计规范（2015 年版）》(GB 50010—2010) 中的有关要求。

① 当接缝位于纵横墙交接处的约束边缘构件区域时，约束边缘构件的阴影区域宜全部采用后浇混凝土（见图 3.129）。

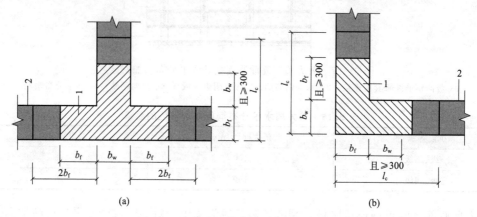

图 3.129　约束边缘构件后浇混凝土构造

(a) 有翼墙；(b) 转角墙

1—后浇段；2—预制剪力墙

② 当接缝位于纵横墙交接处的构造边缘构件位置时，构造边缘构件宜全部采用后浇混凝土（见图 3.130）；当仅在一面墙上设置后浇段时，后浇段的长度不宜小于 300mm。

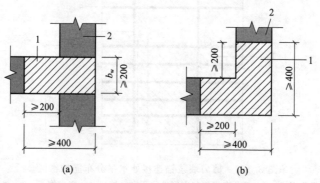

图 3.130　构造边缘构件后浇混凝土构造

(a) 有翼墙；(b) 转角墙

1—后浇段；2—预制剪力墙

③ 预制剪力墙端部若无边缘构件，宜在端部配置两根直径不小于 12mm 的竖向构造钢筋；沿该钢筋竖向应配置拉筋，拉筋直径不宜小于 6mm、间距不宜大于 250mm。

(3) 预制剪力墙板底部连接

① 当采用套筒灌浆或浆锚搭接连接时，墙底部接缝宜设置在楼面标高处。接缝高度不宜小于 20mm，宜采用灌浆料填实，接缝处后浇混凝土，上表面应设置粗糙面。

墙板竖向钢筋连接时，宜采用灌浆料将水平接缝同时灌满。灌浆料强度较高且流动性好，有利于保证接缝承载力。

② 接缝高度调节方法同预制柱，在墙体底部预埋螺母并用螺栓进行调节，或采用不同厚度的钢板垫块的方法调节。

(4) 墙板吊点、支撑点、预埋件

1) 吊点

① 分类：预制墙板的吊点包括脱模吊点、翻转吊点、吊运吊点、安装吊点。

a.脱模吊点。墙板在固定模台和没有自动翻转台的流水线上生产，需要专门设置的脱模吊点，常用的脱模吊点有内埋式螺母、预埋钢筋吊环、预埋钢丝绳索、预埋尼龙绳索等。

b.翻转吊点。一般在构件单侧边面设置预埋螺母。只翻转 90°立起来的墙板，可以与安装吊点兼用；需要翻转 180°的构件，需要在两个边侧设置吊点（见图 3.131），翻转过程是三步：构件背面朝上两个侧边有翻转吊点，*A* 吊钩吊起，*B* 吊钩随从；构件立起，*A* 吊钩承载；*B* 吊钩吊起，*A* 吊钩随从，构件表面朝上。

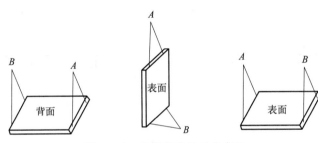

图 3.131　构件翻身的吊点布置

c.安装吊点。墙板的安装吊点为专门设置。墙板制作时预埋有预埋螺母、预埋吊钉和钢丝绳吊环等。

d.吊运吊点。墙板的吊运吊点一般不单独设置，可与其他吊点共用，在进行这些吊点的荷载分析时，应判断是否兼做吊运吊点。

② 布置：吊点设置考虑合理位置、数量，以减小吊点部位的应力集中（见图 3.132）。异形墙板、门窗位置偏心的墙板和夹心保温墙板等，应根据重心计算布置安装吊点（见图 3.133），避免墙板偏心受力。

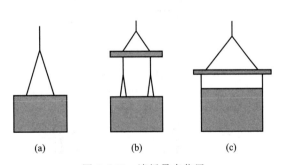

图 3.132　墙板吊点位置
(a) 板上边设 2 个吊点；
(b) 板上边设 2 组 4 个吊点；(c) 板侧边设吊点

混凝土预制构件吊装设施的位置应能保证构件在吊装、运输过程中平稳受力。设置预埋件、吊环、吊装孔及各种内埋式预留吊具时，应对构件在该处承受吊装荷载作用的效应，采用安全系数法进行承载力的验算：

$$K_c S_c \leqslant R_c \tag{3.17}$$

式中，K_c 为施工安全系数，可按表 3.16 取值；当有可靠经验时，可根据实际情况适当增减；对复杂或特殊情况，宜通过试验确定；S_c 为施工阶段荷载标准组合作用下的效应值；

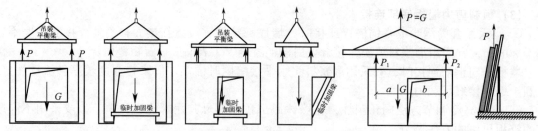

图 3.133　起吊力应与重力在同一条作用线上

R_c 为按材料强度标准值计算或根据试验（需考虑吊件的承载力、允许吊绳的角度、吊件侧边混凝土的厚度、各种情况下配套的构造做法等）确定的预埋件、临时支撑、连接件的承载力。

表 3.16　预埋吊件及临时支撑的施工安全系数

项目	施工安全系数(K_c)
临时支撑	2
临时支撑的连接件	3
预制构件中用于连接临时支撑的预埋件	
普通预埋吊件	4
多用途的预埋吊件	5

注　对采用 HPB300 钢筋吊环形式的预埋吊件，应符合现行国家标准《混凝土结构设计规范（2015 年版）》（GB 50010—2010）的有关规定（每个吊环应力不应大于 65MPa，对应安全系数为 4.6）。

应采取相应的构造措施，避免吊点处混凝土被局部破坏（见图 3.134）。

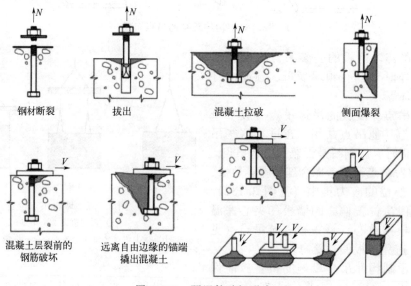

图 3.134　预埋件破坏形式

墙板在竖直吊运和安装过程中板面成垂直状态，受弯截面高度和平面内刚度很大，不需要验算；需要翻转和水平吊运的墙板板面成水平状态，可按四点简支板计算（见图 3.135），要考虑斜吊索在板平面外会产生附加弯矩（见图 3.136）。

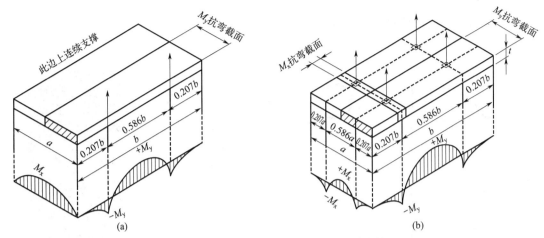

图 3.135　预制墙板脱模、水平起吊的受力简图
（a）两点起吊的单边脱模；（b）四点起吊的垂直脱模

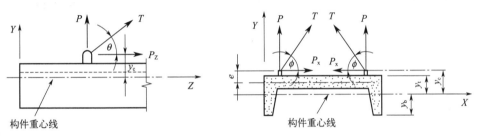

图 3.136　斜吊索引起的板面方向分力

2）支撑点

墙板支承点包括堆放、运输支承点和安装支承点。采用水平堆放的方式，可用点式支承，也可用垫方木支承；也可采用竖向堆放方式、靠放架斜立堆放（见图 3.137）。竖直堆放和斜靠堆放，垂直于板平面的荷载为零或很小，但也以水平堆放的支承点作为隔垫点为宜。

墙板在安装时需要在墙板一侧设置斜撑，调节垂直度，临时斜支撑及预埋件受力如图 3.138 所示。

图 3.137　靠放架堆放墙板

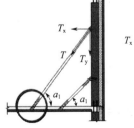
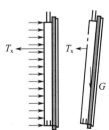

图 3.138　墙板临时斜撑

3）预埋件

① 预埋吊件布置（见图3.139）原则：在宽度方向，吊点对称布置在构件重心两侧；厚度方向宜布置在重重心所在面内。

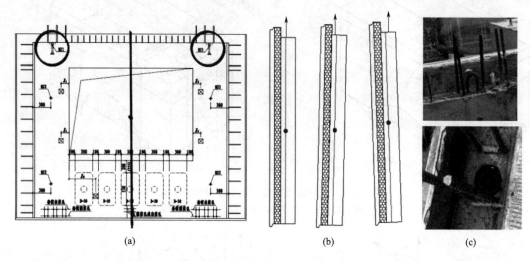

图 3.139　预制剪力墙吊点及吊件

(a) 墙板宽度方向吊点布置；(b) 墙板厚度方向吊点布置；(c) 预埋吊件形式

② 预埋吊件重心位置，可根据式(3.15) 定为

$$GS = g_1 s_1 + g_2 s_2 + g_3 s_3$$
$$G = g_1 + g_2 + g_3$$

$$(3.15)$$

式中，各参数如图 3.140 所示。

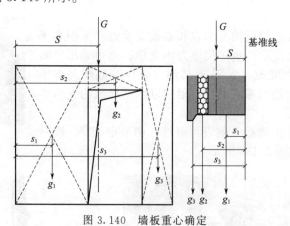

图 3.140　墙板重心确定

墙板中除了预埋吊件外，还需要预埋：电气 PVC 穿线管、手孔，预留模板锚栓螺母或穿孔，斜支撑螺母，灌浆套筒等。

3.2.9　外挂墙板

预制外挂墙板指外挂安装在主体结构上，起围护、装饰作用的非承重预制混凝土外墙板，简称外挂墙板（见图 3.141）。

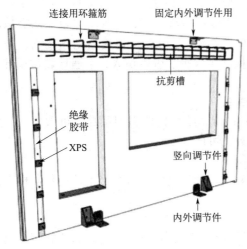

图 3.141　外挂墙板及连接

外挂墙板适应主体结构变形的能力，应通过多种可靠的构造措施来保证（足够的胶缝宽度、构件之间的活动连接等）。外挂墙板与主体结构宜采用柔性连接，支承外挂墙板的结构构件应具有足够的承载力和刚度，连接节点应具有足够的承载力和适应主体结构变形的能力，应能有效传递墙板荷载，并考虑荷载的偏心效应；并应采取可靠的防腐、防锈和防火措施。

3.2.9.1　荷载与作用

预制混凝土外挂墙板属于自承重构件，墙板外挂于主体结构之上，在进行墙板结构设计计算时，不考虑分担主体结构所承受的荷载和作用。外挂墙板会对主体结构产生荷载作用；墙板具有一定的刚度，会增加主体结构的刚度（如在框架内镶嵌或采用焊接连接时），并因其仅挂于建筑的外围引起主体结构刚度分布不均匀而产生不利影响。但外挂墙板不分担主体结构承受的荷载和地震作用。

外挂墙板上需要考虑的作用，包括自重荷载（外挂墙板的高度不宜大于一个楼层，厚度不宜小于 100mm）、墙板平面外的风荷载、平面内及平面外地震作用、温度作用。仰斜墙板应参照屋面板考虑，还包括雪荷载、施工维修集中荷载。计算重力荷载效应值时，除应计入外挂墙板自重外，还应计入依附于外挂墙板的其他部件和材料的自重。对重力荷载、风荷载和地震作用，均不应忽视它们对连接节点的偏心在外挂墙板中产生的效应。

（1）外挂墙板风荷载

计算外挂墙板的风荷载作用标准值时，应按照《建筑结构荷载规范》（GB 50009—2012）关于围护结构的规定确定。计算风荷载效应标准值时，应分别计算风吸力和风压力在外挂墙板及其连接节点中引起的效应。

（2）外挂墙板水平地震作用

计算外挂墙板自身重力产生的水平地震作用（垂直板面）标准值时，可采用等效侧力法：

$$q_{Ek} = \beta_E \alpha_{max} \frac{G_k}{A} \tag{3.16}$$

式中，q_{Ek} 为分布水平地震作用标准值，kN/m^2，当验算连接节点承载力时，连接节点的地震作用效应标准值应乘以 2.0 的增大系数（预制混凝土外挂墙板的自重大、与主体结构的连接超静定次数低、缺乏良好的耗能机制，通常产生脆性破坏。连接一旦破坏，会造成严重的外挂墙板整体坠落，因此，连接节点进行抗震承载力计算时，应对多遇地震作用效应放大

2.0 倍）；$\alpha_{\max}$ 为水平多遇地震影响系数最大值，应符合《建筑抗震设计规范（2016 年版）》（GB 50011—2010）的有关规定；G_k 为外挂墙板的重力荷载标准值，kN；A 为外挂墙板的平面面积，m²；β_E 为动力放大系数，不应小于 5.0（地震发生时外挂墙板振动频率高，容易受到放大的地震力作用，为避免设防烈度下外挂墙板产生破损、脱落伤人，多遇地震作用计算时考虑动力放大系数为 5.0）。

$$\beta_E = \gamma\eta\xi_1\xi_2$$

式中，γ 为非结构构件功能系数，可取 1.4；η 为非结构构件类别系数，可取 0.9；ξ_1 为体系或构件的状态系数，可取 2.0；ξ_2 为位置系数，可取 2.0。

(3) 外挂墙板竖向地震作用

计算外挂墙板的竖向地震作用（倾斜墙板需考虑）标准值时，可取水平地震作用标准值的 0.65 倍。

(4) 荷载组合

外挂墙板及连接节点在持久设计状况、地震设计状况下，计算承载力时的荷载组合效应设计值如下：

1）持久设计状况

① 当风荷载效应起控制作用时：

$$S = \gamma_G S_{Gk} + \gamma_w S_{wk} \tag{3.17}$$

② 当永久荷载效应起控制作用时：

$$S = \gamma_G S_{Gk} + \Psi_w \gamma_w S_{wk} \tag{3.18}$$

持久设计状况下的承载力验算时，应计算外挂墙板在平面外的风荷载效应。

2）地震设计状况

① 在水平地震作用下：

$$S_{Eh} = \gamma_G S_{Gk} + \gamma_{Eh} S_{Ehk} + \Psi_w \gamma_w S_{wk} \tag{3.19}$$

② 在竖向地震作用下：

$$S_{Ev} = \gamma_G S_{Gk} + \gamma_{Ev} S_{Evk} \tag{3.20}$$

式(3.17)～式(3.20) 中：S 为基本组合的效应设计值；S_{Eh} 为水平地震作用组合效应设计值；S_{Ev} 为竖向地震作用组合的效应设计值；S_{Gk} 为永久荷载的效应标准值；S_{wk} 为风荷载的效应标准值；S_{Ehk} 为水平地震作用的效应标准值；S_{Evk} 为竖向地震作用的效应标准值；γ_G 为永久荷载分项系数，进行外挂墙板平面外承载力设计时，应取为 0；进行外挂墙板平面内承载力设计时，应取为 1.2；进行连接节点承载力设计时，在持久设计状况下，当风荷载效应起控制作用时，应取为 1.2；当永久荷载效应起控制作用时，应取为 1.35；在地震设计状况下应取为 1.2；当永久荷载效应对连接节点承载力有利时，应取为 1.0；γ_w 为风荷载分项系数，取 1.4；γ_{Eh} 为水平地震作用分项系数，取 1.3；γ_{Ev} 为竖向地震作用分项系数，取 1.3；Ψ_w 为风荷载组合系数，在持久设计状况下取 0.6，地震设计状况下取 0.2。

当进行地震设计状况下的承载力验算时，除应计算外挂墙板平面外水平地震作用效应外，还应分别计算平面内水平、竖向地震作用效应，这对开洞外挂墙板尤为重要。

3.2.9.2 结构计算

(1) 外挂墙板的影响

主体结构整体计算时，应按下列规定计入外挂墙板的影响：

① 应计入外挂墙板传递给主体结构的墙板自重；

② 当外挂墙板重力荷载相对于其支承构件有偏心时，应计入偏心产生的不利影响；

③ 外挂墙板采用点支承与主体结构相连，当连接节点具有适应主体结构变形的能力时，可不计入墙板对主体结构的刚度影响；

④ 外挂墙板采用线支承与主体结构相连，应根据刚度等代原则计入墙板对主体结构的刚度影响，但不得考虑外挂墙板的有利影响。

（2）外挂墙板构件设计

1）结构分析

外挂墙板结构分析可采用线性弹性方法。对外挂墙板和连接节点进行承载力验算时，其结构重要性系数 γ_0 应取不小于 1.0；连接节点承载力抗震调整系数 γ_{RE} 应取 1.0。

风荷载在连接节点中引起的平面外反力，应按风吸力和风压力分别计算。计算连接节点时，可将风荷载施加于外挂墙板的形心，并应计算风荷载对连接节点的偏心影响。

外挂墙板除自身重力产生的地震作用外，还应同时计及地震时支承点之间相对位移产生的作用效应。

2）计算简图

外挂墙板的结构计算主要是验算水平荷载作用下板的承载能力和变形；竖直荷载主要是对连接节点和内外叶板的拉结件作用。其计算简图应符合实际受力状态。

① 无洞口墙板。外挂墙板常以连接节点为支承，即四点支撑板。计算简图如图 3.142 所示。

② 长宽比大的墙板。长宽比较大的墙板，长边内力分布比较均匀，可直接按照简支板计算；短边内力因支座距离较远而分布不均匀，支座板带比跨中板带分担更多的荷载（见图 3.143），应当对内力进行调整。支座板带承担 75％ 的荷载，跨中板带承担 25％ 的荷载。

③ 有洞口墙板的荷载调整。有窗户洞口的墙板（见图 3.144），窗户所承受的风荷载应当被窗边墙板所分担。

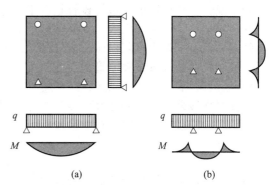

图 3.142 无洞口外挂墙板计算简图
（a）支座在板边缘；（b）支座在板内

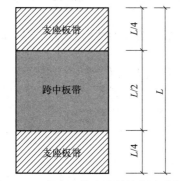

图 3.143 长宽比较大外挂墙板内力调整

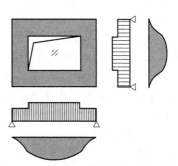

图 3.144 有洞口外挂墙板计算简图

3）构件结构验算

墙板结构计算内容包括：配筋和墙板承载力验算、挠度验算、裂缝宽度计算。

① 对持久设计状况，应对预制构件进行承载力、变形、裂缝控制验算。承载力验算时，应计算外挂墙板在平面外的风荷载效应。

② 对地震设计状况，应对预制构件进行承载力验算。承载力验算时，除应计算外挂墙板平面外水平地震作用效应外，还应分别计算平面内水平和竖向地震作用效应，特别是对开口的外挂墙板，更不能忽视后者。

③ 在制作、运输和堆放、安装等短暂设计状况下，应对墙板在脱模、吊装、运输及安装等过程的最不利荷载工况进行预制构件验算，计算简图应符合实际受力状态，应符合《混凝土结构设计规范（2015 年版）》(GB 50010—2010) 的有关规定。

对于复合保温外挂墙板，当采用独立连接件（拉结件）连接内、外两层混凝土板时，宜按里层混凝土板进行承载力和变形计算；当采用钢筋桁架连接时，可按内外两层板共同承受墙面水平荷载计算其承载力和变形。

在计算外挂墙板及连接节点的承载力时，荷载组合的效应设计值应符合持久设计和地震设计状况下的规定。外挂墙板、连接节点的按承载能力极限状态计算和按正常使用极限状态验算时，截面和配筋设计应根据各种荷载和作用 [考虑外挂墙板自重（含窗重）、风荷载、地震作用及温度应力等荷载作用] 组合效应设计值中的最不利组合进行。

预制混凝土外挂墙板在短暂设计状况下的施工阶段验算，应考虑外挂墙板自重、脱模吸附力、翻板、起吊、运输、堆放、安装等环节最不利施工荷载工况计算，并应根据实际情况考虑适当的动力系数。因为在制作、施工安装阶段的荷载、受力状态和计算模式，经常与使用阶段不同；预制构件的混凝土强度等级在此阶段尚未达到设计强度。

4）连接节点

外挂墙板应采用合理的连接节点与主体结构可靠连接。有抗震设防要求时，外挂墙板及其与主体结构的连接节点，应进行抗震设计。

连接节点设计，包括连接件、牛腿、预埋件、螺栓及焊缝等部件及连接的极限承载计算。

承重节点应能承受重力荷载、外挂墙板平面外风荷载和地震作用、平面内的水平和竖向地震作用；非承重节点仅承受上述各种荷载与作用中除重力荷载外的各项荷载与作用。节点设计还应考虑施工过程中的各种不利荷载组合。特别注意在一定的条件下，旋转式外挂墙板可能产生重力荷载仅由一个承重节点承担的工况。

① 外挂墙板及主体结构上的预埋件、混凝土牛腿，应根据受力工况按现行《混凝土结构设计规范（2015 年版）》(GB 50010—2010) 设计。

② 连接件、钢牛腿、螺栓及焊缝应根据最不利荷载组合按《钢结构设计规范》(GB 50017—2017) 进行承载力极限状态设计。

③ 连接节点应采取可靠的防腐蚀措施，其耐久性应满足工程设计使用年限要求。

复合板和单板的连接构造节点，在满足连接件受力计算和建筑要求的情况下可以通用。连接节点中的连接件厚度不宜小于 8mm，连接螺栓的直径不宜小于 20mm，焊接高度应按相关规范要求设计且不应小于 5mm。

3.2.9.3 构造要求

(1) 配筋

预制混凝土外挂墙板由于受到平面外风荷载、地震作用的双向作用，墙板应根据吊运、贮存、安装和使用各阶段最不利的内力效应，进行厚度及双层双向配筋设计，且应满足最小配筋率的要求。

外挂墙板宜采用双层、双向配筋，竖向和水平钢筋的配筋率均不应小于 0.15%，且钢筋直径不宜小于 5mm，间距不宜大于 200mm。

夹芯墙板的单叶层厚度不宜小于 60mm。单叶层厚度小于 100mm 时可采用单层双向配筋，但应在吊运时板片受拉部位设置抗拉钢筋，避免混凝土层受拉产生裂纹。

外挂墙板门窗洞口边由于应力集中，应采取防止开裂的加强措施。对开有洞口的外挂墙板，应根据外挂墙板平面内水平和竖向地震作用效应设计值，对洞口边加强钢筋进行配筋计算。

（2）加强钢筋

① 墙板周边、门窗洞口周边及转角处应配置加强钢筋（见图 3.145）。

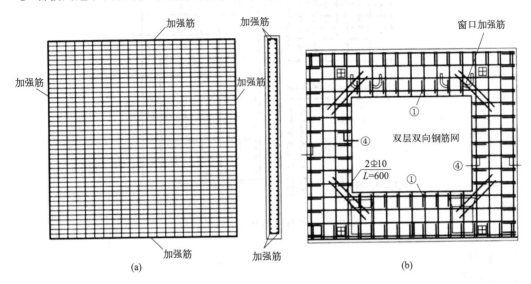

图 3.145　外挂墙板周边、洞口加强钢筋
（a）外挂墙板周圈设置一圈加强筋；（b）外挂墙板洞口转角处设置加强筋

② 外挂墙板连接节点预埋件处，应设置加强筋（见图 3.146）。

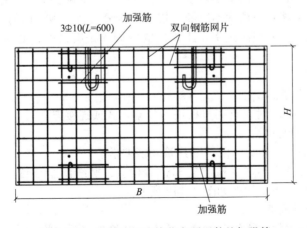

图 3.146　外挂墙板连接节点预埋件处加强筋

③ 平面为 L 形的墙板的转角部位，有些墙板（如宽度较大的）设置了板肋，它们的构造和加强筋见图 3.147。

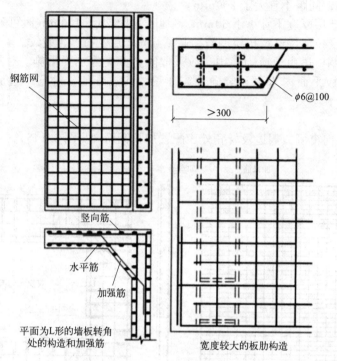

钢筋网

$\phi6@100$

>300

竖向筋

水平筋

加强筋

平面为L形的墙板转角
处的构造和加强筋

宽度较大的板肋构造

图 3.147 外挂墙板转角、板肋构造

(3) 板缝构造

1) 板缝宽度

外挂墙板板块间的接缝宽度，应满足主体结构的层间位移、密封材料的变形能力、施工误差、温差引起变形等要求，根据计算确定。接缝宽度不应小于 15mm 且应考虑如下因素：

① 温度变化引起的墙板与结构的变形差。外叶板与内叶板之间有保温层时，形成内外温度差，外叶板变形与内叶板或主体结构的不一样，应当计算温度差导致的变形差。

② 结构发生层间位移时，墙板不应随之扭曲，接缝要留出板平面内位移的预留量。

③ 密封胶或胶条可压缩空间比率，压缩后的空间才是有效的，此净空间才能满足温度变形和地震位移要求。

④ 安装允许误差。

⑤ 留有一定的富余量。

当计算缝宽大于 30mm 时，宜调整板块的分割形式或连接方式。

2) 外挂墙板间接缝的构造

板间接缝应满足防水、防火、隔声等建筑功能要求。

墙板水平缝防水设置密封胶、橡胶条和企口构造，竖缝防水设置密封胶、橡胶条和排水槽。例如夹心保温板接缝防水构造如图 3.148 所示。

3) 外墙板变形缝处构造

外挂墙板不应跨越主体结构的变形缝。变形缝两侧外墙板的构造缝，应能适应主体结构的变形、墙板与结构墙体的相对变形要求。

需要在变形缝处将外挂墙板竖向分缝断开。宜采用柔性或滑动型连接，构造措施应宜于修复，分缝处防水可采用防水金属盖板、橡胶防水（见图 3.149）。

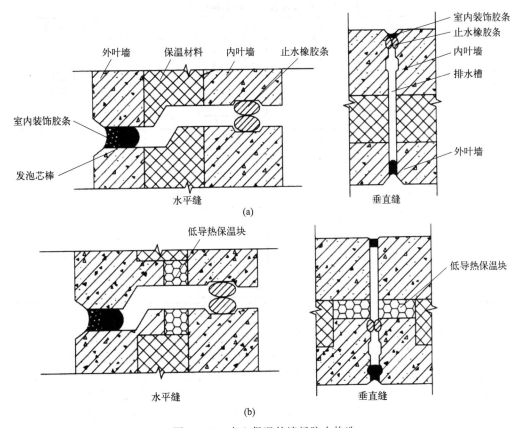

图 3.148　夹心保温外墙板防水构造

（a）密封胶和止水橡胶条分别设置在内、外叶子板上；（b）密封胶和止水橡胶条均设置在外叶子板上

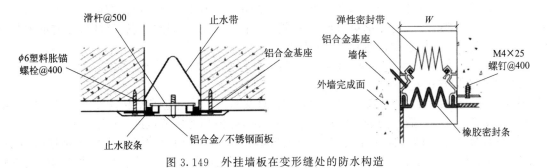

图 3.149　外挂墙板在变形缝处的防水构造

（4）节点连接

外挂墙板除应进行截面设计外，还应重视连接节点的设计。

1）节点要求

① 连接节点要有足够的强度和刚度，满足使用要求和规范要求。在板与主体结构之间形成可靠连接，以保证墙板在自重、风荷载、地震作用下的承载能力和正常使用。

② 在地震力作用、温度变化、施工误差等情况下，当主体结构发生位移时，墙板相对于主体结构应可以"移动"（见表 3.17），具备一定的三维位移能力。在外力作用下，外挂墙板相对主体结构在墙板平面内，应能水平滑动或转动。

表 3.17　外挂墙板与结构连接位移方式

序号	变位方式	原理	适用范围
1	转动		整间板 竖条板
2	平移＋转动		整间板
3	固定		与梁连接的横条板 混凝土装饰板

注：△—自重支点；↕、✛、↑—滚轴；○—销轴。

③ 保证外挂墙板的荷载在有效传递至主体结构的同时，对层间位移、温差以及施工误差引起的不利变形有一定的适应调节能力，避免主体结构位移作用于墙体形成墙体内力。

对规范规定的主体结构误差、构件制作误差、施工安装误差等，具有三维可调节适应能力；连接件的滑动孔尺寸应根据穿孔螺栓直径、变形能力需求和施工允许偏差等因素确定。可协调主体结构层间位移、垂直方向变形的随动性；对外挂板、连接件的极限温度变形具有自由变形的吸收能力。

④ 连接点数量和位置应根据外挂墙板形状、尺寸确定，连接点不应少于四个，承重连接点不应多于两个。当下部两个为承重节点时，上部两个宜为非承重节点；相反，当上部两个为承重节点时，下部两个宜为非承重节点。应注意，平移式外挂墙板与旋转外挂墙板的承重节点和非承重节点的受力状态和构造要求是不同的。

⑤ 连接节点位置，有足够的空间可以进行安装作业及放置和锚固连接预埋件。

2）节点连接方式

外挂墙板与主体结构的连接，应采用合理的连接节点，以保证荷载传递路径简捷，符合结构的计算假定。对有抗震设防要求的地区，应对外挂墙板和连接节点进行抗震设计。

① 外挂墙板与主体结构的连接方式。外挂墙板与主体结构之间可以采用多种连接方法，应根据建筑类型、功能特点、施工吊装能力以及外挂墙板的形状、尺寸以及主体结构层间位移量等特点，确定外挂墙板的类型，以及连接件的数量和位置。对外挂墙板和连接节点进行设计计算时，所取用的计算简图应与实际连接构造一致。

预制混凝土外挂墙板作为建筑外围护系统的一个组成部分，此类构件的重量和刚度均较大，且自身的变形能力较差。外挂墙板不应跨越主体结构的变形缝，主体结构变形缝两侧的外挂墙板的构造缝应能适应主体结构的变形要求。外挂墙板连接节点不仅要有足够的强度和刚度以保证墙板与主体结构可靠连接，还要避免主体结构位移作用于墙体形成内力。宜采用柔性连接设计或滑动型连接设计，并采取易于修复的构造措施。

外挂墙板与主体结构的连接节点，主要采用柔性连接的点支承的方式（幕墙点式连接，见图 3.150），可以分为平移式外挂墙板和旋转式外挂墙板，它们与主体结构的连接节点又可分为承重节点和非承重节点两类。外挂墙板与主体结构的连接节点应采用预埋件，不得采用后锚固的方法。

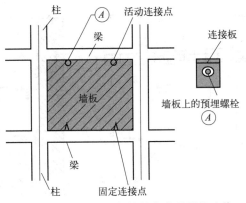

图 3.150　外挂墙板与柱的点支承柔性连接

外墙板采用下部两点支撑、上下四点连接等点支承连接的方式（见图 3.151），使外墙板在工作状态下有可靠的连接，且不会因地震力作用变形破坏。连接件的滑动孔尺寸应根据穿孔螺栓的直径、层间位移值和施工误差等因素确定。

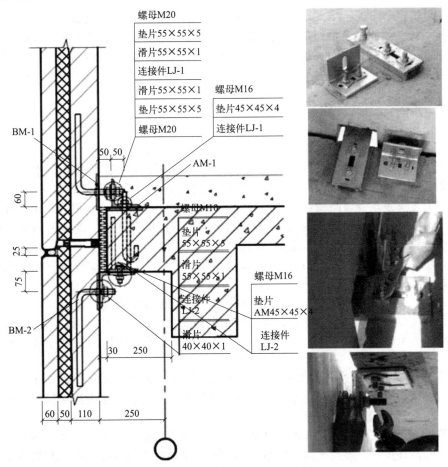

图 3.151　预制外挂墙板与主体连接

② 外挂墙板与主体结构采用线支承连接时（见图 3.152），线支承连接的节点构造应符合下列规定。

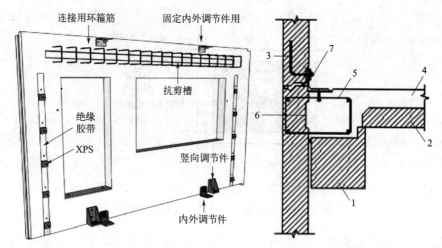

图 3.152　外挂墙板线支承连接

1—预制梁；2—预制板；3—预制外挂墙板；4—后浇混凝土；5—连接用环箍筋；6—剪力键槽；7—面外限位连接件

a. 外挂墙板顶部与梁连接，且固定连接区段应避开梁端 1.5 倍梁高长度范围。

b. 外挂墙板与梁的结合面，应采用粗糙面并设置键槽。接缝处应设置连接钢筋，连接钢筋数量应经过计算确定且钢筋直径不宜小于 10mm，间距不宜大于 200mm；连接钢筋在外挂墙板和楼面梁后浇混凝土中的锚固应符合《混凝土结构设计规范（2015 年版）》(GB 50010—2010）的有关规定。

c. 外挂墙板的底端应设置不少于两个仅对墙板有平面外约束的连接节点。

d. 外挂墙板的侧边不应与主体结构连接。

3）连接节点类型

① 承受载荷支座：承受载荷支座有水平支座和重力支座（如图 3.153）。水平支座只承受水平作用力（风荷载、水平地震作用、构件相对于安装节点的偏心形成的水平力），不承受竖向荷载；重力支座是承受竖向荷载（重力和竖向地震作用）的支座，也承受水平载荷。

a. 上部水平支座（滑动方式）：墙板预埋螺栓与角型连接件连接。连接件两侧为橡胶密封垫，双重螺母固定，安装时根据需要垫马蹄形垫片微调。

b. 下部重力支座（滑动方式）：外挂墙板中预埋 L 形预埋件，预埋件背后焊有腹板，腹板两侧有锚固钢筋。

c. 上部水平支座（锁紧方式）：墙板预埋螺栓与角型连接件连接。连接件两侧为不锈钢垫片与角型连接件焊接，双重螺母固定，安装时根据需要垫马蹄形垫片微调。

d. 下部重力支座（锁紧方式）：安装完成使用与螺栓外径尺寸相同的垫片与角型连接件焊接固定。

② 连接节点的固定方式（见图 3.154）：有固定节点、活动节点（滑动节点和转动节点）。固定节点是将墙板与主体结构固定连接的节点；活动节点则是通过增大连接件的孔径，允许墙板与主体结构之间有相对位移的节点。

滑动节点一般做法是将螺栓的连接件的孔眼在滑动方向加长，在连接件和预埋件之间设置带有长圆孔的滑移垫片，形成平面内可滑移的支座。采用螺栓连接时连接件的调节变位长孔应在加设滑移垫板的基础上，长孔尺寸确定：$L = 2(变形极限值 + 误差极限值) + 螺栓直径$，且

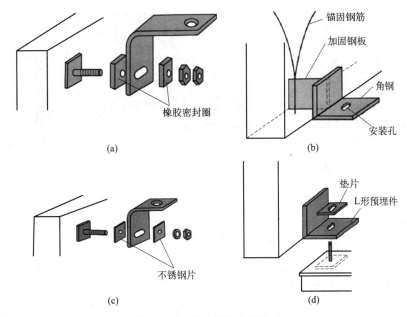

图 3.153　外挂墙板支座构造
(a) 上部水平支座（滑动方式）；(b) 下部重力支座（滑动方式）；
(c) 上部水平支座（锁紧方式）；(d) 下部重力支座（锁紧方式）

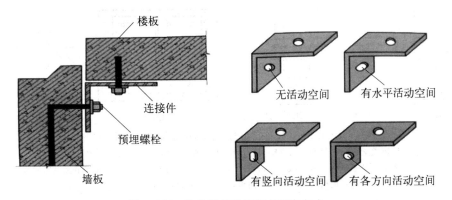

图 3.154　外挂墙板连接节点固定方式

$L \geqslant 50 + D$（D 为螺栓直径）。当外挂墙板相对于主体结构可能产生平动时，长圆孔宜按水平方向设置。

转动节点一般做法是增加橡胶垫，在主体结构有微小位移时而活动节点处的墙板没有随之移动。当外挂墙板相对于主体结构可能产生转动时，长圆孔宜按垂直方向设置。

4) 连接节点布置

① 连接节点的数量：一般情况下，外挂墙板布置 4 个连接点（见图 3.155），2 个水平支座和 2 个重力支座。当墙板宽度小于 1200mm 时，可以布置 3 个连接点，其中 1 个水平支座，2 个重力支座；当墙板长度大于 6000mm 或墙板为折板（折边长度大于 600mm）时，可设置 6 个连接节点。重力支座布置在墙板下部时为下托式，布置在墙板上部为上挂式。

② 连接节点布置类型。

a. 墙板与主体结构连接节点类型如图 3.156 所示。

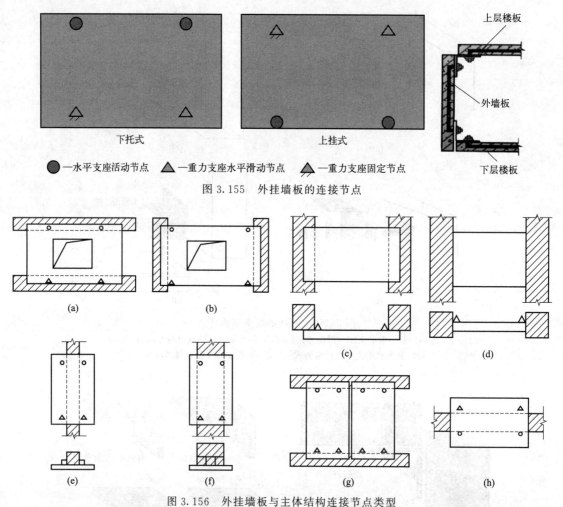

图 3.155 外挂墙板的连接节点

图 3.156 外挂墙板与主体结构连接节点类型

（a）楼板或梁节点（整间板）；（b）柱节点（整间板）；（c）柱节点墙板在外（横向板）；
（d）柱两侧节点墙板凹入（横向板）；（e）柱子两侧节点（竖向板）；（f）柱正面节点（竖向板）；
（g）楼板或梁节点（竖向板）；（h）楼板或梁节点（竖向板）

外挂墙板顶部与梁连接，且固定连接区段应避开梁端 1.5 倍梁高长度范围；外挂墙板与梁的结合面应采用粗糙面并设置键槽；接缝处应设置连接钢筋，连接钢筋直径不宜小于 10mm，间距不宜大于 200mm；外挂墙板的底端应设置不少于两个仅对墙板有平面外约束的连接节点；外挂墙板的侧边不应与主体结构连接。

b.连接节点在板上的布置（见图 3.157）：下部连接件中心与板边缘距离为 150mm 以上，上部连接件中心与下部连接件中心之间水平距离为 150mm 以上。布置在悬挑楼板上时，楼板悬挑长度不宜大于 600mm；连接节点在主体结构的预埋件距离构件边缘不应小于 50mm。下部连接件中心与板边缘距离为 150mm 以上，上部连接件中心与下部连接件中心之间水平距离为 150mm 以上。

3.2.10 其他构件

非结构预制混凝土构件中，除外挂墙板外，还包括楼梯板、阳台板、空调板、遮阳板、挑檐板、整体飘窗、女儿墙等构件。

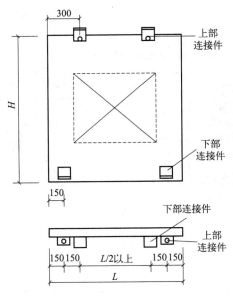

图 3.157　外挂墙板连接件布置

3.2.10.1　预制楼梯设计方法

预制楼梯破坏集中表现为：楼梯端部破坏、楼梯段断裂、楼梯平台柱短柱剪切破坏、平台梁破坏钢筋脆断。在设计及构造时应采取合理的、有针对性的计算及构造措施。

(1) 计算简化

根据不同的连接方式选择预制构件的计算简图，对使用、运输、安装过程中构件的结构受力进行计算分析。

1) 与支撑结构的连接

预制楼梯与支承构件之间宜采用简支连接。采用简支连接时，应符合下列规定。

① 楼梯宜一端设置固定铰、另一端设置滑动铰（见图 3.158），其转动及滑动变形能力应满足结构层间位移的要求。

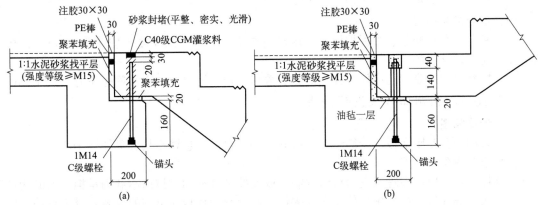

图 3.158　预制楼梯铰支点构造
(a) 固定铰接点；(b) 滑动铰接点

② 楼梯安装后，梯板预留孔（空腔除外）用强度不小于 40MPa 的灌浆料灌实。

③ 预制楼梯设置滑动铰的端部,应采取防止滑落的构造措施(见图3.159)。

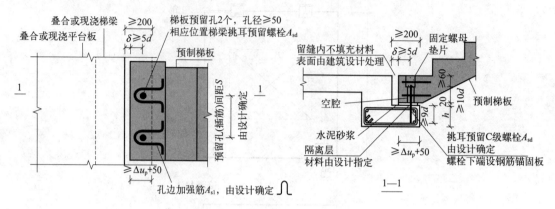

图 3.159 滑动铰的防止滑落构造

2)计算简图

预制楼梯与支承构件之间采用简支连接形成简支斜梁(见图3.160),预制楼梯不参与主体结构的抗震体系。

预制楼梯端部在支承构件上的最小搁置长度应符合表3.18的规定。

(2)楼梯配筋

预制梯板应满足在制作加工、运输、吊装过程中各工况下,承载力、变形及裂缝控制要求。

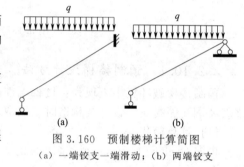

图 3.160 预制楼梯计算简图
(a)一端铰支一端滑动;(b)两端铰支

表 3.18 预制楼梯在支承构件上的最小搁置长度

抗震设防烈度	6 度	7 度	8 度
最小搁置长度/mm	75	75	100

预制板式楼梯模板配筋图,如图3.161所示。

(3)平台板和梯梁

楼梯平台板和楼梯梁、折板楼梯宜采用现浇结构。平台板的厚度不应小于100mm,梯梁高度和配筋通过计算确定。

预制楼梯侧面应设置连接件与梯间的预制墙板连接,连接件的水平间距不宜大于1.0m。

3.2.10.2 预制阳台板设计方法

(1)计算简图

复合式和全预制阳台板,均简化为一端固定一端自由的悬臂结构,见图3.162。

(2)阳台板配筋

悬挑板负弯矩应由内跨板支座抗弯承载力或支撑悬挑板的梁抗扭承载力承担。预制构件应与主体结构可靠连接,是悬挑构件安全的关键。阳台叠合板板面上部的负弯矩受力钢筋,应在相邻叠合板的后浇混凝土中可靠锚固,施工时应采取措施保证钢筋的位置及锚固长度。叠合板式阳台的模板配筋图如图3.163所示。

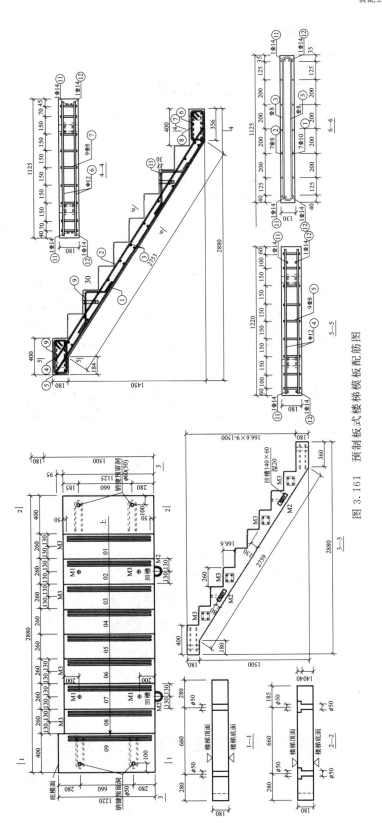

图 3.161　预制板式楼梯模板配筋图

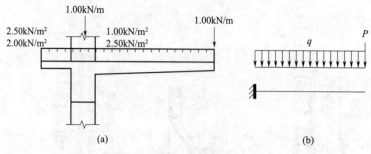

图 3.162　预制阳台板的计算

（a）荷载简图；（b）计算简图

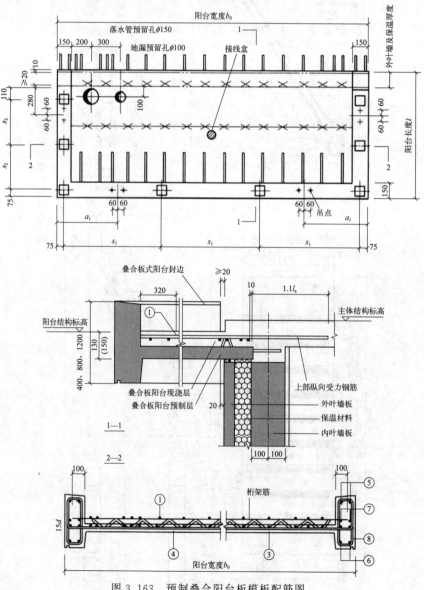

图 3.163　预制叠合阳台板模板配筋图

3.3　构件拆分

3.3.1　构件拆分方法

装配整体式结构拆分是设计的关键环节。拆分既是技术工作，也要对约束条件进行调查和经济分析。

构件拆分以建筑艺术和建筑功能需求为主，同时满足结构、制作、运输、施工条件和成本因素。考虑的因素包括：项目定位、产业化政策、外部条件、建筑功能和艺术性、结构合理性、标准化模数化的集成、工厂化生产及经济环境与制作运输安装环节的可能性和便利性等。拆分工作应当以施工为核心，由建筑设计、结构设计、造价预算、工厂生成、运输储存、施工安装各个环节技术人员协作完成（见图 3.164）。

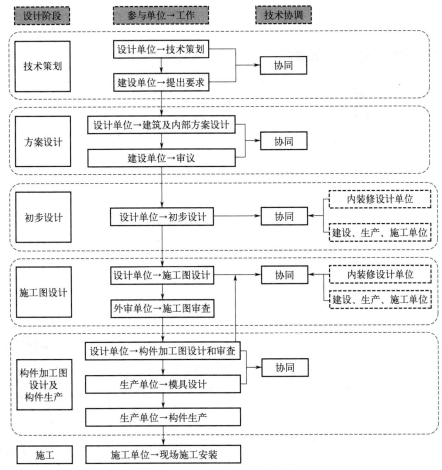

图 3.164　装配式结构设计协同流程

3.3.1.1　拆分基本要求

(1) 拆分原则

预制装配式结构拆分遵循受力合理、连接简单、少规格、多组合、施工方便的原则；实现确保结构安全，满足建筑功能，适应环境、生产、施工条件，经济合理等目标。

拆分的基本原则：

① 不违反现有国家相关建筑设计、施工、相关规范及图集；

② 不违背等同现浇的原则；

③ 不改变原设计图的建筑及结构尺寸，不改变原建筑空间及使用功能；

④ 预制构件要有利于生产与施工的尺寸、重量、公差、安全保护措施等。

（2）影响拆分的因素

拆分应考虑的因素包括：建筑功能性和艺术性、结构合理性、制作运输安装环节的可行性和便利性等。

① 对建筑图纸进行分析，确定预制范围。对于形体和立面造型复杂的不规则建筑，凹凸较多，有着较大外探的悬挑构件，会产生大量非标准件，且在地震力作用下内力分布比较复杂。若采用预制方式，会产生构件差异性大，模具不通用，构件成本高；造型复杂，三维异形构件多，不易生产和脱模；连接节点和安装节点比较复杂，施工困难等问题。此类建筑原则上不推荐采用装配式技术建造。

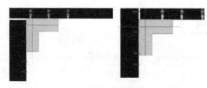

图 3.165　外墙拆分形成接缝

装配式建筑平面形状宜简单、规则、对称，形状优选以方形和矩形为主。在方案设计阶段，建筑布置应尽量满足结构构件尺寸标准化，如柱网尺寸、梁宽、板净跨等。建筑应采用大开间大进深、空间灵活可变的布置方式；平面布置应规则，承重构件布置应上下对齐贯通，外墙洞口宜规整有序。例如外墙拆分时，要考虑防水性、美观性。构件之间的缝（见图 3.165）在建筑立面中的体现是不可忽视的。

② 应考虑结构的合理性，主要考虑受力合理。

a. 在应力小的地方设置接缝。如预制剪力墙两侧拼接接缝位置选择结构受力较小处；四边支承的叠合楼板，板块拆分的方向（板缝）应垂直于长边；叠合楼板分缝不宜在楼板跨中位置（单向板）。

b. 柱梁结构体系套筒连接节点应根据结构弹塑性分析结果（塑性铰位置），避开塑性铰位置。如柱梁结构一层柱、最高层柱顶、梁端部和受拉边柱，这些部位不应做套筒连接。

c. 对于只预制叠合楼板的装配式建筑，梁与柱宜边齐，从而避免叠合板切角。对于同时存在预制叠合梁与预制叠合板的方案，梁柱宜轴线居中布置，以方便梁底筋和柱纵筋相互避让。

③ 构件标准化、模数化、少规格。尽可能地统一同类构件的规格，减少构件规格和接口种类，考虑构件生产方式、道路运输条件、吊装能力及施工方便等因素，提高工程质量、控制建设成本。选择适宜的预制构件尺寸和重量，依据套筒的种类、产业化政策指标、外部条件来确定。

④ 外立面的外围护构件尽量单开间拆分。长度较大的构件拆分时可考虑对称居中拆开（可提高套用性）。

⑤ 预制构件应避开规范规定的现浇区域。预制剪力墙接缝位置选择结构受力较小处，现浇暗柱与预制混凝土墙之间需留250mm的现浇部分（见图 3.166），预制混凝土墙墙长小于1m时

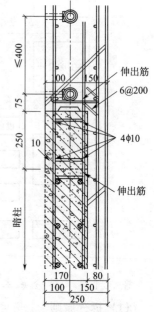

图 3.166　现浇暗柱与
预制混凝土墙连接

经济性差（总墙长宜大于 2.1m）。

⑥ 相邻构件的拆分应考虑相互的协调，满足生产、运输、吊装要求。如叠合楼板与支承楼板的预制墙板、与支座梁，应考虑施工的可行与协调等。

⑦ 门窗处，拆分时考虑装配式工法的特点，剪力墙端部离门窗边距离 250mm 以上（见图3.167）。

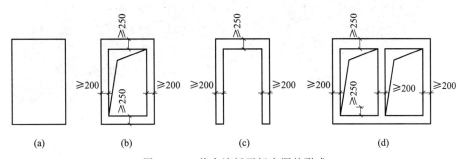

图 3.167　剪力墙板开门窗洞的形式
（a）片墙；（b）开窗洞墙板；（c）开门洞墙板；（d）双洞口墙板

3.3.1.2　拆分设计

构件拆分是装配式建筑工艺设计中最基础也是最重要的环节，对建筑平立面、结构受力状况、工程周期、工程造价等都会产生影响。装配式建筑的拆分设计不仅受规范、标准和经济条件的限制，还受到建筑、结构、生产、运输、吊装、施工各个环节的限制，这些限制条件最终决定了一个装配式建筑的拆分设计方案。

装配式建筑的预制构件拆分设计，应在前期策划阶段介入，确定好技术路线和产业化目标，在方案设计阶段根据目标依据构件拆分原则进行方案创作。要考虑技术细节，构造要与结构计算假定相符合，以标准化、模块化为基础进行，以避免方案性的不合理导致后期技术经济性不合理、前后脱节造成设计失误等问题。根据预制构件模具情况，拆分设计有两种思路：一是构件生产标准、简单；二是现场施工操作简单。

(1) 总体拆分设计

① 根据项目相关审批文件规定的预制率等指标要求，确定结构的装配式方案，确定预制构件的范围，确定现浇与预制的范围、边界。

② 确定结构构件的拆分部位，如图 3.168 所示。

③ 确定后浇区与预制构件之间、相关预制构件的关系。例如，楼盖板的叠合板钢筋需要伸到支座中锚固，支座梁相应地也必须有叠合层。

④ 确定构件之间的拆分位置（见图 3.169），如柱、梁、墙、板构件的分缝处。

(2) 节点设计

节点设计是指预制构件与预制构件、预制构件与现浇混凝土之间的连接。节点设计最主要的内容是确定连接方式、设计连接构造。

(3) 构件设计

将预制构件的钢筋进行精细化排布、设备埋件进行准确定位、吊点进行脱模承载力和吊装承载力验算，使每个构件均能够满足生产、运输、安装和使用的要求。

① 进行构件尺寸的设计。充分考虑到节点连接方式、构件制作的难易程度、运输和吊装设备的型号。确定预制构件的截面形式、连接位置及连接方式。

② 构件尺寸确定后，需要设计每个构件的模板图，在模板图中明确标出粗糙面、模板台

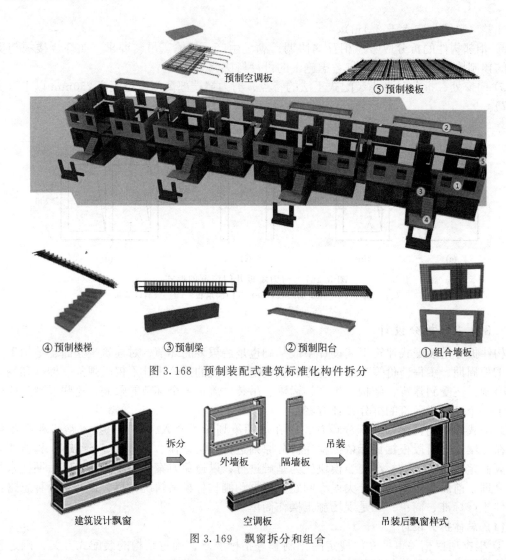

图 3.168　预制装配式建筑标准化构件拆分

图 3.169　飘窗拆分和组合

面、脱模预埋件、吊装预埋件和支撑预埋件的位置。

③ 模板图完成后，需要将各构件的钢筋按照规范及计算结果进行排布，准确定位。

④ 检查各预埋件与钢筋之间的碰撞情况，并进行微调。

⑤ 统计各预制构件的材料用量并形成材料统计表。

总体上说，拆分设计一般可按如图 3.170 所示步骤进行。

3.3.1.3　预制构件图纸和编码

(1) 拆分图

预制构件的拆分图包括平面拆分布置图、立面拆分布置图。应标注每个构件的编号，与现浇混凝土（包括后浇混凝土连接节点）应进行区分，标识不同颜色和图例。

1) 平面拆分图

① 给出一个楼层预制构件的平面布置，标识预制柱、梁和墙体。

② 布置不一样、构件拆分不一样的楼层，应当绘制该楼层的平面布置图。

③ 预制柱、梁结构，柱与梁布置图宜分开绘制。

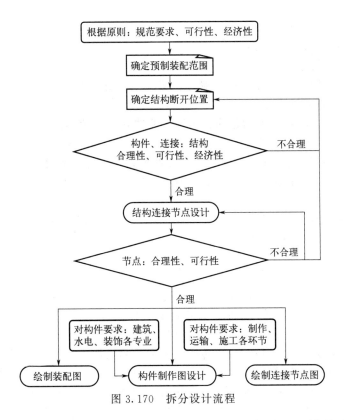

图 3.170　拆分设计流程

④ 平面面积较大的建筑，除整体平面图外，可分成几个平面区域给出区域构件平面布置图。

⑤ 楼板拆分图，给出一个楼层预制楼板的布置，标识预制楼板。

2）立面拆分图。

① 绘制每个立面的预制构件布置图，标识该立面的预制构件。

② 楼层较多的高层装配式建筑，除整体立面拆分图外，可以分成几个高度区域给出区域立面拆分图。

（2）深化设计图

分为设计施工图、预制构件加工图。

设计施工图，应完成装配式结构的平面、立面、剖面设计，结构构件的截面和配筋设计，节点连接构造设计，结构构件的安装图等。内容和深度应满足施工安装的要求。

预制构件加工图，应根据建筑、结构和设备各专业以及设计、制作和施工各环节的综合要求深化设计，协调各专业和各阶段所用预埋件，确定合理的制作和安装公差等。内容和深度应能满足构件加工的要求。

1）预制构件平面布置图

该布置图的绘制主要内容包括：轴线、轴线总尺寸（或外包总尺寸）、轴线间尺寸（柱距、跨距）、预制构件与轴线的尺寸、现浇带与轴线的尺寸、门窗洞口的尺寸。预制构件部分与现场后浇部分应采用不同图例表示，复杂的工程项目必要时增加局部平面详图。选用图集节点时，应注明索引图号。

当预制构件种类较多时，宜分别绘制：竖向承重构件平面图、水平承重构件平面图、非承重装饰构件平面图、屋面层平面与楼层平面图、埋件平面布置图等。

2）预制构件立面布置图

该布置图绘制的主要内容包括：

① 建筑两端轴线编号；

② 各立面中预制构件的布置位置、编号、层高线，复杂的框架或框剪结构应分别绘制主体结构立面、外装饰板立面图。

③ 埋件布置在平面中表达不清楚的，可增加埋件立面布置图。

3）构件模板图

构件模板图应表示模板尺寸、预留洞及预埋件位置及尺寸、允许误差、预埋件编号、必要的标高等。后张预应力构件还需表示预留孔道的定位尺寸、张拉端、锚固端等。构件模板图的绘制主要内容包括：

① 预制构件主视图、俯视图、仰视图、侧视图、门窗洞口剖面图。主视图依据生产工艺的不同可绘制构件正面图、背面图。

② 预制构件与结构层高线或轴线的距离。当主要视图中不便于表达时，可通过缩略示意图的方式表达。

③ 预制构件的外轮廓尺寸、缺口尺寸、看线的分布尺寸、预埋件的定位尺寸。

④ 各视图中应标注预制构件表面的工艺要求（如模板面、人工压光面、粗糙面、键槽、墙面轻质材料填充构造）、部位、详图。表面有特殊要求应标明饰面做法（如清水混凝土、彩色混凝土、喷砂、瓷砖、石材等），有瓷砖或石材饰面的构件应绘制排版图。

⑤ 预留埋件（使用、制作、施工需要的预埋螺母、螺栓、吊点）及预留孔（包括衬管要求）应分别用不同的图例表达，给出位置、详图，并在构件视图中标明埋件编号。

⑥ 构件信息表，包括构件编号、数量、混凝土量、构件重量、钢筋保护层、混凝土强度。

⑦ 埋件信息表，包括埋件编号、名称、规格、单块板数量。

⑧ 说明，应包括符号说明及注释。

⑨ 注明索引图号。

4）构件配筋图

构件配筋图主要绘制纵、横剖面图。纵剖面表示钢筋形式、箍筋直径与间距，箍筋复杂时宜将非预应力筋分离绘出；横剖面注明断面尺寸、钢筋规格、位置、数量等。构件配筋图的绘制主要内容包括：

① 预制构件配筋的主视图、剖面图。当采用夹心保温构件时，应分别绘制内、外叶板配筋图。

② 钢筋与构件外边线的定位尺寸、钢筋间距（及箍筋加密详图）、钢筋外露长度。叠合类构件应标明外露桁架钢筋的高度。

③ 钢筋应按类别及尺寸不同分别编号，在视图中引出标注。

④ 钢筋连接用灌浆套筒、浆锚搭接约束筋及其他钢筋连接，必须明确标注尺寸（及长度允许误差）、外露长度、出筋位置；钢筋、套筒、浆锚螺旋约束筋、波纹管浆锚孔箍筋的保护层要求。

⑤ 套筒部位箍筋加工详图，按套筒半径给出箍筋内侧半径。

⑥ 后浇区机械套筒与伸出钢筋详图。

⑦ 构件中需锚固的钢筋的锚固详图。

⑧ 配筋表，应标明编号、直径、级别、钢筋加工尺寸、单块板中钢筋重量、备注。需要直螺纹连接的钢筋，应标明套丝长度及精度等级。

5）连接节点构造详图

预制装配式结构的节点、梁或柱与墙体锚拉等详图，应绘出平、剖面。注明相互定位关系，构件代号，连接材料，附加钢筋（或埋件）的规格、型号、性能、数量，并注明连接方法以及对施工安装、后浇混凝土的有关要求等。包括：楼板连接箱体、墙体连接详图、后浇区连接节点平面和配筋图及剖面图、套筒连接或浆锚连接详图等。

6）预埋件图

① 详图。详图的绘制内容包括材料要求、规格、尺寸、焊缝高度、套丝长度、精度等级、埋件名称、尺寸标注。

② 埋件布置图。埋件布置图表达埋件的局部埋设大样及要求，埋件的名称、比例，包括埋件位置、埋设深度、外露高度、加强措施、局部构造做法。

③ 有特殊要求的埋件应在说明中注释。

7）通用索引图

① 节点详图。节点详图表达装配式结构构件拼接处的防水、保温、隔声、防火、预制构件连接节点、预制构件与现浇部位的连接构造节点等局部大样图。

② 预制构件的局部剖切大样图、引出节点大样图。

③ 被索引的图纸名称、比例。

8）楼梯图

绘出每层楼梯结构平面布置、剖面图、梯梁、梯板详图（可用列表法绘制），注明尺寸、构件代号、标高。

9）特种结构和构筑物

特种结构和构筑物应单独绘图，如水池、水箱、烟囱、烟道、管架、地沟、挡土墙、筒仓、大型或特殊要求的设备基础、工作平台等。应绘出平面、特种部位剖面及配筋，注明定位关系、尺寸、标高、材料品种和规格、型号、性能。

(3) 预制构件的编码

装配式结构的预制构件的种类、数量都非常多，为保证预制构件在工厂的生产、现场的吊装顺利准确地完成，应清楚地对预制构件进行编号。

1）编号规则

预制构件及与预制构件相关构件的编号分为：a.构件编号，反映构件信息；b.工程编号，反映构件的工程信息。

预制构件工程编号（见表 3.19），写法及含义可参看《装配式混凝土结构表示方法及示例(剪力强结构)》(15G107—1)图集，见图 3.171。

表 3.19　预制构件编号示例

类型			代号	序号
剪力墙	预制墙板	预制外墙	YWQ	＊＊
		预制内墙	YNQ	＊＊
	后浇段	约束边缘构件后浇段	YHJ	＊＊
		构造边缘构件后浇段	GHJ	＊＊
		非边缘构件后浇段	AHJ	＊＊
叠合板		叠合楼面板	DLB	＊＊
		叠合屋面板	DWB	＊＊
		叠合悬挑板	DXB	＊＊
阳台板			YYTB	＊＊
空调板			YKTB	＊＊

续表

类型		代号	序号
女儿墙		YNEQ	＊＊
楼梯	双跑楼梯	ST	-aa-bb
	剪刀楼梯	JT	-aa-bb

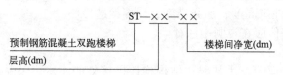

图 3.171 双跑楼梯编号表示方法

2）编号设计方法

在结构平面布置图中，按预制构件类型和位置顺序给出工程编号，应统一或分别给出预制构件明细表或索引。列表标注内容包括：工程编号（构件编号）、标志尺寸、数量、重量、设计参数、设计状态（标准构件选用、非标准构件设计）、位置信息。

例如：在叠合楼板预制底板结构平面布置图中（见图 3.172），楼板和预制底板拼缝应注写工程编号，预制底板应注写构件编号。

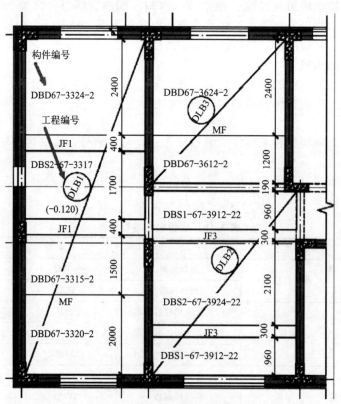

图 3.172 叠合楼板平面布置图构件编号标注

（4）产品信息标识

预制构件标识基本信息，是为了方便构件的识别和质量可追溯，避免出错。在生产过程中可采用的标示方法有：二维码、条形码、无线射频芯片技术（radio frequency identification，RFID）等。产品信息应包括：构件名称、编号、型号、安装位置、设计强度、生产日期、质检员等。

3.3.2 装配式框架结构的构件拆分

3.3.2.1 框架结构构件拆分原则

① 装配式框架结构中，宜在构件受力较小的位置拆分。

② 梁拆分位置可以设置在梁端、梁跨中。主梁一般按柱网拆分为单跨梁，次梁以主梁间距为单元划分为单跨梁。

在梁的端部时，梁纵向钢筋套管连接位置距离柱边不宜小于 $1.0h$（h 为梁高），不应小于 $0.5A$（考虑塑性铰，塑性铰区域内存在的套管连接，不利于塑性铰转动）。

③ 柱拆分位置，一般设置在楼层标高处，也可以拆分为多节柱。

预制柱底的塑性铰与现浇柱底的塑性铰有一定的差别，地震过程首层的剪切变形远大于其他各层，因此底层柱一般现浇，若采用预制形式则拆分位置应避开柱脚塑性铰区域；并采取特别的加强措施重点提高连接接头性能，严格控制构件加工和现场施工质量，确保实现"强柱弱梁"的目标。

④ 考虑构件生产与安装的可实现性、便利性。

a. 框架柱拆分点设置在层高处，框架梁的拆分点设置在梁柱节点区或附近（见图 3.173）。每根预制柱的长度为一层，连接套筒预埋在柱底；梁主筋连接通常是在柱距的中心部位进行后浇筑混凝土，钢筋连接方式为注胶套筒连接，也可采用机械套筒连接。

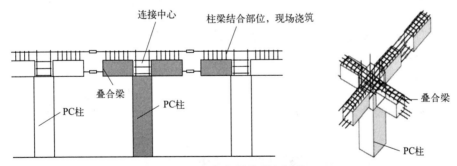

图 3.173　框架梁柱常规拆分

b. 考虑运输工具和道路限制。三维构件运输困难，可选择在现场预制；也可在工厂单独生产柱、梁，然后将它们运至现场后组装成三维构件。内部框架在工厂制造莲藕型构件，有单莲藕梁、十字形莲藕梁（见图 3.174）。

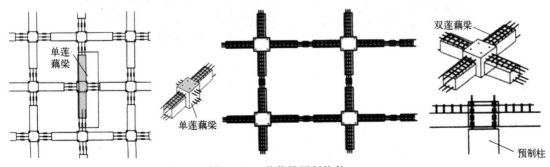

图 3.174　莲藕梁预制构件

⑤ 考虑模具种类及复杂程度，生产能力。例如工厂台模尺寸、起重机的吨位和厂房高度等是否满足构件生产要求。做到规格少、构件外形简洁。

a.配备的起重机吨位大时，就可拆分成跨层柱板或柱梁一体化构件，充分利用设备优势，减少连接节点和吊装频度。

b.建筑立面设计的门窗洞口较大时，可不采用外挂墙板，而是从柱子上伸出袖板，梁伸出腰板和垂板，围成门窗洞口。

c.梁浇筑通柱拆分法。柱及梁主筋一体化在工厂预制、梁混凝土为后浇筑的组合施工，柱到梁与楼板的连接区域形成一体化（见图 3.175）。适用于单、双两向咬合结构，具有即使在两主轴方向上的梁高不同，也易于施工的特点。

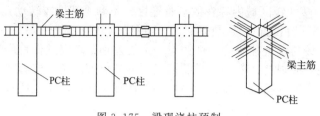

图 3.175　梁现浇柱预制

3.3.2.2　框架结构构件拆分方法

拆分设计的关键，应在遵循基本原则的前提下，针对具体项目实际条件和特点，因地制宜地进行拆分。装配式混凝土框架结构的构件拆分设计，主要针对柱、梁、楼板、外墙板及楼梯等构件。

构件的拆分设计，需要确定预制构件的使用范围、预制构件的拆分形式。

（1）柱的拆分

柱一般按层高进行拆分为单节柱，也可以拆分为多节柱（见图 3.176）。多节柱的脱膜、运输、吊装、支撑都比较困难，且吊装过程中钢筋连接部位易变形，使构件的垂直度难以控制。设计中柱多按层高拆分，以保证柱垂直度的控制调节，简化预制柱的制作、运输及吊装，保证质量。

(a)　(b)

图 3.176　拆分的预制混凝土柱
(a) 预制单节柱；(b) 预制多节柱

（2）梁的拆分

装配式框架结构中的梁包括主梁、次梁（见图 3.177）。主梁一般按柱网拆分为单跨梁，当跨距较小时可拆分为双跨梁；次梁以主梁间距为单元拆分为单跨梁。

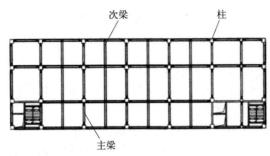

图 3.177　预制梁平面布置

（3）楼板的拆分

叠合楼板可按单向板、双向板进行拆分（见图 3.178）。

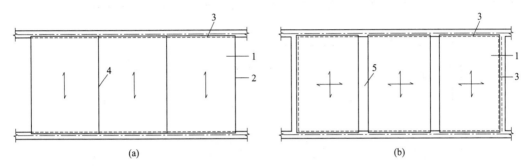

图 3.178　预制叠合楼板拆分
1—预制叠合楼板；2—板侧无支座；3—板端支座；4—板侧分离式拼接；5—板侧整体式拼接

① 拆分为单向叠合板时，楼板沿非受力方向，即板缝应当垂直于板的支座边，预制底板采用分离式接缝，可在任意位置拼接。

② 拆分为双向叠合板时，预制底板之间采用整体式接缝，接缝位置宜设置在叠合板的次要受力方向上且该处受力较小，板缝应当垂直于拆分前的板的长边。预制底板间宜设置 300mm 宽后浇带，用于预制板底钢筋连接。

③ 在一个房间内，预制板应尽量选择等宽拆分，以减少预制底板的类型。

④ 在板的受力小的部位分缝。跨度不大的楼板板缝也可设置在有内隔墙的部位，板缝在内隔墙施工完毕后不用再处理，但板边应加强。

⑤ 板的宽度不超过运输超宽的限制、工厂生产线模台宽度，一般不超过 3m，跨度不超过 5m。

⑥ 拆分有管线穿过的楼板，需避免与钢筋或桁架筋的冲突。顶棚无吊顶时，板缝应避开灯具、接线盒或吊扇位置。

⑦ 电梯前室处楼板如果强弱电管线密集，此处楼板宜现浇；卫生间楼板处如果采用降板设计，楼板宜设计成现浇形式。

（4）外挂墙板的拆分

外挂墙板作为装配式混凝土结构上的非承重外围护挂板，拆分设计主要由建筑师根据建筑立面效果确定。

1）拆分原则

① 服从建筑功能和艺术效果的要求。外挂墙板的拆分在满足建筑风格、安装作业空间要求，符合板的质量和规格，符合制作、运输和安装限制条件的情况下，尺寸应适当大。

② 作为非承重外围护挂板，墙板具有整体性，板划分一块墙板覆盖宜限于一个层高和一

个开间。尺寸根据层高与开间大小确定。如果考虑层高较高、开间较大、质量限制、建筑风格的要求，墙板也可灵活拆分。

几何尺寸要考虑到施工、运输条件等，当构件尺寸过长过高时，如跨越两个层高后，主体结构层间位移对其外挂墙板内力的影响较大。

尺寸应根据建筑立面的特点，将墙板接缝位置与建筑立面相对应，既要满足墙板的尺寸控制要求，又要将接缝构造与立面结合起来。

③ 墙板必须与主体结构连接，安装节点位于主体结构上。

④ 外挂墙板不应跨过主体结构的变形缝。变形缝两侧的外挂墙板的构造缝应能适应主体结构的变形要求，宜采用柔性连接设计或滑动型连接设计，并采取易于修复的构造措施。

2）拆分方法

① 建筑平面的转角（见图 3.179）有阳角直角（直角平接、折板、对接）、阳角斜角和阴角直角（直角平接、折板），拆分时要考虑墙板与柱子的关系，考虑安装作业的空间。

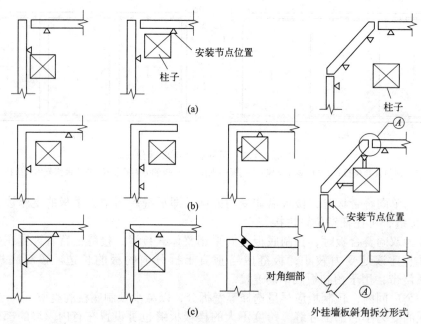

图 3.179　建筑平面转角外挂墙板拆分
（a）直角平接；（b）折板；（c）直角对接

② 对主体结构连接点位置的影响。外挂墙板应安装在主体结构构件（结构柱、梁、楼板或结构墙体）上，外挂墙板拆分应考虑与主体结构连接的可行性。如果主体结构构件无法满足墙板连接节点的要求，应当引出如"牛腿"类的连接件或次梁次柱等二次结构体系。

③ 墙板尺寸。外挂墙板最大尺寸一般以一个层高和一个开间为限；高不宜大于一个层高，厚度不宜小于 100mm。跨两个层高的超大型墙板，制作和运输都很不方便。开口墙板（如设置窗户洞口的）的洞口边板的有效宽度不宜小于 300mm。

（5）楼梯的拆分

预制板式楼梯有剪刀楼梯和双跑楼梯（见图 3.180），剪刀楼梯一层楼一跑，长度较长；双跑楼梯一层楼两跑，长度较短。剪刀楼梯一般长度长、重量大，对生产制作和吊装的起重设备要求高，所以一般将剪刀楼梯拆分成两段，在楼梯中部加设一道梯梁。

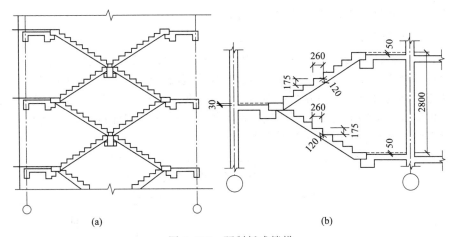

图 3.180 预制板式楼梯
(a) 剪刀楼梯；(b) 双跑楼梯

楼梯拆分边界以梯梁的位置为边界，拆分时要预留满足主体结构位移要求的缝隙。

① 剪刀楼梯宜以一跑楼梯为单元进行拆分（见图 3.181）。为减少预制混凝土楼梯板的重量，可考虑将剪刀楼梯设计成梁式楼梯。不建议为减少预制混凝土楼梯板的重量，而在楼梯梯板中部设置梯梁，采用这种拆分方式时，楼梯安装速度慢，连接构造复杂。

② 双跑楼梯半层处的休息平台板，可以现浇或与楼梯板一起预制（见图 3.182），或者做成厚 60mm＋60mm 的叠合板。

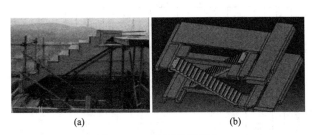

图 3.181 预制楼梯拆分
(a) 双跑楼梯；(b) 剪刀楼梯

图 3.182 休息平台与梯段板一起预制

(6) 其他非主体结构预制构件拆分

其他非主体结构预制构件拆分方法与结构构件类似。关键是选择拆分边界，一般来说阳台板、空调板、遮阳板、挑檐板以墙板外侧为边界；女儿墙以屋面梁顶为边界。

3.4　一般构造要求

3.4.1　结构连接

装配整体式混凝土结构中预制构件的连接，是通过后浇混凝土、灌浆料和坐浆材料、钢筋及连接件等，实现预制构件间的接缝、预制构件与现浇混凝土间结合面的连续，满足设计需要的内力传递、变形协调能力及其他结构性能要求。

3.4.1.1 连接形式

"可靠的连接方式"对装配式结构是结构安全的最基本保障。预制构件的连接技术是装配式结构的关键、核心的技术，是形成各种装配整体式混凝土结构的重要基础。装配整体式结构中预制构件与后浇混凝土结合的界面称为结合面，具体可为粗糙面或设置键槽两种形式，有需要时还要在粗糙面、键槽上配置抗剪或抗拉钢筋等，以确保结构连接构造的整体性设计要求。装配式混凝土结构常见的连接方式如图 3.183 所示。

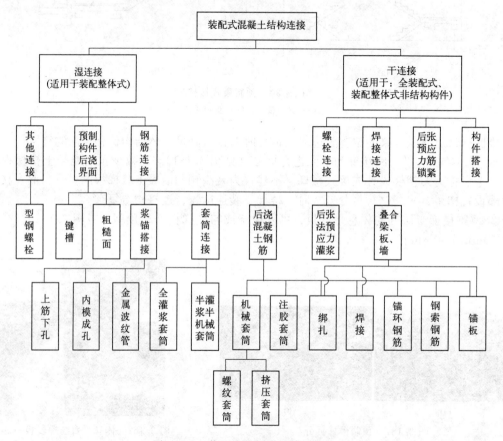

图 3.183 装配式混凝土结构连接方式

① 后浇混凝土连接：在预制构件的结合部位留出后浇混凝土区，预制构件的受力钢筋在后浇区采用搭接、焊接、直螺纹连接、冷挤压套筒连接、型钢或钢板预埋件连接等方式进行可靠连接，通过现场浇筑混凝土将预制构件进行连接。

② 套筒灌浆连接、浆锚搭接连接：根据接头受力及施工工艺等要求，连接节点及接缝处的纵向钢筋可选用套筒灌浆连接（见图 3.184）、浆锚搭接连接。

③ 叠合连接：预制构件与现浇混凝土叠合，包括叠合楼板、叠合梁、叠合阳台板等。预制层与现浇层之间一般须设抗剪钢筋。

3.4.1.2 连接的要求

(1) 连接技术

关键是预制构件的连接节点构造、与后浇混凝土的接触面、钢筋连接和锚固技术。施工技

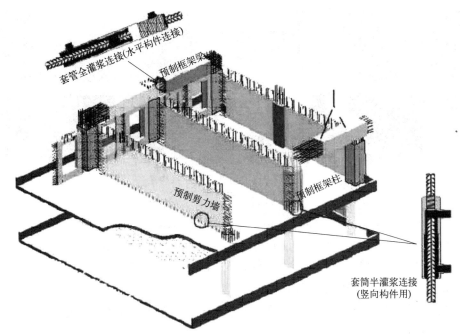

图 3.184　套筒灌浆连接应用

术是保证预制构件连接安全的重要环节；合理的接缝位置、尺寸、形状的设计，对建筑功能、建筑平立面、结构受力状况、预制构件承载能力、工程造价等都会产生一定的影响。

装配式混凝土结构连接节点的基本要求：①标准化；②简单化；③具有抗拉能力；④延性；⑤适应主体结构变形的能力；⑥抗火；⑦耐久性；⑧美学。

（2）连接位置

预制构件的连接位置，宜设置在结构受力较小的部位，其尺寸和形状应符合下列要求：

① 预制构件的拼接设计时，应同时满足建筑模数协调、建筑物理性能、结构和预制构件的承载能力、便于施工和进行质量控制等多项要求，应考虑温度作用和混凝土收缩徐变的不利影响，宜适当增加构造配筋。

② 应尽量减少预制构件的种类，保证模板能够多次重复使用，以降低造价。

③ 超高层建筑（即高 60m 以上建筑），其柱、梁结构体系的连接节点避开塑性铰位置，即不在梁端部、首层柱底和最顶层柱顶等塑性铰位置设置套筒连接。

④ 避免非结构构件对主体结构的刚性影响和将两者受力状态复杂化。对附着在主体构件上的非结构构件，如为减小窗洞面积而设置的梁、柱翼缘，应与相邻主体构件之间断开。

3.4.2　构件间连接构造

预制装配式建筑依靠节点及拼缝，将预制构件连接（见图 3.185）成为整体。连接技术基本原则：按照等同现浇原则通过合理的连接节点与构造，保证构件的连续性和结构的整体稳固性，使结构具有必要的承载能力、刚性和延性，以及良好的抗风、抗震和抗偶然荷载的能力。

节点应满足"强剪弱弯，更强节点"的设计理念；满足耐久性和防火、防水及可操作性要求。各类预制构件的连接设计，宜符合下列原则：

① 预制构件的连接位置，宜设置在结构受力较小部位。

② 预制构件的连接形式及部位，应考虑施工可操作性。

图 3.185　各种构件节点连接构造

③ 结构构件之间的连接构造，应满足结构传递内力的要求。

④ 应按照预制非承重构件与主体结构的连接方式，考虑其相互影响。

⑤ 预制构件的拼接，应考虑温度作用、混凝土收缩徐变的不利影响，宜适当增加构造配筋。

⑥ 预制构件拼接部位的混凝土强度等级，不应低于预制构件的强度等级。

3.4.2.1　构件及钢筋的连接构造

后浇混凝土指预制构件安装后，在预制构件连接区或叠合层现场浇筑的混凝土，是装配整体式混凝土结构中非常重要的连接方式。

预制构件采用连接件的连接方式，是装配式、装配整体式结构重要的连接方式之一，其设计方法和内容应符合《混凝土结构设计规范（2015 年版）》(GB 50010—2010) 的规定。主要是采用预埋钢板或型钢、焊接连接的干法连接方式（见图 3.186）。国外用于预制构件连接的成熟的连接件类型和产品很多。

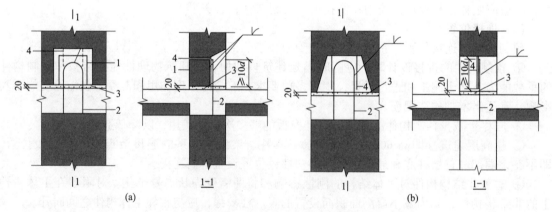

图 3.186　预制构件连接件连接的构造
（a）连接钢筋预焊钢板连接；(b) 连接钢筋焊接连接
1—预焊钢板；2—下层预制剪力墙连接钢筋；3—坐浆层；4—上层预制剪力墙连接钢筋

预制构件纵向钢筋宜在后浇混凝土内直线锚固。当直线锚固长度不足时，可采用弯折、机械锚固方式，并应符合《混凝土结构设计规范（2015 年版)》(GB 50010—2010) 和《钢筋锚固板应用技术规程》(JGJ 256—2011) 的规定。

(1) 连接钢筋

在偶然荷载作用下，某些承重构件可能发生失效。为了保证在某些受损伤的承重构件失效的情况下，其他未受损伤的结构构件可以产生替代的传力路径，以将损伤限制在允许的范围内，并防止发生连续性坍塌，必须设置水平和竖向连接钢筋（或是相当的连接），见图 3.187。

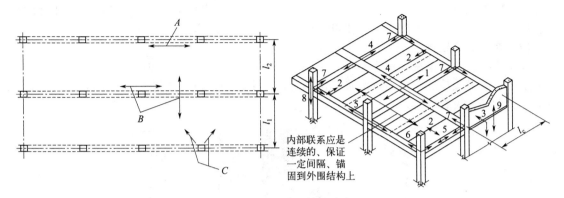

图 3.187   连接钢筋的分布

A—外围连接；*B*—内部连接；*C*—柱或墙水平连接；1—楼板内部水平连接钢筋；2—楼板周边水平连接钢筋；3—楼板与墙板水平连接钢筋；4—内部梁水平连接钢筋；5—周边梁水平连接钢筋；6—角柱水平连接钢筋；7—边柱水平连接钢筋；8—柱垂直连接钢筋；9—墙板垂直连接钢筋

设置的连接钢筋应是连续的，它们可设置在现浇混凝土面层中，也可设置在预制构件中，或部分在现浇混凝土中、部分在预制件中。这些连接钢筋可设计为不同型式，并能承受一定程度的拉力。

连接钢筋与另一根连接钢筋以某一合适的角度交叉，并且钢筋继续延伸，即可认为是锚固。向另一根连接钢筋中心线以外延伸的有效锚固长度应根据拉力计算确定。在结构突变处或凹角处，需要保证连接钢筋具有足够的锚固或采取其他方法使其有效。

当采用连接钢筋时，现浇混凝土截面的最小厚度至少应等于钢筋直径（在搭接处应为 2 倍直径）以及 2 倍最大骨料尺寸再加 10mm 的总和。

装配整体式结构中，钢筋连接是后浇混凝土连接节点最重要的环节。后浇区钢筋连接方式（见图 3.188）包括：机械（螺纹、挤压）套筒连接、注胶套筒连接（日本应用较多）、灌浆套

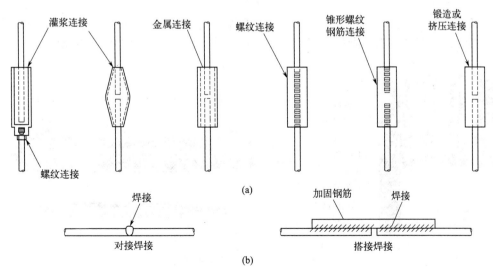

图 3.188   钢筋典型连接方式

（a）典型机械连接；（b）典型焊接连接

筒连接、钢筋搭接、钢筋焊接、绑扎搭接及其他方式。节点和接缝处的纵向钢筋连接应根据施工选用。应根据预制构件的类型、构件受力和变形特点、钢筋接头受力、构件生产的便利程度、现场施工安装工艺等要求、质量可靠性和检验等加以选择。

（2）套筒灌浆连接

灌浆连接有先灌浆法和后灌浆法（见图 3.189），作业主要有两种方式：①压力式依靠电动关机或手动灌浆枪的压力进行灌浆，例如套筒灌浆；②重力式主要依靠灌浆料的重力从上往下灌浆，例如波纹管灌浆。

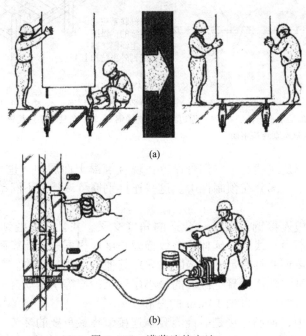

图 3.189　灌浆连接方法
（a）先灌浆法；（b）后灌浆法

套筒灌浆连接（见图 3.190）是装配整体式结构最主要、最普遍的连接方式。当采用套筒灌浆连接时，应符合《钢筋套筒灌浆连接应用技术规程》(JGJ 355—2015) 的规定。

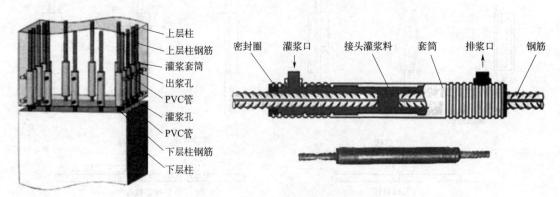

图 3.190　灌浆套筒连接钢筋

这种连接方法具有较高的连接可靠性、抗拉及抗压强度，操作简单、适用范围广等优点。

装配整体式框架结构中，当房屋高度大于 12m 或层数超过 3 层时，预制柱宜采用此方法，以保证结构安全。

由于这种连接方式经过了试验和工程实践的验证，特别是超高层建筑经历过地震的考验，是可靠的连接方式，但其成本相对较高且对施工技术要求高。相对成本高、只适用大直径钢筋、钢筋密集时套筒排布困难、精度要求高等缺点，限制了它的使用。另外构件中套筒连接的全部钢筋都是布置在同一截面连接，这违背了现行混凝土结构规范关于钢筋接头同一截面不大于 50% 的规定。

套筒灌浆连接按结构形式分为全灌浆套筒连接、半灌浆套筒连接（见图 3.191）。

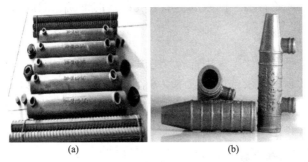

(a)　　　　　　　　　(b)

图 3.191　套筒类型
(a) 全灌浆套筒；(b) 半灌浆套筒

1）全灌浆套筒连接

全灌浆套筒连接是两端钢筋均通过灌浆料与套筒进行的连接。灌浆套筒全灌浆接头一般设在预制构件间的后浇段内，待两侧预制构件安装就位后，纵向钢筋伸入套筒后实施灌浆，如预制梁的纵向钢筋连接。

其工作原理是，将需要连接的两段预制构件之一构件的单根带肋钢筋，插入预埋的内部带有凹凸部分的铸铁或钢质圆形套筒的一半中，将之二构件的外露带肋钢筋插入该套筒的另一半内，实现"对接"；然后用灌浆机通过套筒灌浆口注入高强早强且有微膨胀特性的灌浆料，使套筒内注满灌浆料；待灌浆料硬化以后形成整体，套筒和被连接钢筋牢固地结合成为整体，如图 3.192 所示。

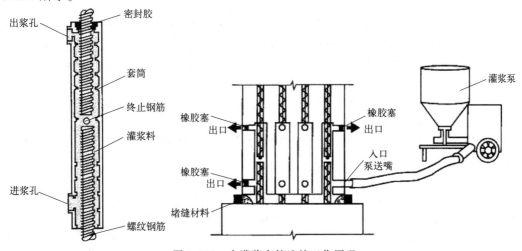

图 3.192　全灌浆套筒连接工作原理

灌浆料有较高的抗压强度及微膨胀特性，与此同时套筒为灌浆料四周提供有效的侧向约束力，灌浆料在套筒筒壁与钢筋之间形成较大的正向应力，使带肋钢筋的粗糙表面产生较大的摩擦力，得以传递钢筋的轴向力；还可以有效增强材料结合面的粘结锚固能力，确保接头的传力能力。

由于灌浆料具有微膨胀性和高强的特点，保证了套筒中被填充部分具有充分的密实度，使其与被连接的钢筋之间有很强的粘结力。

当钢筋受外力时，拉力先通过钢筋—灌浆料接触面的粘结作用传递给灌浆料，灌浆料再通过灌浆料—套筒接触面的粘结作用传递给套筒。钢筋和套筒灌浆料接触面的粘结力，由材料化学粘附力、摩擦力和机械咬合力共同组成。灌浆孔洞内的钢筋应能提供足够的承载能力，防止钢筋从灌浆孔洞内拔出。

2）半灌浆套筒连接

半灌浆套筒连接是预制构件端采用直螺纹方式连接钢筋，现场装配端采用灌浆方式连接钢筋，灌浆套筒半灌浆接头一般设置预制构件边缘，与之相邻的预制构件钢筋伸入套筒后实施灌浆，常用于预制柱、预制墙的纵向钢筋连接。半灌浆套筒接头构造如图 3.193 所示，直径较小时不适宜采用半灌浆套筒连接。

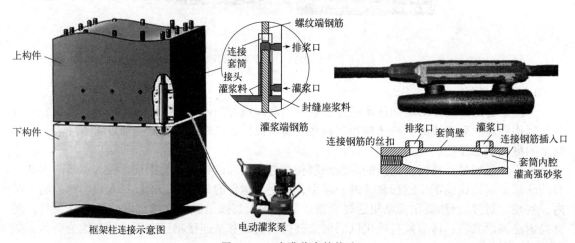

图 3.193　半灌浆套筒构造

其工作原理与全灌浆套筒基本一样，只是构件对接钢筋中一端的钢筋与套筒采用螺纹（带肋钢筋端头镦粗后加工直螺纹或在钢筋端头直接滚轧直螺纹）咬合连接，另一端的钢筋插入套筒另一端，在套筒内灌入高强早强且有微膨胀特性的灌浆料拌合物，实现"对接"。

3）套筒要求

① 分类：按结构形式分全灌浆套筒和半灌浆套筒，按材料分为机械加工套筒和铸造套筒。水平预制梁的梁梁钢筋连接，应采用全套筒灌浆连接。

套筒型号由类型代号、特征代号、主参数代号和产品更新变型代号组成（见图 3.194），主参数为被连接钢筋的强度级别、直径。

例如：

GT440——连接 400 级钢筋、直径 40mm 的全灌浆套筒。

GTB536/32A——连接 500 级钢筋、灌浆端直径为 36mm、非灌浆端直径为 32mm 的剥肋滚轧直螺纹灌浆套筒的第一次变形。

② 套筒构造：灌浆套筒连接接头，要求套筒具有刚度大和变形小的能力，制作材料可以

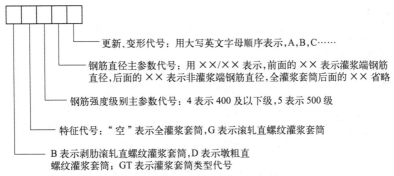

更新、变形代号：用大写英文字母顺序表示，A，B，C……

钢筋直径主参数代号：用××/××表示，前面的××表示灌浆端钢筋直径，后面的××表示非灌浆端钢筋直径，全灌浆套筒后面的××省略

钢筋强度级别主参数代号：4表示400及以下级，5表示500级

特征代号："空"表示全灌浆套筒，G表示滚轧直螺纹灌浆套筒

B表示剥肋滚轧直螺纹灌浆套筒，D表示墩粗直螺纹灌浆套筒；GT表示灌浆套筒类型代号

图 3.194　灌浆套筒型号表示方法

是碳素结构钢、合金结构钢或球墨铸铁等，应符合《钢筋连接用灌浆套筒》(JG/T 398—2019)的规定。

钢筋应插到套筒中心挡片位置，穿入钢筋时不得使用猛力防止损坏中心挡片；钢筋端头要平齐，不得有卷口，建议使用无齿锯下料；插入钢筋时不得损伤两端的密封圈；螺纹连接的钢筋的螺纹应与套筒上的螺纹相匹配，螺纹长度不得过长或过短，一般以拧紧后外露 1～1.5 个螺距为宜。

4）设计要求

经套筒和灌浆料厂家的试验表明（见图 3.195），筒灌浆连接的承载力等同于钢筋或高一些，破坏发生在套筒连接之外的钢筋中，而不是套筒区域。《钢筋套筒灌浆连接应用技术规程》(JGJ 355—2015) 规定：连接只能断于钢筋，不得断于接头或钢筋拉脱。结构设计时，套筒灌浆节点主要是选择合适的套筒灌浆材料，不需要进行结构计算。

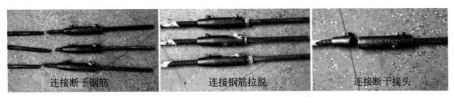

连接断于钢筋　　　　　连接钢筋拉脱　　　　　连接断于接头

图 3.195　套筒灌浆连接破坏情况

设计要点：

① 应符合《装配式混凝土结构技术规程》(JGJ 1—2014) 和《钢筋套筒灌浆连接应用技术规程》(JGJ 355—2015) 的规定。

② 采用套筒灌浆连接应当是带肋钢筋，不能连接光圆钢筋。

③ 应选择匹配的灌浆套筒和灌浆料产品。在设计图中提出套筒和灌浆料选用要求。

④ 应根据套筒直径、长度、钢筋插入长度等数据，进行构件保护层、伸出钢筋长度等细部设计。

⑤ 在构件生产前，应进行钢筋套筒灌浆连接接头的抗拉强度试验，每种规格的连接接头试件数量不应少于三个。

⑥ 在构件结构设计时，应明确对应钢筋直径的灌浆套筒外径，以确定受力钢筋在预制构件断面中的位置、计算和配筋等。还应明确套筒的总长度和钢筋的插入长度，以确定下部构件的伸出钢筋长度和上部构件受力钢筋的长度。

⑦ 由于套筒外径大于所对应的钢筋直径，套筒区箍筋尺寸与非套筒区箍筋尺寸不一样，导致两个区域保护层厚度不一样。在结构计算时，应当注意由于套筒引起的受力钢筋保护层厚

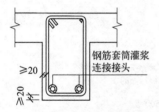

图 3.196　梁纵筋套筒灌浆连接
接头处钢筋的混凝土保护层厚度

度的增大，或者钢筋内移构件截面有效高度减小。钢筋接头处套筒外侧钢筋的混凝土保护层厚度（见图 3.196）：预制剪力墙中不应小于 15mm，预制梁、柱中不应小于 20mm。

⑧ 套筒之间的净距不应小于 25mm。

⑨ 预制剪力墙构件、预制框架柱等竖向结构构件的纵筋连接，可以选用半灌浆套筒连接，也可以选择全灌浆套筒连接。相同直径规格的全灌浆套筒与半灌浆套筒相比，全灌浆套筒的灌浆料使用量要多很多，见图 3.197。

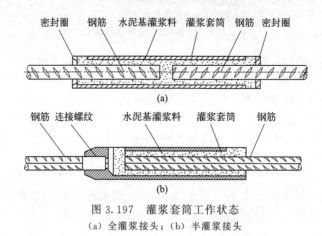

图 3.197　灌浆套筒工作状态
（a）全灌浆接头；（b）半灌浆接头

在地震情况下全截面受拉的构件，不宜全部采用钢筋套筒连接。

水平预制梁的梁梁连接如果采用套筒灌浆连接，应采用全灌浆套筒连接才能满足连接要求；在现浇连接区应留有足够的套筒滑移空间，至少确保套筒能够滑移到与一侧的出筋长度齐平，安装时才不会碰撞。

(3) 浆锚搭接连接

钢筋间接搭接连接适用于预制梁、空心板剪力墙、双面叠合板剪力墙、叠合柱等纵向受力钢筋、分布钢筋的连接，钢筋连接均处于现浇混凝土区段。

间接连接（锚固）指连接钢筋锚固于灌浆套筒、凹槽或其他连接节点，区别于将之直接浇筑或预埋在混凝土构件或是像基础结构这类的现浇混凝土中。这就意味着连接钢筋的拉力需要先传递给灌浆料，接着将剪力从灌浆料和周边混凝土的截面传递出去。这种连接的抗拉承载力失效主要有：钢筋在灌浆料中被拔出破坏、灌浆料和周边混凝土截面之间的剪切破坏、灌浆料的拔出、周边混凝土的开裂破坏（见图 3.198）、钢筋自身的受拉破坏。

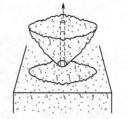

图 3.198　钢筋周边
混凝土破坏

浆锚搭接连接是在我国装配整体式剪力墙结构工程实践中形成的一种适用于剪力墙竖向钢筋连接的形式，属于钢筋间接搭接连接（见图 3.199）。但直径大于 20mm 的钢筋不宜采用浆锚搭接连接，直接承受动力荷载的构件纵向钢筋不应采用浆锚搭接连接。

浆锚搭接成本低、制作精度要求低（插筋孔径大）、钢筋排布难度低。但其应用范围较窄、现场灌浆量大（钢筋搭接长度是套筒连接的一倍左右）作业时间长、内模成孔质量难以保证（螺旋箍筋浆锚脱模时孔壁易破坏）。

图 3.199　金属波纹管浆锚搭接连接

1）工作原理

浆锚搭接基于粘结锚固原理进行连接。是在竖向构件下段范围内预留出竖向孔洞（或外包内置套箍），将需要连接的下部预留需搭接连接的带肋钢筋，插入预制构件的预留孔道里；在孔道旁边是预埋在构件中的被搭接钢筋，插入钢筋与被搭接钢筋之间离开一定距离，在孔道内注入高强早强无收缩或有微膨胀特性的水泥基灌浆料，插入的钢筋被锚固在搭接区段的混凝土中，通过钢筋间浆料握裹作用进行钢筋间连接传力（见图 3.200）。连接钢筋的拉力通过剪力传递给灌浆料，再通过剪力传递到灌浆料和周围混凝土之间的界面。两根受力钢筋所受力，在搭接段通过锚固作用将力传递给混凝土，达到钢筋间传递应力的目标，是一种间接连接。

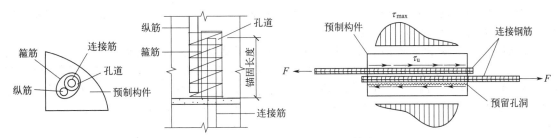

图 3.200　浆锚搭接钢筋连接构造及传力过程

2）限制

① 直接承受动力荷载构件的纵向钢筋，不应采用浆锚搭接连接。

② 对于结构重要部位，例如抗震等级为一级的剪力墙以及抗震等级为二、三级底部加强部位的剪力墙，剪力墙的边缘构件不宜采用浆锚搭接连接。

③ 直径大于 20mm 的纵向钢筋，不宜采用浆锚搭接连接。

④ 纵向钢筋采用浆锚搭接连接时，对预留孔成孔工艺、孔道形状和长度、构造要求、灌浆料和被连接钢筋，应进行力学性能及适用性的试验验证。

3）浆锚连接方式

主要的连接方式有金属波纹管钢筋浆锚搭接连接、螺旋箍筋约束钢筋浆锚搭接连接（见图 3.201），此外也有预留孔洞灌浆连接。

① 金属波纹管钢筋浆锚搭接连接。金属波纹管（见图 3.202）预埋于预制构件中用作内模（不用抽出）。可以用于受力结构构件的浆锚搭接连接，也可以当作非受力填充墙预制构件限位连接筋的预成孔模具。金属波纹管浆锚搭接连接不宜用于直径大于 20mm 的钢筋连接，不应用于直

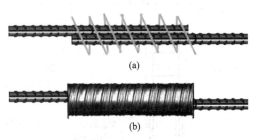

图 3.201　浆锚连接的类型
（a）螺旋箍筋浆锚搭接；（b）波纹管浆锚搭接

接承受动力荷载的构件纵向钢筋连接。

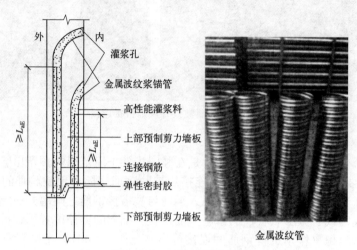

图 3.202　波纹管浆锚搭接

在混凝土构件内下端，预埋大口径金属波纹管形成浆锚孔内壁，与预埋钢筋贴紧；下部构件的预留钢筋插入金属波纹管后，在孔道内注入微膨胀高强灌浆料，凝固后形成一个钢筋搭接锚固接头，实现两个构件的钢筋连接。

② 螺旋箍筋约束钢筋浆锚搭接连接。螺旋内模成孔螺旋箍筋约束钢筋（见图 3.203）是构件制作时通过在墙板内插入预埋专用螺旋棒，待混凝土初凝后旋转取出，使预留孔道内侧留有螺纹状粗糙面；在孔道周围设置附加横向约束螺旋箍筋，形成构件竖向孔洞，两根搭接的钢筋共同被外圈螺旋钢筋所约束（见图 3.203），使得横向附加钢筋对钢筋连接区段的混凝土约束得到加强。

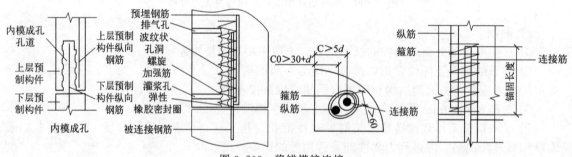

图 3.203　浆锚搭接连接

由于螺旋箍约束浆锚搭接连接，有效降低了钢筋的搭接长度，且连接部位钢筋强度没有增加，不会影响塑性铰。缺点是由于预埋螺旋棒必须在混凝土初凝后取出，其取出时间及操作难以掌控，构件的成孔质量难以保证，若孔壁出现局部混凝土损伤，将对连接的质量造成影响。

③ 预留孔洞灌浆：孔在下方，钢筋在上部，内灌浆后插入钢筋（见图 3.204）。

4）设计要点

浆锚搭接与套筒灌浆连接一样，结构设计主要是选择

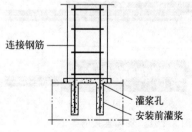

图 3.204　预留孔内灌浆后安装

合适的浆锚搭接方式，不需要进行结构计算。注意要点：

① 能连接带肋钢筋，不能用于光圆钢筋。

② 在设计时提出灌浆料选用要求。

③ 根据浆锚连接的技术要求，确定钢筋搭接长度、孔道长度、灌浆料性能。

④ 要保证螺旋筋保护层，受力筋的保护层需增厚。在结构计算时，应注意受力钢筋保护层厚度增大，会使构件截面尺寸增大，还会改变构件刚度；或截面尺寸不变而受力钢筋"内移"，构件截面有效高度减小。

（4）机械连接

钢筋机械连接是通过钢筋与连接件的机械咬合作用或钢筋端面的承压作用，将一根钢筋中的力传递至另一根钢筋，在装配式和现浇混凝土建筑中广泛使用。当采用机械连接时，应符合《钢筋机械连接技术规程》(JGJ 107—2016) 的规定。常见的机械连接有螺纹套筒连接、挤压套筒连接等，如图 3.205 所示。

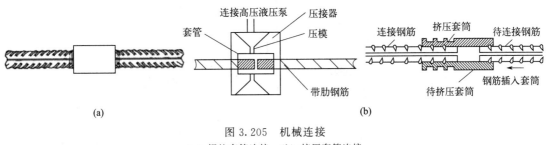

图 3.205　机械连接

（a）螺纹套筒连接；（b）挤压套筒连接

（5）焊接

焊接连接是采用焊接设备对钢筋骨架或留出筋的搭接部分按要求进行焊接，使对接钢筋连成一个整体，确保其均衡、有效传力，在装配式和现浇混凝土建筑中普遍采用，适用于预制构件与现浇混凝土结构之间的钢筋连接。当采用焊接连接时，应符合《钢筋焊接及验收规程》(JGJ 18—2012) 的规定。装配式混凝土建筑钢筋焊接主要有自动化焊接和人工焊接两种形式。

（6）绑扎

搭接绑扎是将对接的两根钢筋重叠规定的长度后，用扎丝绑扎牢固，使之能有效传力，是装配式和现浇混凝土建筑钢筋制作中较常用的方法。

在装配式混凝土建筑中，绑扎多用于预制构件的钢筋骨架加工时网片筋、分布筋、加强筋及辅筋的连接，现场二次浇筑部分配筋中钢筋的连接。

（7）后浇混凝土连接

后浇混凝土连接这种结构连接，性能稳定安全、连接要求精度低、制作和安装简单，但构件连接面出筋使得构件制作效率低、成本提高、安装现场钢筋和模板及后浇混凝土作业工作量大效率低、结合面容易持续裂缝等。

1）连接方式

① 叠合连接：将构件分成预制板（梁）与现浇混凝土两部分，通过现浇部分与预制部分叠合成整体，如图 3.206 所示。

② 锚环：预制墙板竖缝连接，可采用在墙板中预埋带螺纹的预埋件，安装连接时将带螺纹的锚环旋入预埋件中锚固，然后用钢筋穿过相邻墙板的锚环，浇筑竖缝实现连接，如图 3.207 所示。当起销栓作用的钢筋穿过由各支承构件伸出的搭接钢筋环，以提供支座上的连续性时，钢筋环的承载应力应符合《混凝土结构设计规范（2015 年版）》(GB 50010—2010) 的规定。

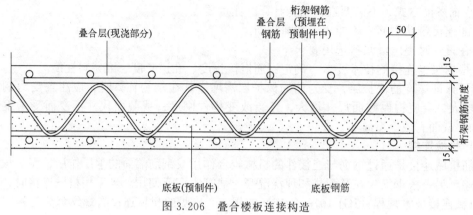

图 3.206 叠合楼板连接构造

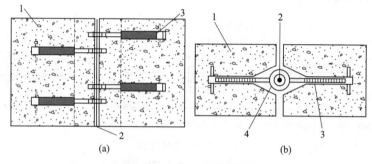

图 3.207 锚环连接示意

（a）立面；（b）断面

1—预制墙板；2—钢筋；3—带螺纹的预埋件；4—连接锚环

③ 软索加钢筋销：钢丝绳（软索）加钢筋销连接（见图 3.208）是相邻墙板在连接处伸出预埋钢丝绳索套进行交汇，中间插入竖向钢筋，然后浇筑混凝土（也可在墙端留有多边形键槽，抗剪键槽填充高强灌浆料），形成墙板与墙板之间后浇区竖缝构造连接。

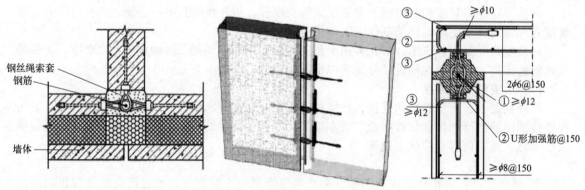

图 3.208 钢丝绳套索加钢筋销连接

2）构件连接结合面

预制混凝土构件的拼接处，应采用强度等级不低于预制构件的混凝土灌缝。预制构件与后浇混凝土、灌浆料、坐浆材料的结合面（接触面），应做成粗糙面、键槽面或两者结合（见

图 3.209），以提高混凝土抗剪能力。可根据预制构件的类型、构件受力和变形特点、构件生产的便利程度等加以选择。不计钢筋作用的平面、粗糙面和键槽面，混凝土抗剪能力的比例为 1:1.6:3。

① 设置位置：预制构件与后浇混凝土、灌浆料、坐浆材料的结合面，可参照表 3.20 设置粗糙面或键槽。空心板剪力墙、双面叠合板剪力墙、预制空心柱等竖向叠合构件，预制整体式盒子间构件等与现浇混凝土的结合面规定，尚无统一的技术标准，可参考相关地方标准或企业标准。例如预制圆孔板剪力墙结构，在圆孔中后浇混凝土的做法，试验表明可以保证构件整体的共同工作，圆孔内壁不用做粗糙面或其他加肋刻痕工艺处理。

图 3.209　后浇混凝土连接面
（a）留槽；（b）露骨料；（c）拉毛；（d）凿毛

表 3.20　预制构件连接面做法

构件	构件连接面	粗糙面	键槽
预制板	顶面与后浇混凝土叠合层之间的结合面	应设，凹凸深度大于 4mm	—
预制梁	顶面与后浇混凝土叠合层之间的结合面	应设，凹凸深度大于 6m	—
	梁端面	宜设，凹凸深度大于 6m	应设
预制柱	柱顶结合面	主设，凹凸深度大于 6m	—
	柱的底部	宜设，凹凸深度大于 6m	应设，考虑灌浆排气
预制剪力墙	顶部和底部，与后浇混凝土的结合面	应设，凹凸深度大于 6m	—
	侧面，与后浇混凝土的结合面	应设，凹凸深度大于 6m	可设
预应力空心楼板	侧面	应设	应设

② 粗糙面：采用特殊的工具或工艺形成混凝土凹凸不平或骨料显露的表面（见图 3.210）。对于压光面（如叠合板、叠合梁表面），在混凝土初凝前"拉毛"形成粗糙面；对于模具面（如梁端、柱端表面），可在模具上涂刷缓凝剂，延缓预制构件与模板接触面混凝土的强度增长，拆模后用压力水冲洗未凝固的水泥浆，露出集料（通过灵活控制缓凝剂的用量和冲刷时间，可以控制冲刷面骨料外露的深浅），形成粗糙面；人工使用铁锤和凿子剔除预制构件结合面的表皮，露出碎石骨料，形成粗糙面；使用专门的小型凿岩机配置梅花平头钻，剔除结合面混凝土表皮，形成粗糙面。

图 3.210　各种粗糙面
（a）露骨料粗糙面；（b）刻花粗糙面；（c）凿毛粗糙面；（d）拉毛粗糙面

粗糙面的主要目的是实现预制构件和后浇混凝土的可靠结合，保证两者的可靠连接。粗糙面面积不宜小于结合面的 80%，各种预制构件的粗糙面凹凸深度要满足要求。

③ 键槽：键槽是预制构件混凝土表面用模具凸凹成型的（见图 3.211），规则且连续的凹凸构造，可实现预制构件和后浇筑混凝土的共同受力作用。其构造要求见表 3.21。

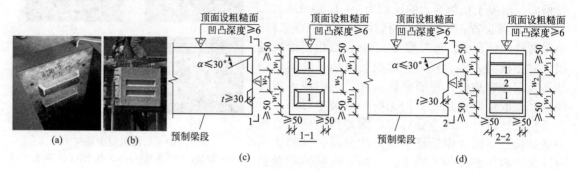

图 3.211　梁端键槽构造

（a）模具凸楞；（b）梁端凹槽；（c）梁端设不贯通截面的键槽；（d）梁端设贯通截面的键槽

1—键槽；2—梁端面

表 3.21　键槽构造

结合面位置	深度 t/mm	宽度 w/mm	形状	键槽间距	端部斜面倾角/°
预制梁端面	不宜小于 30	不宜小于 $3t$，且不宜大于 $10t$	可贯通截面平面；不贯通时槽口距离截面边缘不宜小于 50mm	宜等于 w	不宜大于 30
预制剪力墙侧面	不宜小于 20	不宜小于 $3t$，且不宜大于 $10t$	—	宜等于 w	不宜大于 30
预制柱底部	不宜小于 30		均匀布置		不宜大于 30

④ 接接缝承载力。连接接缝处的压力通过后浇混凝土、灌浆料或坐浆材料直接传递；拉力通过由各种方式连接的钢筋、预埋件传递；剪力由结合面混凝土的粘结强度、键槽或者粗糙面、钢筋的摩擦抗剪作用、销栓抗剪作用承担；接缝处于受压、受弯状态时，静力摩擦可承担一部分剪力。

预制构件连接接缝的后浇混凝土、灌浆料或坐浆材料强度等级，一般采用高于构件的强度等级。

当穿过接缝的钢筋不少于构件内钢筋并且构造符合规范规定时，节点及接缝的正截面受压、受拉及受弯承载力一般不低于构件，可不必进行承载力验算；当需要计算时，可按照混凝土构件正截面的计算方法进行。

后浇混凝土、灌浆料或坐浆材料与预制构件结合面的粘结抗剪强度，往往低于构件混凝土抗剪强度，因此预制构件的接缝一般都需要进行受剪承载力的计算。如叠合梁端竖向接缝处键槽的尺寸和数量应按计算确定，叠合梁端竖向接缝的受剪承载力设计值。

持久设计状况：

$$V_u = 0.07 f_c A_{c1} + 0.1 f_c A_k + 1.65 A_{sd} \sqrt{f_c f_y} \tag{3.21}$$

地震设计状况：

$$V_{uE} = 0.04 f_c A_{c1} + 0.06 f_c A_k + 1.65 A_{sd} \sqrt{f_c f_y} \tag{3.22}$$

式（3.21）、式（3.22）中，A_{c1} 为叠合梁端截面后浇混凝土叠合层截面面积；f_c 为预制构件混凝土轴心抗压强度设计值；f_y 为垂直穿过结合面钢筋抗拉强度设计值；A_k 为各键槽的根

部截面面积（见图 3.212）之和，按后浇键槽根部
截面和预制键槽根部截面分别计算，并取二者的较
小值；A_{sd} 为垂直穿过结合面所有钢筋的面积，包
括叠合层内的纵向钢筋。

（8）全螺栓连接

装配式结构预制构件通过螺栓连接后（见图
3.213），对连接节点处进行灌浆，最后形成刚性的
连接节点，将混凝土构件连接成一整体。把预制构
件的荷载通过锚固螺栓传递至相连的构件中，不同
型号的螺栓连接器和螺栓对应不同的承载力。

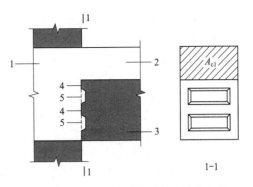

图 3.212 叠合梁端受剪承载力计算参数
1—后浇节点区；2—后浇混凝土叠合层；3—预制梁；
4—预制键槽根部截面；5—后浇键槽根部截面

螺栓连接方式对比传统核心区后浇的方式，即
把现场节点区钢筋安装调整的工作提前移至预制
厂，在柱身预埋带内螺纹套筒的螺栓，待预制梁安
装就位后，用全螺纹螺杆反拧进螺纹套筒内，将螺栓连接器和螺栓连接，如图 3.214 所示。因
此预制柱无需每层分节，可以根据吊装能力设计成多层一节，同时预制梁的纵筋也不需要伸出，
只需和梁端螺栓连接器在梁内搭接连接即可，可有效地提高构件生产、运输、安装的效率。

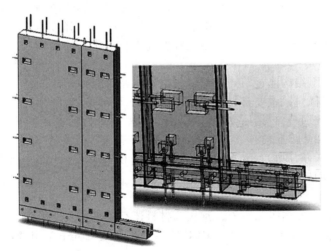

图 3.213 预制板、梁用螺栓连接

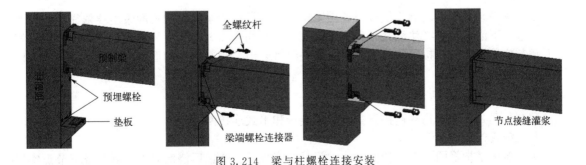

图 3.214 梁与柱螺栓连接安装

非抗震区域的螺栓连接节点设计方法，是根据节点受到的所有荷载工况，设计合理数量及
型号的螺栓连接布局，使接缝的承载力均大于节点计算内力，并有相应安全系数。

抗震区域的螺栓连接节点设计方法有两种，一种为强连接设计，另一种是耗能连接设计。强连接设计方法是根据构件自身的实配钢筋计算相应的承载力，在此承载力的基础上进行一定强节点系数的放大，而螺栓连接节点的设计承载力需大于上述放大后的承载力，最后节点采用高强度、无收缩灌浆料填实；耗能连接设计是根据需要的延性等级，节点采用抗震锚固螺栓及特殊的构造措施，使得节点延性及耗能能力满足要求，同时节点的承载力能力略大于构件自身的承载力，最后节点采用 UPHC 钢纤维灌浆料填实（见图 3.215）。

图 3.215 框架螺栓连接节点灌浆后

（9）灌浆技术

1）灌浆料

① 套筒灌浆料：以水泥为基本材料，配以细骨料（最大粒径不宜超过 2.36mm），以及混凝土外加剂和其他材料组成的干混料，加水搅拌形成，灌充在套筒和带肋钢筋之间的间隙内。灌浆料应具有良好的流动性、高强、早强、无收缩和微膨胀等基本特性，以使其能与套筒、被连接钢筋更有效地结合在一起共同工作，同时满足装配式结构快速施工的要求。

② 浆锚连接灌浆料：以水泥为基本材料，主要材料为高强度水泥、级配骨料和外加剂。由于浆锚孔壁抗压强度低于套筒，灌浆料的强度要求也低于套筒灌浆料。

2）座浆料

用于装配式混凝土结构连接节点、接缝封堵密封及分仓使用。

座浆料是水泥基材料，主要材料有高强度水泥、级配骨料和外加剂等。具有强度高、干缩小、和易性好（可塑性好，封堵后无坍落）、粘结性能好且方便使用的特点。预制连接部位坐浆材料的强度等级不应低于被连接构件混凝土强度等级，且应满足下列要求：砂浆坍落度（130～170mm），一天抗压强度值（30MPa）；预制楼梯与主体结构的找平层采用干硬性砂浆，其强度等级不低于 M15。

3）其他材料

接缝封堵及分仓除使用座浆料外，常用的材料还有：木方、充气管、橡塑海绵胶条（宽度 15～20mm、厚度 25～30mm）、木板、PVC 管（一般外径 20mm）和聚乙烯泡沫棒（一般外径 20mm）等。

4）灌浆连接作业方式

压力式灌浆依靠电动灌浆机或手动灌浆枪的压力进行灌浆；重力式灌浆主要依靠灌浆料的重力从上往下灌浆；倒插法灌浆是先把下面预制构件的套筒（或波纹管）灌满浆料，然后再把上面预制构件伸出的连接钢筋插入套筒（或波纹管）内，预制构件侧面不需要预留灌浆孔和出浆孔。

3.4.2.2 框架结构构件连接

预制装配式框架的构件连接方式有湿式连接和干式连接两类。

（1）湿式连接

湿式连接是指将两个承重构件之间钢筋互相连接后，通过后浇混凝土或灌浆浇筑节点实现结构的整体连接，以达到节点等同现浇。预制梁、柱或 T 形构件在结合部利用钢筋连接或锚固的同时，通过现浇混凝土连接成整体框架。

湿式连接传力途径：压力通过后浇混凝土、灌浆料或坐浆材料直接传递；拉力通过连接钢筋传递；剪力由结合面混凝土的粘结强度，键槽或者粗糙面、钢筋的摩擦抗剪作用、销栓抗剪作用承担；弯矩由连接钢筋抗拉及后浇混凝土、灌浆料或座浆材料提供抗压。

湿式连接设计思路：拉、压、弯承载力计算同混凝土构件，满足构造要求时无需计算；剪力按照结合面直剪单独进行计算，并确定键槽及抗剪钢筋数量。

(2) 干式连接

干式连接是指在施工现场无需浇筑混凝土，只有少量的座浆和注浆，全部预制构件、预埋件、连接件都在工厂预制，通过螺栓或焊接等方式实现连接。主要分为预应力连接和混合连接。预应力连接通过张拉预应力筋施加预应力，把预制梁和柱连接成整体；混合连接在预应力连接的基础上增加普通钢筋，利用其屈服来耗能，形成了预应力钢筋和普通钢筋混合配筋的连接。

装配式整体结构干式连接仅承受竖向力，不承受侧向力（如楼板、次梁、双 T 板、简支楼梯等）；地震作用下，抗侧力构件之间的连接必须是湿式连接（如预制柱、预制墙等竖向构件要进行湿式连接）。

装配整体式框架主要包括框架节点后浇、框架节点预制两大类（见图 3.216），前者的预制构件在梁柱节点处通过后浇混凝土连接，预制构件为一字形（见图 3.217），制作、运输、安装方便，但接缝位于关键受力部位，要求较高；而后者的连接节点位于框架柱、框架梁中部（见图 3.218），连接位于受力次要部位、节点整体性好，但预制框架构件制作、运输、现场安装难度较大。

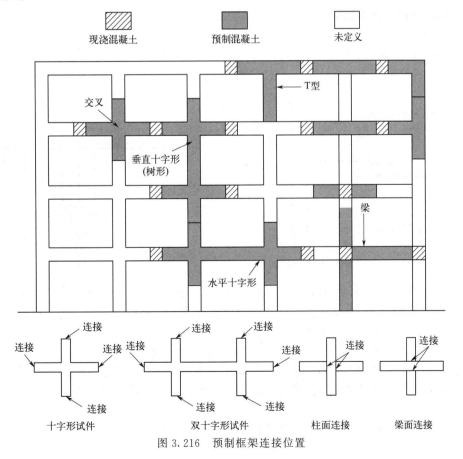

图 3.216　预制框架连接位置

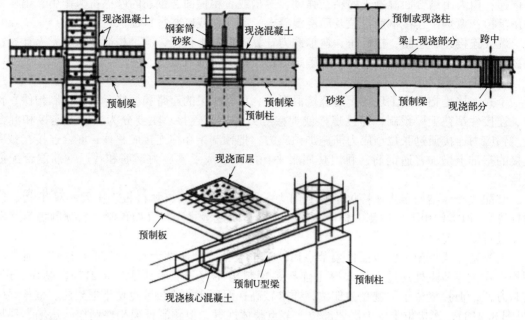

图 3.217　预制梁柱一字型连接

（1）梁的纵向和横向连接

1）叠合梁对接

① 梁端应设置键槽或粗糙面。连接处应设置后浇段（见图 3.219），后浇段的长度应满足钢筋连接作业的空间需求。

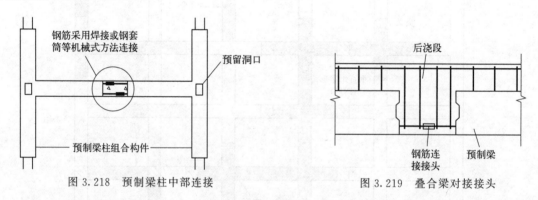

图 3.218　预制梁柱中部连接　　　　　图 3.219　叠合梁对接接头

② 梁下部纵向钢筋在后浇段内的连接（见图 3.220），宜采用机械连接、套筒灌浆连接、焊接连接，也可采用绑扎搭接连接。由于连接部件比较粗，造成在非连件范围钢筋保护层厚度较大，会比较难以控制混凝土裂缝。

当框架结构的梁底筋位置冲突时，可采取避让措施（见图 3.221）。水平方向底筋避让需上下弯锚避让，必要时太高伸出钢筋高度；水平方向多根梁交错无法避让时，可考虑直锚固，在梁端头加锚固板。纵筋必须与柱角部竖向钢筋进行避让；底筋伸出时需考虑预留间隙避让柱中钢筋。

③ 后浇段内的箍筋应加密，箍筋间距不应大于 $5d$（d 为纵向钢筋直径），且不应大于 100mm。

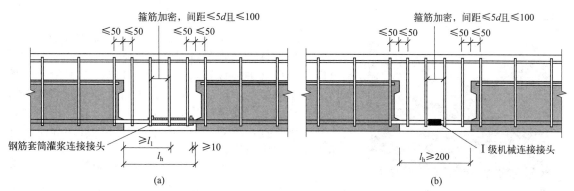

图 3.250 梁底纵筋套筒灌浆连接构造

（a）梁底纵筋套筒灌浆连接；（b）梁底纵筋机械连接或焊接

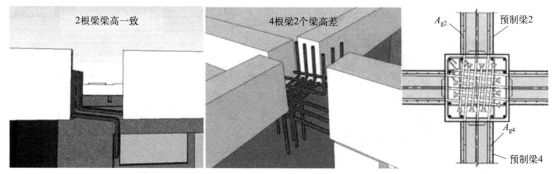

图 3.221 梁底钢筋冲突后的避让方法

2）次梁与主梁连接

装配式混凝土框架结构中多采用主、次梁来支撑楼板及承受楼板荷载，大量存在着预制主-次梁的连接。其连接节点可采用整浇式（刚接连接）、搁置式（铰接连接）连接形式，宜采用铰接连接。

① 铰接连接：次梁与主梁采用企口连接或钢企口连接形式，形成铰接连接（干式连接，见图 3.222）。对荷载较大、次梁腹板较薄的情况，主梁挑耳、次梁企口端的设计方法应慎重。边梁的抗扭也应仔细考虑。干式连接节点构造应符合计算简图要求，要按实际内力验算螺栓、

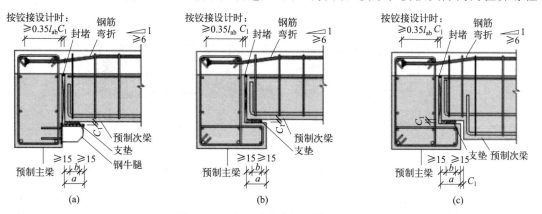

图 3.222 搁置式主次梁连接边节点

（a）主梁设钢牛腿；（b）主梁设挑耳；（c）主梁设挑耳，次梁为缺口梁

焊缝、钢板截面、牛腿或挑耳企口弯剪、销栓受剪、局部承压等承载力。

搁置式预制主-次梁连接往往不连接下部次梁钢筋，仅在次梁端部设置突出台阶（见图 3.223）或者"扁担"钢板（即钢企口（牛担板），见图 3.224），搁置于预制主梁预留的小型缺口上。该连接满足在预制次梁受剪承载力的情况下，形成了"铰接"节点，更加符合一般结构计算假定。当次梁不直接承受动力荷载且跨度不大于 9m 时，可采用钢企口（牛担板）连接。

② 刚接连接：对于叠合楼盖结构，次梁与主梁的连接可采用后浇混凝土节点（湿式连接，见图 3.225），即主梁上预留后浇段，混凝土断开而钢筋连通，以便穿过和锚固次梁钢筋；若主梁截面较高而次梁截面较小时，主梁预制混凝土可不断开而预留凹槽供次梁钢筋穿过。次梁上部受力纵向钢筋在现场绑扎到位后，与楼板上部钢筋一同被浇筑于后浇层内。

图 3.223　次梁突出台阶式搁置连接

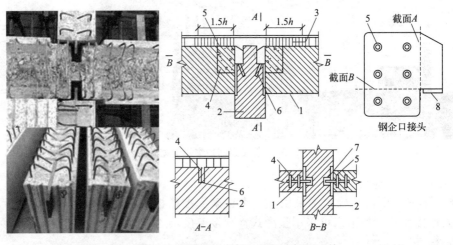

图 3.224　次梁预埋"扁担"钢板式搁置连接
1—预制次梁；2—预制主梁；3—次梁端部加密箍筋；
4—钢板（钢企口）；5—栓钉；6—预埋锚固件；7—灌浆料；8—主梁钢垫板预埋件

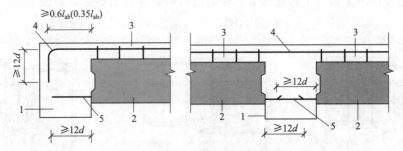

图 3.225　主次梁连接节点构造
1—主梁后浇段；2—次梁；3—后浇混凝土叠合层；4—次梁上部纵向钢筋；5—次梁下部纵向钢筋

a. 预制主梁中部预留现浇区段，底筋连续，预制次梁底筋伸出端面，伸入预制主梁空缺区段内，再后浇混凝土形成整体连接，如图 3.226 所示。由于预制主梁中部预留缺口，增加预制和吊装难度。

b. 设置预制主梁不留缺口的整浇主-次梁连接。该连接在主梁的连接位置处设置抗剪钢板，同时预留与次梁下部钢筋连接的短钢筋，预制次梁吊装到位后，下部伸出钢筋与主梁的预留短钢筋通过灌浆套筒进行连接，如图 3.227 所示。整浇式预制主-次梁连接将预制次梁下部纵向受力钢筋通过一定的方式与预制主梁下部进行了整体连接，形成类似"刚接"的形式，更加接近于现浇混凝土结构的做法，连接整体性较好，但增加了主梁面外受扭作用，且提高了建造成本。

图 3.226   主次梁整浇式连接   图 3.227   主次梁节点主梁无缺口的整浇式连接

（2）柱与柱的连接

装配整体式框架结构中，预制柱水平接缝处不宜出现全截面拉应力。这个要求可通过对荷载的传力路径、控制轴压比、调整截面尺寸和混凝土强度等设计措施的调整实现。

按预制柱纵向受力钢筋的连接、节点区钢筋的布置等需要，需减少钢筋根数，增大钢筋间距，因此采用较大直径钢筋、较大的柱截面。预制柱的纵向受力钢筋直径不宜小于 20 mm，矩形柱截面宽度或圆柱直径不宜小于 400mm，且不宜小于同方向框架梁宽的 1.5 倍。

装配整体式框架结构中，预制柱之间的连接往往关系到整体结构的抗震性能和结构抗倒塌能力。预制柱的纵向钢筋连接方式：当房屋高度不大于 12m 或层数不超过 3 层时，可采用套筒灌浆、浆锚搭接、焊接等连接方式；否则，宜采用套筒灌浆连接。

1）柱竖向套筒灌浆连接

套筒灌浆连接时，上层柱根部的套筒与下层柱顶伸出的钢筋完全对应。灌浆套筒预埋与上部预制柱的底部（见图 3.228），下部预制柱的预留钢筋伸出楼板现浇层之上，钢筋伸出长度应保证其在灌浆套筒内的锚固长度加上预制柱下拼缝的高度。现场安装时，通过"定位钢板"等装置固定下部伸出钢筋，使得下部伸出钢筋与上部预制柱的套筒位置一一对应。待楼层现浇混凝土浇筑、养护完毕后，吊装上部预制柱，下部钢筋伸入上部预制柱的灌浆套筒内，预制柱经过临时调整和固定后，进行套筒灌浆作业。

(a)   (b)   (c)

图 3.228   上下柱套筒灌浆连接
（a）上层套筒预埋于柱脚；（b）下柱锚固钢筋用定位钢板定位；（c）上柱就位后套筒连接灌浆完成

由于灌浆套筒直径大于相应规格的钢筋直径，为了保证混凝土保护层的厚度，预制柱的纵向钢筋相对于普通混凝土柱往往略向柱截面中间靠近，使得有效截面高度略小于同规格的普通混凝土柱。在预制柱计算和设计时，需要注意柱脚的灌浆套筒预埋区域形成了"刚域"，柱的塑性铰可能会上移到套筒连接区以上，该处实际截面承载力强于上部非"刚域"部位，在地震荷载下，容易导致"刚域"上部混凝土压碎破坏，故在灌浆套筒连接区域及以上500mm高度范围内加密柱箍筋（见图3.229），套筒上端的第一道箍筋设置在不高于套筒顶部50mm的范围内，提高此处混凝土的横向约束能力，加强结构性能。

采用预制柱及叠合梁的装配整体式框架中，柱底接缝宜设置在楼面标高处（见图3.230），并应在后浇节点区混凝土上表面设置粗糙面；柱纵向受力钢筋应贯穿后浇节点区；柱底接缝厚度宜为20mm，并应采用灌浆料填实（柱底接缝灌浆与套筒灌浆可以采用同样的灌浆料，同时进行一次完成）。

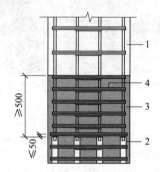

图 3.229　钢筋采用套筒灌浆连接时柱箍筋加密区
1—预制柱；2—连接接头；
3—箍筋加密区；4—加密区箍筋

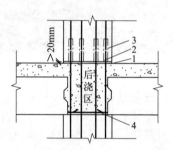

图 3.230　预制柱底与叠合梁接缝构造
1—后浇节点区混凝土上表面粗糙面；2—接缝灌浆层；
3—柱纵筋连接；4—梁钢筋锚固

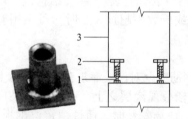

图 3.231　柱底标高调节预埋件
1—六角螺栓；2—预埋件；3—预制柱

底部接缝的作用是调节墙体标高、使套筒连通实现一次性注浆。调节标高方法，可以在构件底部设置调节标高预埋件与六角螺栓，配合使用调节标高（见图3.231），还可以采用调节标高专用垫块。

2）柱竖向浆锚搭接连接

上层柱根部的波纹管或浆锚孔与下层柱顶端伸出的钢筋完全对应。通过波纹管或浆锚孔灌浆实现钢筋的连接（见图3.232）。

3）预制柱中间节点连接

框架结构预制柱中间节点连接，可采用后浇混凝土方式。

在满足施工要求的前提下，柱底接缝宜尽量设置在靠近楼面标高以下20mm处（见图3.233）；节点区可采用混凝土断开但纵向受力钢筋贯通的形式，节点区应增设交叉钢筋并应在上下预制柱混凝土内可靠锚固；交叉钢筋每侧应设置一片，其强度等级不宜小于HRB400，直径应按运输、施工阶段的承载力及变形要求计算确定，且不应小于16mm；连接处预制柱底、柱顶均应设置键槽或粗糙面。

（3）梁柱连接

预制梁—柱连接的形式多种多样，有整浇式连接、牛腿连接等，是决定施工可行性以及节点受力性能的关键。目前我国普遍采用的整浇式连接主要是节点区现浇的"湿"连接形式，优点是梁柱构件外形简单，制作和吊装方便，节点整体性好。根据预制梁底部钢筋连接方式不同，分为预制梁底筋锚固连接、附加钢筋搭接连接。梁、柱构件受力钢筋应尽量采用较粗直径、较大间距，以减少节点区的主筋，有利于节点的装配施工、保证施工质量。

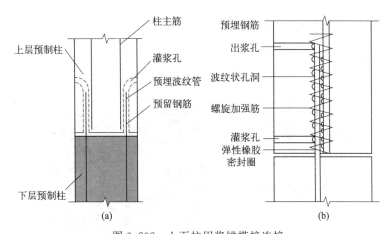

图 3.232　上下柱用浆锚搭接连接

（a）波纹管灌浆连接；（b）螺旋筋浆锚孔灌浆连接

1）柱与梁垂直连接

① 柱在侧面与梁连接点的位置伸出钢筋，柱与梁采用后浇混凝土连接（见图 3.234）。钢筋连接一般采用机械套筒、注浆套筒。

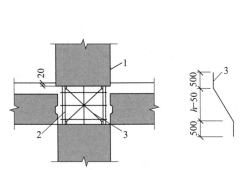

图 3.233　柱中间节点连接交叉钢筋

1—预制柱；2—柱纵向受力钢筋；3—交叉钢筋

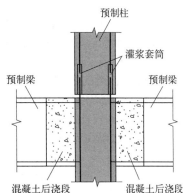

图 3.234　预制柱侧预留筋与预制梁连接

② 柱梁一体化预制构件的梁的部分（见图 3.235），与预制梁采用后浇混凝土连接。

③ 采用莲藕梁时，柱与梁采用灌浆连接（见图 3.236）。

图 3.235　预制柱预埋钢筋与梁连接

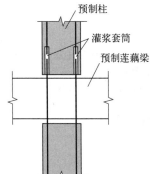

图 3.236　预制柱与莲藕梁连接

④ 柱与梁在柱的支座部位连接，梁的钢筋伸入柱的支座里，柱与梁采用后浇混凝土连接（见图 3.237）。

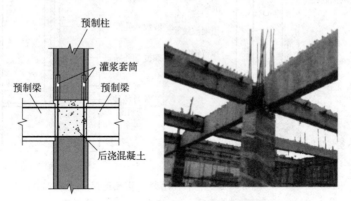

图 3.237　预制柱梁节点区现浇连接

预制梁-柱连接节点，对结构性能如承载能力、结构刚度、抗震性能等往往起到决定性的作用，同时影响着预制混凝土框架结构的施工可行性和建造方式，连接节点的形式决定了装配式混凝土框架的结构形式。

2）梁钢筋在节点中的锚固及连接方式

梁纵向受力钢筋应伸入后浇节点区内锚固或连接，框架中间层中节点两侧的梁下部纵向受力钢筋宜锚固在后浇节点区内［见图 3.238(a)］，也可采用机械连接或焊接的方式直接连接［见图 3.238(b)］；梁的上部纵向受力钢筋应贯穿后浇节点区。框架中间层端节点，当柱截面尺寸不满足梁纵向受力钢筋的直线锚固要求时，宜采用锚固板锚固（见图 3.239），也可采用90°弯折锚固。其他节点处理思路类似，此处不再赘述。柱纵向受力钢筋宜采用直线锚固；当梁截面尺寸不满足直线锚固要求时，宜采用锚固板锚固。

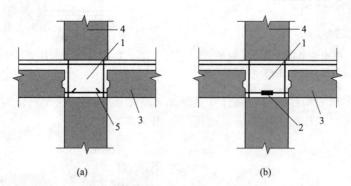

(a)　　　　　　　　　　　　(b)

图 3.238　预制柱及叠合梁框架中间层中节点梁钢筋
(a) 梁下部纵向受力钢筋锚固；(b) 梁下部纵向受力钢筋连接
1—后浇区；2—梁下部纵向受力钢筋连接；3—预制梁；4—预制柱；5—梁下部纵向受力钢筋锚固

常见的锚固及连接方式见表 3.22。

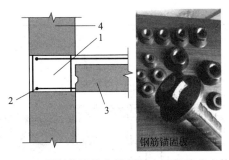

图 3.239　预制柱及叠合梁框架中间层端节点构造
1—后浇区；2—梁纵向受力钢筋锚固；3—预制梁；4—预制柱

表 3.22　梁钢筋在节点中的锚固及连接方式

序号	传力方式	连接形式	例图
1	直接 传力连接	预制梁底筋 锚固连接	
2		附加钢筋 搭接连接	(a) 键槽内搭接连接　　(b) 无键槽搭接连接
3		锚固与搭接 混合连接	

序号	传力方式	连接形式	例图
4	直接 传力连接	钢筋 贯通连接	 (a) 钢筋通长设置　　(b) 超长筋贯穿柱设置
5		有粘结预 应力筋压 接连接	
6		有粘结预 应力压接 与普通钢 筋搭接混 合连接	
7	间接 传力连接	牛腿连接	 (a) 梁端焊接形式　　(b) 螺栓抗弯连接形式

序号	传力方式	连接形式	例图
8	间接传力连接	预埋钢构件连接	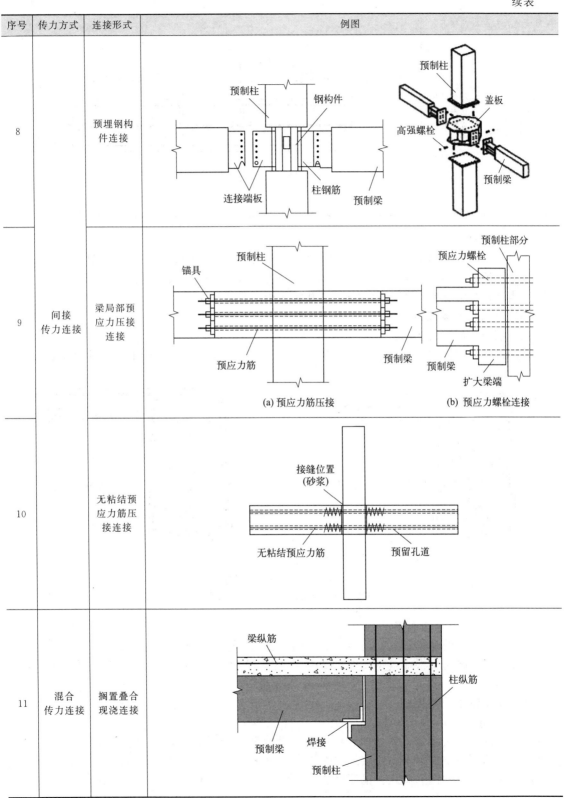
9		梁局部预应力压接连接	(a) 预应力筋压接　　　(b) 预应力螺栓连接
10		无粘结预应力筋压接连接	
11	混合传力连接	搁置叠合现浇连接	

续表

序号	传力方式	连接形式	例图
12	混合传力连接	无粘结预应力压接与普通钢筋受力混合连接	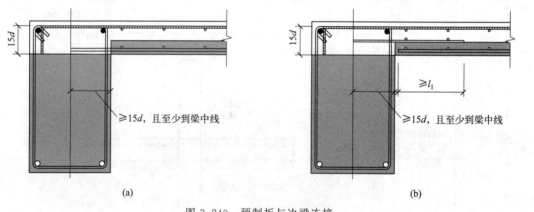

（4）预制柱柱底

预制柱底水平接缝宜设置在楼面标高处，避免柱的水平接缝处出现拉力。要求梁柱节点核心区为后浇段，节点区混凝土上表面（与柱底连接的面）应设置粗糙面；柱纵向受力钢筋贯穿后浇节点区；柱底接缝厚度宜为 20mm，并应采用灌浆料填实。

（5）预制板与梁连接

1）预制板与边梁的连接

预制板内的纵向受力钢筋，宜从板端伸出并锚入支承梁的后浇混凝土中（见图 3.240）。

图 3.240 预制板与边梁连接
（a）预制板留外伸板底筋；（b）预制板无外伸板底筋

2）预制板与中梁的连接

底部伸入中梁的受力钢筋、连接钢筋，构造要求与边梁一样（见图 3.241）。

无外伸钢筋叠合板板端（见图 3.242），一般情况下满足斜截面受剪承载力要求即可满足直剪承载力要求。

（6）预制板之间连接

1）单向预制板

板侧的分离式接缝处，紧邻预制板顶面宜设置垂直于板缝的附加钢筋（见图 3.243）。附加钢筋伸入两侧后浇混凝土叠合层的锚固长度不应小于 15 倍的附加钢筋直径，截面面积不宜小于预制板中该方向钢筋面积，钢筋直径不宜小于 6mm，间距不宜大于 250mm。

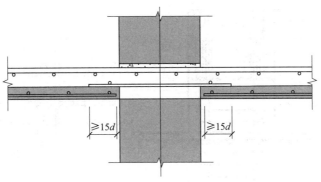

图 3.241 预制板与中梁连接

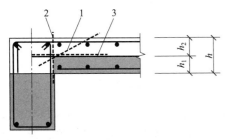

图 3.242 无外伸钢筋的叠合板板端三种裂缝
1—斜截面裂缝；2—直剪裂缝；3—叠合面裂缝

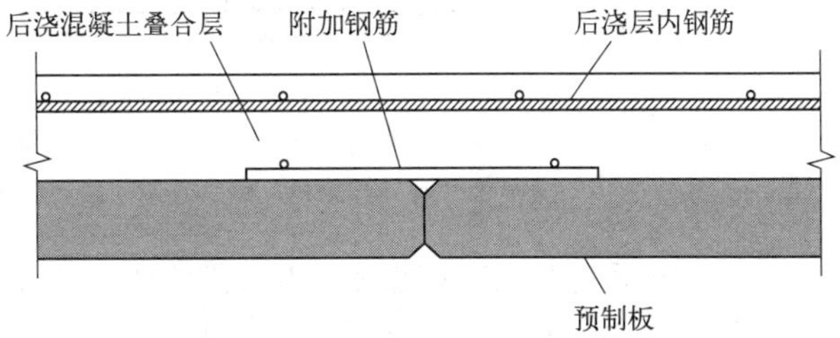

图 3.243 单向叠合板分离式接缝

2）双向预制板

板侧的整体式接缝，宜设置在叠合板的次要受力方向上且宜避开最大弯矩截面，可设置在距离支座 0.2～0.3L 尺寸的位置（L 为双向板次要受力方向净跨度）。接缝可采用后浇带形式（见图 3.244）。

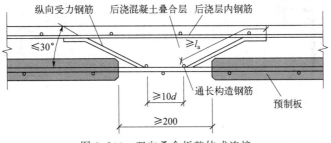

图 3.244 双向叠合板整体式连接

（7）底层柱与基础连接

预制柱与现浇基础的连接，底层预制柱与基础连采用套筒灌浆连接（见图 3.245）。

① 连接位置宜伸出基础顶面 1 倍柱截面高度。

② 基础内的框架柱插筋下端宜做成直钩，并伸至基础底部钢筋网上，同时应满足锚固长度的要求，宜设置主筋定位架辅助主筋定位。

③ 预制柱底应设置键槽，基础伸出部分的顶面应设置粗糙面且凹凸深度不应小于 6mm；柱底接缝厚度为 15mm，并应采用灌浆料填实。

（8）外挂墙板连接

外挂墙板与主体的连接方式通常是机械连接，采用柔性连接构造（见图 3.246）。水平支

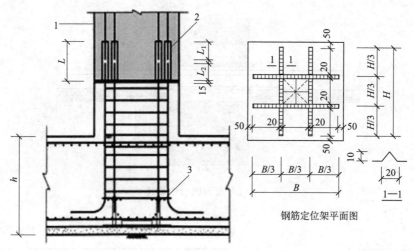

图 3.245　预制柱与现浇基础连接

1—预制柱；2—灌浆套筒；3—主筋定位架；h—基础高度；

L—钢筋套筒连接器全长；L_1—预制固定端钢筋长度；L_2—现场插入端钢筋长度

座固定节点与活动节点在墙板上伸出预埋螺栓，楼板底面预埋螺母，用连接件将墙板与楼板连接；重力支座固定节点与活动节点在墙板上伸出预埋 L 形钢板，楼板伸出预埋螺栓，通过螺栓形成连接。利用连接件的孔眼活动空间大小就可以形成固定节点和滑动节点。

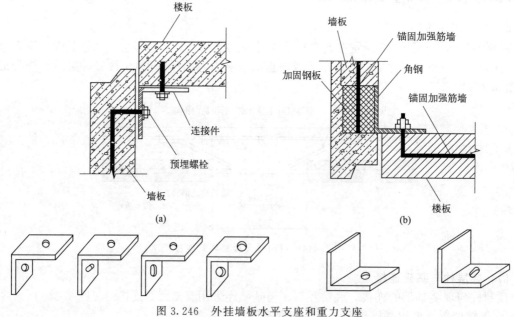

图 3.246　外挂墙板水平支座和重力支座

（a）水平支座；（b）重力支座

框架结构在地震荷载作用下，会发生相应的变形，外挂墙板作为装配式混凝土框架结构的围护结构，一般不作为结构性构件考虑，以减少外挂墙板对主结构受力和变形的影响。从外挂墙板适应主结构在侧向荷载作用下变形的类型不同，可分为转动式、平动式和固定式。根据连接形式不同，又可分为点挂式、线挂式和点线结合式。

1) 点挂式连接

预制外挂墙板在合适位置处设置金属制预埋件，仅依靠预埋金属件通过螺栓或者焊接于主结构相连，呈"点式"连接，如图 3.247 所示。这种连接方式允许外挂墙板在主结构建造完成后进行安装施工，属于"后挂法"，不影响主结构的施工进度，安装较为灵活，但预埋金属件往往突出楼板，影响了建筑使用。

图 3.247　外挂墙板的点挂式连接

① 连接点数量和位置应根据外挂墙板形状尺寸确定，连接点不应少于四个，承重连接点不应多于两个。

② 在外力作用下，外挂墙板相对主体结构在墙板平面内应能水平滑动或转动。

③ 连接件的滑动孔尺寸，应根据穿孔螺栓直径、变形能力需求和施工容许偏差等因素确定。

2) 线挂式连接

外挂墙板往往在上部预留伸出钢筋，如图 3.248 所示。现场安装时，预留钢筋深入楼板或者框架梁的后浇区域，通过预留钢筋和后浇混凝土实现外挂墙板与主结构的"湿连接"，连接性能可靠、整体性较好，但需要与主结构楼层同时安装，施工步骤较为固定。

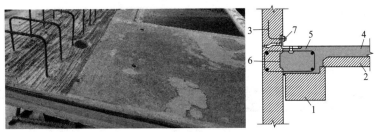

图 3.248　外挂墙板的线挂式连接

1—预制梁；2—预制板；3—预制外挂板；4—后浇混凝土；5—连接钢筋；6—剪力键槽；7—面外限位连接件

① 外挂墙板顶部与梁连接，且固定连接区段应避开两端 1.5 倍梁高长度范围。

② 外挂墙板与梁的结合面，应采用粗糙面并设置键槽；接缝处应设置连接钢筋。连接钢筋数量应经过计算确定，且钢筋直径不宜小于 10mm，间距不宜大于 200mm；连接钢筋在外挂墙板和楼面梁后浇混凝土中的锚固应符合《混凝土结构设计规范（2015 年版）》(GB 50010—2010) 有关规定。

③ 外挂墙板的底端，应设置不少于两个仅对墙板有平面外约束的连接节点。

④ 外挂墙板的侧边，不应与主体结构连接。

3) 点线结合的连接方式

点挂式和线挂式相结合，如图 3.249 所示。采用该种形式连接的外挂墙板分布式地预留分布钢筋，同时保留预埋金属件；现场安装时，主结构相对应位置处预留局部后浇区，墙板首先通过预埋金属件进行固定，预留钢筋伸入局部后浇区，再对该区域浇筑混凝土，完成整体连接；该连接具有点挂式连接的"后安装"特点，同时局部"湿连接"保证了较好的整体性，但墙板安装步骤略烦琐。

图 3.249　外挂墙板的点线结合式连接

（9）填充墙与结构连接

填充墙板自重轻、对结构整体刚度影响小。与主体结构连接较简单，主要做法是在墙与主结构之间的缝隙中填充砂浆，并间隔布置接缝钢筋（见图 3.250）或小型齿块等抗剪构件，以保证两者的连接具有一定的强度。

填充墙通常在楼层主体结构施工完成后进行安装。也可采用"先填充墙后框架梁"工法（见图 3.251），就是首先吊装填充墙板，然后吊装预制梁，梁底预制成"凹"槽，将填充墙板"夹"入预制梁底部。

图 3.250　填充墙的接缝钢筋　　　图 3.251　"先填充墙后框架梁"连接工法

（10）阳台板连接

叠合阳台板主要通过预制板的预留钢筋和叠合层的钢筋搭接或焊接（见图 3.252），与主体结构连接为整体。

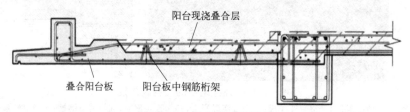

图 3.252　叠合阳台板连接

3.4.2.3　阳台板和空调板

悬挑式阳台板、空调板，宜采用叠合构件或预制构件。其预制构件应与主体结构可靠连接；叠合构件的负弯矩钢筋应在相邻叠合板的后浇混凝土中可靠锚固。

（1）阳台板

按构件型式分类包括叠合板式阳台（见图 3.253）、全预制板（梁）式阳台（见图 3.254）。

(a)　　　　　　　　　(b)

图 3.253　叠合板式整体预制阳台板

(a) 不带叠合层的整体预制阳台板；(b) 带叠合层的整体预制阳台板

预制阳台与主体结构连接时，叠合板的钢筋桁架顺阳台长度方向布置，全预制板式阳台的板顶受力筋应深入主体结构足够的锚固长度（见图 3.255）。

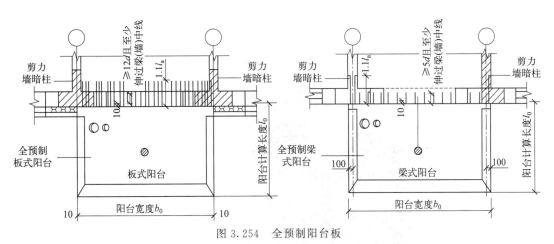

图 3.254　全预制阳台板

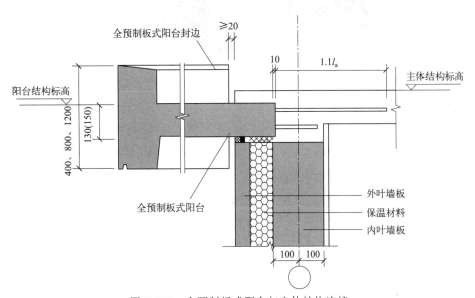

图 3.255　全预制板式阳台与主体结构连接

(2) 空调板

预制空调板只配有上层钢筋，预留负弯矩筋伸入主体结构后浇层，并与主体结构梁板钢筋可靠绑扎，浇筑成整体，负弯矩筋伸入主体结构水平段长度不应小于 $1.1l_a$（见图 3.256）。

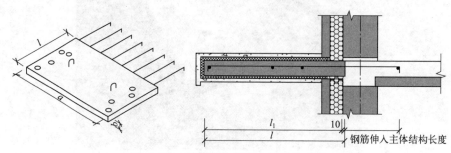

图 3.256 预制阳台板与主体结构连接

(3) 飘窗

预制飘窗预留面筋及底部钢筋，伸入预制叠合楼板及预制梁后，完成后浇层与主体结构浇筑成整体（见图 3.257）。

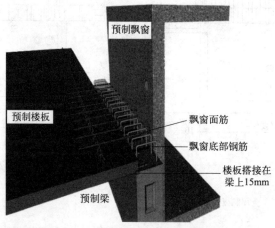

图 3.257 预制飘窗与主体结构连接

3.4.3 预埋件

3.4.3.1 预埋件类型

(1) 预留预埋方案

装配式混凝土建筑原则上不允许砸墙凿洞，不宜用后锚固方式埋设埋件，所以预埋件被大量使用。因此在构件深化设计时，需要确定的预留预埋方案有：

① 构件自身设计中需要构件从生产、脱模、厂内倒运、装车、运输、卸车、起吊安装、调整就位、临时固定全过程分析，确定所需的吊装性预留预埋方案。

② 构件连接设计中根据每类预制构件与现浇部分的连接方式，确定为满足连接所需的连接性预留预埋方案。

③ 根据设计方案，确定每类构件为满足功能集成所需的构件功能性预留预埋方案。

装配式建筑电气预留预埋，主要表现形式为线管和各种电气元器件的底盒的预埋和线管对接节点的预埋、少数对穿洞的预留；装配式建筑给排水预留预埋，主要表现形式为楼板墙板预留对穿孔、墙板留墙槽；装配式建筑暖通预留预埋，主要表现形式为风口、风管、空调管等预留对穿孔。

　　户内箱进出线管数量较多，水管管径较大，不便于施工现场预埋。预制墙体时通过生产模具精确地将户内箱、开关底盒及线管预埋在预制墙板内；通过生产模具精确地在水管位置开槽（见图 3.258）。这样可减少误差、便于安装，可减少现场的二次开槽开洞（节省人力，减小现场建渣）。

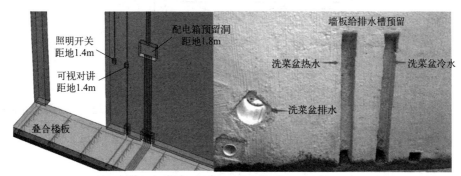

图 3.258　水电线管预留预埋

　　例如预制楼梯（见图 3.259），构件自身设计选用 M2（4 个）、吊环 3（2 个）；构件连接设计用到 MT（2 个）；构件功能设计采用了 φ30 孔（4 个）、防滑槽。

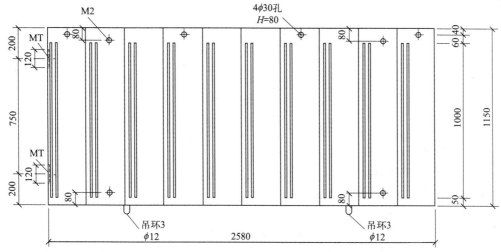

图 3.259　预制楼梯预埋预留设计

（2）预埋件分类

　　装配式建筑用预埋件，分为使用阶段用的预埋件、制作施工阶段用的预埋件（见图 3.260）。前者包括构件安装预埋件、装饰装修和机电安装等需要的预埋件，有耐久性要求，应与建筑物同寿命；后者包括脱模、翻转、吊装、支撑等预埋件，没有耐久性要求。

　　通用预埋件是专业厂家制作的标准或定型产品，包括内埋式螺母、内埋式吊钉等。

　　专用预埋件是根据设计要求制作加工的预埋件，根据加工制作、使用需要进行结构计算并绘制预埋件详图。

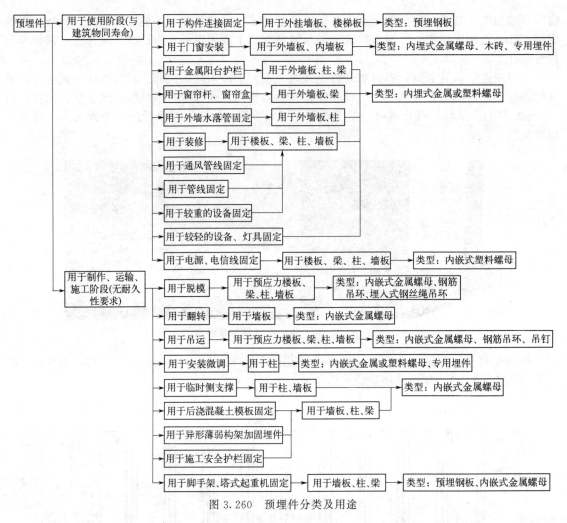

图 3.260 预埋件分类及用途

用于固定连接件的预埋件与预埋吊件、临时支撑用预埋件不宜兼用；当兼用时，应同时满足各种设计工况要求。

3.4.3.2 预埋件设计

(1) 预埋件的材质、尺寸、布置

1) 锚板

① 受力预埋件的锚板，宜采用 Q235、Q345 级钢。

② 锚板厚度应根据受力情况计算确定，且不宜小于锚筋直径的 60%；受拉和受弯预埋件的锚板厚度还宜大于 $b/8$（b 为锚筋的间距）。

2) 锚筋

① 受力预埋件的锚筋，应采用 HRB400 或 HPB300 钢筋，不应采用冷加工钢筋。

② 预埋件锚筋中心至锚板边缘的距离，不应小于 $2d$ 和 20mm。

③ 预埋件的受力直锚筋直径不宜小于 8mm，且不宜大于 25mm。

④ 受力直锚筋数量不宜少于 4 根，且不宜多于 4 排；受剪预埋件的直铺筋可采用 2 根。

⑤ 锚板和直锚筋组成的预埋件，锚筋间距要求（见图 3.261）：对受拉和受弯预埋件，其锚筋的间距 b、b_1 和锚筋至构件边缘的距离 c、c_1 均不应小于 $3d$ 和 45mm；受剪预埋件，其

锚筋的间距 b、b_1 不应大于 300mm，且 b_1 不应小于 $6d$ 和 70mm，锚筋至构件边缘的距离 c_1 不应小于 $6d$ 和 70mm，b、c 均不应小于于 $3d$ 和 45mm。

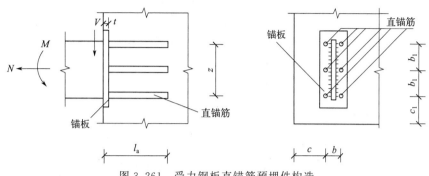

图 3.261 受力钢板直锚筋预埋件构造

⑥ 受拉直锚筋和弯折描筋的锚固长度，应满足《混凝土结构设计规范（2015 年版）》（GB 50010—2010）中受拉钢筋锚固长度的要求；当锚筋采用 HPB300 级钢筋时末端还应有弯钩；当无法满足要求时，应采取其他有效的锚固措施。受剪和受压直锚筋的锚固长度，不应小于 $15d$（d 为锚筋直径）。

3）预埋件的位置

应使锚筋位于构件的外层主筋的内侧。预埋件设计位置与钢筋"打架"、距离过近，影响混凝土浇筑和振捣时，需要对设计位置进行调整，移动预埋件位置、调整钢筋间距。

预制构件中外露预埋件，凹入构件表面（见图 3.262）的深度不宜小于 10mm，以便进行后续封闭处理。

（2）计算

对预埋件外露部分进行承载力计算复核，如外露钢板、螺栓、吊环抗拉、抗压、抗剪强度复核和变形复核。施工用预埋件的性能指标应符合相关产品标准，且应满足预制构件吊装和临时支撑等需要。

预制构件中预埋件的验算，应符合《混凝土结构设计规范（2015 年版）》（GB 50010—2010）、《钢结构设计标准》（GB 50017—2017）和《混凝土结构工程施工规范》（GB 50666—2011）等有关规定。

图 3.262 预制楼梯外露
预埋件凹入踏步表面

1）预埋件上的作用

不同的预埋件、不同工况下，预埋件承受的荷载不同。

预埋件的作用组合，对于支撑用埋件包括自重、风荷载、水平地震作用（垂直于板面），对于吊装、翻转、脱模用埋件包括自重（标准值考虑动力系数，脱模时还应考虑吸附力），且脱模用埋件还要包括模板吸附力。具体组合应按《建筑结构荷载规范》（GB 50009—2012）要求。

2）锚筋面积计算

受力预埋件由锚板和对称配置的直锚筋所组成时，锚筋的总截面面积 A_s 应满足：

① 当剪力、法向拉力和弯矩共同作用时，应计算并取其中的较大值：

$$A_s \geq \frac{V}{\alpha_r \alpha_v f_y} + \frac{N}{0.8\alpha_b f_y} + \frac{M}{1.3\alpha_r \alpha_b f_y z}$$

$$A_s \geq \frac{N}{0.8\alpha_b f_y} + \frac{M}{0.4\alpha_r \alpha_b f_y z}$$

(3.23)

② 当剪力、法向压力和弯矩共同作用时，应计算并取其中的较大值：

$$A_s \geq \frac{V-0.3N}{\alpha_r \alpha_v f_y} + \frac{M-0.4zN}{1.3\alpha_r \alpha_b f_y Z}$$

$$A_s \geq \frac{M-0.4zN}{0.4\alpha_r \alpha_b f_y z}，当 M 小于 0.4N 时，分子值取 0.4N$$

(3.24)

式中，f_y 为铺筋的抗拉强度设计值，按《混凝土结构设计规范（2015 年版）》（GB 50010—2010）采用，但不应大于 $300N/mm^2$；V 为剪力设计值；N 为法向拉力或法向压力设计值，法向压力设计值不应大于 $0.5f_c A$（A 为锚板的面积）；M 为弯矩设计值；α_r 为锚筋层数的影响系数；当锚筋按等间距布置时两层取 1.0、三层取 0.9、四层取 0.85；α_v 为锚筋的受剪承载力系数 $\alpha_v = (0.4-0.08d)\sqrt{\dfrac{f_c}{f_y}}$，大于 0.7 时取 0.7；$d$ 为锚筋直径；α_b 为锚板的弯曲变形折减系数 $\alpha_b = 0.6 + 0.25 \times \dfrac{t}{d}$，当采取防止锚板弯曲变形的措施时，可取 1.0；$t$ 为锚板厚度；z 为沿剪力作用方向最外层锚筋中心线之间的距离。

（3）锚固

1）预埋件锚固形式

有锚板锚固、钢筋弯折锚固、钢板焊接锚固、机械焊接锚固及穿筋锚固等几种方式（见图 3.263）。对安装节点预埋件的锚固长度，应进行设计。

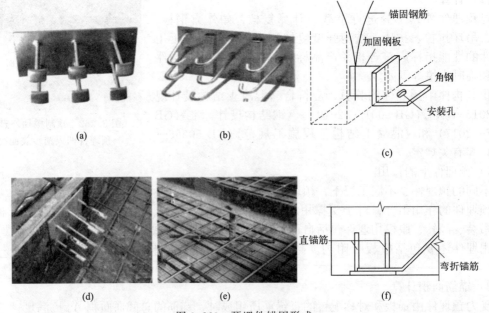

(a)　　　　　　(b)　　　　　　(c)

(d)　　　　　　(e)　　　　　　(f)

图 3.263　预埋件锚固形式

（a）锚板锚固；（b）钢筋弯折锚固；（c）钢板焊接锚固；（d）机械焊接锚固；（e）穿筋锚固；（f）钢筋弯折锚固

2) 锚固部位加强

① 预埋件的破坏。预埋件破坏形态有两类（见图 3.264）：一类是预埋件受力破坏，有预埋件本身受力破坏和周围混凝土受力破坏；另一类是温度破坏，即预埋件周围混凝土由于温度剧烈变化产生裂缝。

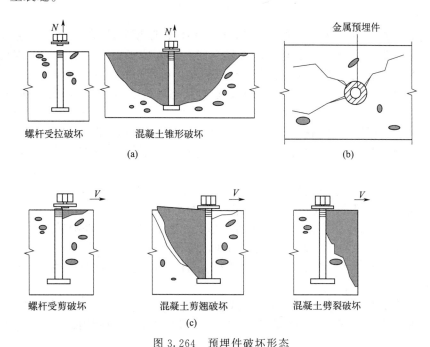

图 3.264　预埋件破坏形态
（a）预埋件受拉破坏；（b）预埋件温度破坏；（c）预埋件受剪破坏

② 预埋区加强。可在预埋螺母或螺栓附近增设钢筋，或在预埋件附近增加钢筋（钢丝）网或玻纤网，加强预埋件区域混凝土，防止混凝土的锥形或劈裂等破坏，防止裂缝。

加强钢筋或金属网片要穿过混凝土的可能发生破坏的轨迹（见图 3.265）。加强钢筋可以横向或竖向布置通过破坏轨迹；对于温度裂缝可以在开裂区域满铺金属网片。

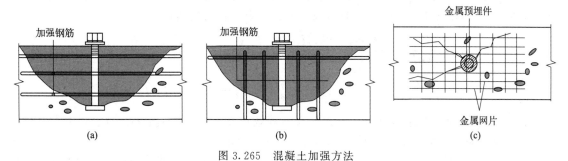

图 3.265　混凝土加强方法
（a）横向加强钢筋；（b）纵向加强钢筋；（c）加强钢筋网片

（4）吊点设计

预制构件脱模、翻转、吊运和安装工作状态下，吊点设置要求有所不同。吊点位置设计总的原则是受力合理、重心平衡、与钢筋和其他预埋件互不干扰、制作与安装便利。构件脱模、起吊和翻转的吊点必须由结构设计师设计计算确定，并给出详细的位置设计图样。

1）脱模吊点

在确定构件截面的前提下，需通过脱模验算对脱模吊点进行设计，否则可能会使构件产生起吊开裂、分层等现象。起吊脱模验算时，一般将构件自重加上脱模吸附力作为等效静力荷载进行计算。

2）翻转吊点

① "平躺着"制作的墙板、楼梯板和空调板等构件，脱模后或需要翻转 90°立起来，或需要翻转 180°将表面朝上。流水线上有自动翻转台时，不需要设置翻转吊点；在固定模台或流水线没有翻转平台时，需设置翻转吊点，并验算翻转工作状态的承载力。

② 柱子大都是"平躺着"制作的，存放、运输状态也是平躺着的，吊装时则需要翻转 90°立起来，须验算翻转工作状态的承载力。

③ 无自动翻转台时，构件翻转作业方式有两种：捆绑软带式和预埋吊点式。捆绑软带式在设计中须确定软带捆绑位置，据此进行承载力验算。预埋吊点式需要设计吊点位置与构造，进行承载力验算。

④ 板式构件的翻转吊点一般为预埋螺母，设置在构件边侧。只翻转 90°立起来的构件，可以与安装吊点兼用；需要翻转 180°的构件，需要在两个边侧设置吊点。

⑤ 构件翻转有翻转台翻转和吊钩翻转两种形式，生产线设置自动翻转台时，翻转作业由机械完成。吊钩翻转包括单吊钩翻转和双吊钩翻转两种形式。

单吊钩翻转是在构件的一端挂钩，将"躺着"的构件拉起，要注意触地的一端应铺设软隔垫，避免构件边角损坏。

双吊钩翻转是采用两台起重设备翻转，或者在一台起重机上采用主副两吊钩来翻转。翻转过程中要安排起重指挥，两个吊钩升降应协同，注意绳索与构件之间用软质材料隔垫，防止棱角损坏。

为保证大型墙板类构件翻转吊装的顺利完成，开洞墙板空中翻转吊装验算的简化计算模型如图 3.266 所示。其中 B 和 H 分别是墙板的宽度和高度，$l_1 \sim l_6$ 为表征开洞位置和大小的长度参数，t 为板件厚度（当 $l_1=l_2=l_5=0$ 时，模型退化为无开洞墙板）。虽然实际板件有 3 排吊点，但翻转吊装中无法保证平面内所有的吊点都处于受力状态，所以仅考虑最危险的状态，即只有顶部吊点和底部吊点共 4 个吊点受力的状态（此时吊点之间跨度最大）。

对于实际的开洞预制墙板，其最不利截面一般为墙板肋部（洞口两侧）的横向截面（平行于墙板水平边），如图 3.267 所示。截面最大吊装弯矩 M_D 的表达式：

$$M_D = \frac{F_A^2}{4Gtl_5} - \frac{l_1 l_6 F_A}{2l_5} + \frac{Gtl_1^2 l_6}{2}\left(1 + \frac{l_6}{2l_5}\right)$$

$$F_A = \frac{Gt}{l_1 + l_2}[(2l_5 + l_6) + (l_1^2 - l_4^2 + 2l_1 l_2 - 2l_3 l_4) + l_5(l_2^2 - l_3^2)]$$

(3.25)

式中，F_A 为板顶部截面剪力；G 为混凝土等效重度，$G = \gamma_1 G_k$；G_k 为混凝土重度标准值；γ_1 为动力系数，取 1.2；t 为板件厚度；$l_1 \sim l_6$ 如图 3.266 所示。

预制构件施工期间受拉区混凝土不宜出现裂缝。由于抗裂起主要控制作用，因而无须进行强度验算。根据规范，开裂截面受拉应力应满足

$$\sigma = \frac{M_D y}{I} <$$

(3.26)

式中，σ 为截面最大拉应力；I 为截面惯性矩，对于最不利截面 $I = \frac{2l_4 \cdot t^3}{12}$；$y$ 为截面边

缘至截面主轴的距离，取 $t/2$；f_{tk} 为混凝土抗拉强度标准值。

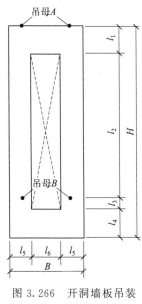

图 3.266　开洞墙板吊装
简化计算模型

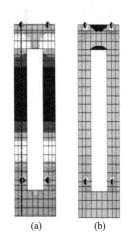

图 3.267　开洞墙板最大应力
（板面与地面夹角 0°时）云图
（a）纵向；（b）横向

3）吊运吊点

吊运工作状态是指构件在车间、堆场和运输过程中由起重机吊起移动的状态。一般而言，并不需要单独设置吊运吊点，可以与脱模吊点或翻转吊点或安装吊点共用，但构件吊运状态的荷载（动力系数）与脱模、翻转和安装工作状态不一样，所以需要进行分析。

① 楼板、梁、阳台板的吊运节点与设置在板边的预埋螺母安装节点共用；叠合楼板的吊点处如果图样有加强筋设计，制作时要把加强筋加上，并在吊点位置喷漆标识；如果吊点处没有加强筋设计，叠合楼板的生产阶段也应该把吊点位置喷漆标识出来。

② 柱子的吊运节点与脱模节点共用。

③ 墙板、楼梯板的吊运节点或与脱模节点共用，或与翻转节点共用，或与安装节点共用。在进行脱模、翻转和安装节点的荷载分析时，应判断这些节点是否兼做吊运节点。

4）安装吊点

安装吊点是构件安装时用的吊点，构件的空间状态与使用时一致。

① 带桁架筋叠合楼板的安装吊点借用桁架筋的架立筋（脱模吊点和吊运吊点也同样），多点布置。

② 无桁架筋的叠合板、预应力叠合板、阳台板、空调板、梁、叠合梁等构件的安装吊点为专门埋置的吊点，与脱模吊点和吊运吊点共用。楼板、阳台板为预埋螺母；小型板式构件如空调板、遮阳板也可以埋设尼龙绳；梁、叠合梁可以埋设预埋螺母、较重的构件埋设钢筋吊环、钢丝绳吊环等。

③ 柱子、墙板、楼梯板的安装节点为专门设置的安装节点。柱子、楼梯板一般为预埋螺母；墙板有预埋螺母、预埋吊钉和钢丝绳吊环等。

5）柱子吊点

① 安装吊点和翻转吊点。柱子安装吊点和翻转吊点共用，设在柱子顶部。断面大的柱子

一般设置 4 个吊点，也可设置 3 个吊点。断面小的柱子可设置 2 个或者 1 个吊点。例如：沈阳南科大厦边长 1300mm 的柱子设置了 3 个吊点；边长 700mm 的柱子设置了 2 个吊点。

柱子安装过程计算简图为受拉构件；柱子从平放到立起来的翻转过程中，计算简图相当于两端支撑的简支梁。

② 脱模和吊运吊点

除了要求四面光洁的清水混凝土柱子是立模制作外，绝大多数柱子都是在模台上"躺着"制作，存放、运输也是平放，柱子脱模和吊运共用吊点，设置在柱子侧面，采用内埋式螺母，便于封堵，痕迹小。

柱子脱模吊点的数量和间距根据柱子断面尺寸和长度通过计算确定。由于脱模时混凝土强度较低，吊点可以适当多设置，不仅对防止混凝土裂缝有利，也会减弱吊点处的应力集中。

两个或两组吊点时，柱子脱模和吊运按带悬臂的简支梁计算；多个吊点时，可按带悬臂的多跨连系梁计算。

6）梁吊点

梁不用翻转，安装吊点、脱模吊点与吊运吊点为共用吊点。梁吊点数量和间距根据梁断面尺寸和长度，通过计算确定。与柱子脱模时的情况一样，梁的吊点也宜适当多设置。

边缘吊点距梁端距离应根据梁的高度和负弯矩筋配置情况经过验算确定，且不宜大于梁长的 1/4。

梁只有两个（或两组）吊点时，按照带悬臂的简支梁计算；多个吊点时，按带悬臂的多跨连系梁计算。位置与计算简图与柱脱模吊点相同。

梁的平面形状或断面形状为非规则形状，吊点位置应通过重心平衡计算确定。

7）楼板与叠合阳台板、空调板吊点

楼板不用翻转，安装吊点、脱模吊点与吊运吊点为共用吊点。楼板吊点数量和间距根据板的厚度、长度和宽度通过计算确定。

叠合板跨度在吊点偏心布置 3.9m 以下、宽 2.4m 以下的板，设置 4 个吊点；跨度为 4.2～6.0m、宽 2.4m 以下的板，设置 6 个吊点。

边缘吊点距板的端部不宜过大。长度小于 3.9m 的板，悬臂段不大于 600m；长度为 4.2～6m 的板，悬臂段不大于 900mm。

4 个吊点的楼板可按简支板计算；6 个以上吊点的楼板计算可按无梁板，用等代梁经验系数法转换为连续梁计算。

有桁架筋的叠合楼板和有架立筋的预应力叠合楼板，用桁架筋作为吊点。

8）墙板吊点

① 有翻转台翻转的墙板。有翻转台翻转的墙板，脱模、翻转、吊运、安装吊点共用可在墙板上边设立吊点，也可以在墙板侧边设立吊点。一般设置 2 个，也可以设置 2 组以减小吊点部位的应力集中。

② 无翻转台翻转的墙板（非立模）和整体飘窗。无翻转平台的墙板，脱模、翻转和安装节点都需要设置。

脱模节点在板的背面，设置 4 个；安装节点与吊运节点共用，与有翻转台的墙板的安装节点一样；翻转节点则需要在墙板底边设置，对应安装节点的位置。

③ 避免墙板偏心。异形墙板、门窗位置偏心的墙板和夹芯保温板等，需要根据重心计算布置安装节点

④ 计算简图。墙板在竖直吊运和安装环节因截面很大，不需要验算；需要翻转和水平吊运的墙板按 4 点简支板计算。

9）楼梯板、全预制阳台板、空调板吊点

楼梯吊点是预制构件中最复杂多变的。脱模翻转、吊运和安装节点共用较少。

① 平模制作的楼梯板、全预制阳台板、空调板。平模制作的楼梯一般是反打，阶梯面朝下，脱模吊点在梯表面的楼梯板的背面。

楼梯在修补、存放过程一般是楼梯面朝上，需要180°翻转，翻转吊点设在楼梯板侧边，可兼做吊运吊点。

安装吊点情况：如果楼梯两侧有吊钩作业空间，安装吊点可以设置在楼梯两个侧边；如果楼梯两侧没有吊钩作业空间，安装吊点须设置在表面；全预制阳台板、空调板安装吊点设置在表面。

② 立模制作的楼梯板。立模制作的楼梯脱模吊点在楼梯板侧边，可兼做翻转吊点和吊运吊点。

安装吊点同平模制作的楼梯一样，依据楼梯两侧是否有吊钩作业空间确定。

③ 楼梯吊点可采用预埋螺母，也可采用吊环。国家标准图中楼梯侧边的吊点设计为预埋钢筋吊环。

④ 非板式楼梯的重心。带梁楼梯和带平台板的折板楼梯在吊点布置时需要进行重心计算，根据重心布置吊点。

⑤ 楼梯板吊点布置计算简图。楼梯水平吊装计算简图为4点支撑板。

10）软带吊具的吊点

小型板式构件可以用软带捆绑翻转、吊运和安装，设计图样须给出软带捆绑的位置和说明。曾经有过预制墙板工程因工地捆绑吊运位置不当而导致墙板断裂的例子。

3.4.4　混凝土保护层、构件支座

3.4.4.1　保护层

(1) 最小保护层

柱、梁、剪力墙为30mm，楼板、屋顶、非剪力墙墙板为20mm。外挂墙板最外层钢筋的混凝土保护层厚度，除有专门要求外，石材或面砖饰面的墙板不应小于15mm，清水混凝土墙板不应小于20mm；对露骨料装饰面的，应从最凹处混凝土表面计起，且不应小于20mm。

采用套筒灌浆连接（包括挤压套筒连接）时，应根据套筒的直径、长度、钢筋的插入长度等，确定构件受力钢筋的混凝土保护层厚度。

套筒外径大于所连接的钢筋的直径，套筒长度范围内的受力钢筋的保护层厚度一定大于套筒灌浆区域以外的受力钢筋的保护层厚度。套筒保护层从套筒外皮或箍筋计算，套筒外侧钢筋的混凝土保护层厚度，预制柱不应小于20mm、预制剪力墙不应小于15mm；浆锚搭接连接的钢筋，保护层厚度应当从箍筋算起，由于有浆锚孔的存在，受力钢筋保护层厚度应当注意。

在结构构件承载力计算时，应注意由于套筒引起的受力钢筋保护层厚度的增大，计算用有效截面高度 h_0 应正确取值，例如（h 为构件截面高度）：

$$柱\ h_0 = h - (20 + 箍筋直径 + 连接套筒直径/2)$$
$$墙\ h_0 = h - (15 + 箍筋直径 + 连接套筒直径/2)$$

(2) 设计保护层

最小保护层是必须确保的保护层，再要加上制作施工可能的误差，构成设计保护层。对于现场浇筑混凝土，保护层增加10mm；对于预制构件，因为在工厂中质量可以控制得好一些，保护层增加5mm；对于有钢筋伸入后浇混凝土区的预制构件，其保护层应当按照现浇混凝土增加10mm。

（3）间隔件（保护层垫块）

间隔层是用于控制钢筋保护层厚度或钢筋间距的物件（见图 3.268），按材料分为水泥基类、塑料类和金属类。应当使用《混凝土结构用钢筋间隔件应用技术规程》(JGJ/T 219—2010) 规定的钢筋间隔件，不得用石子、砖块、木块、碎混凝土块等作为间隔件。

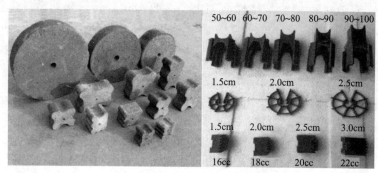

图 3.268　水泥基和塑料间隔件

水泥砂浆间隔件强度较低，不宜选用；混凝土间隔件的强度应当比预制构件混凝土强度等级提高一级，且不应低于 C30。不得使用断裂、破碎的混凝土间隔件。

塑料间隔件可作为表层间隔件，但环形塑料间隔件不宜用于梁、板底部。不得采用聚氯乙烯类塑料或二级以下再生塑料制作，不得使用老化断裂或缺损的塑料间隔件。

金属间隔件可作为内部间隔件，不应用作表层间隔件。

3.4.4.2　构件支座

（1）贴边放置

预制构件端部与其他支座构件贴边设置，即在图 3.269 中，$a=0$，$b=0$。

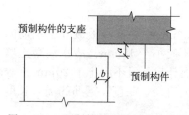

图 3.269　预制构件端部与支座关系

（2）伸入放置

当预制构件端部伸入支座放置时，应综合考虑制作偏差、施工安装偏差、标高调整方式和封堵方式等确定图 3.309 中 a、b 的数值，a 不宜大于 20mm，b 不宜大于 15mm。当板或次梁搁置在支座构件上时，搁置长度由设计确定。支承长度的多少不影响结构受力，只是影响施工工艺（如下部支撑的设置、防止接缝处漏浆）。

楼盖和楼梯边梁或中间梁支座与板端连接构造设计，参照图 3.270。

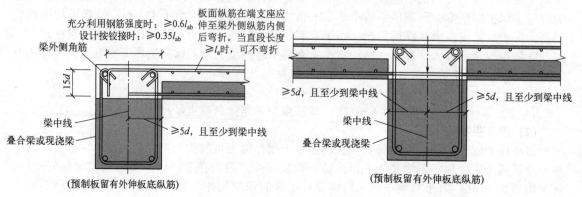

图 3.270　边梁支座与板端连接构造

本章小结

1.重点梳理出具有装配式建筑结构特点的基本概念和设计原理,如构件拆分、等同原理等,一定要正确理解和把握好运用的尺度。

2.设计内容和计算方法,对需符合一般混凝土结构的有关要求不做过多叙述,重点阐述了具有装配式建筑特殊要求的相关内容。读者在学习过程中不可偏废。

3.主要总结了装配整体式框架结构、装配整体式剪力墙结构,在装配化设计中的设计要点、计算内容、构造要求;还总结了叠合楼板、外挂墙板、预制楼梯、预制阳台等构件设计要点。通过学习深刻理解预制装配式建筑结构设计的特点。

4.构件拆分和连接,是装配式建筑混凝土结构等同设计中的一个关键,既要理解原则,又要掌握细节处理要求。

思考与练习题

1.预制叠合板如何区分双向板和单向板?

2.地下室能做装配式吗?

3.现浇部位边缘构件配筋是否还按高规的要求配筋?是否要加强?

4.叠合板接触面的附加钢筋长度为何为 $15d$?

5.框架梁节点钢筋加大后,可能引起弯矩承载力增大,怎么做到强柱弱梁和强剪弱弯?

6.叠合梁的箍筋是指预制构件吗?现浇部分还要设置箍筋吗?

7.叠合板可以不出胡子筋(连接筋)吗?

【参考提示】

1.预制叠合板区分双向板和单向板如下:

(1)双向板的钢筋伸出底板,单向板的侧边钢筋不伸出底板。

(2)双向板侧边仅上部倒角,单向板的侧边上下侧均倒角。

(3)一般均为双向板。

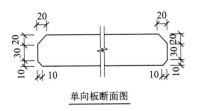

单向板断面图

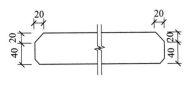

双向板断面图

2.对于高层建筑地下室,不建议做,因为是嵌固部位;如果是纯地下室,可以做。

3.规范规定，预制的约束边缘构件的配筋构造要求与现浇段一致。边缘构件按现浇来设计，不需要特殊加强；对于预制构件与节点连接，有对于连接接缝的验算要求。

4.指的是在单向板设计时，密拼的拼缝的附加钢筋，加钢筋的目的，在破坏严重的时候，避免发生上下的错动，主要受剪，如果按双向板，就不是 $15d$ 了。

5.框架梁节点加大钢筋指的梁竖向接缝钢筋通过连接面的所有钢筋的截面积。可以单独设置加固钢筋做到墙柱弱梁，强剪弱弯。

6.箍筋是预制的时候摆放进去，但是外露一部分与叠合部分进行连接。

7.按照现有规程的要求，对于预制叠合板的底板，单向板形式，侧面不出，端面出，双向板形式，都要出。现在一些研究显示，桁架钢筋加上、现浇层厚一些、足够的附加钢筋等，在这些方法的情况下，是可以不出胡子筋的。

第4章

装配式建筑混凝土构件生产制作

本章要点

1.着重介绍预制混凝土构件在工厂生产的工艺、准备、制作、搬运、存放、保护的方法。

2.介绍预制构件的生产质量、生产安全控制方法及要点。

学习目标

1.熟悉预制构件生产前的深化设计、制作准备等要求。

2.了解预制构件制作工艺和要点。

3.熟悉预制构件吊运、存放、保护等环节的要点。

4.了解预制构件生产的质量控制及处理要点。

5.了解预制构件生产的安全管理要求。

【引言】

装配式建筑在国家及地方各层面的高度重视和大力推动下，呈现出良好的发展态势。预制构件生产企业是建筑产业现代化全产业链中重要的一环，也在推进的进程中得到迅猛发展，国内外在不断改进生产工艺、采用先进技术，使其日趋完善。

就装配式建筑而言，预制混凝土构件的设计、加工、生产对项目整体质量及安全性能来说起到决定性作用。作为工程施工阶段主要材料的混凝土预制构件，其生产及管理，与装配式建筑生产技术的可持续发展密切相关。加大预制构件生产及管理力度十分必要，这不仅能为建筑产业的转型升级提供积极有效的助推力，更能为建筑行业的未来发展指明方向。

4.1　预制混凝土构件制作

装配式建筑就是要实现构件工厂化生产，预制构件的加工、运输、安装等各个环节都紧密结合（见图 4.1），施工规范化、程序化。其中预制构件生产和储运是设计与施工的联系纽带，决定着设计成果能否在施工安装过程中可靠、准确、顺利地实现。

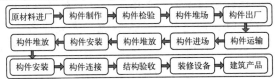

图 4.1　装配式建筑生产安装基本流程

工厂生产是装配式建筑建造过程中的重要环节，直接影响装配式建筑工程的质量安全、项目成本和进度。预制混凝土构件生产的基本流程见图4.2。

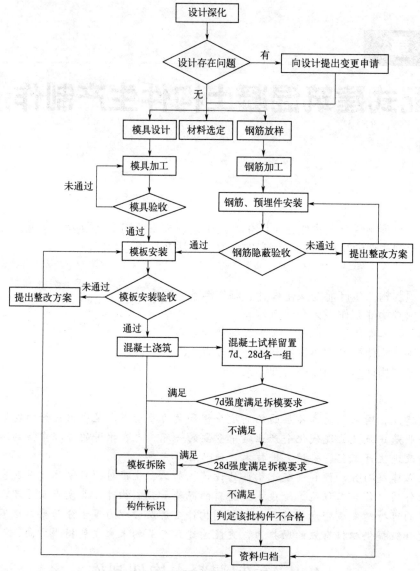

图 4.2　预制混凝土构件生产基本流程

4.1.1　构件生产工艺

预制构件生产企业根据生产场地条件、生产构件的类型以及生产规模等条件，选择合适的制作方法，称为生产工艺。预制混凝土构件常用生产工艺有固定式和流动式（见图4.3）。

固定式是模具位置固定不动，通过制作工人的流动来完成各个模具上构件制作的各个工序。流动式（流水线工艺）是模具在流水线上移动，制作工人相对不动，等模具循环到自己的工位时重复做本工位的工作。

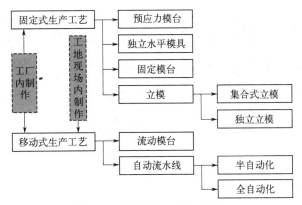

图 4.3　预制构件生产工艺分类

4.1.1.1　制作工艺

预制构件生产方式有固定模台生产方式、循环式流水线生产方式及兼具两种方式特点的中央移送台生产线作业方式。预制构件生产企业通常根据市场需求规模、产品类型，结合自身生产条件，选择一种或多种方法来组织生产。

生产方式对设备、人员等方面的要求各有不同，具备不同特点。可根据产品不同，选择最适宜、最经济的生产方式。尺寸符合一定规则且数量较大的平板类混凝土预制构件（预制外墙、预制内墙及叠合楼板、叠合墙、外挂墙等），采用循环流水线方式进行生产；楼梯、阳台、带飘窗外墙、空调板、梁、柱等异形构件，采用固定模台方式生产（梁、柱数量多且尺寸合适，也可在循环式流水线上生产）；构件尺寸复杂，人工作业工序多、工序作业时间长的构件，尺寸又较规范，具有一定数量，此种构件可采用中央移送台式生产线的作业方式。

（1）固定模台

固定模台工艺（见图 4.4），是固定方式生产最主要的、构件制作应用最广的工艺。生产中，模具固定不动，作业人员和钢筋、混凝土等材料在各个固定模台间"流动"，操作人员按不同工种依次在各个工位上操作。固定模台式生产方式受其他设备、设施的限制较小，对构件的几何尺寸限制宽松。因此适合生产批量小、几何形状复杂的非标准化异形构件，如可以生产柱、梁、楼板、墙板、楼梯、飘窗、阳台板、转角构件等。

图 4.4　固定模台

固定模台生产预制构件，基本流程见图 4.5。

（2）立模

立式浇筑的柱子，和在 U 形模具（见图 4.6）中制作的梁、柱、楼梯、阳台板、转角板等其他异形构件，它们的模具自带底模，不用固定在固定模台上，其他工艺流程与固定模台工艺一样。但需要单独浇筑和养护，会占生产车间一定的面积。

立模工艺的特点是模板垂直使用，并具有多种功能。立模有独立立模和组合立模。一个立着浇筑柱子或一个侧立浇筑的楼梯板的模具属于独立立模；成组浇筑的墙板模具属于组合立模。

1）独立立模

独立式立模可作为固定模台或流水线工艺的重要补充，生产三维构件。通常用于生产外形比较简单而又要求两面平整的构件，如内墙板、楼梯段（见图 4.7）等。其优点是占地面积小、构件表面光洁、垂直脱模、不用翻转等。

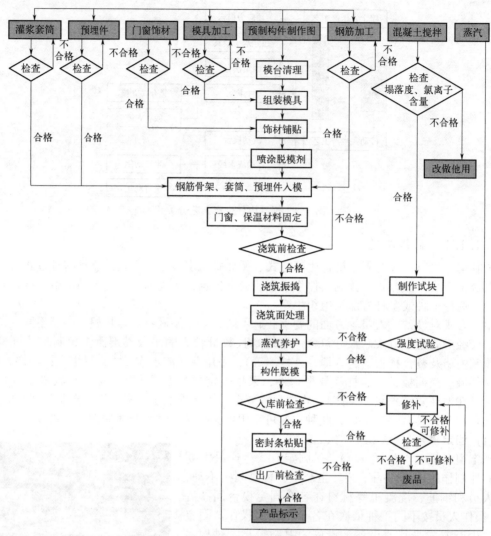

图 4.5　固定模台预制构件制作工艺流程

图 4.6　预制梁模具

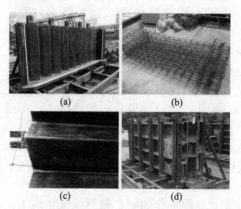

图 4.7　预制楼梯立模法制作过程
（a）模板清理；（b）钢筋绑扎；（c）预留预埋；（d）合模浇筑

2）组合立模

立模通常成组组合使用，称成组立模，可同时生产多块构件。模板基本上是一个箱体（见图 4.8），箱体腔内可通入蒸汽，并装有振动设备，可分层振动成型。每块立模板均装有行走轮，能以上悬或下行方式做水平移动，以满足拆模、清模、布筋、支模等工序的操作需要。

图 4.8　立式组合立模

立模不适合楼板、梁、夹芯保温板、装饰一体化板、侧边出筋复杂的剪力墙板制作。

（3）流动模台

流动模台（亦称移动台模），是将钢平台放置在滚轴或轨道上，使其移动（见图 4.9）。流动模台工艺在划线、喷涂脱模剂、浇筑混凝土、振捣环节部分实现了自动化，可以集中养护、在制作大批量同类型板类构件时，可以提高生产效率、节约能源、降低工人劳动强度。虽然是流水线方式，但流动模台自动化程度比较低。

流动模台工艺生产过程见图 4.10。

图 4.9　流动模台

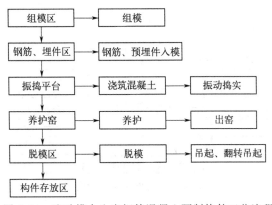

图 4.10　流动模台生产钢筋混凝土预制构件工艺流程

流动模台适合市场规模较大地区的板式构件工厂。生产板类构件如非预应力叠合楼板、剪力墙板、内隔墙板，以及标准化的装饰保温一体化板。

4.1.1.2　构件生产准备

预制混凝土构件生产需完整的管理制度、先进的技术体系、合理的工艺流程、全面的质量标准、严格的检测手段、熟练的产业工人、完善质量管理体系、职业健康与安全管理体系、环境管理体系，运用科学的管理方法和高效的团队协作，对生产全过程进行有效计划、组织、指挥、协调和控制。

（1）方案

预制构件生产过程复杂，包括生产准备阶段、制作生产阶段、产品完成阶段，各阶段均需制定相应技术方案（见图4.11）。

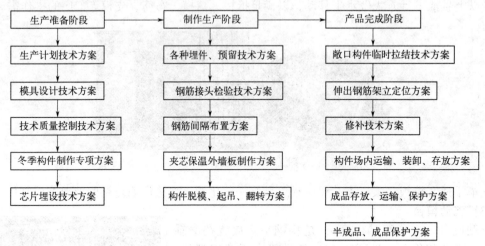

图4.11 预制构件生产技术方案

（2）深化设计

在预制构件加工制作阶段，应将各专业、各工种所需的预留孔洞、预埋件等一并完成，避免在施工现场进行剔凿、切割而伤及预制构件，影响质量或观感。因此装配式结构的施工图完成后预制构件制作前，还需要进行预制构件的深化设计（见图4.12），以便于预制构件的加工制作。深化设计的深度应满足建筑、结构和机电设备等各专业以及构件制作、运输、安装等各环节的综合要求。

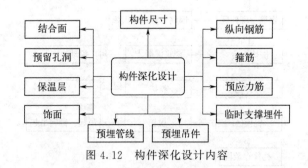

图4.12 构件深化设计内容

预制构件深化设计，管控要点见图4.13。

1）深化设计图纸

预制构件制作前，所有预制构件（拆分后的主体结构构件和与非结构构件）都需要进行制作图设计。例如：内模如何固定、预埋件或灌浆套筒如何固定，对饰面采用瓷砖反打或者石材反打的构件，应绘制排砖图或排板图。

预制混凝土构件深化设计图纸（见图4.14）一般包括：图纸目录、预制构件安装用现浇埋件分布图、预制构件设计总说明、预制构件生产加工图、预制构件平面分布图、通用节点大样图、预制构件立面分布图、索引节点大样图、预制构件墙身剖面图、金属件加工图、预制构件施工装配图、内外叶墙板拉结件布置图和保温板排版图、材料和构件明细表、预制构件计算

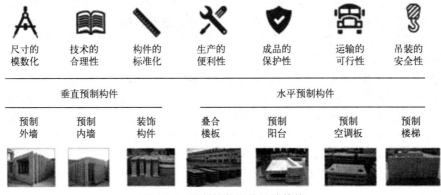

图 4.13 预制构件深化设计管控

书（根据《混凝土结构工程施工规范》(GB 50666—2011) 的有关规定，应按设计要求和施工方案对脱模、吊运、运输、安装等环节进行施工验算）。

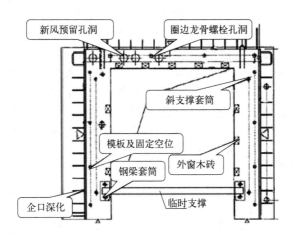

图 4.14 墙板深化设计图

深化设计文件应根据本项目施工图设计文件及选用的标准图集、生产制作工艺、运输条件和安装施工要求等进行编制，应经设计单位书面确认后方可作为生产依据。预制构件详图中，各类预留孔洞、预埋件和机电预留线管，需要与相关专业图纸仔细核对无误后，方可下料制作。

2）制作图与审图

设计院完成预制混凝土构件设计，方案、总体、施工图阶段由设计完成并通过审图，深化部分内容由预制构件厂或者施工单位完成。预制构件详图可不送审图公司审查，但需主体设计单位技术核定并盖章方可有效。

制作图汇集了建筑、结构、装饰、水电暖设备等各个专业设计内容，和制作、存放、运输、安装各个环节对预制构件的全部要求。为确保制作图缺陷减少到最低，会审变得尤为重要。预制构件加工制作前审核预制构件加工图（预制构件模具图、配筋图、预埋吊件及有关专业预埋件布置图等）；加工图需要变更或完善时，应及时办理变更文件。重点审核：

① 构件制作允许误差值。

② 构件所在位置标识图。

③ 构件模具图：构件外形、尺寸、允许误差；构件混凝土量与混凝土强度等级，以及产品重量；使用、制作、施工所有阶段需要的预埋螺母、螺栓、吊点等预埋件位置、详图，出预埋件编号和预埋件表；预留孔眼位置、构造详图与衬管要求；粗糙面部位与要求；键槽部位与详图；墙板轻质材料填充构造等。

④ 配筋图：常规配筋图、钢筋表；套筒或浆锚孔位置、详图、箍筋加密详图；钢筋、套筒、浆锚螺旋约束钢筋、波纹管浆锚孔箍筋的保护层要求；套筒（或浆锚孔）出筋位置、长度及其允许误差；预埋件、预留孔及其加固钢筋；钢筋加密区的高度；套筒部位箍筋加工详图，依据套筒半径给出箍筋内侧半径；后浇区机械套筒与伸出钢筋详图；构件中需要锚固的钢筋的锚固详图；各型号钢筋统计。

⑤ 夹芯保温外墙板内外叶墙板之间的拉结件：拉结件布置；拉结件埋设详图；拉结件材质及性能要求。

⑥ 常规构件的存放方法、特殊构件的存放搁置点、码放层数的要求。

⑦ 非结构专业的内容：门窗安装构造；夹芯保温外墙板保温层构造与细部要求；防水、防火构造；防雷引下线材质、防诱蚀要求与埋设构造；装饰一体化构造要求，如石材、瓷砖反打构造图；外装幕墙构造；机电设备预埋管线、箱槽、预埋件等。

审核时，要核对图样内容的完整性，发现的问题要逐条予以记录，并及时和设计、施工、业主等单位沟通解决，经设计和业主确认答复后方能开展下一步的工作。注意问题包括：构件的型号、规格和数量是否与合同的约定相吻合；构件脱模、翻转、吊装和临时支撑等预埋件设置的位置是否合理；预埋件、主筋、灌浆套筒、箍筋等材料的相互位置是否会"干涉"，或因材料之间的间隙过小而影响到混凝土的浇筑；预埋件、主筋、灌浆套筒、箍筋等材料位置会不会不当而导致构件表面开裂；构件的外形设计有没有造成构件脱模困难或无法脱模的情况；图样之间有没有矛盾、不明确或者错误的地方。

（3）试验设备及试制

① 预制构件生产企业的各种检测、试验、张拉、计量等设备及仪器仪表，均应检定合格并在有效期内使用。

② 预制构件制作前，应依据设计要求和混凝土工作性要求，进行混凝土配合比设计。必要时在预制构件生产前，应进行样品试制，经设计和监理认可后方可实施。

4.1.2 预制混凝土构件制作

（1）预制混凝土构件工艺流程

预制构件生产工艺流程，以及其中混凝土检验及拌和、钢筋加工和连接的详细流程如图4.15所示。

（2）构件成型

1）浇筑混凝土前

浇筑混凝土前应进行隐蔽工程检查，检查项目应包括：

① 钢筋的牌号、规格、数量、位置和间距。

② 纵向受力钢筋的连接方式、接头位置、接头质量、接头面积百分率、搭接长度、锚固方式及锚固长度。

③ 箍筋弯钩的弯折角度及平直段长度。

④ 钢筋的混凝土保护层厚度。

⑤ 预埋件、吊环、插筋、灌浆套筒、预留孔洞、金属波纹管的规格、数量、位置及固定措施。

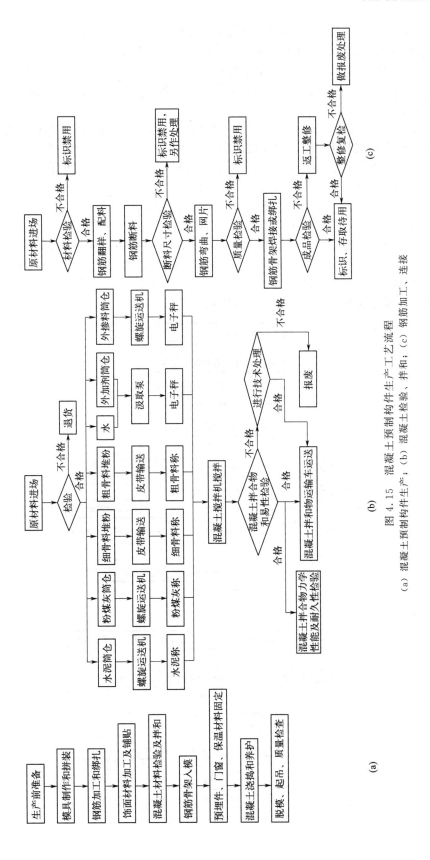

图 4.15 混凝土预制构件生产工艺流程

(a) 混凝土预制件生产；(b) 混凝土检验、拌和；(c) 钢筋加工、连接

⑥ 预埋线盒和管线的规格、数量、位置及固定措施。

⑦ 夹芯外墙板的保温层位置和厚度，拉结件的规格、数量和位置。

⑧ 预应力筋及其锚具、连接器和锚垫板的品种、规格、数量、位置。

⑨ 预留孔道的规格、数量、位置，灌浆孔、排气孔、锚固区局部加强构造。

2）模具组装

① 模台清理：固定模台多为人工清理。模台面的焊渣或焊疤，应使用角磨机上砂轮布磨片打磨平整；模台面混凝土残留，应先使用钢铲去除大块混凝土，后使用角磨机去除其余的残留混凝土；模台面有锈蚀、油泥时，应首先使用角磨机上钢丝轮大面积清理，之后用天那水（又名香蕉水）反复擦洗直至模台清洁；模台面有大面积的凹凸不平或深度锈蚀时，应使用大型抛光机进行打磨；模台有灰尘、轻微锈蚀，应使用天那水反复擦洗清洁。

流动模台、自动流水线模台多采用自动清扫设备进行清理。模台进入清扫工位前，要提前清理掉残留的大块混凝土；进入清扫工位时，清扫设备自动下降紧贴模台，前端刮板铲除残余混凝土，后端圆盘滚刷扫掉表面浮灰，与设备相连的吸尘装置自动将灰尘吸入收尘袋。

② 模具组装固定：模具组装是模台预制构件的关键工作，工艺过程如图 4.16 所示。自动流水线模具一般都是机械手自动组装，多采用磁力固定方式。

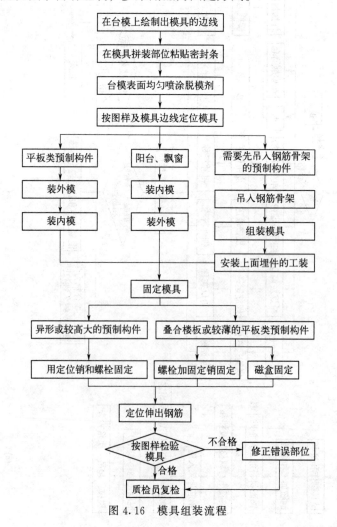

图 4.16　模具组装流程

③ 模具检查：模具进厂时，应对模具所有部件进行验收；模具安装定位后，按照图纸进行检查验收，检查内容如下。

a. 模具应具有足够的刚度、强度和稳定性，模具尺寸误差的检验标准和检验方法应符合标准要求。

b. 模具各拼缝部位应无明显缝隙，安装牢固，螺栓和定位销无遗漏，磁盒间距符合要求。

c. 模具上须安装的预埋件、套筒等应齐全无缺漏，品种规格应符合要求。

d. 模具上擦涂的脱模剂、缓凝剂应无堆积、无漏涂或错涂。

e. 模具上的预留孔、出筋孔、不用的螺栓孔等部位应做好防漏浆措施。

f. 模具薄弱部位应有加强措施，防止过程中发生变形。

g. 要求内凹的预埋件上口应加垫龙眼，线盒应采用芯模和盖板固定。

h. 工装架、定位板等应位置正确，安装牢固。

3）入模

① 钢筋骨架入模：预制构件的钢筋制作时，钢筋骨架大都是加工成型后入模（见图 4.17），而非在模台上直接绑扎，尽可能减少在模台上工作的环节和时间，提高模台及整个生产线的效率。

钢筋网和钢筋骨架应采用多吊点起吊方式整体装运、吊装就位，避免扭曲、弯折、歪斜。宽度大于 1m 的水平钢筋网宜采用四点起吊；跨度小于 6m 的钢筋骨架宜采用两点起吊，跨度大、刚度差的钢筋骨架宜采用横吊梁（铁扁担）四点起吊或吊架多点起吊。为避免吊点处钢筋受力变形，宜采取兜底吊或增加辅助用具。吊点位置应根据钢筋网和钢筋骨架的尺寸、重量及刚度确定。

钢筋骨架入模时应轻放，防止变形。入模后还应对叠合部位外露的主筋和构造钢筋进行保护，避免混凝土浇筑过程中受到污染而影响钢筋与混凝土的握裹力，已受到污染的部位须及时清理。

钢筋骨架入模后用定位装置（见图 4.18）进行定位，保证保护层厚度（如在四周插入与保护层厚度相当的木板等）和钢筋准确位置。

② 钢筋间隔件：即混凝土保护层垫块，有水泥砂浆垫块、塑料支架、短钢筋支撑等间隔件，严禁使用混凝土垫块。

③ 外伸外露钢筋：预制构件从模具伸出的钢筋，是为了保证预制构件与现场后浇混凝土的连接性能，位置、数量、尺寸等必须符合图样要求。伸出钢筋在靠近构件的位置，可在侧模的相应位置开孔或开槽将钢筋伸出，伸出钢筋远端采取钢质或木质定位架进行定位，但会给模板带来不利的影响（降低模板刚度和强度、增加模板加工难度、增加安拆模板的难度）。

孔口或槽口要求封堵出筋孔。一般钢筋伸出孔开得比钢筋直径略大，保证施工的可操作性，但会使伸出钢筋位置产生偏差，封堵出筋孔可使伸出钢筋的位置偏差达到设计和规范要求；混凝土振捣时易从出筋孔漏浆，封堵出筋孔能减少或避免漏浆。

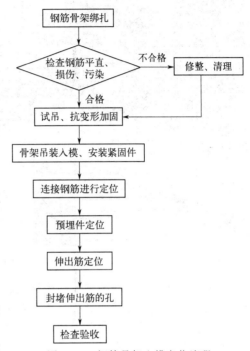

图 4.17　钢筋骨架入模定位流程

图 4.18　预制梁钢筋等定位用装置

封堵出筋孔方法：用圆环形橡胶堵头，在钢筋套入孔后嵌入钢筋与出筋孔之间的缝隙；在开模时配做金属卡片封堵出筋孔（用于较大的出筋孔的封堵）；上部开口的伸出钢筋槽（如叠合板的出筋槽口）多采用塑料卡片进行封堵；上部不开口的伸出钢筋槽（如墙板的出筋槽口），多采用圆形泡沫棒进行封堵。

④ 门窗框：预制构件门窗安装，一般在钢筋骨架入模、定位完成后进行。具体安装工艺如图 4.19 所示。

⑤ 反打石材和瓷砖：带面砖或石材饰面的预制构件宜采用反打一次成型，具体入模过程如图 4.20 所示。

⑥ 埋件：预制构件上的钢筋连接套筒、孔洞内模、金属波纹管、预埋件（预留连接件、预留吊环、预埋吊装螺母）等，安装位置都要做到准确，并满足方向性、密封性、绝缘性和牢固性等要求。

预制构件模板制作时，紧贴模板表面的预埋件，一般采用在模板上的相应位置上开孔后用定位销座螺栓固定连接在模板内侧的方法；不在模板表面的，一般采用工装架形式进行定位固定。待构件混凝土浇筑达到一定强度后脱模，完成构件连接部位的准确定位。

4）混凝土搅拌、浇筑

① 应采用有自动计量装置的强制式搅拌机搅拌，并具有生产数据逐盘记录和实时查询功能。混凝土应按照混凝土配合比通知单进行生产。原材料每盘称量的允许偏差应控制在规定范围内。

② 浇筑前，预埋件及预留钢筋的外露部分宜采取防止污染的措施。

③ 布料机下料口或封板不得触碰模具、钢筋及其他预留预埋装置；起重机配合吊斗下料时，吊斗距离模板高度不得超过 600mm。

④ 布料机放料应由一端开始按顺序均匀下料，并应辅以人工摊铺，摊铺时应站在铺设好的跳板上或站在钢制模具边缘操作，不得踩踏钢筋骨架。

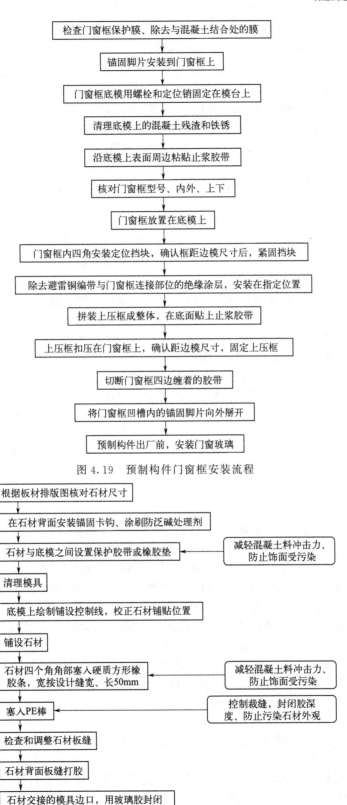

图 4.19　预制构件门窗框安装流程

图 4.20　反打石材入模过程

⑤ 布料机每次下料不宜过量,严禁一次性集中下料。构件断面高度大于 300mm 时,应分层浇筑,每层混凝土浇筑高度不得超过 300mm。

⑥ 浇筑应连续进行,混凝土从出机到浇筑完毕的延续时间,气温高于 25℃ 时不宜超过 60min,气温不高于 25℃ 时不宜超过 90min。

⑦ 当采用平卧重叠法制作预制构件时,应在下层构件的混凝土强度达到 5.0MPa 后,再浇筑上层构件混凝土,上、下层构件之间应采取隔离措施。

⑧ 露天生产遇下雨时宜停止浇筑,当必须继续浇筑时应有相应质量保证措施,避免模具及混凝土内混入雨水。

⑨ 混凝土浇筑完成后,应及时清理模具表面及周边残留混凝土。

5) 混凝土振捣

宜采用机械振捣方式成型,宜采用振动台进行振捣;当采用振捣棒时,混凝土振捣过程中不应碰触钢筋骨架、面砖和预埋件。混凝土振捣过程中,应随时检查模板有无漏浆、变形、预埋件有无移位等,若变形或移位超出偏差时,应及时采取补救措施。

6) 构件养护

根据原材料配合比浇筑部分和细节等具体情况,制定合理有效的养护措施,保证混凝土强度的正常增长。养护方法分为以下几种。

① 覆盖洒水养护:利用平均气温高于 5℃ 的自然条件,用适当的材料对混凝土表面加以覆盖并洒水,使混凝土在一定的时间内,保持水泥水化作用所需要的适当温度和湿度。覆盖物可就地取材,养护用水不应使用回收水。在终凝后开始洒水,洒水首日对覆盖物进行喷淋保证混凝土表面的完整,次日即可改用胶管浇水,洒水次数应以保证混凝土表面保持湿润为度。

② 薄膜布养护:用不透水气的薄膜布(如塑料薄膜布),把混凝土表面裸露的部分严密覆盖起来,保证混凝土在不失水的情况下得到充足的养护。

③ 薄膜养生液养护:当不具备水养或洒水养护条件或当日平均气温低于 5℃ 时,可采用涂刷养护剂方式,在不便浇水养护的混凝土表面,涂刷薄膜养生液,防止混凝土内部水分蒸发。养护剂不得影响预制构件与现浇混凝土面的结合强度,注意薄膜的保护,一般用于表面积大的混凝土施工和缺水地区。

④ 蒸汽养护:可采用平台养护窑、长线养护窑或立体养护窑等方法,一般用 50℃ 左右的温度,经过静停阶段、升温阶段、恒温阶段、降温阶段进行蒸养。

混凝土浇筑完毕或压面工序完成后,应及时覆盖保湿,脱模前不得揭开。

在条件允许的情况下,预制构件推荐采用自然养护。当采用加热养护时,应按照养护制度(应通过试验确定)的规定进行温控,避免预制构件出现温差裂缝。加热养护可选择蒸汽加热、电加热或模具加热等方式,加热养护宜采用温度自动控制装置,在常温下宜预养护 2～6h,升、降温速度不宜超过 20℃/h,最高养护温度不宜超过 70℃。

对于夹心外墙板的养护,还应考虑保温材料的热变形特点,合理控制养护温度。夹心保温外墙板最高养护温度不宜大于 60℃,以防止保温材料变形造成对构件的破坏。采用蒸汽养护时,构件表面宜保持 90%～100% 的相对湿度。

7) 构件脱模、吊运

常用脱模方式主要有两种:翻转或直接起吊(见图 4.21),其中翻转脱模的吸附力通常较小,而直接起吊脱模则存在较大的吸附力。

① 预制构件脱模时,表面温度与环境温度的差值不宜超过 25℃;脱模起吊时的同条件养护的混凝土试件抗压强度,应符合设计要求且不宜小于 15MPa,防止过早脱模造成预制构件出现变形或开裂。

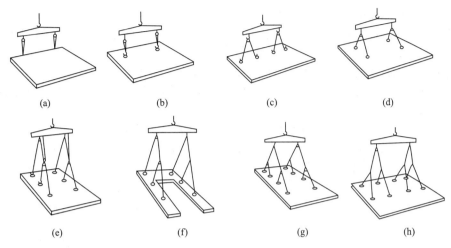

图 4.21　预制墙板的起吊方式

（a）端部两点起吊；（b）单排两点起吊；（c）单排 4 点起吊；（d）双排 4 点起吊；
（e）三排 6 点等索力起吊；（f）三排两列 6 点起吊；（g）四排两列 8 点起吊；（h）双排四列 8 点起吊

② 脱模顺序应按支模顺序相反进行，应先脱非承重模板后脱承重模板，先脱帮模再脱侧模和端模，最后脱底模。

③ 高宽比大于 2.5 以上的大型预制构件，应边脱模边加支撑，避免预制构件倾倒。

④ 预制墙板脱模后，要用高压水枪冲洗掉侧面未凝结的水泥砂浆以形成粗糙面（见图 4.22）粗糙面冲洗工序操作必须在拆模工序完成后 30min 内完成冲洗，粗糙面的面积不宜小于结合面的 80%，墙板构件粗糙面的凹凸深度不小于 6mm；很多带有缓凝剂组分的水泥砂浆会被冲入灌浆套筒内，应及时采取措施将进入套筒内的砂浆清理干净，因为缓凝剂失效后形成的硬化砂浆会污染套筒内壁，给灌浆接头造成质量隐患。为保证万无一失，外墙板发货及安装前应对灌浆套筒做进一步检查和清理。

图 4.22　预制墙板脱模后粗糙面冲洗及套筒污染

⑤ 预制构件脱模后可继续养护，养护可采用水养、洒水、覆盖和喷涂养护剂等一种或几种相结合的方式。养护用水不应使用回收水，水中养护应避免预制构件与养护池水有过大的温差。

洒水养护宜采用加覆盖的方式，洒水次数以能保持构件处于润湿状态为度。当不具备水养或洒水养护条件或当日平均气温低于 5℃时，可采用涂刷养护剂方式；养护剂不得影响预制构件与现浇混凝土面的结合强度

⑥ 为保证预制构件拆模吊装时的安全，吊运吊索水平夹角不宜小于 60°，不应小于 45°；吊装大型构件、薄壁构件或形状复杂的构件时，应使用分配梁或分配桁架类吊具，并应采取避免构件变形和损伤的临时加固措施。吊运过程应保持平稳，不得偏斜、摇摆和扭转，严禁吊装构件在空中长时间悬停。

⑦ 构件多吊点起吊时，应保证各个吊点受力均匀。

⑧ 水平反打的墙板、挂板和管片类预制构件，宜采用翻板机翻转或直立后再行起吊。

8）构件强度

① 试块：蒸汽养护的预制构件，其强度评定混凝土试块应随同构件蒸养后，再转入标准条件养护。构件脱模起吊、预应力张拉或放张的混凝土同条件试块，其养护条件应与构件生产中采用的养护条件相同。

② 强度：混凝土应进行抗压强度检验，混凝土检验试件应在浇筑地点取样制作，每拌制 100 盘且不超过 100m³ 时的同一配合比混凝土或每工作班拌制的同一配合比的混凝土不足 100 盘为一批，每批制作强度检验试块不少于 3 组、随机抽取 1 组进行同条件转标准养护后进行强度检验，其余作为同条件试件在预制构件脱模和出厂时控制其混凝土强度。

除设计有要求外，预制构件出厂时的混凝土强度不宜低于设计混凝土强度等级值的 75%。

9）构件标识

预制构件浇筑混凝土前，可在构件表面预埋射频芯片的标识卡；预制构件脱模后，应在明显部位做构件标识；经过检验合格的产品，出货前应向使用单位提供合格证。

产品标识内容应包括：工程名称、产品名称、构件编号（与施工图编号一致）、规格、设计强度、生产日期、合格状态、生产单位、监理签章等。

标识位置对每种类别的构件应统一，标在构件表面容易识别、又不影响美观的位置。构件表面标识必须清晰正确，可用电子笔喷绘、印戳（见图 4.23），或可用记号笔手写，也可事先打印卡片预埋或粘贴在构件表面。还可根据工程情况采用预埋芯片方法标识构件信息。

构件种类：外墙
混凝土强度：C35
连接方式：灌浆套筒连接
墙体组成：内页200厚混凝土，中间50保温板，外页50混凝土保护层
连接件：Thermomass拉结件
保温材料材质、热工性能：蜂巢隔离防火保温板，λ≤0.038[W/(m·K)]（燃烧性能A级）
构件编号：CP-GH-13-06-WQ-04
构件尺寸：2730×4000×300
构件重量：6.675t
检验状态：合格
扫描信息 →

图 4.23 出厂检验及构件二维码

（3）构件生产质量控制

1）质量控制要点

预制装配式建筑的质量要求由传统的粗放式向精细化转变，对生产和施工管理人员素质、生产施工设备、工艺等均提出了更高的要求。质量管控人员的监管及纠正措施必须始终贯穿工程设计、构件生产、构件运输、构件进场、构件堆置、构件吊装就位、节点施工等一系列过程。

对预制构件生产制作各环节进行全过程质量控制，控制要点如图 4.24 所示。

2）构件生产隐蔽工程验收

预制构件生产时，必须对每个工序进行质量验收，重点对与安装精度息息相关的埋件、出筋位置、平面尺寸等，按照设计图纸及规范进行验收。

① 隐蔽工程验收内容。预制构件制作在工程隐蔽前，须按要求对隐蔽项目进行验收。主要验收内容如图 4.25 所示。

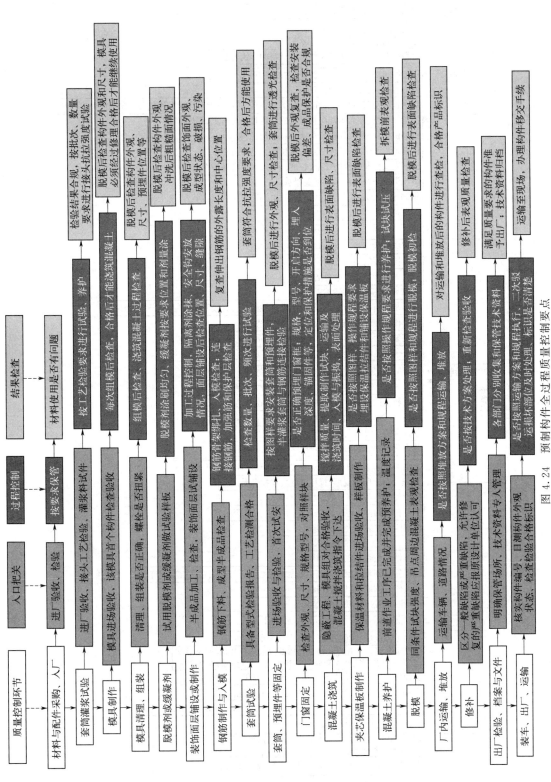

图 4.24　预制构件全过程质量控制要点

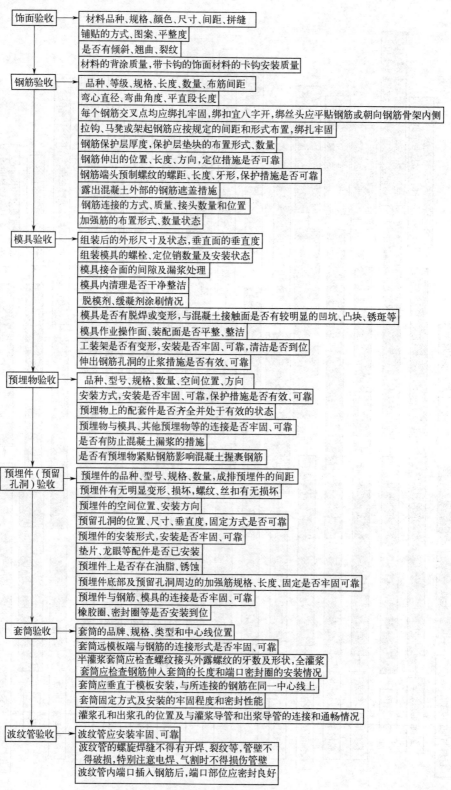

饰面验收 →
- 材料品种、规格、颜色、尺寸、间距、拼缝
- 铺贴的方式、图案、平整度
- 是否有倾斜、翘曲、裂纹
- 材料的背涂质量、带卡钩的饰面材料的卡钩安装质量

钢筋验收 →
- 品种、等级、规格、长度、数量、布筋间距
- 弯心直径、弯曲角度、平直段长度
- 每个钢筋交叉点均应绑扎牢固,绑扣宜八字开,绑丝头应平贴钢筋或朝向钢筋骨架内侧
- 拉钩、马凳或架起钢筋应按规定的间距和形式布置,绑扎牢固
- 钢筋保护层厚度,保护层垫块的布置形式、数量
- 钢筋伸出的位置、长度、方向,定位措施是否可靠
- 钢筋端头预制螺纹的螺距、长度、牙形,保护措施是否可靠
- 露出混凝土外部的钢筋遮盖措施
- 钢筋连接的方式、质量、接头数量和位置
- 加强筋的布置形式、数量状态

模具验收 →
- 组装后的外形尺寸及状态,垂直面的垂直度
- 组装模具的螺栓、定位销数量及安装状态
- 模具接合面的间隙及漏浆处理
- 模具内清理是否干净整洁
- 脱模剂、缓凝剂涂刷情况
- 模具是否有脱焊或变形,与混凝土接触面是否有较明显的凹坑、凸块、锈斑等
- 模具作业操作面、装配面是否平整、整洁
- 工装架是否有变形,安装是否牢固、可靠,清洁是否到位
- 伸出钢筋孔洞的止浆措施是否有效、可靠

预埋物验收 →
- 品种、型号、规格、数量、空间位置、方向
- 安装方式,安装是否牢固、可靠,保护措施是否有效、可靠
- 预埋物上的配套件是否齐全并处于有效的状态
- 预埋物与模具、其他预埋物等的连接是否牢固、可靠
- 是否有防止混凝土漏浆的措施
- 是否有预埋物紧贴钢筋影响混凝土握裹钢筋

预埋件(预留孔洞)验收 →
- 预埋件的品种、型号、规格、数量,成排预埋件的间距
- 预埋件有无明显变形、损坏,螺纹、丝扣有无损坏
- 预埋件的空间位置、安装方向
- 预留孔洞的位置、尺寸、垂直度,固定方式是否可靠
- 预埋件的安装形式,安装是否牢固、可靠
- 垫片、龙眼等配件是否已安装
- 预埋件上是否存在油脂、锈蚀
- 预埋件底部及预留孔洞周边的加强筋规格、长度、固定是否牢固可靠
- 预埋件与钢筋、模具的连接是否牢固、可靠
- 橡胶圈、密封圈等是否安装到位

套筒验收 →
- 套筒的品牌、规格、类型和中心线位置
- 套筒远模板端与钢筋的连接形式是否牢固、可靠
- 半灌浆套筒应检查螺纹接头外露螺纹的牙数及形状,全灌浆套筒应检查钢筋伸入套筒的长度和端口密封圈的安装情况
- 套筒应垂直于模板安装,与所连接的钢筋在同一中心线上
- 套筒固定方式及安装的牢固程度和密封性能
- 灌浆孔和出浆孔的位置及与灌浆导管和出浆导管的连接和通畅情况

波纹管验收 →
- 波纹管应安装牢固、可靠
- 波纹管的螺旋焊缝不得有开焊、裂纹等,管壁不得破损,特别注意电焊、气割时不得损伤管壁
- 波纹管内端口插入钢筋后,端口部位应密封良好

图 4.25　预制构件生产隐蔽工程验收内容

② 隐蔽工程验收流程。构件生产时隐蔽工程应在混凝土浇筑之前，由驻厂监理工程师及专业质检人员进行验收，未经隐蔽工程验收不得浇筑混凝土。隐蔽工程验收流程如图 4.26 所示。

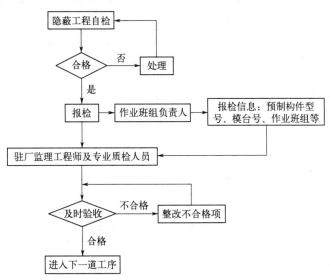

图 4.26　预制构件生产隐蔽工程验收流程

4.2　预制混凝土构件储运

4.2.1　场内驳运

4.2.1.1　场内运输

(1) 运输装备

1) 构件装卸设备

吊具应根据计算选用，选取最大单体构件重量（不利状况的荷载取值），应确保预埋件与吊具的安全使用。

构件预埋吊点有吊钩、吊环、可拆卸埋置式以及型钢等形式。单件构件吊具吊点应设置在起吊合力点与构件重心尽量重合的位置，可保证吊钩竖直受力和构件平稳；过大、过宽、过重的构件，可用多点起吊方式。

2) 构件运输车辆

根据产品存放、现场安装的施工顺序、运输量需求、构件的形状、数量、重量，装卸时的机械能力，道路状况（限高、限宽、载重量限制、转弯半径限制等）、交通规则等来选定使用车辆。

根据构件尺寸、重量要求（见表 4.1），可选用重型、中型载货汽车（见图 4.27），构件竖放运输可选用低平板车，使构件上限高度低于限高高度。

图 4.27　预制梁、柱、板的平式运输

表 4.1　装配式建筑构件部品部件运输限制值

情况	限制项目	限制值	部品部件最大尺寸与质量		
			普通车	低底盘车	加长车
正常情况	高度/m	4	2.8	3	3
	宽度/m	2.5	2.5	2.5	2.5
	长度/m	13	9.6	13	17.5
	质量/t	40	8	25	30
特殊审批情况	高度(从地面算起总高度)/m	4.5	3.2	3.5	3.5
	宽度(货物总宽度)/m	3.75	3.75	3.75	3.75
	长度(货物总长度)/m	28	9.6	13	28
	质量(货物总质量)/t	100	8	46	100

注：本表未考虑桥梁、隧洞、人行天桥、道路转弯半径等条件对运输的限值。

(2) 厂内运输

预制构件在厂区内运输，主要有两种方式：起重机转运、摆渡车运输。可根据运输车辆和构件类型的尺寸，采用最佳组合运输方法，提高运输效率和节约成本。

1) 起重机运输

吊运线路应事先设计（起重机驾驶员应当参加），避开人工作业区域，确定后应当向驾驶员交底。吊运过程中要有指挥人员，吊运速度应当控制以避免构建大幅度摆动，吊运高度要高于设备和人员，吊运线路下禁止工人作业，起重机打开警报器。

运输时，因构件脱模后强度尚未达到设计要求，需注意避免构件受力过大，造成破坏。开口构件在脱模吊装运输过程中需设置临时加固措施。

2) 基本要求

① 装卸及运输过程，应考虑车体平衡。

② 运输过程，应采取防止构件移动或倾覆的可靠固定措施。运输竖向薄壁构件时，宜设置临时支架。

③ 预制柱、梁、叠合楼板、阳台板、楼梯、空调板，宜采用平放运输；预制墙板宜采用竖直立放运输。

④ 构件边角部及构件与捆绑、支撑接触处，宜采用柔性垫衬加以保护。

⑤ 现场运输道路应平整，并应满足承载力要求。

4.2.1.2　存放方式

预制构件存放是预制构件制作过程的一个重要环节，存放不当会造成预制构件断裂、裂缝、翘曲、倾倒等质量和安全问题。不应将预制工厂成品堆放场地（见图4.28）仅仅看成是

图 4.28　构件成品堆场布置

存储构件成品的地方，因为构件的质量检查、修补、粗糙面处理、表面装饰处理等作业都需要在这里完成。

(1) 堆放场地

室外场地的面积是制作车间面积的 1.5～2 倍为宜。

① 场地应平整（避免地面凹凸不平）、坚实（宜用钢筋混凝土硬化地面、草皮砖地面），且应有良好的排水措施，防止雨天积水后不能及时排泄，导致预制构件浸泡在水中，污染预制构件。

② 宜根据工地预制构件安装顺序分区存放，实行分区管理和信息化管理。

③ 预制构件存放场地应在门式起重机可以覆盖的范围内，应当方便运输预制构件的大型车辆装车和出入，并留出通道（不宜密集存放）。路基压实度不小于 90%，面层建议采用 15cm 厚 C30 钢筋混凝土，钢筋采用 Φ12@150 双向布置。

④ 预制构件的堆放要符合吊装位置的要求，要事先规划好不同区位的构件的堆场，尽量放置在能吊装区域，避免吊车移位，造成工期的延误。

⑤ 根据不同预制构件堆垛层数和构件的重量，规划储存场地的地基承载力。

(2) 存放方式

工厂内预制构件一般按品种、规格、型号、检验状态（合格、待修和不合格）分类存放，成品应标识如工程名称、构件符号、生产日期、检查合格标志等。

不同的预制构件有不同的存放的方式和要求，常用构件存放方法有平放、竖放两种（见表 4.2）。预制构件的存放要注意的事项有：

表 4.2 不同构件存放方式

存放方式	适用构件				注意事项
	墙板	梁	楼板、屋面板、柱	立体构件	
平放	—	●	●	根据各自的形状和配筋选择合适的储存方法	(1)垫木木材或钢材制作并列放置2根,放上构件后可在上面放置同样的垫木,一般不宜超过6层。 (2)垫木必须放置在同一条线上。避免错位使构件承受弯曲应力和剪切力
竖放	●	—	●		(1)铺设地面要修成粗糙面,防止搁置架滑动。 (2)保持构件垂直或成一定角度,并且使其保持平衡状态

① 构件不要进行急剧干燥，以防止影响混凝土强度的增长。

② 采取保护措施，保证构件不发生变形、防止构件被污染及外观受损。连接止水条、高低口、墙体转角等薄弱部位，应采用定型保护垫块或专用式套件做加强保护。

③ 堆放构件时（见图 4.29）应在构件与地面之间留有空隙，避免与地面直接接触，须放置在木材或软性材料（如橡胶或塑料垫板）的支垫上；重叠堆放每层构件间，垫木或垫块应在同一垂直线上，否则会对构件产生一定的弯、剪力，严重时会对预制构件产生破坏；垫支垫的位置，宜与脱模、吊装时的起吊位置一致。

④ 堆垛每垛预制构件之间应留有一定距离，相邻两垛之间距离不宜小于 200mm；堆垛之间宜设置通道。

⑤ 预制外墙板宜采用插放或靠放，堆放架应有足够的承载力和刚度，并应支垫稳固；靠放架立放的构件，宜对称靠放且外饰面朝外，与地面倾斜角度宜大于 80°；宜将相邻堆放架连成整体，必要时应设置防止构件倾覆的支撑架。各种堆放架形式如图 4.30 所示。

⑥ 预制构件堆放时应预埋吊件向上，标志宜朝向堆垛间的通道。

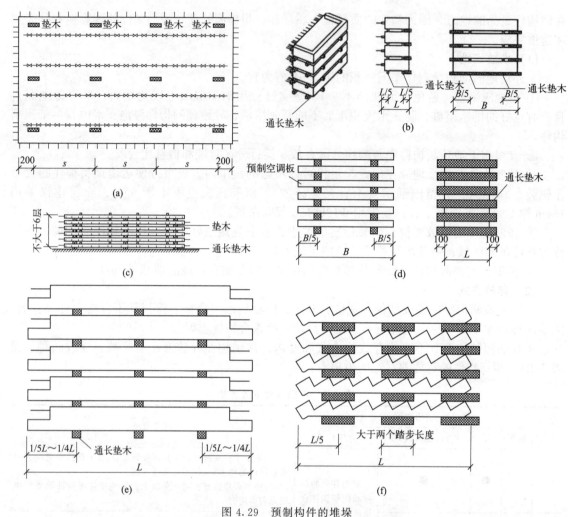

图 4.29　预制构件的堆垛

（a）预制叠合板垫木摆放平面图；（b）预制阳台板堆垛；
（c）预制叠合板堆垛立面图；（d）预制空调板堆垛；（e）预制女儿墙堆垛；（f）板式楼梯堆垛

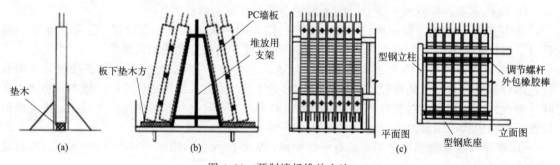

图 4.30　预制墙板堆放方法

（a）插放架堆垛；（b）背靠架堆垛；（c）联排插放架堆垛

⑦ 堆垛层数应根据构件自身荷载、地坪、垫木或垫块的承载能力、堆垛的稳定性确定。

⑧ 长时间储存时，要对金属配件、埋件、外伸钢筋等，按不同的环境类别进行防护（防

腐防锈）处理。

⑨ 构件成品外露保温板应采取防止开裂措施；外露钢筋应采取防弯折措施；钢筋连接套筒、预埋孔洞（如预埋螺栓孔），应采取防止堵塞的临时封堵措施，并可避免冬期裸露的非贯穿孔洞容易堆积冰雪，进而导致预制构件受冻胀裂。

（3）成品预制构件仓库

根据库存区域规划（见表 4.3）绘制仓库平面图，表明各类产品存放位置，并贴于明显处。成品预制构件出入库流程，如图 4.31 所示。

表 4.3　成品仓库区域规划

序号	规划区域	区域说明
1	装车区域	构件备货、物流装车区域
2	不合格区域	不合格构件暂存区域
3	库存区域	合格产成品入库储存重点区域，区内根据项目或产成品种类进行规划
4	工装夹具放置区	构件转运、装车需要的相关工装放置区

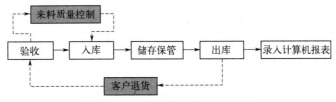

图 4.31　成品预制构件出入库流程

① 依照产品特征、数量、分库、分区、分类存放，按"定置管理"的要求做到定区、定位、定标识。

② 库存成品标识，包括产品名称、编号、型号、规格、现库存量，由仓管员用"存货标识卡"做出。

③ 库存摆放，应做到检点方便、成行成列、堆码整齐，货架与货架之间有适当间隔，码放高度不得超过规定层数，以防损坏产品。

④ 建立健全岗位责任制，坚持做到人各有责，物各有主，事事有人管；库存物资如有损失、贬值、报废、盘盈、盘亏等。

（4）构件的存储方案

构件的存储方案在制定时应重点说明以下内容。

① 预制构件的存储方式：根据预制构件的外形尺寸（叠合板、墙板、楼梯、梁、柱、飘窗、阳台等）可以把预制构件的存储方式分成叠合板、墙板专用存放架存放，楼梯、梁、柱、飘窗、阳台叠放几种储放。

② 设计制作存储货架：根据预制构件的重量和外形尺寸进行设计制作，且尽量考虑运输架的通用性。

③ 计算构件的存储场地：根据项目包含构件的大小、方量、存储方式、调板、装车便捷及场地的扩容性情况，划定构件存储场地和计算出存储场地面积需求。

④ 计算相应辅助物料需求：根据构件的大小、方量、存储方式计算出相应辅助物料需求（存放架、木方、槽钢等）数量。

⑤ 构件储放工装、治具：构件在驳运、储存、运输过程中，需要各种相应的工装和治具，如表 4.4 所示。

表 4.4   预制构件常用储放工装、治具

工装/治具	工作内容
龙门吊	构件起吊、装卸、调板
外雇汽车吊	构件起吊、装卸、调板
叉车	构件装卸
吊具	叠合楼板构件起吊、装卸、调板
钢丝绳	构件（除叠合板）起吊、装卸、调板
存放架	墙板专用存储
转运车	构件从车间向堆场转运
专用运输架	墙板转运专用
木方（100mm×100mm×250mm）	构件存储支撑
工字钢（110mm×110mm×3000mm）	叠合板存储支撑

⑥ 垫方或垫块。垫方或垫块的选择和使用可参照表 4.5。

表 4.5   垫方、垫块的各种类型

形式	用途	规格
枕木（或方木）	常用于柱、梁等较重预制构件的支垫	根据预制构件重量选用适宜的规格质地致密的硬木
垫木	多用于楼板等平层叠放的板式构件及楼梯	木方截面一般采用 100mm×100mm，长度根据具体情况选用
木板	支垫叠合楼板等预制构件	厚度不宜小于 20mm
混凝土垫块	可用于楼板、墙板等板式预制构件平叠存放的支垫	尺寸一般不小于 100mm，混凝土强度不宜低于 C40
隔垫软垫	放置在垫方与垫块上面，用于保护预制构件表面	采用白橡胶皮等不会掉色的软垫

(5) 叠合楼板存放

① 应按同项目、同规格、同型号分别叠放。叠合楼板宜平放，叠放不宜超过 6 层，高度不超过 1.5m。不宜混叠以避免造成裂缝等。

② 一般存放时间不宜超过 2 个月，当需要长期（超过 3 个月）存放时，存放期间应定期监测楼板的翘曲变形情况，发现问题及时采取措施。

③ 应根据存放场地情况和发货要求，进行合理的安排布置。若存放时间较长，可将同一规格、型号的楼板存放在一起；若存放时间较短，可将同一楼层和接近发货时间的叠合楼板按同规格、型号存放在一起。

④ 楼板存放要保持水平稳定，底部应放置垫木或混凝土垫块。第一层叠合楼板应放置在 H 型钢（型钢长度根据通用性一般为 3000mm）上，保证桁架钢筋与型钢垂直，型钢距构件边 500～800mm。层间用 4 块 100mm×100mm×250mm 的木方隔开，四角的 4 个木方平行于型钢放置（见图 4.32）。

楼板下的垫木或垫块应能承受上部所有荷载而不致损坏，垫木或垫块厚度应高于吊环或支点，各层支点在纵横

图 4.32   叠合楼板存放

方向上均应在同一垂直线上。

　　支点位置设置原则（见图 4.33）：a. 设计给出了支点位置或吊点位置的，应以设计为准；设计位置因某些原因不能设为支点时，调整范围宜在以此位置为中心不超过叠合楼板长宽各 1/20 半径内。b. 设计未给出支点或吊点位置的，宜在叠合楼板长度和宽度方向的 1/5～1/4 处设置支点。c. 形状不规则的叠合楼板，支点位置应经计算确定。d. 当采用多个支点存放时，可按受力情况设置支点。

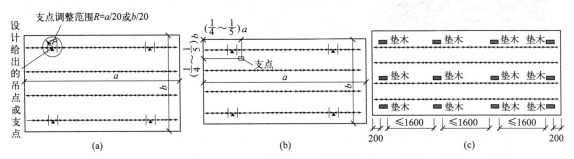

图 4.33　叠合预制板支点位置

（a）调整设计给出的支点位置；（b）确定设计没给出的支点位置；（c）多支点垫木布置位置

　　⑤ 确保全部支点的上表面在同一平面上（避免边缘支垫低于中间支垫，导致形成过长的悬臂，产生较大的负弯矩裂缝）；且应保证各支点的固实，不得出现压缩或沉陷等现象。

　　⑥ 当存放场地地面的平整度无法保证时，最底层叠合楼板下面禁止使用木条通长整垫，避免因中间高两端低导致楼板断裂。

　　⑦ 叠合楼板上不得长时间放置重物或施加外部荷载，避免造成叠合楼板的明显翘曲。

（6）楼梯存放

　　在楼梯上存放宜平放，叠放层数不宜超过 4 层，应按同项目、同规格、同型号分别叠放（见图 4.34）。起吊时各吊点要协调平衡，防止端头磕碰。应合理设置垫块位置，确保楼梯存放稳定，支点与吊点位置须一致。采用侧立存放方式时应做好防护，防止倾倒。

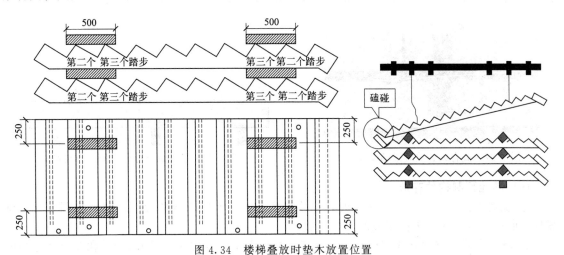

图 4.34　楼梯叠放时垫木放置位置

（7）内外剪力墙板、外挂墙板存放

　　① 对侧向刚度差、重心较高、支承面较窄的构件，宜采用插放（用存放架立式存放，见

图 4.35 墙板立放在存放架中

图 4.35）或靠放（用靠放架立式存放）的存放方式。

② 存放架及支撑挡杆应有足够的刚度，位置可调、限位装置可靠，应靠稳垫实；靠放架应具有足够的承载力度，应放平稳，靠放时必须对称靠放和吊运，构件与地面倾斜角度宜大于 80°，构件上部宜用木块隔开，靠放架的高度应为构件高度的 2/3 以上，底部横挡上面和上横杆外侧面应加 5mm 厚的橡胶皮，有饰面的墙板采用靠放架立放时饰面需朝外。

③ 采用立式存放时，对薄弱构件、构件的薄弱部位、门窗洞口，应采取防止变形开裂的临时加固措施。

（8）梁和柱存放

梁和柱宜平放，具备叠放条件的，叠放层数不宜超过 3 层。

宜用枕木（或方木）作为支撑垫木，支撑垫木应置于吊点下方（单层存放）或吊点下方的外侧（多层存放）。两个枕木（或方木）之间的间距不小于叠放高度的 1/2。各层枕木（或方木）的相对位置应在同一条垂直线（见图 4.36），避免构件顶面产生负弯矩裂缝。

叠合梁最合理的存放方式是梁两端两点支撑（见图 4.37），避免中间支撑过高使梁顶面产生负弯矩裂缝（见图 4.38）；当不得不采用多点支撑时，应先以两点支撑就位放置稳妥后，再在梁底需要增设支点的位置，放置垫块并撑实或在垫块上用木楔塞紧。

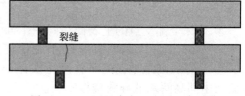

图 4.36 上下层支点不在同一条垂线

柱存储应放在指定的存放区域，存放区域地面应保证水平。柱需分型号码放、水平放置（见图 4.39）。第一层柱应放置在 H 型钢（型钢长度根据通用性一般为 3000mm）上，保证长度方向与型钢垂直，型钢距构件边 500～800mm，长度过长时应在中间间距 4m 放置一个 H 型钢。层间用块为 100mm×100mm×500mm 的木方隔开，保证各层间木方水平投影重合于 H 型钢。

图 4.37 叠合梁叠放时梁端支撑点

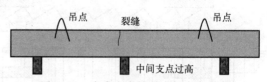

图 4.38 多支点支撑时中间支点过高

（9）其他预制构件存放

① 规则平板式的空调板、阳台板等存放方式及要求参照叠合楼板；不规则的阳台板、挑檐板、曲面板等，采用单独平放的方式存放。

② 飘窗应采用支架立式存放，或加支撑、拉杆固定的方式（见图 4.40）。飘窗下部适当位置、墙体重心位置处、两端距墙边 300mm 处各放一块 100mm×100mm×250mm 的木方。

③ 梁柱一体三维预制构件存放，应当设置防止倾倒的专用支架。

④ 大型预制构件、异形预制构件，须按照存放设计方案执行。

图 4.39　预制柱水平存放

图 4.40　飘窗立式存放在支架上

(10) 预制构件的不合格品及废品

应存放在单独区域，并做好明显标识，严禁与合格品混放。

4.2.1.3　起吊装车

(1) 起吊方式

1）吊点

构件单件尺寸有大小之分，过大、过宽、过重的构件采用多点起吊方式，选用横吊梁（见图 4.41）可以分解、均衡吊车两点起吊问题。

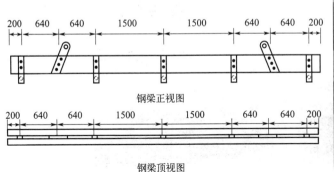

图 4.41　横吊梁

单件构件吊具的吊点设置在构件重心位置，可保证吊钩竖直受力和构件平稳（见图 4.42）。吊具应根据计算选用，取最大单体构件重量，即不利状况的荷载取值，以确保预埋件与吊具的安全使用。

预埋件吊点形式多样，有吊钩、吊环、可拆卸埋置式以及型钢等形式，吊点可按构件具体状况选用。

2）预制构件现场翻转

翻转是预制构件起吊堆放、装车运输、工地堆放中必须完成的一项工作，在构件翻转时一般用 4 根吊索，即两长两短加两只手动葫芦，起吊前将吊索调整到相同长度，带紧吊索。将预制构件吊离地面，然后边起高预制构件边松手动葫芦，到预制构

图 4.42　构件起吊装车

件拎直，松去预制构件下面带葫芦吊索，把预制构件吊到钢架上，如图 4.43 所示。

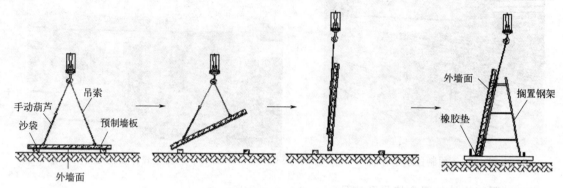

图 4.43　预制构件起吊翻转工艺

（2）装车方向

选择装车方式（见图 4.44）时，要注意运输时的安全，根据断面和配筋方式采取不同的措施防止出现裂缝等现象，还需要考虑搬运到现场之后的施工性能等。

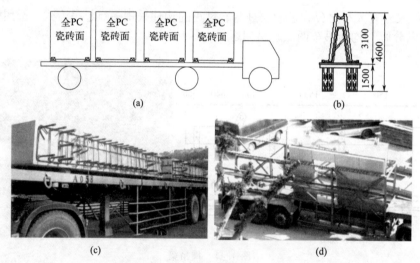

图 4.44　预制构件装车方向
（a）车侧面；（b）车尾面；（c）构件横向装车；（d）构件纵向装车

横向装车时，要采取措施防止构件中途散落；竖向装车时，要事先确认所经路径的高度限制，确认不会出现问题。另外，还要采取措施防止运输过程中构件倒塌。

柱、墙、楼面板构件可采用横向或竖向装车方式；梁构件通常采用横向装车方式，并采取措施防止运输过程中构件散落或损坏（见图 4.45）。

其他构件（楼梯、阳台和各种半预制构件）因为形状和配筋各不相同，要分别考虑不同的装车方式。

装车完毕，应采用辊绳将预制构件与支架和车辆固定，辊绳与预制构件边角处应垫上钢包角。运输过程中为了防止构件发生摇晃或移动，要用钢丝或夹具对构件进行充分固定。

（3）装车要求

① 装车要避免超高、超宽、超重（否则应办理准运手续，在运输车上放置明显的警示灯

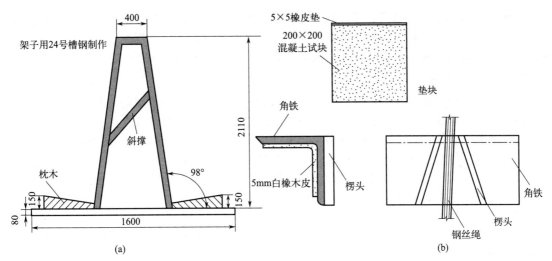

图 4.45　平板装车专用支架及保护装置
（a）架子详图；（b）平板装车专用保护器

和警示标志），做好配载平衡和对场地荷载对称均匀，避免在装车或卸车时发生倾覆。

② 考虑运输时外力影响，防止货物倾塌，梁、柱构件通常采用平放装车运输方式，也要采取措施防止运输过程中构件散落。根据构件配筋决定台木的放置位置，防止构件运输过程中产生裂缝。

③ 墙板装车时应采用竖直或侧立靠放运送的方式，运输车上应配备专用运输架，并固定牢固，同一运输架上的两块板应采用背靠背的形式竖直立放，上部用花篮螺栓互相连接，两边用斜拉钢丝绳固定。

④ 叠合板应采用平放运输，每块叠合板用 4 块木块作为搁支点，木块尺寸要统一，长度超过 4m 的叠合板应设置 6 块木块作为搁支点（板中应比一般板块多设置 2 个搁支点，防止预制叠合板中间部位产生较大的挠度），叠合板的叠放应尽量保持水平，叠放数量不应多于 6 块，并且用保险带扣牢。

⑤ 其他构件包括楼梯构件、阳台构件和各种半预制构件等。因为各种构件的形状和配筋各不相同，所以要分别考虑不同的装车方式。选择装车方式时，要注意运输时的安全，根据断面和配筋方式采取不同的措施防止出现裂缝等现象，还需要考虑搬运到现场之后的施工性能等。阳台板、楼梯应采用平放运输，用槽钢做搁支点并用保险带扣牢，必须单块运输，不得叠放。

⑥ 装车时要避免构件扭曲、损伤，避免损伤产品，垫块（支撑点）上应放置垫板（见图 4.46），并保持清洁；装车应尽量采用便于现场卸货的方法。

装车完毕后，应对产品的外观是否有破损、垫块是否放在指定位置、构件位置固定是否稳定、密封条粘贴部位是否脱胶破损等，进行最终检查确认。

图 4.46　构件之间的垫块及保护垫板

4.2.2　预制构件运输

预制混凝土构件往往是在远离施工安装现场的预制工厂进行预制，然后运至现场进行安装，必须正确选定运输工具和方式，以确保构件运输质量和运输安全。

装配式预制构件种类较多，且每种类型又包含有多种型号，为了保证运输过程中预制构件的完整性，运输时应按其不同形状及受力形式选择运输方式，并应根据构件类型设置专用运输架，并制定合理的措施以防止构件在运输时受损，车辆在行驶过程中要注意平稳。

4.2.2.1 运输方式

预制构件运输通常有水平运输、立式运输两种方式，对于一些小型构件和异型构件，多采用散装方式进行运输。异形预制构件及大型预制构件，须按设计要求确定可靠的运输方式。

运输时要防止构件发生裂缝、破损和变形等，关键在于选择运输车辆和运输台架。选择适合构件运输的运输车辆和运输台架；装车和卸货时要小心谨慎；运输台架和车斗之间要放置缓冲材料，长距离运输时，需对构件进行包框处理，防止造成边角的缺损；运输过程中为了防止构件发生摇晃或移动，要用钢丝或夹具对构件进行充分固定。

(1) 立式运输

多用于内、外墙板（单层墙板、长形墙板）等竖向预制构件运输。在低底盘平板车上放置专用运输架，墙板对称靠放或者插放（见图4.47）在运输架上。立式运输的优点是装卸方便、装车速度快、运输时安全性较好；缺点是预制构件的高度或运输车底盘较高时可能会超高，在限高路段无法通行。

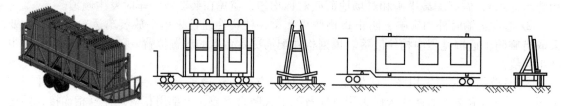

图 4.47 预制墙板在低底盘平板车上插放在专用运输架

(2) 水平运输

叠合楼板、阳台板、楼梯及梁、柱等预制构件通常采用水平运输方式，是将预制构件单层平放或叠层平放（见图4.48）在运输车上进行运输。水平运输的优点是装车后重心较低、运输安全性好、一次能运输较多的预制构件；缺点是对运输车底板平整度、装车时支垫位置、支垫方式、装车后的封车固定等要求较高。

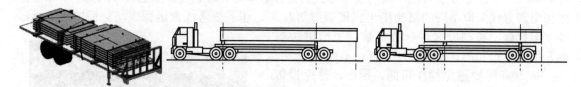

图 4.48 预制叠合楼板水平叠放在运输车上

梁、柱等预制构件叠放层数不宜超过3层；叠合楼板等板类预制构件叠放层数不宜超过6层（见图4.49），不影响质量安全时可到8层，按产品的尺寸大小堆叠；预制楼梯叠放层数不宜超过4层；预应力板堆叠8～10层；叠合梁堆叠2～3层，最上层的高度不能超过挡边一层。

长度在6m左右的钢筋混凝土柱可用一般载重汽车运输，较长的柱则用拖车运输。拖车运长柱时，柱的最低点至地面距离不宜小于1m，柱的前端至驾驶室距离不宜小于0.5m。

柱在运输车上的支垫方法，一般用两点支承（见图4.50）。如柱较长，采用两点支承柱的抗弯能力不足时，应用平衡梁三点支承，或增设一个辅助垫点。

图 4.49　叠合楼板、楼梯装车叠放层数

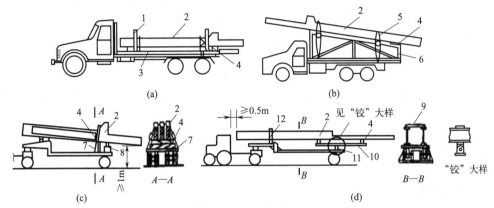

图 4.50　预制柱运输方法
（a）载重汽车上设置平架运短柱；（b）用拖车两点支承运长柱；
（c）拖车上设置"平衡梁"三点支承运长柱；（d）拖车上设置辅助热点（擎点）运长柱

1—运架立柱；2—柱；3—运架；4—垫木；5—钢丝绳；6—捌链；

7—平衡梁；8—铰；9—支架（稳定柱子用）；10—支架；11—辅助垫点；12—捆绑捌链和钢丝绳

4.2.2.2　制定运输方案

运输应根据运输内容确定运输路线，事先征得各有关部门许可。需要根据运输构件实际情况，装卸车现场及运输道路的情况，施工单位或当地的起重机械和运输车辆的供应条件以及经济效益等因素综合考虑，最终选定运输方法、起重机械（装卸构件用）、运输车辆、运输路线、承运人员配置、预制构件保护措施等。

（1）合理运输半径

这里以一个实际工程为示例，说明合理运输半径的确定方法。

1）合理运距的测算：主要是以运输费用占构件销售单价比例为考核参数，通过运输成本和预制构件合理销售价格分析，可以较准确地测算出运输成本占比与运输距离的关系（见表 4.6），根据国内平均或者世界上发达国家占比情况，反推合理运距。

表 4.6　预制构件合理运输距离示例

序号	项目	近距离	中距离	较远距离	远距离	超远距离
1	运输距离/km	30	60	90	120	150
2	运费/(元/车)	1100	1500	1900	2300	2700
3	平均运量/(m³/车)	9.5	9.5	9.5	9.5	9.5
4	平均运费/(元/m³)	115.8	157.9	200.0	242.1	284.2
5	水平预制构件市场价格/(元/m³)	3000	3000	3000	3000	3000

序号	项目	近距离	中距离	较远距离	远距离	超远距离
6	水平运费占构件销售价格比例/	3.86	5.26	6.67	8.07	9.47

注　1.表中运费参考了近几年的实际运费水平。

2.预制构件按每立方米综合单价平均3000元计算（水平构件较为便宜，约为2400~2700元；外墙、阳台板等复杂构件约为3000~3400元）。

3.以运费占销售额8%估计的合理运输距离约为120km。

2）合理运输半径测算：因运输距离还与运输路线相关，而运输路线往往不是直线，运输距离还不能直观地反映布局情况，故提出了合理运输半径的概念。根据预制构件运输经验，实际运输距离平均值比直线距离长20%左右，因此将构件合理运输半径确定为合理运输距离的80%较为合理。

因此，示例中若以运费占销售额8%估算，合理运输半径约为100km，意味着以项目建设地点为中心，以100km为半径的区域内的生产企业，其运输距离基本可以控制在120km以内，从经济性和节能环保的角度看，处于合理范围。

按预制构件运输与物流的实际情况，企业应积极研发预制构件的运输设备，提高标准化程度，改进存储和运输方式，在受道路、运输政策及市场环境影响的情况下，提高运输效率，降低构件专用运输车价格。

（2）运输线路

1）应按照客户指定的地点、货物的规格、重量，制定特定（事先得到各有关部门许可）的路线，确保运输条件与实际情况相符。

2）选择运输车辆合理的进入及退出路线，运输车辆须停放在指定地点、按指定路线行驶。

3）出发前对车辆及箱体进行检查；检查驾照、送货单、安全帽的配备；运输途中严禁超速、避免急刹车；工地周边停车必须停放在指定地点；工地及指定地点内车辆要熄火、刹车、固定，防止溜车。

（3）运输要求

1）应根据构件尺寸及重量要求选择运输车辆，装卸及运输过程应考虑车体平衡。运输时为了防止构件发生裂缝、破损和变形等，应选择合适的运输车辆和运输台架。重型、中型载货汽车，半挂车载物，高度从地面起不得超过4m，载运集装箱的车辆不得超过4.2m。构件竖放运输高度选用低平板车，可使构件上限高度低于限高高度。

2）运输过程应采取防止构件移动或倾覆的可靠固定措施。

3）运输竖向薄壁构件时，宜设置专用运输架；构件边角部位及构件与捆绑、支撑接触处，宜采用柔性垫衬加以保护。

4）预制柱、梁、叠合楼板、阳台板、楼梯、空调板宜采用平放运输。

5）预制墙板宜采用竖直立放运输，带外饰面的墙板装车时外饰面朝外并用紧绳装置进行固定。

6）现场驳运道路应平整，并应满足承载力要求。

（4）运输准备

1）设计并制作运输架：根据构件的重量和外形尺寸进行设计制作，且尽量考虑运输架的通用性。运输台架和车斗之间要放置缓冲材料，长距离或者海上运输时，需对构件进行包框处理，防止造成边角的缺损。

2）验算构件强度：对钢筋混凝土屋架和钢筋混凝土柱子等构件，根据运输方案所确定的条件验算构件在最不利截面处的抗裂度，避免在运输中出现裂缝。如有出现裂缝的可能，应进行加固处理。

3）清查构件：清查构件的型号、质量和数量，有无加盖合格印和出厂合格证书等。

4）勘察运输路线：在运输前再次对路线进行勘查，对于沿途可能经过的桥梁、桥洞、电缆、车道的承载能力，通行高度、宽度、弯度和坡度，沿途上空有无障碍物等实地考察并记载，制定出最佳顺畅的路线。如不能满足车辆顺利通行，应及时采取措施。此外，应注意沿途是否横穿铁道，如有应查清火车通过道口的时间，以免发生交通事故。

4.2.2.3　构件装卸

（1）首次装车前

首次装车前应与施工现场预先沟通，确认现场有无预制构件存放场地，制定合理运输计划，安排装车构件的种类、数量和顺序。如构件从车上直接吊装到作业面，装车时要妥善安排装车位置和顺序，按照现场吊装顺序来装车，先吊装的构件要放在外侧或上层。

（2）进行装卸时

进行装卸时应有技术人员等在现场指导作业，起吊前须检查确认吊索、吊具与预制构件连接可靠、安装牢固，严格按照设计吊点进行起吊。采取两侧对称装卸等措施，保证车体平衡。当构件有伸出钢筋时，装车超宽超长条件复核时，应考虑伸出钢筋的长度。

装车和卸货时要小心谨慎。控制吊运速度，避免造成构件大幅度摆动。吊运路线下方禁止有工人作业。

装车时构件下的垫木或垫块应按要求放置，异形偏心预制构件要充分考虑偏心位置，防止偏重。

（3）封车固定时

要有采取防止预制构件移动、侧倒或变形的固定措施，构件与车体或架子要用封车带绑在一起。

① 构件有可能移动的空间（构件之间、构件与车体之间、构件与架子之间）要用聚苯乙烯板或其他柔性材料进行隔垫，并有防止隔垫滑落的措施。保证车辆转急弯、紧急制动、上坡、颠簸时，构件不摩擦、不移动、不倾倒、不磕碰。

② 垫方采用木方上应放置白色胶皮；构件固定或封车的绳索，接触构件的表面要有柔性并不会造成污染的隔垫，以防滑移及防止垫方对预制构件造成污染或破损。

③ 运输架子（托架、靠放架、插放架）要保证强度、刚度和稳定性，并与车体固定牢固。

④ 靠放架立式运输时，构件底面应垫实，构件与底部支垫不得形成线接触。

⑤ 竖向薄壁预制构件须设置临时防护支架。夹芯保温板采用立式运输时，支承垫方、垫木应设置在内、外叶板的结构受力一侧。如夹芯保温板自重由内叶板承受，均应将存放、运输、吊装过程中的搁置点设于内叶板一侧（承受竖向荷载一侧），反之亦然。

⑥ 装箱运输时，箱内四周采用木材或柔性垫板填实，支撑牢靠。

4.2.3　半成品和成品保护

4.2.3.1　存放保护

（1）防止构件损伤。

① 预制件应按类型分开摆放，成品之间应有足够的空间，防止相互碰撞造成损坏。

② 构件应根据其受力情况确定支撑位置和方法，防止超过构件承载力或引起构件损伤；预制构件与刚性搁置点之间应设置柔性垫板，且垫板表面应有防止污染构件的措施。

③ 预制楼梯踏步口，宜铺设木条或其他覆盖形式保护。

④ 混凝土构件厂内起吊、运输时，混凝土强度必须符合设计要求；当设计无专门要求，对非预应力构件不应低于 15MPa，对预应力构件不应低于混凝土设计强度等级值的 75%，且不应小于 30MPa。

⑤ 预制构件在驳运、存放、出厂运输过程中起吊和摆放时，需轻起慢放，避免损坏。

⑥ 冬季制作构件，脱模后不宜马上放置到寒冷的室外，宜在车间内多放置几天，阴干构件后再运至室外。室外堆场存放的构件，有条件的应尽可能覆盖，防止雨雪后温度下降构件被冻裂，要把孔、洞、眼等用东西塞填上，防止雨雪进入发生冻胀，把混凝土胀裂。

(2) 防止构件表面污损。

① 预制外墙板面砖、石材、涂刷表面，可采用贴膜或用其他专业材料保护。

② 清水混凝土构件，边角宜采用倒角或圆弧角，棱角部分可采用角型塑料条进行保护，全过程进行防尘、防油、防污染、防破损。

③ 外墙门框、窗框和带外饰装饰材料的表面，宜采用塑料贴膜或者其他防护措施；预制 S 板门窗洞口线角宜用槽型木框保护。

④ 预制构件成品的外露保温板，应采取防止开裂措施。

⑤ 预制构件存放处 2m 范围内，不应进行电焊、气焊作业，以免污染产品。

(3) 金属部件保护。

① 外露预埋件和连接件等外露金属件，应按不同环境类别进行防护或防锈。暴露在空气中的预埋铁件应镀锌或涂刷防锈漆防锈，预埋螺栓孔应采用海绵棒进行填塞。

② 钢筋连接套筒、预埋孔洞，应采取防止堵塞的临时封堵措施。

③ 吊装用预埋螺栓孔保持清洁。

④ 露骨料粗糙面冲洗完成后，应对灌浆套筒的灌浆孔和出浆孔进行透光检查，并清理灌浆套筒内杂物。

4.2.3.2 运输过程中成品保护

(1) 运输时应根据预制构件种类，采取可靠的措施。

① 设置柔性垫板，避免预制构件边角部位或索链接触处混凝土损伤。

② 带外饰面的构件，用塑料薄膜包裹垫块，避免预制构件外观污染。

③ 墙板门窗框、装饰表面和棱角，采用塑料贴膜、塑料 U 形保护框或其他措施防护。

④ 竖向薄壁构件，设置临时防护支架。

⑤ 装箱运输时，箱内四周采用木材或柔性垫板填实，支撑牢固。

(2) 对于超高、超宽、形状特殊的大型预制构件，应根据构件特点采用不同的运输方式，托架、靠放架（预制构件临时堆放时，采用竖直立放或靠放的工具式堆放架）、插放架（临时放置预制构件时，采用竖直插入，并临时固定的堆放架）应进行专门设计，进行强度、稳定性和刚度验算，并采取必要的保护措施：

① 外墙板宜采用立式运输，外饰面层应朝外，梁、板、楼梯、阳台宜采用水平运输。

② 采用靠放架立式运输时，构件与地面倾斜角度宜大于 80°，构件应对称靠放，每侧不大于 2 层，构件层间上部采用木垫块隔离。

③ 采用插放架直立运输时，应采取防止构件倾倒措施，构件之间应设置隔离垫块。

④ 水平运输时，预制梁、柱构件叠放不宜超过 3 层，板类构件叠放不宜超过 6 层。

⑤ 构件运输时应绑扎牢固，防止移动或倾倒，搬运托架、车厢板和预制混凝土构件间应放置柔性材料，构件边角或者索链接触部位的混凝土应采用柔性垫衬材料保护；运输细长、异形等易倾覆构件时行车应平稳，并应采取临时固定措施。

4.2.3.3 外露钢筋保护

预制构件中的叠合楼板、墙板、柱、梁、与钢结构连接的预制楼梯等都有外露钢筋，在存放、运输过程中应对外露钢筋进行保护。

（1）防弯折措施。

① 按设计要求、规格、种类、合理的安全距离有序进行存放。采取防止预制构件移动、倾斜、变形等的固定措施，并用保护衬垫，防止钢筋互相干扰、碰撞导致弯折。

② 预制构件在驳运、存放过程中起吊和摆放时，需轻起慢放，避免损坏外露钢筋。

③ 墙板类预制构件需按要求使用托架、靠放架、插放架等存放，横向伸出较长钢筋没有支撑情况下，由于自身重量容易下弯，应设置支撑。

④ 主梁侧面伸出与次梁连接的钢筋、双向叠合板侧面伸出的钢筋，一般较细长，存放、运输过程特别容易弯折或损伤到其他预制构件，要做好保护、精心细致作业。

⑤ 剪力墙特别是夹芯保温板外叶板伸出的拉结件的固定钢丝等易损坏，需要注意防护。

（2）防腐防锈措施。

外露钢筋采用防锈漆或掺胶水泥进行多遍涂刷，用保护膜胶带缠绑牢固，对已套丝的直螺纹钢筋盖好保护帽或端头用胶带包好以防碰坏螺纹，达到防腐防锈的效果。

（3）装车运输时，要将伸出钢筋的长度计算在预制构件的总尺寸范围内，防止车厢空间不足造成钢筋刮碰；夜间运输时，预制构件伸出钢筋边缘处应粘贴反光带，避免损坏伸出钢筋甚至引发交通事故。

4.2.3.4 敞口、L形和其他异形构件保护

这些异形构件在脱模、吊装、运输过程中受力方向多变，构件易被拉裂，需设置临时加固措施。

（1）临时拉结杆

需要设置临时拉结杆的构件包括：断面面积较小且翼缘长度较长的L形折板、开洞较大的墙板、V形构件、半圆形构件、槽形构件等（见图4.51）。

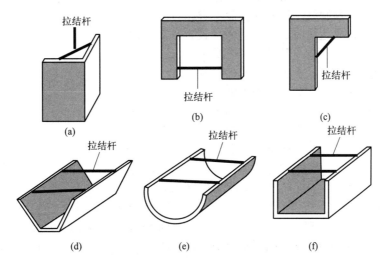

图 4.51 各种异形板的临时拉结加固
（a）L形折板；（b）大开口墙板；（c）平面L形板；（d）V形板；（e）半圆板；（f）槽形板

临时拉结杆的材料可以用角钢、槽钢，也可以用钢筋。

(2) 专用运输车

采用专用的运输车辆，是保证构件成品运输质量和安全的一个重要措施。

本章小结

1. 学习预制混凝土构件的工业化生产，重点在于决定生产与施工安装之间协同运作的深化设计、构件批量制作特点和过程，也是影响装配式建设顺利实施的关键，需要予以关注。如果希望了解预制构件的工厂建设、工厂化生产线、设备等更多的内容，应做扩展性阅读。

2. 预制混凝土构件储存和运输，是装配式工程建设的一个特殊环节，通过构件的驳运、存放、装车、运输、保护等环节的学习，能够基本掌握这个环节的运作和注意事项。

3. 预制构件工厂化生产的一个主要优势，就是能够更好地控制工程质量，通过学习能够理解和熟悉生产环节的相关要求和注意事项。

思考与练习题

1. 叠合板预埋件的放置应严格按图纸尺寸，位置偏差不能超过_____。
A. 8mm   B. 10mm   C. 12mm   D. 6mm

2. 对采用靠放架立放的构件，宜对称靠放且外饰面朝外，其倾斜角度宜大于_____。
A. 45°   B. 60°   C. 80°   D. 75°

3. 预制构件叠合面粗糙面可在_____进行施工。
A. 刚浇筑完混凝土时   B. 混凝土初凝前
C. 混凝土初凝后   D. 混凝土终凝后

4. 下列构件运输方式中，错误的做法是_____。
A. 外墙板宜采用水平运输，外饰面层应朝上
B. 梁、板、阳台、楼梯宜采用水平运输
C. 水平运输时，预制梁、柱构件叠放不宜超过 3 层
D. 采用插放架直立运输时，构件之间应设置隔离垫块

5. 预制构件存放过程中，下列做法错误的是_____。
A. 存放场地平整、坚实，并应有排水措施
B. 预埋吊件应朝上，产品标识牌应朝外
C. 合理设置垫块支点位置，支点应与起吊点位置错开
D. 预制梁、柱等细长构件应用两条垫木支撑平放

6. 构件起吊时，吊索水平夹角不宜小于_____，不应小于_____。
A. 45°，30°   B. 60°，30°   C. 60°，45°   D. 45″，60°

7. 预制构件的预埋件、插筋、预留孔的规格和数量应_____。
A. 全数检查   B. 检查全部数量的 25%
C. 检查全部数量的 75%   D. 检查全部数量的 50%

8. 水平运输时，预制梁、柱构件叠放层数不宜超过_____层，板类构件不宜超过_____层。
A. 3，6   B. 4，6   C. 5，5   D. 6，6

9. 钢筋桁架尺寸允许偏差规定中，正确的是_____。
A. 长度允许偏差为总长度的 ±0.3%，且不超过 ±10mm
B. 高度允许偏差为 +1mm，−5mm

C. 宽度允许偏差为±10mm

D. 扭翘不大于 10mm

10. 关于预制构件模具允许偏差的规定，下列说法错误的是_____。

A. 模具长度不大于 6m 时，允许偏差为－2～1mm

B. 模具长度大于 6m 时，允许偏差为 2～4mm

C. 墙板模具宽度允许偏差为－2～1mm

D. 墙板模具高度允许偏差为－2～ 1mm

【参考提示】

1. B	2. C	3. C	4. A	5. C	6. C
7. A	8. A	9. A	10. B		

第5章

装配式建筑混凝土构件安装施工

本章要点

1. 介绍预制构件施工现场安装的组织管理、技术要求。
2. 介绍预制构件安装施工的工艺过程、质量控制、安全管理。

学习目标

1. 熟悉预制构件安装流程、组织、计划、方案。
2. 掌握预制构件安装前的进场检查、临时堆放、设备设施、测量放样等技术准备要点。
3. 熟悉各种预制构件的安装工艺和要求等要点。
4. 掌握预制构件连接的技术工艺、接缝处理。
5. 熟悉构件安装的质量控制及质量问题处理、危险源及安全措施、绿色施工要求等。

【引言】

装配式结构可以连续地按顺序完成工程的多个或全部工序，从而减少进场的工程机械种类和数量、消除工序衔接的停歇时间、实现立体交叉作业、减少施工人员，从而提高工效、降低物料消耗、减少环境污染，为绿色施工提供保障。

预制装配式混凝土结构建筑的安装施工，其难点的核心是构件间的连接。预制构件之间水平接缝处出现渗漏现象，除需要加强接缝处的防水构造，还意味着存在非常危险的结构隐患。施工最关键的环节就是纵向钢筋的连接，其中关键之关键就是灌浆作业，灌浆必须到位饱满，绝不能敷衍应付，而酿成重大结构安全问题。

5.1 预制构件施工现场安装准备

5.1.1 施工组织与管理

5.1.1.1 施工组织

装配式建筑施工组织与管理部署，内容较现浇式建筑有很大不同（见图 5.1）。施工全周期策划包括：前期策划、中期实施、后期改进，前期策划越充分，后期实施越顺利。

(1) 前期策划

前期策划主要工作包括：图纸深化（见表 5.1）、施工方法、机械材料工具、平面布置。

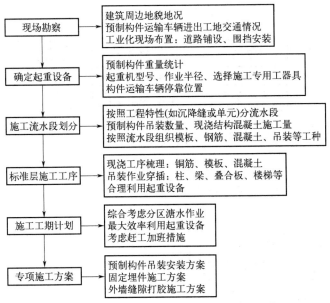

图 5.1　装配式建筑施工组织与管理基本部署

表 5.1　装配式建筑施工计划中应考虑的常见图纸深化内容

序号	项目	构件深化图纸深化内容	现场施工图纸深化内容
1	墙体斜支撑	(1)预制叠合板上的预留预埋斜撑固定点; (2)预制叠合板上斜撑固定点; (3)阴角处斜撑冲突的处理	(1)楼板空洞较多处,影响楼板处斜支撑预埋; (2)楼板预埋位置与墙体过近; (3)楼梯间斜撑固定点的预埋
2	外架	(1)是否与阳台及阳台支撑冲突; (2)是否与构件内的钢筋、水电管等冲突; (3)是否与模板及模板背楞冲突; (4)是否与斜撑预埋冲突	(1)考虑选择何种架体; (2)首次安装架体图
3	顶板支撑和阳台支撑	无	(1)顶板支撑形式的选择及排布图; (2)阳台支撑的形式选择及排布图; (3)预制梁支撑排布图
4	模板	(1)模板穿墙螺栓孔洞或套筒的预留预埋; (2)圈边龙骨托架固定位置孔洞或套筒预埋; (3)防漏浆企口的预留	(1)模板排版图; (2)特殊节点模板平立剖面图; (3)模板企口压条节点图
5	倒料平台	卸载孔洞的留置	无
6	放线空洞	预留放线孔洞	无

　　装配式结构施工前施工方应与设计方、生产方进行沟通(见图 5.2),应就施工措施性预留、预埋和各专业预留、预埋等内容向深化设计单位进行交底及协商,并将其成果以深化设计文件形式确定下来,经设计单位认可后作为后续施工的依据。同时应熟悉施工图纸,掌握关键连接节点技术细节,根据装配式工程特点编制施工组织设计及专项施工方案。

(2) 装配式建筑与传统现浇建筑施工对比

1) 施工内容不同

　　装配式建筑与传统现浇建筑相比,在施工上有很多不同(见图 5.3),需要对施工生产的组织和管理,在常规工作基础上,进行多方面的调整和提高。施工标准化、人员专业化、工艺程序化,这些都大大提高了装配式建筑施工过程中技术质量的有效性、安全防护的稳定性。

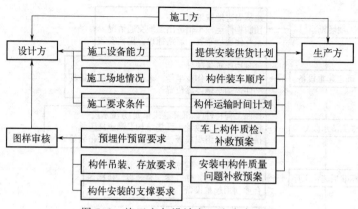

图 5.2　施工方与设计方、生产方沟通

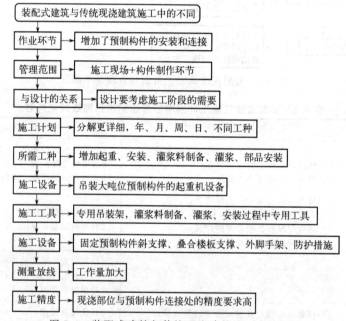

图 5.3　装配式建筑与传统现浇建筑施工中的不同

2）施工组织不同

装配式建筑施工组织与传统建筑项目除有相同内容外，还有很多特点（见图 5.4）。

3）施工方案不同

① 施工方案的内容应包括：构件安装及节点施工方案、构件安装的质量控制措施、安全措施等。

② 施工方案重点内容有：起重机的选择（决定起重设备的因素为作业半径、构件重量、施工进度、场地行车道路）、构件及部品进场质量检查、吊装方案、支撑系统方案、灌浆工程专项方案、安全技术交底的完整性等。

工业化项目施工方案，以起重设备为主导因素进行整个施工现场布置（见图 5.5），施工以构件安装为主线，其他现浇传统施工为辅。

③ 装配式结构工程专项施工方案包括：模板与支撑专项方案、钢筋专项方案、混凝土专项方案及预制构件安装专项方案等。装配式结构专项方案内容主要包括：整体进度计划、预制

图 5.4　装配式建筑施工组织特点内容

构件运输、施工场地布置、构件安装、施工安全、质量管理、绿色施工与环境保护措施。装配式结构工程专项施工方案所涉及的具体内容至少应包括：塔吊布置及附墙、预制构件吊装及临时支撑方案、后浇部分钢筋绑扎及混凝土浇筑方案、构件安装质量及安全控制方案；若采用钢筋套筒灌浆接头连接工艺，明确钢筋灌浆连接接头施工操作要点、质量控制措施。

4）工艺流程不同

预制装配式工程施工工艺流程与传统建筑施工有很大不同，一般施工工艺如图 5.6 所示。

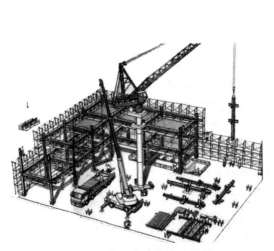

图 5.5　装配式建筑施工现场

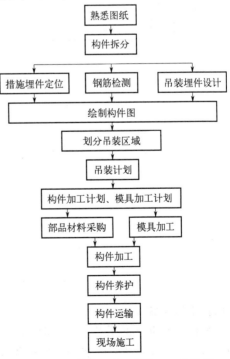

图 5.6　预制装配式工程施工工艺流程

5.1.1.2 施工流程

（1）基本流程

由于工程所选用的不同的建筑平面、不同的施工机械布置、不同的施工人员及不同的施工安装单位，均应根据具体工程实际情况（施工工期计划、措施性投入量及工程经济性等因素）对作业流程进行安排和调整，形成不同的流程。不同结构体系，预制构件安装施工与现浇施工需要配合，施工流程及施工工序各不相同。

装配式框架结构施工工艺流程如图 5.7 所示。

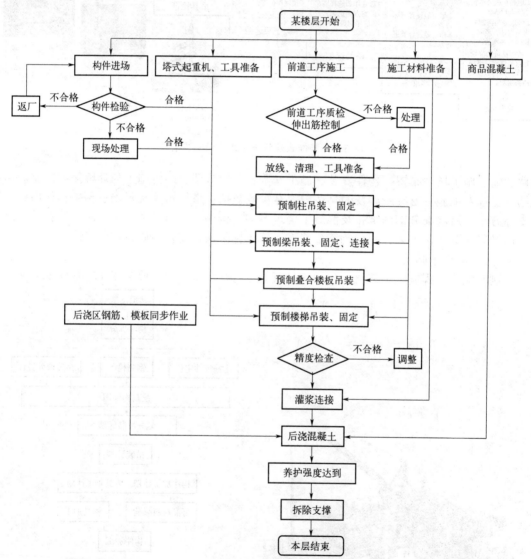

图 5.7　装配式框架结构施工工艺流程

（2）工装系统

工具化、标准化的工装系统，指装配式混凝土建筑部品、部件存放吊装、安装等过程中所用的吊具、支撑架体等，工具生产厂家按标准定制的产品。

工装系统包括标准化插放架、模数化通用一字吊梁、框式吊梁、吊装预埋件、起吊装置、吊钩吊具、预制墙板斜支撑（由圆钢管、螺纹套管及端部的配件组成的，专门用于预制墙板的临时支撑，调节其垂直度、保证叠合式墙板的稳定性，并能够承受风荷载及新浇筑混凝土的侧压力）、叠合板独立支撑、外围护体系整体爬架、定型现浇节点模板等，以及常用电动工具、调整标高及坐标的专用工具、打胶及处理表面的小工具等。

（3）吊装工序

预制构件吊装工艺及工序，通常需要历经准备、构件吊运、安装、校正、临时固定、质检等主要过程（见图 5.8）。

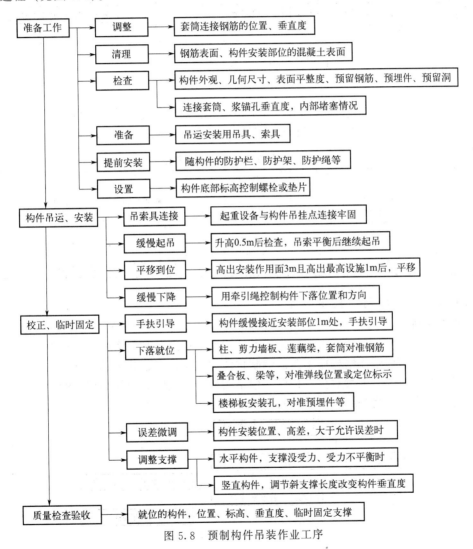

图 5.8 预制构件吊装作业工序

5.1.1.3 人员

装配式建筑的施工工人，现场操作主要是定位、就位、安装等，除需配备传统现浇工程所需配备的钢筋工、模板工、混凝土工等工种以外，还需一些专业性较强的工种（见图 5.9），主要是吊车司机、装配工、焊接工及一些高技能岗位；采用装配式工法施工后，多采用吊车等大型机械代替原来的外墙脚手架。

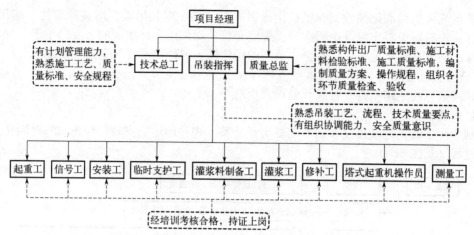

图 5.9 装配式建筑安装施工相关岗位人员

相关作业人员除按照规定要求必须持证上岗以外，对于关键技术节点的人员，企业要专门进行培训，持企业培训证上岗。关键岗位人员应具备必要知识，如表 5.2 所示。

表 5.2 施工现场人员必备知识

人员	知识
项目经理	装配式建筑施工管理与技术知识
技术、质量人员	装配式建筑施工技术与质量知识
安装工	装配式构件安装作业操作规程
灌浆工	装配式构件连接灌浆作业操作规程

5.1.1.4 施工计划与技术方案

(1) 施工计划

根据工程的总进度计划编制工程的装配式结构施工进度计划（见图 5.10）。与常规项目不同，装配式混凝土结构主体结构施工还需编制构件的安装计划，分为季度计划、月计划、周计划等，并将计划与构件厂进行对接，构件厂根据结构施工进度计划编制构件的生产计划，保证构件能够连续供应，以此指导预制构件的进场。

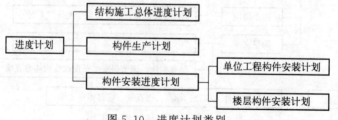

图 5.10 进度计划类别

预制构件的施工计划主要包含的专业计划有构件安装计划、机电安装计划、内装计划等（见图 5.11），并形成流水施工。

施工计划的具体组织计划如：构件及建筑部品进场计划、劳动力用工培训计划、施工材料和配件采购计划、机具设备计划、配件部件外委加工件计划、预制构件安装计划、质量管理计划、安全施工计划等。

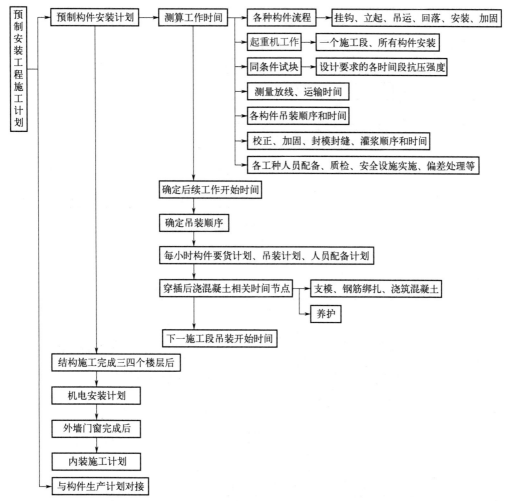

图 5.11　预制安装工程施工计划

(2) 施工技术方案

预制装配式工程施工，需要事先制定详细的施工技术方案，主要内容如图 5.12 所示。

施工现场应对吊运过程进行细致的施工验算，是确保吊运安全可靠的前提。该部分所涉及的施工验算内容包括：起重验算、吊索具验算、吊运工况验算、存放工况验算、临时支撑工况及构件翻转等特定工况验算等。

1）起重方案

① 起重设备位置：选定起重设备应从厂内道路、堆放场地、构件安装位置、起重量、拆装等方面综合考虑，在起重机吊装覆盖范围内，不得设计有人员固定停留的场所。塔式起重机的选位、架立、提升、固定等需要考虑的主要内容如图 5.13 所示。

② 卸车：预制构件卸车有两种情况，一是将构件从车上直接起吊到作业面，二是从车上将构件吊卸到存放场地。

装配式建筑的安装施工计划，如果先从运输车卸到地面，然后再从地面上吊装，这种组织方式形成二次运转，需要存放场地，增加塔式起重机工作量和构件损坏的概率。所以应尽量考虑构件直接从车上吊装（见图 5.14），把吊装计划细分到每天每小时作业内容，构件运输的时间与现场构件检查、吊装的时间紧凑衔接提高作业效率，减少预制构件损坏、减少施工现场专

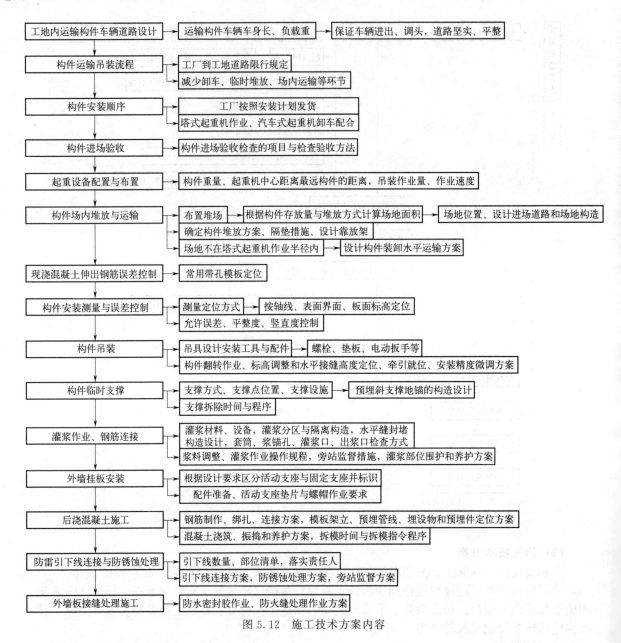

图 5.12 施工技术方案内容

用的构件存放场地。

③ 预制构件翻转作业。水平运输垂直安装（预制柱、预制外挂墙板、预制夹芯剪力墙板等）或竖向运输水平安装（楼梯）的预制构件，吊卸时须在车上翻转立起。

预制构件翻转作业要点：制定翻转方案，并提前验证方案的可靠性；预制墙板在车上起吊时，要保证先立直再起升，避免车上的预制墙板存放架受力倾覆。

翻转作业方式一般有两种：软带捆绑式和预埋吊点式，预埋吊点式翻转预制构件常采用吊钩翻转方式，如图 5.15 所示。

大型预制墙板翻转吊装，预制墙板翻转扶直过程中应尽量降低主、副吊钩提升和降落速度，从而减少动荷载，有利于提高预制墙板翻转起吊效率和安全性能。施工方法如图 5.16 所示。

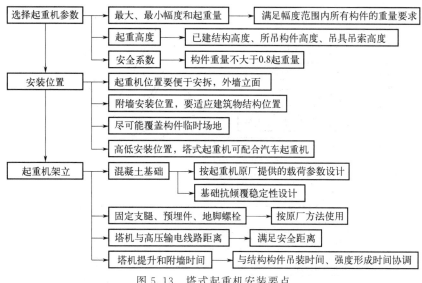

图 5.13　塔式起重机安装要点

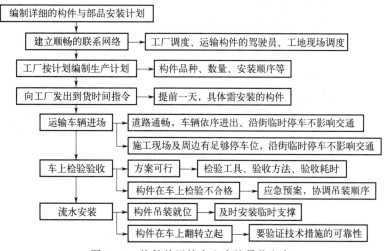

图 5.14　构件从运输车上直接吊装方案

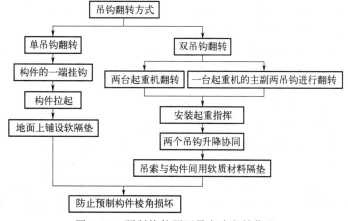

图 5.15　预制构件预埋吊点式翻转作业

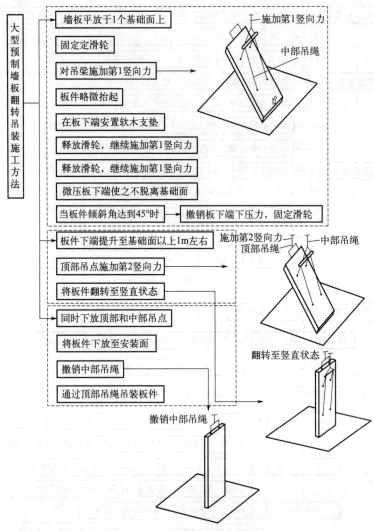

大型预制墙板翻转吊装施工方法

墙板平放于1个基础面上
固定定滑轮
对吊梁施加第1竖向力
板件略微抬起
在板下端安置软木支垫
释放滑轮，继续施加第1竖向力
释放滑轮，继续施加第1竖向力
微压板下端使之不脱离基础面
当板件倾斜角达到45°时 → 撤销板下端下压力，固定滑轮

板件下端提升至基础面以上1m左右
顶部吊点施加第2竖向力
将板件翻转至竖直状态

同时下放顶部和中部吊点
将板件下放至安装面
撤销中部吊绳
通过顶部吊绳吊装板件

施加第1竖向力
中部吊绳

施加第2竖向力
顶部吊绳
中部吊绳

翻转至竖直状态

撤销中部吊绳

图 5.16　大型墙板翻转起吊流程

2）灌浆方案

钢筋灌浆套筒连接操作（见图 5.17），是预制装配式建筑施工现场构件连接的重要工艺过程，应做好详尽方案和规程，确保连接质量。

竖向构件连接采用灌浆作业水平距离超过 3m 时，灌浆结束后浆面会下降较多，需补浆。为避免这个问题，宜采用抗压强度为 50MPa 的坐浆料制作宽度 20～30mm 的分隔条（距离竖向构件连接主筋应大于 50mm），进行灌浆作业区域分割（见图 5.18），一般分仓长度在 1.0～3.0m，在坐浆分仓 24h 后灌浆，即灌浆"分仓"作业。剪力墙的灌浆作业可以分仓（不分仓时可用两台以上灌浆泵同时作业），而框架柱不需要分仓。

由于灌浆作业用高强灌浆料的流动性较大，灌浆时有一定的压力，灌浆前必须将构件的安装缝进行封堵施工，防止漏浆。封堵有三种方式：坐浆料（抗压强度为 50MPa）坐浆法、充气管封堵法、木模封缝法，也可以根据实际情况采取封缝措施，只要满足封堵严实不漏浆的要求即可。柱子采用坐浆料封缝（见图 5.19），一般可用光滑的内模挡住外嵌的坐浆料，嵌填密实后抽出内模。

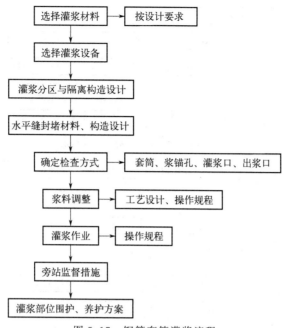

图 5.17　钢筋套筒灌浆流程

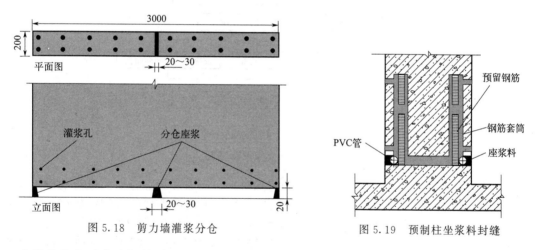

图 5.18　剪力墙灌浆分仓

图 5.19　预制柱坐浆料封缝

在灌浆作业时产生漏浆严重无法止住的情况下，将对结构安全产生重大影响，必须停止作业，用清水冲净已注入的浆料，重新封缝后再重新进行灌浆作业。

3）支撑方案

① 竖向构件安装后的斜支撑方案。竖向预制构件安装时，需要临时支撑固定，以便安装后对构件垂直度进行调整。柱子在柱脚位置调整完成后，要对柱的纵横轴两个方向进行垂直调整；墙体要对墙面的垂直度进行调整。调整竖向构件垂直度通常采用可调斜支撑的方式进行，斜支撑设计要点如图 5.20 所示。

② 水平构件安装后的竖向支撑方案。框架梁、剪力墙结构的连梁、叠合楼板、阳台、挑檐板、空调台、楼梯休息平台等水平构件，在安装前应对构件的临时支撑进行荷载计算并设计（见图 5.21）。

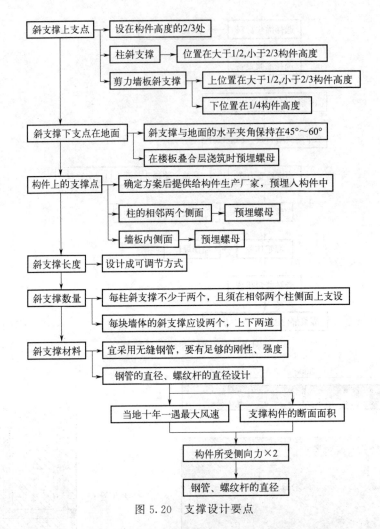

图 5.20 支撑设计要点

③ 临时支撑拆除方案。对于临时支撑的拆除时间，国家和行业标准尚没有明确规定。在设计单位没有要求的情况下，一般可参照《混凝土结构工程施工规范》(GB 50666—2011) 中"底模拆除时的混凝土强度要求"规定，灌浆料制造商对开始后续施工时的灌浆料强度要求、设计荷载要求、养护过程的扰动情况、环境温度等进行综合考虑。确保灌浆料和混凝土达到规定强度后方可拆除临时支撑。

判断混凝土是否达到强度不能只根据时间判断，还应该根据实际情况使用回弹仪检测混凝土强度，因为温度、湿度等条件对混凝土强度的影响很大。

拆除临时支撑前，要对所支撑的构件进行观察，确认彻底安全后方可拆除。临时支撑拆除后，要码放整齐以方便后续使用。

4）冬季施工方案

预制装配建筑，预制构件在工厂生产时不存在冬季施工问题，现场安装施工需考虑的冬季施工需要的有：灌浆作业、梁及墙板连接后浇混凝土、预制楼板和梁的叠合层现浇混凝土等工艺过程，应制定冬季施工方案。如采用取暖措施（见表5.3）；冬季施工用混凝土普遍通过调整混凝土配比及加入外加剂，以便混凝土冬季输送和浇筑。

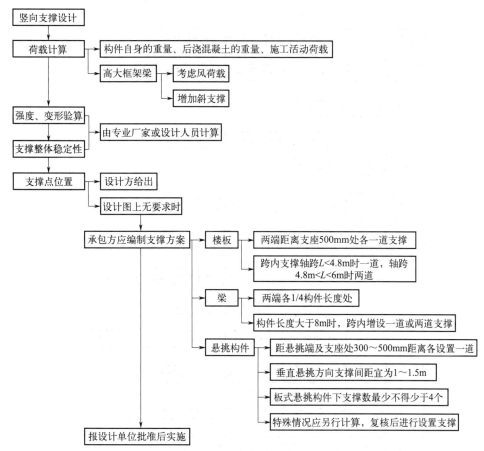

图 5.21　竖向支撑设计要点

表 5.3　需采取冬季措施的各种施工作业

序号	冬季工艺过程	冬季施工措施			
		局部加温	大棚保温	提升加滑轨式大棚加温	取暖设备
1	预制构件灌浆作业	●	—	—	—
2	梁与墙板连接后浇混凝土	●	●	—	—
3	楼板叠合层现浇混凝土	—	—	●	—
4	建筑部件安装	—	—	—	●

注：表中黑点表示采用的措施。

5）构部件保护方案

完好无损的预制构件在出厂后，应做到先保护（见图 5.22 预制构件、部品施工过程保护）后运输安装。要在运输、卸车、起吊、翻身、安装、校正、固定、封模、灌浆等各个环节，做好保护措施。

案例一：装配式混凝土结构构件全过程施工验算

5.1.2　施工现场临时堆放

工程预制构件量大件多，构件运输、固定、堆放是保证正常装配施工的重要环节。

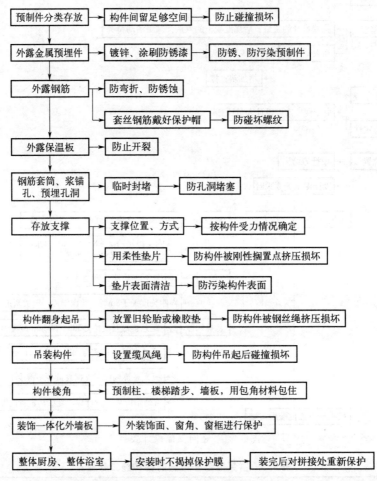

图 5.22 预制构件、部品施工过程保护

5.1.2.1 进场检查

预制构件和其他建筑部品部件在出厂之前由工厂的质检部门、驻厂监造的监理部门共同检查验收。专业企业生产的预制构件，作为"产品"进行进场验收。

运输车辆运抵现场卸货前，要进行预制构件进场质量验收（见图 5.23）。应符合《混凝土结构工程施工质量验收规范》（GB 50204—2015）和《装配式混凝土建筑技术标准》（GB/T 51231—2016）等的有关规定、构件出厂时的检查标准，提供隐蔽验收单、发货单（预制构件及安装配套件的名称、规格、型号、数量、所在部位等信息）及产品合格证。进场时应检查其质量证明文件（包括产品合格证明书、混凝土强度检验报告及其他重要检验报告等）；预制构件的钢筋、混凝土原材料、预应力材料、预埋件等的检验报告在预制构件进场时可不提供，但应在构件生产企业存档保留，以便需要时查阅。

根据行业标准、地方规定、企业制度等，明确预制构件进场应提供的质量证明相关资料（见表 5.4）。构件进场未提供齐全的质量证明资料或资料格式不正确或不统一，不予以进场验收。

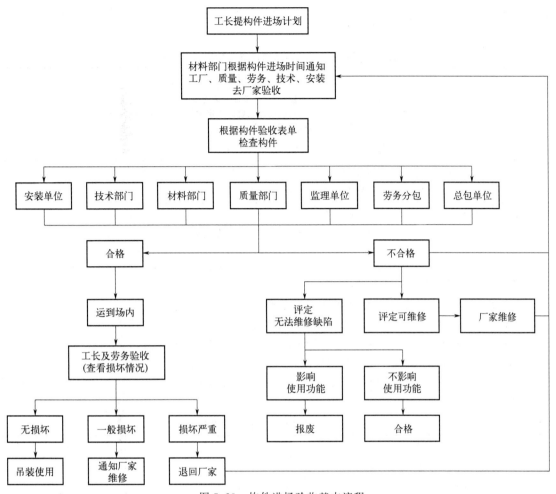

图 5.23 构件进场验收基本流程

表 5.4 预制构件进场验收及文件要求

项目	文件
质量证明文件	产品合格证明书、混凝土强度检验报告、其他重要检验报告
可以（需要）做结构性能检验	检验报告
没有做结构性能检验	进场时的质量证明文件宜增加构件制作过程检查文件，如钢筋隐蔽工程验收记录、预应力筋张拉记录等；施工单位或监理单位代表驻厂监督时，此时构件进场的质量证明文件应经监督代表确认；无驻厂监督时，应有相应的实体检验报告
埋入灌浆套筒	套筒灌浆接头型式检验报告；套筒进场外观检验报告；第一批灌浆料进场检验报告；接头工艺检验报告；套筒进场接头力学性能检验报告

　　总承包企业自行制作预制构件，没有"进场"的验收环节，其材料和制作质量应按照规范标准中各章规定进行验收。质量证明文件检查，查构件制作过程中的质量验收记录。

（1）检查验收内容

　　质量检查内容包括：预制构件质量证明文件和出厂标识、预制构件外观质量、尺寸偏差、预埋件、特殊部位处理等方面，检查项目如表 5.5 所示。重点注意做好构件图纸编号与实际构件的一致性检查、预制构件在明显部位标明的生产日期、构件型号、生产单位和构件生产单位验收标志的检查。

表 5.5　预制构件及部品部件进场检查主要项目

检查项目	检查主要内容
资料	出厂合格证、混凝土强度检验报告、钢筋套筒等其他构件钢筋连接类型的工艺检验报告、结构性能检验报告(如果需要)、有设计或合同约定的混凝土抗渗及抗冻等性能的试验报告(根据需要)、合同要求的其他质量证明文件
核验进场构件编号及数量	是否与供货单一致
核验构件表面标识内容	制作日期,合格状态,混凝土强度是否满足 $15N/mm^2$ 起吊要求证明文件
检查预制构件尺寸允许偏差	预制构件的长度、宽度、厚度、表面平整度等尺寸
装卸运输过程对构件的损坏	不应出现磕碰掉角、造成裂缝、装饰层损坏、外漏钢筋被折弯等情况
影响直接安装环节	套筒、预埋件、预埋管线的规格、位置、数量,套筒或浆锚孔内是否干净,外露连接钢筋规格、定位位置、数量,配件是否齐全,构件几何尺寸等是否符合标准要求
表面观感	露筋、蜂窝、孔洞、夹渣、疏松、裂缝、连接部位缺陷、外形缺陷、外表缺陷等是否符合标准的规定

① 对全部构件进行目测接收检查时,主要检查项目:构件名称、编号、生产日期、预埋件位置及数量、构件裂缝、破损、变形、后期零部件及构件突出的钢筋等情况。

预制构件外观质量,应根据缺陷类型和缺陷程度进行分类(见表 5.6)。预制构件外观质量不应有严重缺陷,产生严重缺陷的构件不得使用;产生一般缺陷时,应由预制构件生产单位或施工单位进行修整处理,修整技术处理方案应经监理单位确认后方可实施,经修整处理后的预制构件应重新检查。

表 5.6　预制构件外观质量缺陷分类

类型	现象	严重缺陷	一般缺陷
露筋	构件内钢筋未被混凝土包裹而外露	纵向受力主筋有露筋	其他钢筋有少量露筋
蜂窝	混凝土表面缺少水泥砂浆而形成石子外露	构件主要受力部位(如主筋部位和搁置点位置)有蜂窝	其他部位有少量蜂窝
孔洞	混凝土中孔穴深度和长度均超过保护层厚度	构件主要受力部位有孔洞	非受力部位有孔洞
夹渣	混凝土中夹有杂物且深度超过保护层厚度	构件主要受力部位有夹渣	其他部位有少量夹渣
疏松	混凝土中局部不密实	构件主要受力部位有疏松	其他部位有少量疏松
裂缝	缝隙从混凝土表面延伸至混凝土内部	构件主要受力部位有影响结构性能或使用功能的裂缝	其他部位有少量不影响结构性能或使用功能的裂缝
连接部位缺陷	构件连接处混凝土缺陷及连接钢筋、连接件松动、灌浆套筒未保护	连接部位有影响结构传力性能的缺陷	连接部位有少量基本不影响结构传力性能的缺陷
结合面	未按设计要求将结合面设置成粗糙面或键槽以及配置抗剪(抗拉)钢筋	未设置粗糙面;键槽或抗剪(抗拉)钢筋缺失或不符合设计要求	设置的粗糙面不符合设计要求
外形缺陷	内表面缺棱掉角、棱角不直、翘曲不平、飞边凸肋等;外表面面砖粘结不牢、位置偏差、面砖嵌缝没有达到横平竖直,转角面砖棱角不直、面砖表面翘曲不平等	清水混凝土构件有影响使用功能或装饰效果的外形缺陷	其他混凝土构件有不影响使用功能的外形缺陷
外表缺陷	构件内表面麻面、掉皮、起砂、沾污等;外表面面砖污染、预埋门窗框破坏	具有重要装饰效果的清水混凝土构件,门窗框有外表缺陷	其他混凝土构件有不影响使用功能的外表缺陷,门窗框不宜有外表缺陷

检查数量为全数检查，检查方法是观察和检查技术处理方案。

② 对于带有芯片的预制构件，采用专用设备对其芯片进行扫描，以确认该构件信息是否与计划相符。

③ 构件结构性能检验（见图 5.24）：检验要求与方法按照《混凝土结构工程施工质量验收规范》(GB 50204—2015)。

图 5.24　简支受弯构件进场结构性能试验

检测基本规定（见图 5.25）：简支受弯构件（预制梁、预制板、预制楼梯等）或设计有要求（墙板、预制柱、叠合板、叠合梁的梁板类受弯预制构件（叠合底板、底梁），提出详细的检验要求与试验加载方法）的构件，进场时须针对构件的承载力、挠度、裂缝控制性能等各项指标进行结构性能检验。施工工地不具备结构性能检验条件时，可在构件预制工厂进行，监理、建设和施工方代表应当在场；对多个工程共同使用的同类型预制构件，也可在多个工程的施工、监理单位见证下共同委托进行结构性能检验，其结果对多个工程共同有效。

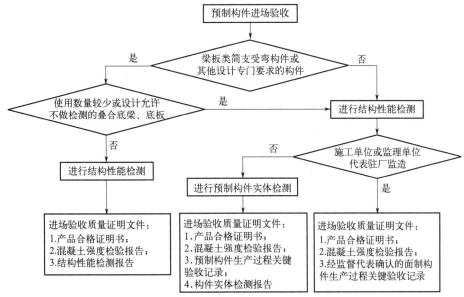

图 5.25　预制构件进场检验流程及证明文件

a. 钢筋混凝土构件、允许出现裂缝的预应力混凝土构件，应进行承载力、挠度和裂缝宽度检验；不允许出现裂缝的预应力混凝土构件，应进行承载力、挠度和抗裂检验。

b. 对大型构件及有可靠应用经验的构件，可只进行裂缝宽度、抗裂和挠度检验。

c. 对使用数量较少的构件，当能提供可靠依据时，可不进行结构性能检验。

具体的检验要求应当由设计与监理给出，如果设计与监理没有给出要求，施工单位制定方案应当得到设计与监理的批准。

④ 构件受力钢筋和混凝土强度实体检验：对于不需要做结构性能检验的所有预制构件，如果监理或建设单位有驻厂代表监督生产过程，可以不做进场构件实体检验。否则，应对进场构件的受力钢筋和混凝土进行抽样实体检验。

受力钢筋需要检验数量、规格、间距、保护层厚度；混凝土需要检验强度等级。宜采用专业探测仪器进行非破损检验，在没有可靠仪器的情况下，也可以采用破损方法。

⑤ 预制构件尺寸偏差检查。预制构件的允许偏差应全数检查，预制构件有粗糙面时，粗糙面相关的尺寸允许偏差可适当放松。预制构件进场检查合格后，应在构件上做合格标识。

⑥ 主要部品检查。

a.集成式厨房验收：检查验收系统材料的规格、型号、包装、外观及尺寸、开箱内清单、组装示意图等，并做验收记录。应有质量证明文件，并纳入工程技术档案。

b.集成式卫浴验收：检查验收除与集成式厨房一致外，还需增加一些检查内容。如防水盘、顶板、壁板表面和切割面，各类阀门安装位置，卫生器具的安装固定，顶、地、墙安装衔接，地漏、马桶与地面安装密封，卫生间安装地面平整，五金洁具安装松动无漏水，甲醛超标等。

（2）检查人员

对总承包单位或者总承包单位分包的构件厂制作的预制构件，进场时总承包单位应当派人参与检验。如果甲方直接跟构件或部品部件工厂签约的，施工单位也应当提出要求与监理共同检验。

预制构件的验收检查，由质量员或者预制构件接收负责人完成，检查频率为100％。施工单位按构件发货时检查单等材料，也可以根据项目计划书编写的质量控制要求制定检查表，对构件进行接收检查。

（3）检查形式

① 预制构件直接从车上吊装时，需要在车上检查，时间较短、检查空间受限制。检查质量证明文件，车到就可以检查；实物检查可采用数码相机及工具（卷尺、直尺、拐尺、手电筒、镜子等），检查装卸运输过程中对构件的损坏情况、影响直接安装环节情况、表面观感等项目。叠放构件应吊走一件检查一件。

② 如果是甲方直接签约的构件工厂，而且不采用车上直接吊装的方式，有必要也有条件及时间对构件进行详细的检查，检查标准按照构件出厂时的检查标准。

③ 对特殊形状的构件或特别要注意的构件，要放置在专用台架上认真进行检查。

（4）检查处理

预制构件进场时应全数检查外观质量，不得有严重缺陷，且不应有一般缺陷。如果构件产生裂缝、破损、变形等，影响结构、防水和外观情况时，应与原设计单位商量这些构件是否继续使用或者直接废弃。

① 如果在车上检验出不合格，直接随车返回工厂维修或者更换。如果是卸车后在堆放场地检验出不合格的产品，可以隔离单独存放，并通知工厂安排技术人员处理和维修，处理维修后重新检验。

② 经处理维修仍然不合格的产品应做报废处理，并做好醒目的不合格品标识，防止混放后误当合格品使用，影响工程质量。

5.1.2.2 现场布置

现场布置主要有施工现场"三通一平"的准备，搭建好现场临时设施和预制构件的堆场准备；配合预制结构施工和预制结构单块构件的最大重量的施工需求，确保满足每栋房子预制结构的吊装距离、施工进度以及现场的场布要求。

（1）施工现场平面布置

施工现场应根据施工平面规划，根据特定的施工现场，按预制装配建筑施工特点，对现场布置做相应的规划，并设置满足构件运输、构件存放、施工作业的施工道路及场地。预制构件的运输车辆车辆重、车身长、运输频率高，对工地道路有一定的要求（见图 5.26）。

1）构件堆场

构件存放场地设计，要同构件加工厂协调，若工厂生产能力和储存能力较大且运输到位及时，应尽可能采用在运输车上直接起吊安装；如果由于工厂产能或储存能力小，则要考虑在施工现场存放一部分应急构件。确定堆放场地大小，应根据型号和数量及叠放层数要求。

预制构件运至施工现场后，直接连同运输架一起堆放在塔吊有效范围的施工空地上。构件直接堆放必须在构件上加设枕木，场地上的构件应做防倾覆措施，堆放好以后要采取临时固定措施。

2）起重设备位置选定

① 起重设备位置选择应以场内道路、堆放场地、构件安装位置、起重量、装拆方便等方面综合考虑。

② 塔式起重机位置选择应考虑预制构件位置、重量、卸车点、堆放点。通常选择外墙立面及便于安拆、塔式起重机附墙便于安拆的位置，同时应尽可能覆盖整个施工面及构件临时堆场，不产生或少产生盲区；塔式起重机不能覆盖裙房时，可选用轮式起重机吊装裙房预制构件（见图 5.27）。

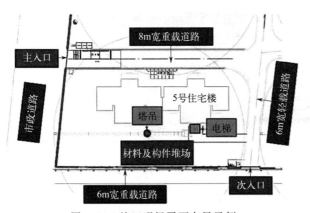

图 5.26　施工现场平面布局示例

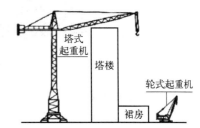

图 5.27　塔式起重机与轮式起重机配合

③ 塔式起重机吊重能力分析，预制构件的位置和重量起控制作用。起重机起重量满足起重机幅度范围内所有待吊构件的重量。

④ 塔式起重机应有足够的高度，在考虑到吊钩高度、吊索高度和吊物高度、安全限位高度后，应有足够的垂直距离保证各种不同几何尺寸物件进行水平运输。

塔式起重机相互间的距离应错开，确保吊钩在最大高度回转时不相互碰撞。塔式起重机回转时覆盖面尽可能少重叠或不重叠。

⑤ 塔式起重机垂直运输时应能穿越现场施工构件，确保不同几何尺寸的物件有足够的间隙距离提升到需要的作业平台。

⑥ 在起重机吊装覆盖范围内，不得布置有人员固定停留的场所。

⑦ 塔式起重机任何部位与架空输电线路的安全距离，不应小于表 5.7 中的安全距离规定。

表 5.7 塔式起重机与高压输电线路的安全距离

安全距离/m	电压/kV				
	<1	1～15	20～40	60～110	220
沿垂直方向	1.5	3.0	4.0	5.0	6.0
沿水平方向	1.0	1.5	2.0	4.0	6.0

3）吊装工况

采用大流水作业的装配式工程施工，通常要求部品部件、机电安装材料、装饰装修材料到场后，直接吊运至施工楼层，减少场地占用。其他施工材料，应根据施工进度计划时间，按先用先放原则规划设计场地，做到场地重复使用。

场地布置的其他方面，可按照传统工程施工合并考虑。

（2）场内水平运输

预制构件进场不能在车上直接起吊安装时，且现场的存放场地不在起重机的吊装作业半径内，就需要进行场内运输。

1）装车方案

各种预制构件摆渡车运输，都要事先设计装车方案。

根据车辆载重量，计算运输预制构件的数量。装卸预制构件可以采用轮式起重机，按照设计要求的支撑位置、材质，放置垫方或垫块；预制构件在摆渡车（见图 5.28）上要有防止滑动、倾倒的临时固定措施，构件在靠放架上运输时，靠放架与摆渡车之间应当用封车带绑扎牢固、对预制构件棱角进行保护，架身与运输车辆要进行可靠的固定。

图 5.28 预制构件运输车辆

2）水平运输方案

① 汽车平板运输车长度及载重，根据构件大小选择。

② 运输时，车上要配置枕木、橡胶垫、绑带、紧固器具，特殊构件要制作支架，确保场内运输构件的安全。

3）工地道路

根据工地现场运输路线特点，将场内道路分为四种类型：直通型、环型、闭环型、截断型。现场施工道路需尽量设置为环形道路，或设置回车场地（不小于 12m×8m）解决运输车不能掉头的问题，其中构件运输道路需根据构件运输车辆载重设置成重载道路；道路尽量考虑永临结合并采用装配式路面。预制构件的运输车辆具有车辆重、车身长、运输频率高等特点，现场道路要充分考虑宽度、转弯半径、雨后通行能力等。场内运输道路设计，针对项目中最长最大构件所采用的运输车辆大小。

① 道路宽度（见图 5.29），直通型、环型、闭环型道路宽度不小于 4.5m，大门处宽度大于 6.5m；截断型道路宽度不小于 6.5m。会车区要满足会车通过的要求，道路宽度不小于8m，通常设计宽度为 8～10m。

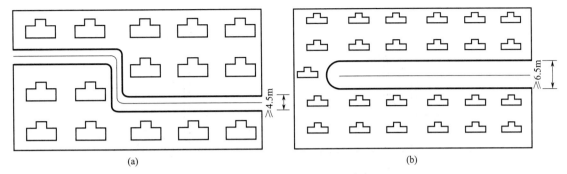

图 5.29 施工现场各种类型道路
(a) 直通型、环型、闭环型道路；(b) 截断型道路

② 预制构件运输车都是 13m 或 17m 的拖车，如施工道路转弯半径（见图 5.30）太小，场地内施展不开。要根据最大构件运输车辆的要求设计，转弯半径不小于 15～18m。

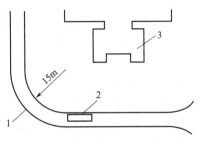

图 5.30 施工现场道路转弯半径
1—转弯道路；2—构件运输车；3—建筑物

③ 预制构件运输车车载重量参照运输车辆最大重量，车重加构件为 30～50t，一般临时施工道路无法满足运输车辆承载力要求，所以施工道路宜按永久道路布置。道路的路基要坚实（见图 5.31），路面采用混凝土浇筑；在条件不许可的情况下，也可采用预制混凝土铺装或采用钢板铺装。

④ 道路必应采取集中排水或自然排水，良好排水设施确保雨季能让车辆顺利通行。

⑤ 进场通道大门处无坡道时，施工进场大门内净高度 H 不应小于 5m（见图 5.32）；进场通道大门处有坡道时，施工进场大门内净高度 H 不应小于 6m，道路坡度不大于 15°。预制构件平板运输车高度，加上竖向构件及其构件插筋高度为 4.5～5m，如果施工现场大门高度偏低，构件运输车进出困难，会影响现场供货效率和运输安全。

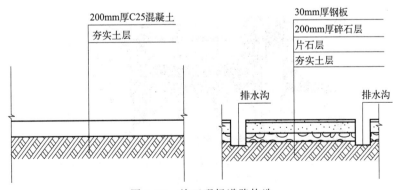

图 5.31 施工现场道路构造

⑥ 构件运输车从市政道路 90° 弯进入现场时，大门宽度（见图 5.33）应满足：市政道路最小宽度 B_1 不小于 8m 时，大门宽度 W 不小于 12m，场内道路宽度 B_2 不小于 8m；市政道路最小 B_1 不小于 10m 时，大门宽度 W 不小于 9m，场内宽度 B_2 不小于 16m。构件运输车从市政道路进入工地现场，如果大门宽度偏小，影响现场供货和运输安全。

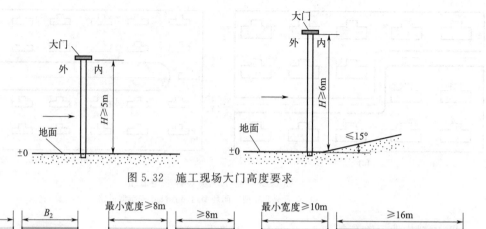

图 5.32 施工现场大门高度要求

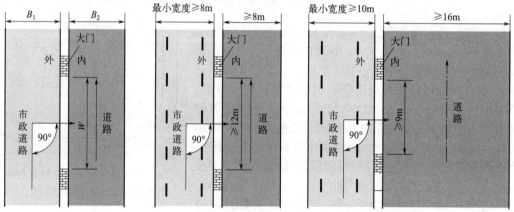

图 5.33 施工现场大门宽度要求

⑦ 若车辆需经过地下室顶板时，需提前规划行车路线，并在设计阶段对路线范围内地下室顶板结构通过验算做加强处理，满足满载预制构件的运输车通行时产生的均布活荷载，确保地下室施工完成后预制构件运输车能直接上其顶板；如顶板底搭设钢管支撑架（见图 5.34）加固方案，需经原设计单位核算。

图 5.34 预制构件运输车辆通行道路下地库的顶板加固
1—地库柱；2—支撑架体；3—地库顶板；4—地库底板

5.1.2.3 构件堆放

（1）堆放要求

现场预制构件临时存放方式和要求，原则上应符合预制构件工厂的存放方式和要求，否则要制定专项存放方案，做到构件堆放合理有序、构建起吊时方便快捷、占地面积小的要求。

　　装配式建筑工程施工采用大流水作业，部品部件、机电安装材料、装饰装修材料到场后直接从车上吊运至施工楼层，可以减少场地占用。

　　其他施工材料应根据施工进度计划时间，先用的先进、先吊的后放，做到场地重复使用。

　　（2）堆放场

　　1）堆放场基本要求

　　现场构件需临时堆放，存放场地设计时，要同构件工厂协调，在生产能力和储存能力较大且运输到位及时的情况下，尽可能采用在运输车上直接起吊安装；否则要考虑在现场存放一部分应急构件。堆场应根据型号和数量及叠放层数要求，确定存放场地的大小；按品种、规格、吊装顺序分别设置堆垛，存放堆垛宜设置在吊装机械工作范围内并避开人行通道；堆场中预制构件堆放以吊装次序为原则，并对进场的每块板按吊装次序编号。

　　吊装构件堆放场地以满足一天施工需要为宜，同时为以后的装修作业和设备安装预留场地。对于堆放场应符合如下要求：

　　① 场地应平整、坚实，宜采用硬化或碎石地面并有排水措施。预制构件堆放场地路基压实度不小于 90%，面层建议采用 15cm C30 钢筋混凝土，钢筋采用 Φ12@150 双向布置。

　　② 不同预制构件堆垛层数和构件的重量应满足承载力要求，防止因地面不均匀下沉而使预制构件不稳倾倒。

　　③ 构件直接堆放必须在构件上加设枕木，场地上的构件应做防倾覆措施。构件堆放好以后要采取临时固定措施。

　　④ 场地布置应方便运输构件的大型车辆装车和出入；尽量设置在起重机的幅度范围内。

　　2）吊装构件堆置区域规划

　　预制构件堆场构件的排列顺序需提前策划，提前确定预制构件的吊装顺序，按先起吊的构件排布在最外端进行布置。首先对定型定尺的构件，根据型号归类分析，然后根据构件吊装的位置，对构件的堆放区域进行设置分区规划（见图 5.35）。

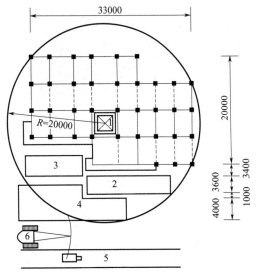

图 5.35　预制构件、起重设备在现场场地的布置

　　预制构件现场布置原则主要有：

　　① 构件堆放位置要符合吊装位置的要求，避免后续的构件移位，尽量减少吊装时起重机的移动和变幅。

　　② 尽量放置能吊装区域，在轮吊或塔吊吊装半径内，避免吊车移位或二次搬运。

　　③ 重型构件靠近起重机布置，中小型构件则可布置在重型构件外侧。

　　④ 构件叠放时，应满足安装顺序的要求：先吊装的底层构件在上，后吊装的上层构件在下。

　　⑤ 如果构件堆放在地库顶板上，则需要对地库顶板做加固措施。

　　⑥ 构件吊装区域有围栏封闭，并设置醒目的提示标语。预制构件堆场中必须设置合理的工作人员安全通道。

　　⑦ 不影响轮式吊车或其他运输车辆的通行。

　　（3）堆放方式

　　预制构件应插放于专用的堆放架上（见图 5.36），堆放架应能满足插放预制构件需求的强度、刚度及稳定度。堆放架多采用向两侧插放的设计形式，并采取有效的保护措施来防止构件的磕碰和下沉。

图 5.36　施工现场预制构件堆放

1）存放要求

编制存放方案，明确存放高度及数量（存放处地面的承压力、构件的总重量、构件的刚度及稳定性的要求）、支承点数量及位置、预制构件叠放条件（能否多层叠放、叠放几层）等，并编制存放平面布置图。

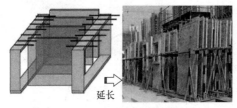

延长

图 5.37　整体插板架存放

2）存放方法

预制柱、梁等细长构件宜单层平放；对侧向刚度差、重心较高、支承面较窄的预制构件（预制内外墙板、外挂墙板）宜采用插放或靠放。楼面板、屋顶板采用平放或竖放方式。

① 插放即采用存放架（见图 5.37）立式存放，存放架应有足够的刚度，并应支垫稳固，薄弱预制构件、预制构件薄弱部位和门窗洞口，应采取防止变形开裂的临时加固措施。

② 靠放采用靠放架立放的预制构件，必须对称靠放和吊运，其倾斜角度应保持大于 80°，预制构件上部宜用木块隔开。靠放架宜用金属材料制作，使用前要认真检查和验收，靠放架的高度应为预制构件的 2/3 以上。

③ 三维构件存放应当设置防止倾倒的专用支架；带飘窗的墙体应设有支架立式存放；阳台板、挑檐板、曲面板应采用单独平放的方式存放。

预留伸出钢筋上应安装保护套，并做好醒目的标识以免伤人；装饰一体化构件应采用防止污染和损坏措施。

3）构件存放要求

① 柱子堆放：柱子堆置（见图 5.38）时，高度不宜超过 2 层且不宜超过 2.0m。应在距柱两端各 $0.2\sim0.25L$（L 为柱长）处垫上垫木，若柱子有装饰石材时，构件与垫木连接处需采用塑料垫块进行支承。上层柱子不可直接起吊，起吊前须水平平移至地面上方可起吊。

② 梁堆放：大小梁堆置（见图 5.39）时，高度不宜超过 2 层且不宜超过 2.0m。实心梁须于梁两端 $0.2\sim0.25L$（L 为梁长）处垫上垫木，若为薄壳梁则须将垫木垫于实心处，不可让薄壳端受力。

③ 叠合板堆放：叠合楼板的堆放可以叠层堆放（见图 5.40），但叠层数小于 5 层，堆放时最下面垫木通长，层与层之间通过枕木隔开，于两端 $0.2\sim0.25L$（L 为板跨度）处垫上枕木，各层垫木上下在一条垂直线上，支点需靠近吊装点，其中最下层板与枕木之间用塑胶垫片隔开，避免地面的水渍通过枕木吸收后污染构件表面。地坪必须坚硬，板片堆置不可倾斜。

图 5.38　预制柱现场堆放

图 5.39　预制梁现场堆放

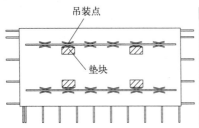

图 5.40　预制叠合楼板现场堆放

④ 外墙板堆放：预制外墙板可以平放（见图 5.41），不应超过 3 层，但表面有石材、造型模时不能叠层放置。每层支点须于板两端 0.2～0.25L（L 为板跨）处，且需保持上下支点位于同一线上。

图 5.41　预制外墙板现场堆放

如果施工现场空间有限，可采用堆放架插放或靠放（见图 5.42），节约现场施工的空间。

图 5.42　预制墙板立放

⑤ 楼梯或阳台堆放：楼梯等异型构件采用叠放方式，层与层之间采用木方垫平垫实，最

下面一层与地面之间支垫通长木方，各层垫木在一条垂线上。堆放高度不超过4层，堆置2层时（见图5.43），必须考虑支撑是否会失稳，必要时应设计堆置工作架以保障堆置安全。

图5.43 预制阳台现场堆放

5.1.3 安装前准备

5.1.3.1 基本要求

安装施工前的准备主要围绕施工组织要素中人、材料、机械及工艺展开，与现浇结构施工相比，装配式结构施工增加了构件运输、存放准备。施工前人员准备工作是最核心的环节，主要包括操作人员（特别是吊装工、灌浆工等）、施工质量相关人员的培训；材料准备重点是装配式结构施工所特有的连接材料（灌浆料、坐浆料等）准备；机械准备主要指装配式结构构件吊装、临时支撑固定、连接钢筋控制等专用工具的准备；工艺准备主要包括吊装施工前测量放线要求及吊装要求；构件运输和存放准备主要包括预制构件进场存放方式、成品保护方式、对施工现场的道路条件要求等内容。

（1）安装规定

① 施工单位应根据建筑工程特点配置组织机构和人员，做好各专业多工种施工劳动力组织，选择和培训熟练技术工人。作业人员必须具备岗位需要的基础知识和技能，施工单位对管理人员、施工作业人员进行质量安全技术交底。

② 施工宜采用工具化、标准化的工装系统（见图5.44），宜采用信息模型技术对施工全过程及关键工艺进行信息化模拟。

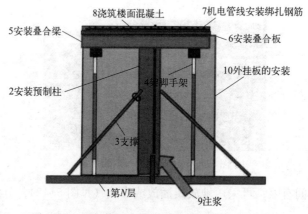

图5.44 预制装配式建筑主要构件基本安装顺序

③ 装配式混凝土结构施工应制定具有可操作性的专项方案，包括：工程概况、编制依据、进度计划、施工场地布置、预制构件运输与存放、安装与连接施工、绿色施工、安全管理、质量管理、信息化管理、应急预案等内容。

④ 施工前坚持样板引路制度。宜选择有代表性的单元或部分，进行预制构件试安装（见图5.45），每道工序均按照吊装方案进行试制作、试装配，管理人员和操作人员在样板间施工中均应规范管理、操作，进行全程跟踪学习，以达到磨合吊装工艺、把控质量、领会安全控制要点的目的；应根据试安装结果及时调整施工工艺、完善施工方案。试安装过程可在正式施工

前最大限度地提高管理水平、磨炼操作技能、掌握施工技术要点；遇到的问题、积累的经验将来可应用于实体工程施工中。

⑤ 施工中采用的新技术、新工艺、新材料、新设备，应按有关规定进行评审、备案。施工前应对新的或首次采用的施工工艺进行评价，并制定专门的施工方案。

⑥ 施工过程中应采取安全措施，并应符合国家现行有关标准的规定。

⑦ 安装预制受弯构件（预制梁、楼板、空调板等构件）时，端部的搁置长度应符合设计要求，端部与支撑构件之间应坐浆或设置支承垫块，坐浆或支承垫块厚度不宜大于 20mm。

图 5.45　施工前构件试拼装

⑧ 受弯叠合构件的装配施工，应根据设计要求或施工方案设置临时支撑；施工荷载宜均匀布置，并不应超过设计规定。

（2）吊装构件吊装顺序规划

预制构件有一定的吊装顺序，吊装前应详细规划构件的吊装顺序，防止构件出筋错位。可提前策划单位工程标准层预制构件的吊装顺序，保证现场吊装的有序进行。吊装顺序编制原则：

① 构件出厂顺序与吊装顺序一致。

② 在工艺图纸上对所有吊装构件进行编号，以防遗漏。吊装顺序可依据深化设计图纸、吊装施工顺序图执行。

③ 标准层外墙板应逐一按顺时针或逆时针顺序编制，最后一块外墙板应避免插入式吊装；有个别内墙或梁（与其他梁、内墙一起吊装会加大施工难度的）必须先吊装的，可以编制在外墙板吊装顺序中，带梁的预制外墙板需要考虑梁的弯起方向。

④ 内墙板与叠合梁应考虑分区段穿插式吊装，方便后续其他工种的施工作业；一般情况下，梁截面高度尺寸大的先吊，梁截面高度尺寸小的后吊；当同一支座处出现多根梁底部钢筋分别下锚、直锚、上锚时，应先吊装钢筋下锚的梁，次吊装钢筋直锚的梁，最后吊装钢筋上锚的梁。

⑤ 休息平台板楼梯段与叠合楼板，优先吊装休息平台板梯段，方便材料的运转和人员的出入；在梯段吊装完成后，吊装梯段周围的叠合板，再以临边中间的原则顺时针或逆时针分段分区域编制叠合楼板吊装顺序；空调板、阳台板在相邻叠合楼板吊装完成后同时段吊装，以便防护的搭设。

除了按照预制柱、预制墙、预制梁、叠合板、预制楼梯、预制阳台、预制空调板等的顺序进行吊装，同一种构件在吊装前也要确定其吊装顺序。例如（见图 5.46）：外墙吊装顺序为先吊外立面转角处外墙，通过转角处外墙作为其余外墙吊装的定位控制基准，PCF 板在两侧预制外墙吊装并校正完成之后进行安装；叠合梁、叠合板等按照预制外墙的吊装顺序分单元进行吊装，以单元为单位进行累积误差的控制。

如果违背吊装顺序编制原则，会造成现场吊装时，某些构件吊装不顺畅，影响吊装进度。

（3）技术准备

① 项目安装技术人员在收到图纸后，应立即将拆分图纸与原建筑图，安装图纸进行核对。主要注意事项如下。

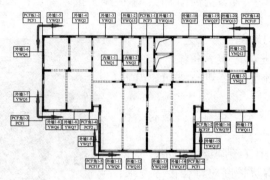

图 5.46　某项目预制墙体及 PCF 板吊装顺序

a. 线盒位置及数量。

（a）叠合板灯具预留盒与原图是否统一；

（b）竖向构件内开关、插座位置（线盒高度应为线盒底标高）；

（c）除室内灯具外，独立式烟感、广播、公共区域烟感、应急照明灯具是否预留。

b. 预留洞口位置及数量。

（a）叠合板预留洞口不能参照结构墙体施工，应考虑墙体抹灰、保温等做法，特别注意墙体是否与梁位置相同；

（b）预留洞口除卫生间外，厨房、生活阳台及开敞阳台雨水、废水等，需特别注意空调设备平台；

（c）开关、插座、配电箱等位置墙体是否在叠合板上，如在叠合板上，需预留洞口；

（d）竖向构件内预留水管位置是否预留管槽，冷热水间距、管槽的宽度、深度是否满足施工要求；

（e）厨房排烟孔洞，卧室、客厅空调孔洞是否预留，位置是否满足使用要求。

② 进行测量放线、设置构件安装定位标识。在构件上弹出安装中心线，作为构件安装、对位、校正的依据；外形复杂的构件，标出它的重心的绑扎点的位置。对构件弹线的同时，应按图纸将构件进行编号，以免搞错。构件弹线位置主要包括：柱中心线、地坪标高线、基础顶面线、吊车梁对位线、柱顶中心线。

③ 核对已施工完成结构、基础的外观质量和尺寸偏差，确认混凝土强度、预留预埋符合设计要求，并应核对预制构件的混凝土强度及预制构件和配件的型号、规格、数量等符合设计要求。

④ 复核吊装设备的吊装能力（构件的形状、尺寸、重量、作业半径），准备并确认与拟安装构件吊点相匹配的合格吊具，复核大型构件、薄壁构件、形状复杂的构件所使用的分配梁桁架类吊具。

⑤ 作业前安全技术交底。

在预制装配式建筑工程施工前，应进行交底的施工过程主要有：构件装卸车及构件场内运输，专用吊具安装方法、柱吊装、校正、加固、封模，梁吊装校正、加固，墙吊装、校正、加固、封模（坐浆）方式，灌浆材料、方式，外挂墙板吊装、校正、加固、打胶，阳台、挑台吊装、校正、加固，叠合楼板吊装、校正，楼梯安装，后浇混凝土部分的钢筋、模板、混凝土浇筑，水平构件支撑系统施工，支撑系统拆除、安全设施设置等。交底内容包括：料具使用方法、操作工艺要求、技术标准要求、质量标准要求、安全设施与措施等。

⑥ 吊装前进行重点检查。

a. 检查吊装架、吊索等吊具，特别是检查绳索是否有破损，吊钩卡环是否有问题等。

b. 检查现浇钢筋预留位置长度是否正确；伸出钢筋的型号、规格、直径、数量、尺寸、间距、位置、预留搭接长度等是否正确，保护层厚度是否满足设计要求；采用机械套筒连接时，须在吊装前在伸出钢筋端部套上套筒。

c. 检查安装材料与配件（见表 5.8）的型号、数量是否符合施工图纸要求，并在安装前准备到位。检查灌浆作业的各项准备（灌浆料、设备、灌浆作业人员），并调试灌浆泵。

表 5.8　预制构件安装常用材料、配件

安装用物品	内容
材料	灌浆料、座浆料、接缝封堵材料、分仓材料、钢筋连接套筒、耐候建筑密封胶、发泡聚氨酯保温材料、防火封堵材料、修补料等
配件	橡胶塞、海绵条、双面胶带、各种规格螺栓、安装节点金属连接件、垫片(塑料、钢)、模板加固夹具等

d. 检查牵引绳等辅助工具、材料是否完好，准备齐全。

e. 检查构件套筒、浆锚孔是否堵塞。内有杂物时，应当及时清理干净。

f. 检查连接部位的构件结合面浮灰、油污是否清扫干净，现浇混凝土面表面应平整（不能有超过 10mm 的凸出石子），外露钢筋表面是否有锈蚀、残留水泥浆。

g. 检查水平构件（叠合楼板、梁、阳台板、挑檐板等），是否架立好竖向支撑。

h. 对于柱子、剪力墙板等竖直构件，安好调整标高的支垫（在预埋螺母中旋入螺栓或在设计位置安放金属垫块），准备好斜支撑部件，检查斜支撑地锚。

i. 检查外挂墙板安装节点连接部件的准备，如果需要水平牵引，应检查牵引葫芦吊点设置、工具准备情况等。

⑦ 进行单元式吊装试验，检查试用塔式起重机，确认可正常运行。

5.1.3.2　垂直吊装机械的选用

施工现场拼装建筑物时，主要采用大型机械设备进行施工，以便提高施工效率、减少工人数量，大大提高工人的工作效率和机械设备的使用率。

根据用地条件和建筑物形状，选择合适的起重机种类用于吊装预制构件施工。

制定起重机的起重方案，关键内容包括：起重机最大起重幅度、起重量、最小起重幅度，起重机独立高度时的起重高度（根据已建结构高度、所吊构件高度、吊具吊索高度确定），起重机参数选择（安全系数一般取 0.8）。

（1）轮式吊车

自行式起重机是指自带动力并依靠自身的运行机构沿有轨或无轨通道运移的臂架型起重机。该类起重机分为汽车起重机、轮胎起重机、履带起重机、铁路起重机和随车起重机等几种。

1）轮吊站立空间

吊装前应布置足够的轮吊伸开支撑腿（见图 5.47）时的站立空间。

2）荷重

① 根据荷载总量（吊车和预制构件），合理地设计吊车施工吊装道路。

② 要采取措施保证排水通畅，以防止雨水降低地基的承载力。

③ 施工时的路面要没有坡度，且非常平坦。由于装载构件的运输用车辆也经常使用这些起重机通道，所以要采取管理措施防止路面出现车痕。

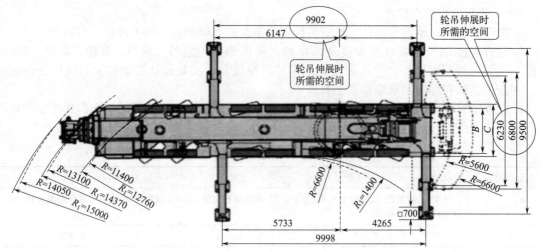

图 5.47　轮式吊车支撑腿伸展尺寸空间

3）建筑物高度

① 要考虑建筑物高度，防止吊装时吊车碰到建筑物而无法吊装到指定的位置。

② 吊车的回转半径内必须净空，不能有影响其旋转的建筑物。

4）最小吊装半径

吊车有最大、最小吊装半径，在最小吊装半径范围内（见图 5.48）的预制构件无法吊装。

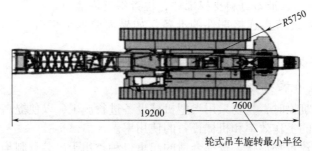

图 5.48　轮式吊车旋转最小半径

（2）塔式起重机（塔吊）

1）塔吊选型

高层与多层建筑施工一般选择塔式起重机。根据工程的现场特点，结合塔吊各方面性能、场地需要、现场实际情况、安拆方便等，对塔吊进行初步选型。

① 选型因素。装配式混凝土结构吊装施工中，由于需吊装成型的预制构件而调整构件吊装工序和吊次，塔机与施工流水段划分及施工流向相互关联影响，除按照一般规则选型和安装外，还应考虑以下一些因素：

a. 根据最重预制构件重量、位置以及塔机的大致安装位置进行塔机选型，其型号应能够满足最重构件的吊装要求和最大幅度处的吊装要求。

b. 根据建筑平面图、建筑结构型式、地下室结构等场地情况，预制构件的运输路线以及施工流水情况，最终确定塔机的安装位置。塔机安装位置应能够覆盖全部施工场地，并尽可能靠近起重量大的区域。考虑到群塔作业影响，应限制塔机相互关系及臂长，并使各塔机所承担的吊装作业区域大致均衡。

c.因存在大量预制构件的平面运输，必须合理规划场内运输线路，对运输道路坡度及转弯半径进行控制。塔机选型完成后，根据各预制构件重量及安装位置的相对关系进行道路布置；并依据塔机的覆盖情况，综合考虑各预制构件堆场位置。

d.根据各预制构件的最大重量、施工中可能起吊的最大重量及位置与塔机起重性能对比校验，并留有合适的余量，以防出现在方案设计中未考虑到的例外情况。

② 起重重量。根据最重预制构件重量及其位置进行塔式起重机选型，使得塔式起重机的起重能力能够满足最重构件起吊要求，同时必须满足最大幅度范围以内各种预制构件的起吊重量。

传统建筑施工以湿法现浇为主，塔机主要吊装可自由组合重量的钢筋、水泥、砖等各种散货，单次吊装的起重量可以组合得较小，塔吊以端部起重量在 1t 左右及以下的塔机为主。在装配式混凝土结构下，为达到较高的施工效率，预制柱、预制剪力墙、叠合梁等构件单件通常较重。预制构件的拆分全预制剪力墙重 7t 左右，叠合梁重 5t 左右，全预制楼梯重 4t 左右。故装配式混凝土结构的吊装需要更大吨位的起重设备。

一般认为，为满足 100m 左右的高度、覆盖范围 50m 左右的高层施工吊装要求，塔机端部起重量不应低于 2.5t，并且应布置至少两台塔机以完成较重构件的吊装；也可以选用端部起重量在 4t 左右的一台塔机完成吊装任务；而对于更大跨度的覆盖范围，则其端部起重量应根据塔机数量和工程进度安排等实际情况选择。塔吊的起重总重量可以进行计算：

$$起重量＝1.5×（预制构件数量＋吊具重量＋吊索重量）\tag{5.1}$$

式中，1.5 为安全系数。

因塔机所吊重物尺寸的不确定性，对于传统建筑业，因没有大表面积的重物吊装，塔机设计规范对重物风载荷采用了估算的方法，一般推荐为重物重量的 3％且不小于 500N；且起重量越大，风载荷推荐值比例越小，如起重量 50t 时，风载荷估算推荐值约为起重量的 1.5％。以上估算风载荷经多年使用证明是可靠的。装配式混凝土结构则存在大量的厚度小、表面积大且重量较大的预制构件（如剪力墙、楼板等），实际风载荷会远大于 3％的估算值，故设计规范的估算风载荷与实际情况差别较大，尤其吊重处于接近起重臂端部时，吊重风载荷对起重臂根部、塔身标准节的腹杆影响很大，因此对适合装配式混凝土结构施工使用的塔机，有必要重新估算吊重风载荷大小以保证设备的使用安全。

③ 起重幅度。起重幅度是指以起重机中心点为圆心的圆半径（从中心点到最远起吊点处的距离）。

起重幅度与起重重量是相关的（见图 5.49），为保证起重机的抗倾覆能力，起重量增大则起重幅度就要减小。

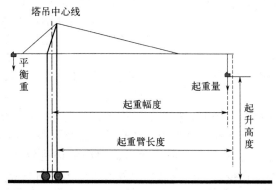

图 5.49   塔吊起重量、起重幅度、起升高度三者关系

当塔式起重机布置时，可能出现未完全核算构件起吊半径、起吊重量，或者工厂生产时预埋错误、墙板超重，或核对起重量时未考虑吊具的重量，导致起吊时重量超重等情况。为此可以采取对应措施：塔吊布置后起重臂覆盖范围内构件吊不起来时，可以考虑报请结构、工艺验算做墙板拆分处理，将大跨度超重板块分化成多块，减轻起吊重量和吊装难度；构件在工厂生产时，严格按照工艺图布置、预埋，保证标准生产构件重量偏差在 0.1t 以内，对于重量偏差大的预制构件，现场做更换处理；在核对起重量时，应加上吊具（如吊装钢梁、吊架等）的重量，一般为 0.5t，也可以在计算构件重量时，乘以 1.1 的系数作为构件最终起重量。

④ 起升高度。塔式起重机确定塔机独立高度与附着高度时，应保证吊起的预制构件能水平运输通过建筑外架最高点或预制构件安装最高点以上 2m；计算起升高度时，必须将吊索、吊具、预制构件的高度、安全距离总和合并考虑。

⑤ 起升速度。起升速度也决定了装配式工程的安装效率。在选择起重设备时，在电机总功率一定的情况下，速度与力（也就是载荷）按"重载低速、轻载高速"的原则匹配，在满足安全性能的前提下尽可能选择起升速度快的起重设备。起升速度与起重量、起重设备的起重参数有关，在选择时应查取相关参数表。

⑥ 控制精度。预制构件安装时，需要对位及调整，吊装时的高度、精度控制及稳定性非常重要。

起重机的起重量越大，精度和稳定性越好。平臂起重机在起重时受预制构件重量及惯性影响，使得高度、精度差一些；动臂起重机的精度和稳定性则要好很多。

2）塔吊布置

根据构件重量统计表，分析在最大、最小吊装半径内，合理布置塔吊，确保所有预制构件都在可吊装范围内，能安全起吊预制构件。

因塔机司机与施工人员分离且空间距离较大，为保证预制构件就位准确、快速，两者之间的直接沟通必不可少，如能让司机直接观察到预制构件的就位情况，显然更有利于司机的就位操作和减少误操作，提高吊装效率，有效减少现场安全事故的发生。现场布置如果不能满足司机与就位位置通视的要求，通过使用可视技术是满足这个要求的有效途径。

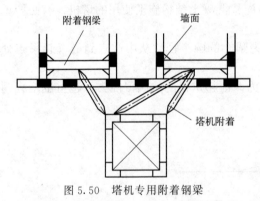

图 5.50　塔机专用附着钢梁

3）塔吊的附着

传统的现浇混凝土结构中，可在结构的梁、柱或剪力墙上设置锚固位置，根据锚固位置的受力情况计算，局部增加配筋进行加强处理，且时间足够埋设预埋件处的混凝土凝固。而装配式混凝土结构建造速度快，在锚固时结构可能尚未形成整体，或结构外墙预制构件不能满足附着受力要求，附着埋设不能按湿法施工时的方式处理。为使锚固点位置准确、受力合理，保证附着装置撑杆的角度，且缩短附着锚固工期，有必要设置附着专用工具式附着钢梁等来满足附着受力要求（见图 5.50）。

附着安装前（一般要提前 3 个月）根据施工图纸，编制塔吊附着方案，施工方同塔吊厂家协商确认可行性后，联系预制构件生产部门预留附着件过墙孔洞、预埋件等（见图 5.51）。

① 当塔式起重机附着在现浇结构上时，应考虑现浇结构达到强度时间与吊装进度之间的时间差。为确保与现浇墙柱连接，在现浇墙柱浇捣前，应做好附着点对拉螺杆孔预埋。

② 当塔式起重机附着在预制构件上时，应通过模拟计算，在预制构件设计阶段确定附着

图 5.51   塔吊连接的预埋件在预制厂预埋

点的位置，附着点的预埋件须在工厂制作预制构件时一并完成，不得采用在预制构件上用后锚固的方式进行附着安装。

③ 原选定的附着点被安装预制构件阻挡后，可以重新选择附着点，或在阻挡墙板面开孔附着原选定附着点上。

④ 塔吊基础设计。收集基础设计参数（承台基础、承台混凝土强度等级、钢筋保护层厚度、钢筋等级），根据塔吊说明书、独立基础在自由高度（安装高度）需要满足的荷载设计值（垂直荷载、倾覆力矩），计算基础最小尺寸、塔吊基础承载力，验算地基基础承载力、受冲切承载力、设计承台配筋。

5.1.3.3   吊索具的选择与使用

《装配式混凝土建筑技术标准》(GB 51231—2016) 要求：安装用材料及配件等，应符合国家现行有关标准及产品应用技术手册的规定，并应按照国家现行相关标准的规定进行进场验收。

(1) 吊具

预制构件类型多、重量大，形状和重心等千差万别，预制构件的吊点应提前设计好，根据预留吊点选择相应的吊具。

无论采用几点吊装，都要始终使吊钩和吊具的连接点的垂线通过被吊构件的重心，这直接关系到吊装的操作安全；为使预制构件吊装稳定，不出现摇摆、倾斜、转动、翻倒等现象，应通过计算合理地选择合适的吊具。

预制构件吊装必须使用专用的吊具进行吊装作业，一般需配备吊索（钢丝绳、铁链条、专用吊带）、卸扣、钢制吊具、专用吊扣等。

1）种类

① 点式吊具：就是用单根吊索或几根吊索吊装同一构件的吊具，如图 5.52 所示。常与钢丝绳吊索和索具（吊环、吊钩或自制专用索具）配套使用。

使用时吊环或自制索具的螺栓应拧紧，吊索与预制构件平面的夹角不宜小于 60°且不得小于 45°，吊索长度应保证预制构件起吊时，各吊点受力均匀、不倾斜。

② 梁式吊具（一字型吊具，见图 5.53）：采用型钢制作并带有多个吊点的吊具，通常用于吊装线型细长构件（如梁、柱等）或用于墙板吊装。在横吊梁底部可焊接多个吊耳（或圆孔），通过横吊梁的吊耳连接卸扣与钢丝绳进行吊装，以适应不同长度的预制构件。横吊梁由于吊钩通过钢丝绳与吊件成垂直状态，两侧的吊点与中心距离相等，不会造成吊件倾斜而发生事故，对预制构件的损伤较小，保证了吊装安全和吊装工效。

图 5.52   点式吊具

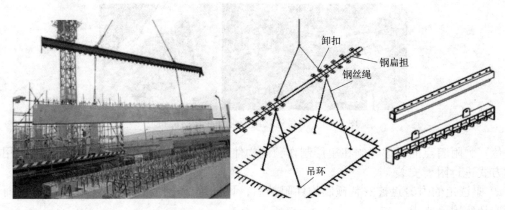

图 5.53　梁式吊具

图 5.54　架式吊具

③ 架式吊具（平面式吊具）：对于平面面积较大、厚度较薄的构件，以及形状特殊无法用点式或梁式吊具吊装的构件（如叠合板、异形构件等），通常采用架式吊具，如图 5.54 所示。吊具多点受力、各吊挂点自平衡，对预制构件损伤小。

④ 特殊吊具：装配建筑所用构件种类繁多、形状各异，重量变化较大，对于一些重量较大的、异形构件而量身定做的专用吊具。

2）吊具要求

要精确掌握本项目所有预制构件的几何尺寸、单个重量、吊点设置部位，对柱、梁、板、墙、楼梯、楼梯休息平台、阳台等构件，选择或设计专用或通用的吊具。

吊具的选择通常要考虑吊装现场情况、构件形式、安装作业方式等，常见吊具适用类型如表 5.9 所示。

表 5.9　各种吊具选用条件

构件类型		点式吊具	梁式吊具	架式吊具	注意事项
柱	卸车	●	●	—	
	吊装	—	●	—	
梁		—	●	—	采用固定吊索、索具距离可调
平面板式构件	叠合楼板	—	—	●	吊架上设置多个耳环、挂设滑轮
	大型楼板	●	—	●	
竖向板式构件 （剪力墙板、外挂墙板、填充墙板）	平放运输卸车	●	—	●	
	平放运输吊装、立式运输卸车和吊装	●	●	—	平放吊装时考虑翻转立起
楼梯、阳台		●	—	●	索具用下部可调长度

所有钢制吊具必须经专业检测单位进行探伤检测，合格后方可使用。

(2) 吊索

预制构件吊运所用吊索一般为钢丝绳或链条吊索（见图 5.55），根据吊运预制构件的特点等实际情况选择适宜的吊索。

在预制构件起吊时，应保证起重设备的主钩位置、吊具、预制构件重心在垂直方向重合。吊索之间的夹角不宜过大，一般不准超过 120°，夹角越大钢丝绳的受力越大（见图 5.56）。吊索与吊具、构件的水平夹角不宜小于 60°、不应小于 45°；梁式吊具用的吊索与构件的角度宜为 90°；架式吊具用的吊索与

图 5.55　吊装用器具

构件的水平夹角应大于 60°且小于或等于 90°。如果角度不满足要求，应在吊具上调整吊索角度。

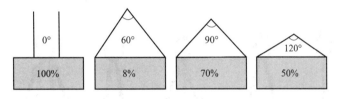

图 5.56　吊索之间夹角与吊索承载力之间关系

1）钢丝绳吊索

钢丝绳是将力学性能和几何尺寸符合要求的钢丝，按照一定的规则捻制在一起的螺旋状钢丝束（见图 5.57）。钢丝绳强度高、自重轻、工作平稳、不易骤然整根折断，工作可靠，是预制构件吊装最常用的吊索。

钢丝绳中钢丝越细（同等直径钢丝数量越多）越不耐磨，但比较柔软、弹性较好；反之，钢丝越粗越耐磨，但比较硬、不易弯曲。应视用途不同而选用适宜的钢丝绳。

钢丝绳固定端的连接方式一般为压套法、编结法、绳夹固定法等，如图 5.58 所示。制构件安装中在满足承载力条件下，首选铝合金压套法和编结法连接方式。

针对不同的绳端固定连接方法，有不同的安全要求（见表 5.10）。所有吊索、卸扣都须有产品检验报告、合格证件，并挂设标牌。

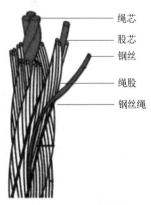

绳芯
股芯
钢丝
绳股
钢丝绳

图 5.57　钢丝绳构造

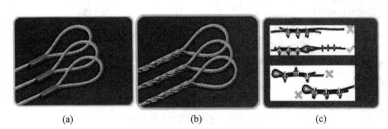

(a)　　　　　　(b)　　　　　　(c)

图 5.58　钢丝绳固定端的连接形式

（a）铝合金压套法；（b）编结法；（c）绳夹固定法

表 5.10　不同绳端固定连接方法的安全要求

连接方法	安全要求
编结法	编结长度不应小于钢丝绳直径的 15 倍,并不得小于 300mm。连接强度不得小于钢丝绳破断拉力的 75%
绳夹固定法	根据钢丝绳直径决定绳夹数量,绳夹的具体型式、尺寸及布置方法应参照《钢丝绳夹》(GBT 5976—2006),同时应保证连接强度不得小于钢丝绳破断拉力的 85%
铝合金套压缩法	应用可靠的工艺方法使铝合金套与钢丝绳紧密牢固地贴合,连接强度应达到钢丝绳的破断拉力
楔块楔套连接	楔套应使用钢材制造,连接强度不得小于钢丝绳破断拉力的 75%

2) 链条吊索

链条吊索是以优质合金钢链环连接而成的吊索 (见图 5.59),主要有焊接和组装两种形式。特点是耐磨、耐高温、延展性低、受力后不会伸长等,其使用寿命长、易弯曲,适用于大规模、频繁使用的场合。

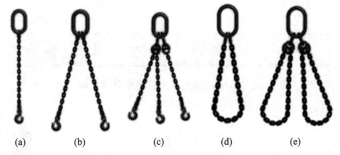

图 5.59　各种链条吊索

(a) 单肢链条;(b) 双肢链条;(c) 三肢链条;(d) 单肢环形链条;(e) 双肢环形链条

在使用前,须看清标牌上的工作荷载及适用范围,严禁超载使用,并对链条吊索做目测或使用设备检查。出现链环焊接开裂或其他有害缺陷,链环直径磨损减少 10% 左右,链条外部长度增加 3% 左右,表面扭曲、严重锈蚀及积垢等必须予以更换。

链条不能打结、缠绕使用,不得采用非正规连接,如图 5.60 所示。严禁随意缩短或加长吊索具。

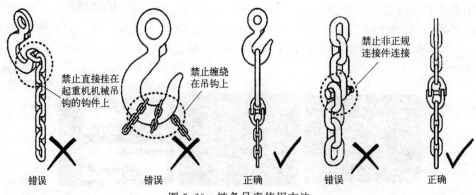

图 5.60　链条吊索使用方法

捆绑吊装注意构件棱角,棱角处要采取措施;放置时,物体下面要用垫木,以防损伤链条。

起重前应仔细检查是否挂牢，吊重时严禁人员在吊重物下工作或行走；起吊时升、降、停要缓慢平稳，注意被吊物重心平衡，严禁使用冲击力，并不得长时间将重物悬挂在吊链上。

3）吊装软带

吊装软带一般采用高强力聚酯长丝制作，具有强度高、耐磨损、抗氧化、抗紫外线、质地柔软、不导电、无腐蚀等优点，多用于板式预制件的翻转，可以避免对预制构件边角的损伤。

吊装软带可以满足预制构件的吊装作业，扁平吊装软带承载力为 1～30t，圆形为 1～300t。吊装软带不同颜色代表不同的承载力吨位（见表 5.11），选择时以对应颜色为主，以方便快速区分其承载力范围，安全系数一般为 6。

表 5.11　吊装软带不同吨位对应的颜色

承载力吨位	1t	2t	3t	4t	5t	6t	8t	10t 以上	无吨位区分
软带颜色	紫色	绿色	黄色	灰色	红色	棕色	蓝色	橙色	白色

使用过程中不允许捆绑有尖角、棱边的重物，禁止交叉、打结、扭转（见图 5.61）。吊运过程中避免与周边可能磨损吊装带的物体摩擦接触。当被吊装物有锋利的边缘或转角时，会对吊装软带带来破坏性的割伤，建筑工地的现场条件无法避免与钢筋、预制构件直角边缘等接触，吊状软带易受损。吊装软带在使用前需要检查有无损伤、变形、起毛刺等现象，如果有这些现象须立即更换。

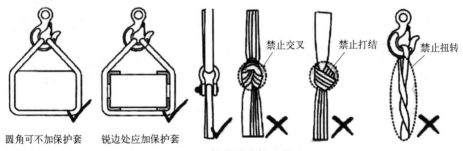

图 5.61　软带吊索使用禁忌

（3）索具

1）吊钩

吊钩是借助于滑轮组等部件悬挂在起升机构的钢丝绳上，用于起吊重物的工具（见图 5.62）。

吊钩应有制造厂的合格证等技术文件方可使用。

吊钩使用时不准超过核定承载力范围，不得用于侧载荷、背载荷和尖部载荷（见图 5.63）。

使用吊钩时，应将索具端部件挂入吊钩受力中心位置，不能直接挂入吊钩钩尖部位，如图 5.64 所示；当将两个吊索放入吊钩时，从垂直平面至吊索拉开的角度不能大于 45°，且两个吊索之间的夹角不许超过 90°。

图 5.62　羊角吊钩及防脱舌片

使用过程中发现有裂纹、变形或安全锁片损失，必须予以更换。

2）卸扣

卸扣是吊点与吊索的连接工具，可用于吊索与梁式吊具或平面架式吊具的连接，以及吊索与预制构件的连接。卸扣分 D 型和弓型两种（见图 5.65），可作为端部配件直接吊装品或构成挠性索具连接件。

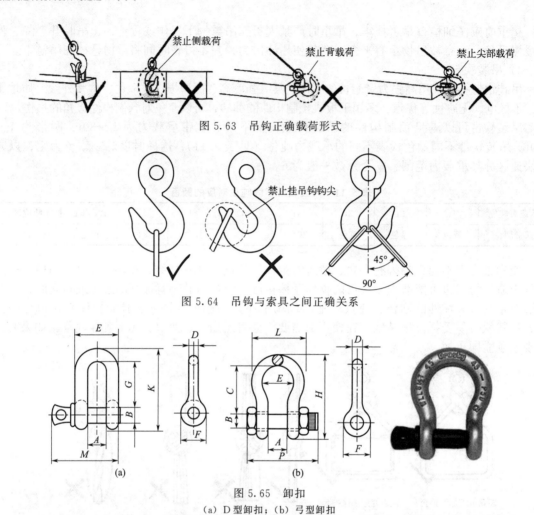

图 5.63　吊钩正确载荷形式

图 5.64　吊钩与索具之间正确关系

图 5.65　卸扣
(a) D 型卸扣；(b) 弓型卸扣

卸扣使用时要正确地支撑荷载，作用力要沿着卸扣平面的中心线的轴线上，避免弯曲及不稳定的荷载，不准过载使用，卸扣本身不得承受横向弯矩作用，即作用承载力应在本体平面内，如图 5.66 所示。以卸扣承载的两腿索具间的最大夹角不能大于 120°。

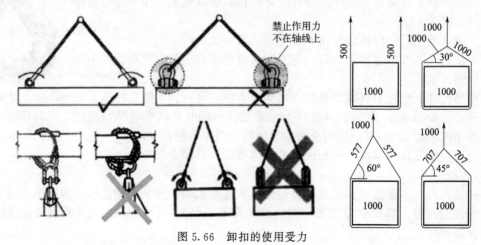

图 5.66　卸扣的使用受力

卸扣在与钢丝绳索具配套用作捆绑索具使用时，横销不应与钢丝绳索具的索眼连接（见图5.67），避免在索具提升时，钢丝绳与卸扣横销发生摩擦使得横销转动，有脱离的危险。

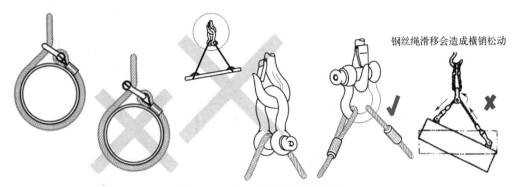

图 5.67　卸扣与钢丝绳配合使用

卸扣在使用中发现有裂纹、明显弯曲变形、横销不能闭锁等现象，必须予以更换。

3）吊环

吊环分为吊环螺母、吊环螺钉、旋转吊环、强力环等（见图5.68）。

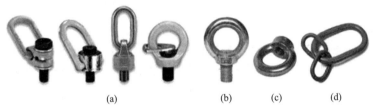

图 5.68　各种吊环

（a）旋转吊环；（b）吊环螺栓；（c）吊环螺母；（d）强力吊环

吊环螺母、吊环螺钉是用丝扣方式与预制构件进行连接的一种索具，材质一般用20或25号钢。使用时必须与吊索垂直受力，严禁与吊索斜拉起吊。使用中发生变形、裂纹等现象，必须予以更换。

旋转吊环又称为万向吊环或旋转吊环螺钉，受力方向分为直拉和侧拉两种（见表5.12），常规直拉吊环允许不大于30°方向的吊装，侧拉吊环的吊装不受角度限制，但要考虑因角度产生的承重受力增加比例。在满足承载力条件下，旋转吊环可直接固定在预制构件的预埋吊点上，再连接吊索进行吊运作业。

表 5.12　预制构件吊装吊点及埋件受力

构件吊点			埋件受力形式		
预制墙板	预制楼板	预制梁	轴线垂直吊装	垂直夹角吊装	剪切方向吊装

强力环又称为模锻强力环、兰姆环、锻打强力环。其材质主要有 40 铬、20 铬锰钛、35 铬钼三种，其中 20 铬锰钛比较常用。在预制构件吊运中，常用强力环与链条、钢丝绳、双环扣、吊钩等配件组成吊具。使用中强力环扭曲变形超过 10°、表面出现裂纹、本体磨损超过 10% 以上，必须更换。

吊环作业时，最大允许使用角度为 120°（见图 5.69）。当吊环出现裂纹和变形时，严禁采用焊接和加热弯曲的方法修理吊环。

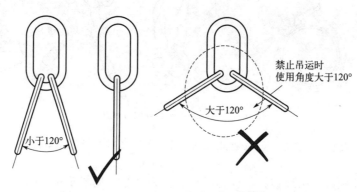

图 5.69 链条吊索的吊环使用要求

4）钢丝绳夹

钢丝绳夹是制作索扣的快捷工具，如操作正确，强度可为钢丝绳自身强度的 80%。为减小主受力端钢丝绳的夹持损坏，绳卡压板应在钢丝绳长头一边，并按一定次序安装（见图 5.70 中 1、2、3 顺序）；绳卡间距不应小于钢丝绳直径的 6 倍。

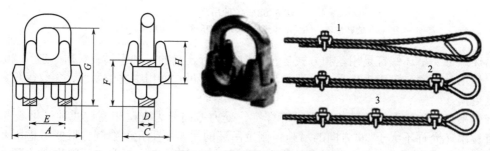

图 5.70 钢丝绳夹及其布置

（4）起重设备、吊索具检查

① 安装作业中使用的起重机、吊具、吊索应安全验算通过、进行可靠性检查后才能使用。具体检查方法有目测检查、试吊检查。

a.目测检查：检查钢丝绳、吊钩、卸扣、钢梁、吊抓等是否有断丝、散丝、锈蚀、破损、开裂、开焊等现象，如有问题，应及时更换处理，并定期维护保养。

b.试吊检查：在构件吊装之前，对起重设备和吊装用具进行全面试用检查。试吊检查能够真实地检查起重设备与吊装用具的可靠性。

② 要在使用中定期或不定期地进行检查，以确保其始终处于安全可靠状态。

a.使用前的检查：对起重机本身影响安全的部位、支撑架进行检查；当支撑架设置在预制构件上时，要确保构件已经灌浆，且强度达到要求后才可以架设起重机；吊索吊具使用前应检查其完整性，检查吊具表面是否有裂纹、断裂、破损断丝等现象。

b. 运行中的检查：起重机运行中应做好日常运行记录以及日常维护保养记录、各连接件无松动；钢丝绳及连接部位符合规定；润滑油、液压油及冷却液符合规定，及时补充；经常检查起重机的制动器，吊装过程中发现起重机有异常现象要及时停车。

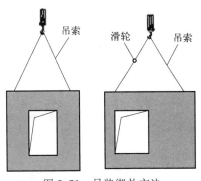

图 5.71　吊装绑扎方法

（5）预制构件吊装绑扎方法

预制构件绑扎分为对称构件吊装绑扎和不对称构件吊装绑扎两种，如图 5.71 所示。

对侧向刚度差的预制构件，可通过对构件加附加吊点（加紧线器）、靠梁（与板用螺栓连接）、临时撑杆方法进行加固解决，撑杆与预制构件通过预埋螺母连接，如图 5.72 所示。在预制构件运输、翻转、吊装时支承点设置在加强撑杆上，保证预制构件在运输、翻转、吊装中不变形。

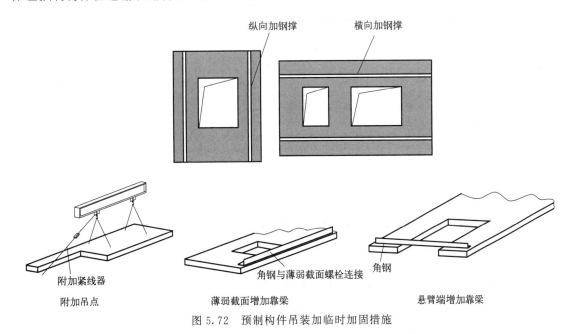

图 5.72　预制构件吊装加临时加固措施

5.1.3.4　专用设施和工具

预制装配式建筑施工时需要一些专用、特殊的设施，包括施工设施、安全设施，常见的如图 5.73 所示。

（1）支撑体系

1）分类

按照装配式预制构件的结构安装施工特点，工具式支撑系统分为竖向构件安装专用工具式支撑系统和水平构件安装专用工具式支撑系统两大类，另外安全施工还需要防护架系统（架体类别和选用见表 5.13）。

表 5.13　装配式建筑施工常见架体选用

架体类别	架体名称	装配式建筑结构体系									
		装配式剪力墙结构	双面叠合剪力墙结构	装配式混凝土框架结构	装配式钢结构	装配式钢混组合框架结构	装配式大框架钢混组合主次结构	模块化钢结构	装配式交错桁架结构	装配式低多层住宅	干式装配预应力混凝土框架结构
模架	铝合金模板	●	●	●	—	●	●	—	●	●	●
	铝框覆塑料模板	●	●	●	—	●	●	—	●	●	●
	独立钢管支撑组合模架	●	●	—	—	—	—	—	—	—	—
	爬模	●	●	●	●	●	●	●	●	●	●
支撑架	独立钢管支撑架	●	●	●	●	●	●	●	●	●	●
	承插型盘扣钢杆支撑架	●	●	●	—	●	●	●	●	●	●
外防护架	工具式外防护架	●	●	—	—	—	—	—	—	—	—
	普通悬挑脚手架	—	—	●	●	●	●	—	—	●	●
	型钢悬挑卸料平台	●	●	●	—	●	●	—	—	●	●
	斜拉附着型钢悬挑脚手架	●	●	●	●	●	●	—	—	●	●
	全钢附着升降脚手架	●	●	●	●	●	●	—	—	—	—
	门式钢管脚手架	●	●	●	●	●	●	●	●	●	●

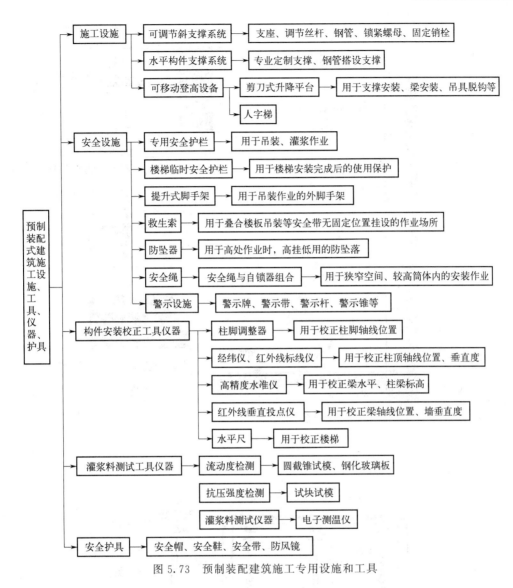

图 5.73　预制装配建筑施工专用设施和工具

① 竖向构件安装专用工具式支撑系统，主要包括丝杆、螺套、支撑杆、手把和支座等部件（见图 5.74）。

支撑杆两端焊有内螺纹旋向相反的螺套，中间焊手把；螺套旋合在丝杆无通孔的一端，丝杆端部设有防脱挡板；丝杆与支座耳板以高强螺栓连接；支座底部开有螺栓孔，在预制构件安装时用螺栓将其固定在预制构件的预埋螺母上。

通过旋转把手带动支撑杆转动，上丝杆与下丝杆随着支撑杆的转动同时拉近或伸长，达到调节支撑长度的目的，进而调整预制竖向构件的垂直度和位移，满足预制构件安装施工的需要。

与预制构件连接形成通用节点，形成标准化系列产品（长度系列为 12、18、24 和 30 等），具有结构简单、通用性强和节约施工成本的优点。

例题一：装配式剪力墙临时支撑的计算

② 水平构件安装专用工具式支撑系统主要包括早拆柱头、插管、套管、插销、

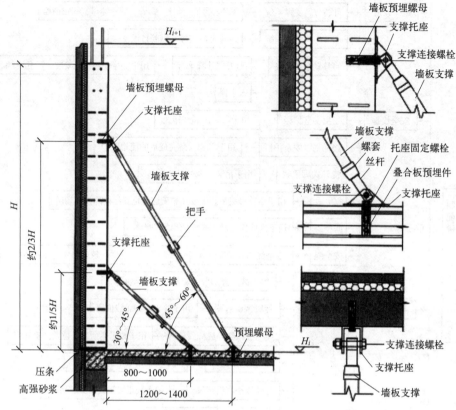

图 5.74 竖向构件安装用斜支撑

调节螺母及摇杆等部件（见图 5.75）。

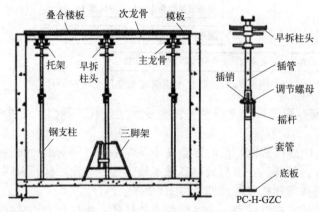

图 5.75 水平构件安装用支撑

套管底部焊接底板，底板上留有定位的 4 个螺丝孔；套管上部焊接外螺纹，在外螺纹表面套上带有内螺纹的调节螺母；插管上套插销后插入套管内，插管上配有插销孔，插管上部焊有中心开孔的顶板；早拆柱头由上部焊有 U 形板的丝杆、早拆托座、早拆螺母（调节螺母来改变早拆托座的高度）等部件组成；早拆柱头的丝杆坐于插管顶板中心孔中；通过选择合适的销孔插入插销来满足不同的支撑高度需求，再用调节螺母来微调高度便可达到所需求的支撑高度。从而实现主次龙骨的升降及模板的早拆。

2）使用

在吊装预制构件中使用的各个支撑，要根据构件来制订适当计划。深化设计图中要对支撑架的平面布置（见图 5.76）进行具体规划，现场按照深化图纸施工。工具式支撑系统安装时，应保证楼板强度至少达到 C10 混凝土的强度，楼板养护时间不少于两天，以满足支撑的受力要求。

① 预制构件安装就位后，应及时采取临时固定措施。

② 预制构件与吊具的分离，应在临时固定措施安装完成后进行；临时固定措施的拆除，应在装配式结构能达到后续施工承载要求后进行。

③ 每个预制构件的临时支撑不宜少于两道。

④ 对预制柱、墙板的上部斜撑，其支撑点距离底部的距离不宜小于高度的 2/3，且不应小于高度的 1/2。

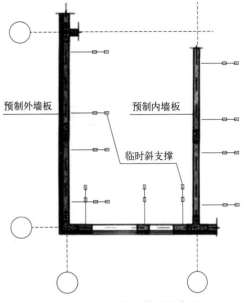

图 5.76 临时斜支撑平面布置

⑤ 构件安装就位后，可通过临时支撑对构件的位置和垂直度进行微调。

3）拆除

构件临时支撑拆除要在构件混凝土强度达到设计规定的拆除支撑强度后方可进行，应符合如下要求：

① 支撑结构拆除应按专项施工方案确定的方法、顺序进行。拆除作业应分层、分段，按由上至下的顺序拆除，并应根据受力状态，先从受力最小的构件拆起。

② 拆除作业前，应先对被支撑的结构的稳定性进行检查确认。

③ 当只拆除部分支撑结构时，拆除前应对不拆除的支撑结构进行加固，确保其稳定。

④ 对多层支撑结构，当楼层结构不能满足承载要求时，严禁拆除下层支撑。

⑤ 对设有缆风绳的支撑结构，缆风绳应对称拆除。

⑥ 在六级及以上强风或雨、雪天气时，应停止作业。因特殊原因暂停拆除作业时，应采取临时固定措施，已拆除和松开的配件应妥善放置。

（2）灌浆设备

机械压力灌浆使用电动灌浆机；手动灌浆使用手动灌浆枪，手动灌浆枪也适用于补灌工艺。

1）电动灌浆机

目前常用的电动灌浆机根据工作原理，分为电动螺杆式灌浆机、电动泵管挤压式灌浆机和气动压力式灌浆机三种类型（见图 5.77）。应根据灌浆料特性和灌浆工艺要求，选用灌浆压力等参数符合要求的灌浆机。

2）手动灌浆枪

手动灌浆枪适用于竖向单个套筒、制作灌浆接头、补浆、水平钢筋连接套筒的灌浆（见图 5.78）。一般枪腔的容量为 0.7L。

3）灌浆管线

灌浆管为耐高压的橡胶管，能够承受的压力要与所使用的电动灌浆机灌注压力相匹配。

灌浆作业后及时清理设备及灌浆管，避免灌浆管堵塞。

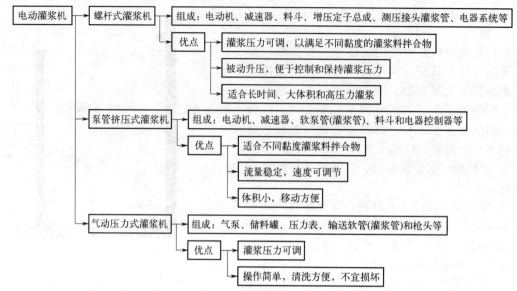

图 5.77 电动灌浆机种类及优点

图 5.78 手动灌浆枪

4）备用设备

① 发电机：由于灌浆要求连续作业，所以施工过程突然断电或施工现场无固定电源时，需要利用发电机发电。

② 高压水枪：在灌浆作业施工过程中若出现意外情况，导致灌浆作业不能连续进行，需要用高压水枪将灌浆料拌合物冲洗干净。

③ 浆料搅拌器：由于灌浆需要连续作业，浆料搅拌器电动机极易发热，有可能导致电动机烧毁，为避免影响施工，需要备用一台浆料搅拌器。

5.1.3.5 材料和配件

（1）主要材料

装配式建筑施工用主要材料（如灌浆料、五金件、钢筋、混凝土、斜撑等）影响结构、施工安全，进场重点检查内容如图 5.79 所示。

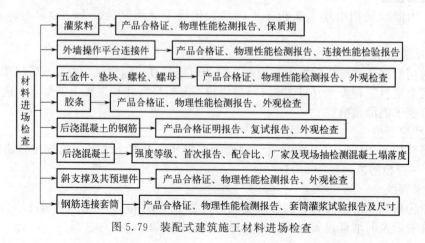

图 5.79 装配式建筑施工材料进场检查

（2）专用材料

装配式建筑的工程施工有专用的材料和配件，如图 5.80 和图 5.81 所示。

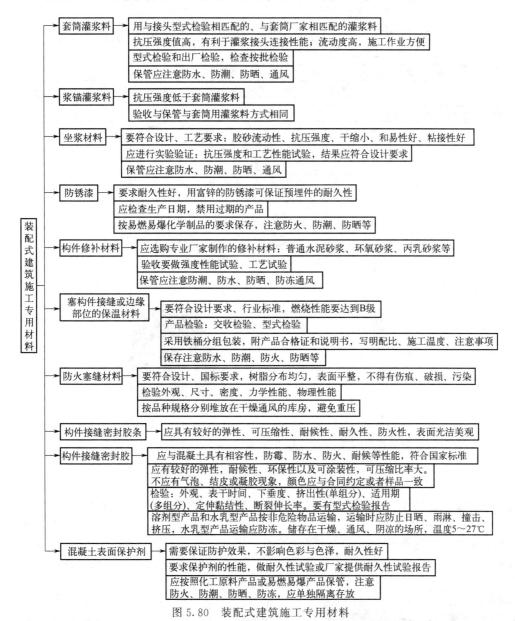

图 5.80 装配式建筑施工专用材料

（3）安装材料

预制构件安装用的材料包括：调整标高用螺栓或垫片、牵引绳、安装螺栓、安装节点连接件等。

1）调整标高用螺栓

① 预埋螺母：预制构件调整标高，应根据构件的规格确定螺母的大小，常用 P 型螺母（见图 5.82）。

② 螺栓：安装时选用螺栓，须按设计单位要求的型号及强度等级，如未明确具体要求，

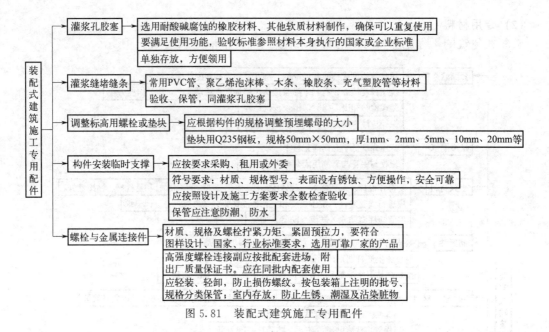

图 5.81 装配式建筑施工专用配件

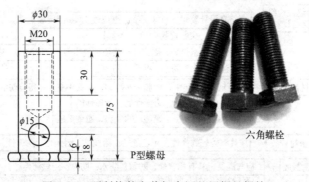

图 5.82 预制构件安装标高调整用螺母螺栓

应使用全扣大六角螺栓与预埋螺母匹配，螺栓长度与预埋螺母内丝长度相等。

2）调整标高用垫片

预制构件与其支承构件间，宜设置厚度不大于 30mm 的坐浆或垫片；构件底部应设置可调整接缝厚度和底部标高的垫片（见图 5.83）。外挂墙板安装完成后，应及时移除临时支承支座、墙板接缝内的传力垫片。

调整标高选用垫片时，除设计有明确具体要求外，可采用钢垫片或塑料垫片，施工现场对各规格垫片应准备齐全。

3）牵引绳

牵引绳可使用尼龙（锦纶）、涤纶、丙纶以及迪尼玛等材质，不得用棉、麻、钢丝等其他材质的绳索作为牵引绳。

牵引绳必须选用有合格证书产品，并严格在说明书上的理论允许拉力范围内使用。常用牵引绳极限工

图 5.83 剪力墙水平接缝处的垫片

作荷载如表 5.14 所示。

表 5.14　牵引绳极限工作荷载　　　　　　　　　　　　　　　　单位：t

规格/mm	材质			
	尼龙	涤纶	丙纶	迪尼玛
10	1.75	1.64	1.53	1.57
16	4.48	4.2	3.7	3.59
18	5.65	5.2	4.72	5.03
20	6.75	6.5	5.69	6.04

4）安装螺栓

在全装配式混凝土结构中，螺栓连接是主要的连接形式。在装配整体式混凝土结构中，螺栓连接常用于外挂墙板、楼梯等非主体结构预制构件的连接，以及固定吊索具使用。

螺栓按其强度、结构特点、螺纹形式等，可分为不同种类（见图 5.84）。

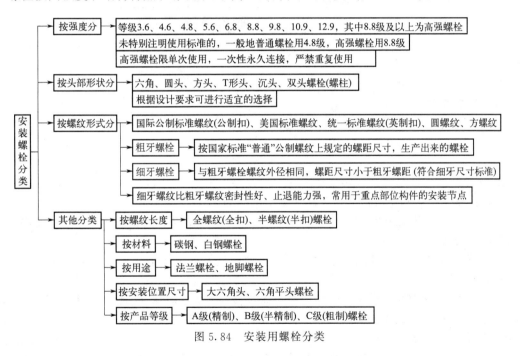

图 5.84　安装用螺栓分类

根据不同使用部位、受力特点，设计者会针对性地选用螺栓，因此在施工中必须严格按设计文件的技术要求进行选用。

5）安装节点连接件

安装节点连接件分为通用型、专用定制型（见图 5.85），设计文件应明确规定。

材质如设计文件无明确规定，一般采用 Q235 碳素结构钢。螺栓连接件采用质量 A 级或 B 级，焊接件采用 C 级或 D 级。

6）定位拉线

施工测量用定位拉线一般有棉、涤纶、尼龙（锦纶）等材质（见图 5.86）。可根据使用要求和操作需要进行选择。

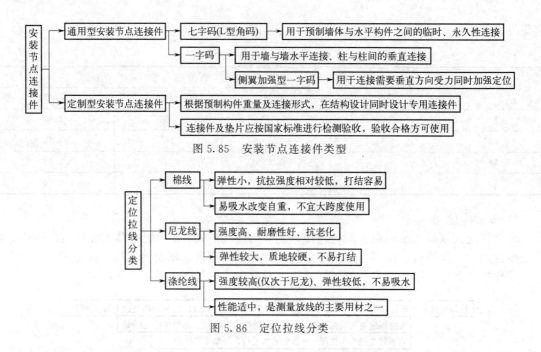

图 5.85　安装节点连接件类型

图 5.86　定位拉线分类

5.1.3.6　测量放样

（1）基本要求

预制装配式工程施工安装过程中，施工测量、构件定位等作业应遵照的规定：

① 施工测量前，应收集有关测量资料，熟悉施工设计图纸，明确施工要求，制定施工测量方案。

② 建筑物施工控制网，应根据建筑物的设计形式和特点，布设成十字轴线或矩形控制网。民用建筑物施工控制网也可根据建筑红线定位。

③ 建筑物施工平面控制网，应根据建筑物的分布、结构、高度、生产工艺的连续程度，分别布设一级或二级控制网。

④ 建筑物施工平面控制网的建立，应选在通视良好、土质坚实、利于长期保存、便于施工放样的地方。

⑤ 建筑物的围护结构封闭前，应根据施工需要将建筑物外部控制点转移至内部。内部的控制点宜设置在浇筑完成的预埋件或预埋的测量标板上。引测的投点误差，一级不应超过2mm，二级不应超过3mm。

⑥ 建筑物高程控制，应采用水准测量。施工竖向精度及高程控制网布设，水准点是竖向控制的依据，要求一个施工场区内设置不少于三个，高程控制点根据测绘局所给控制点控制。

测量放样附合路线闭合差，不应低于四等水准的要求。水准点可设置在平面控制网的标桩或外围的固定地物上，也可单独埋设。要检查引测标高是否满足竖向控制的精度要求，检查场区内水准点是否被碰动，确认无误后确定引测标高。

（2）测量放样方法

预制装配式混凝土结构工程预制构件安装测量定位时，测量放线是现场施工先导工序，是保证预制构件及主体结构外形尺寸满足设计要求的前提。测量放样，主要分为预制构件的定位、预留定位钢筋的放样，前者的测量放样与传统放样工艺相似，预留定位钢筋的放样流程有自己的特点；轴线引测，首层平面定位线依照建筑轴线控制网进行轴线引测；高程控制，利用全站仪或水准仪配合激光测距仪进行控制，如图 5.87 所示。

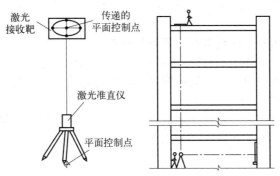

图 5.87　平面控制、高程控制竖向传递

构件安装测量放线，通过控制点确定横纵双向主控线，构件位置及控制线由主控线引出，基本步骤如图 5.88 所示。可将构件中心线用墨斗分别弹在结构和构件上，方便安装就位时定位测量。

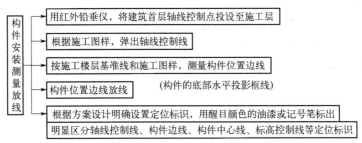

图 5.88　构件安装测量放线基本流程

预制混凝土构件安装，原则上以中心线定位法与界面定位法相结合的方法，也有用轴线控制方法，误差向两边分摊。对于主体结构的定位宜采用中心定位法，对于装修及部品的定位宜采用界面定位法。

5.1.3.7　构件吊装前检查

预制构件安装施工前，应对已施工完成结构的混凝土强度、外观质量、尺寸偏差等进行检查，并应核对预制构件的混凝土强度，预制构件和配件的型号、规格、数量等，其质量应符合相应标准，并且符合设计要求。

（1）连接部位的混凝土检查

① 检查安装前现浇混凝土部分的强度。

必须保证在构件安装时，不能因构件重力原因造成下部现浇混凝土损坏或破坏，从而直接影响到工程结构质量。在安装上部构件时用回弹仪检测混凝土强度，如果达不到强度要求，不能安装构件。

可采取提高现浇混凝土强度等级、采用早强混凝土、加强养护等措施，缩短等待混凝土强度提高的时间。

② 检查连接部位的混凝土外观质量、尺寸偏差等是否符合要求，表面是否存在蜂窝、麻面，露筋、漏振等现象，如果存在问题，须及时进行处理。

构件安装连接部位的混凝土，标高和表面平整度应在误差允许范围内，如果偏差较大，须及时采取补救措施，避免影响后连接的预制构件的安装质量。混凝土质量缺陷通常采取剔凿或修补的处理方法，修补用混凝土要高于原混凝土一个强度等级，修补完成后要采取有效的保水养护措施。

（2）连接部位预留钢筋、预留管线、预埋件检查

现浇混凝土或下层构件伸出钢筋，对规格、型号、数量、位置、长度等进行检查。对于钢筋位置偏差问题通常采取剔凿混凝土后钢筋进行打弯的处理方法，其混凝土的剔凿深度和钢筋打弯长度要符合规范要求。

现浇混凝土预留水电管线，检查预埋数量、规格、直径、位置等是否正确。

相关构件连接的预埋件（如避雷引下线、构件安装连接预埋件等），检查数量、规格、位置等是否正确。

（3）预制构件检查

构件在进场后安装施工前，还要进行全数检查（内容基本同进场检查），认真填写构件检查验收记录，留存归档。

采用钢筋套筒灌浆连接、钢筋浆锚搭接连接的预制构件，安装施工前应检查的内容有：

① 预制构件的套筒，应目测或尺量全数检查预留孔的规格、位置、数量和深度；当套筒、预留孔内有杂物时，应清理干净。

② 预制构件的被连接钢筋，目测或尺量全数检查规格、位置、数量和深度。当连接钢筋倾斜时，应进行校直；连接钢筋偏离套筒或孔洞中心线不宜超过 3mm。连接钢筋中心位置偏差严重影响预制构件安装时，应会同设计单位制定专项处理方案，严禁随意切割、强行调整定位钢筋。

③ 构件安装前，检查结合面是否清洁。

（4）现浇混凝土浇筑施工之前检查

1）应提前做好隐蔽工程检查

装配式结构连接部位及叠合构件浇筑混凝土之前，应进行隐蔽工程验收。隐蔽工程验收主要内容：结合面（混凝土粗糙面的质量，键槽的尺寸、数量、位置）、箍筋（钢筋的牌号、规格、数量、位置、间距，箍筋弯钩的弯折角度及平直段长度）、纵筋（钢筋的连接方式、接头位置、接头数量、接头面积百分率、搭接长度、锚固方式及锚固长度）、预埋件及预留管线的规格数量和位置。

① 浇筑混凝土前应将混凝土浇筑部位内的垃圾，钢筋上的油污等杂物清除干净，并浇水湿润。

② 检查安装构件所用的斜支撑预埋锚固件（或锚固环），按照设计位置定位准确，并与楼板内的钢筋连接在一起。斜支撑预埋锚固件、锚固环在使用过程中，混凝土还未达到一定强度，预埋锚固件或锚固环须与楼板内的钢筋连接在一起，避免埋件将混凝土拉裂形成质量及安全问题。

2）检查预制构件所要连接的现浇混凝土伸出钢筋

① 根据设计图样要求，检查伸出钢筋的型号、规格、直径、数量及尺寸是否正确，保护层是否满足设计要求。

② 查看钢筋是否存在锈蚀、油污和混凝土残渣等，如有问题会影响钢筋与混凝土握裹力，需及时更换或处理。

③ 根据楼层标高控制线，用水准仪复核外露钢筋预留搭接长度是否符合图样设计尺寸要求。

④ 根据施工楼层轴线控制线，检查伸出钢筋的定位模板位置是否准确，固定是否牢固，

如有问题需及时调整校正，以确保伸出钢筋的间距、位置准确。

⑤ 在混凝土浇筑完成后，再次对伸出钢筋进行复核检查，其长度误差不得大于 5mm，位置偏差不得大于 2mm。

⑥ 连接钢筋外表面，应标记插入灌浆套筒最小锚固长度的标记，位置应准确、颜色应清晰。

3）检查质量缺陷问题

① 目测观察混凝土表面是否存在漏振、蜂窝、麻面、夹渣、露筋等现象，现浇部位是否存在裂缝。

② 用卷尺和靠尺检查现浇部位截面尺寸是否正确，如果存在胀模现象，需进行剔凿处理。如出现大面积混凝土胀模无法修复时，应及时剔除原有混凝土并重新支设模板，重新浇筑混凝土。

③ 用检测尺对现浇部位垂直度、平整度进行检查。

5.2 预制构件施工现场安装

5.2.1 构件的安装

5.2.1.1 构件安装要点

在整个装配式建筑施工过程中，预制混凝土构件的吊装作业起到了混凝土构件起吊、就位、调整，完成预制混凝土构件的临时就位工序的作用。常见的吊装操作流程如图 5.89 所示。

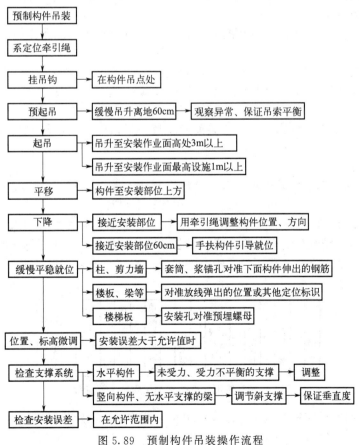

图 5.89 预制构件吊装操作流程

（1）吊装前的准备

1）吊装条件

① 起重作业受风力影响较大，现场应设置不同作业层高度范围内的风力传感设备，并制定各种不同构件吊装作业的风力受限范围。

② 应根据吊装方案进行预制构件施工阶段的承载力验算。吊装用吊具应按规定进行设计、验算或试验检验。

③ 装配式结构施工前，宜选择有代表性的单元进行预制构件试安装，并应根据试安装结果及时调整完善施工方案和施工工艺。

④ 预制构件吊装前，应按设计要求在构件和相应的支承结构上标志中心线、标高等控制尺寸，按设计要求校核预埋件及连接钢筋等，并做出标志。

⑤ 预制柱、墙安装前，应将预制构件及其支承构件间清理干净，按楼层标高控制线设置垫片，宜采用钢制垫片。可通过垫片调整预制构件的底部标高，可通过在构件底部四角加塞垫片调整构件安装的垂直度。

2）吊装前检查

① 预制构件吊装前，应检查构件的类型与编号（按吊装流程核对构件编号，清点数量）。吊装前，应与工厂确认装车顺序，竖向构件装车时，应在存放架左右对称装车，尽量避免吊装取板不对称；如工厂装车顺序不对称，现场吊装也应按照对称取板要求实施吊装。

② 采用钢筋套筒灌浆连接、钢筋浆锚搭接连接的预制构件，就位、安装前应检查：

a.构件中伸出的钢筋应采用专用模具进行定位，并可靠固定，控制连接钢筋的中心位置及外露长度满足设计要求。

b.检查预制构件上套筒和预留孔的规格、位置、数量和深度；当套筒、预留孔内有杂物时，应清理干净。

c.检查被连接钢筋的规格、数量、位置和长度。连接钢筋发生变形时，应进行校直；连接钢筋中心位置，偏离套筒或孔洞中心线不宜超过 3mm，存在严重偏差影响预制构件安装时，应会同设计单位制定专项处理方案，严禁随意切割、强行调整定位钢筋。

③ 采用后挂预制外墙板的形式，安装前应检查、复核连接预埋件的数量、位置、尺寸和标高。

（2）吊装要求

① 安装施工前，根据当天作业内容，进行班前技术安全交底。吊装班组应做好安全意识教育和工艺技术培训，规避不必要的风险。宜采用标准吊具。

② 预制构件吊装顺序有一定规律（见图5.90），吊装时严格按照计划编号顺序起吊。如果工厂在墙板装车时，因装车配板需要，同一吊装顺序的墙板存放在平板拖车的同一侧；或者吊装施工人员因挂钩取板方便，从一侧开始吊装取板，会导致吊装取板时平板拖车受力不均衡，拖车倾斜严重，有倾倒危险。

图 5.90 装配式框架标准层安装主要流程

③ 预制构件吊装前应进行试吊，吊钩与限位装置的距离不应小于1m。吊点合力宜与重心重合。

④ 预制构件吊装应采用慢起、稳升、缓放的操作方式；起吊应依次逐级增加速度，不应越挡操作；构件吊装校正，可采用起吊、就位、初步校正、精细调整的作业方式；预制构件吊装时，构件根部应系好缆风绳控制构件转动；预制构件吊装在吊装过程中，应保持稳定，不得偏斜（吊装时吊具偏心，构件呈斜面安装难于就位，见图 5.91）、摇摆和扭转，严禁构件长时间悬停在空中。

图 5.91　预制构件吊装吊具偏心造成墙板倾斜难于就位

吊索水平夹角（见表 5.15）不宜小于 60°，不应小于 45°，采用吊架起吊时，应经验算确定。

表 5.15　吊索角载荷系数

吊索角	90°	75°	60°	45°	30°
负载因数	1.00	1.04	1.16	1.42	2.00
吊索角 *a*	$\alpha = 90°$	—			—

⑤ 构件翻转、起吊。

a. 作业应注意对构件的成品保护工作，防止预制构件在翻转和起吊过程中对构件造成损坏和污染。需要翻转的构件一般有预制柱、剪力墙板、预制飘窗板等。

（a）构件翻转时，需在构件底部首先着地的部位，提前铺垫好柔性防护材料。

（b）翻转外形尺寸较大或较为复杂的构件，要设计特殊的专业翻转设备。

（c）构件可在卸车时进行翻转，翻转完成后可直接吊运至作业面或放置在专用摆放架上。

（d）翻转、起吊表面有比较容易破损污染装饰面的构件时，宜选用软带捆绑，吊挂捆绑位置应根据设计要求确定，同时也应对装饰面做好有效保护。

b. 确认起重机、专用翻转设备、吊架、吊具的可靠性，做好日常检查和维护。

c. 做好吊装作业的安全防护措施，包括利用牵引绳控制构件转动、吊装施工下方的区域隔离、标识和专人看守。

⑥ 雨、雪、雾天气和风力大于 6 级时不得进行吊装作业，夜间施工时不得进行吊装作业。

⑦ 后挂的预制外墙板吊装，应先将楼层内埋件和螺栓连接、固定后，再起吊预制外墙板；

预制外墙板上的埋件、螺栓与楼层结构形成可靠连接后，再脱钩、松钢丝绳和卸去吊具。

⑧ 构件吊装就位后，应及时校准并采取临时固定措施。

a. 预制墙板、柱等竖向构件应对安装位置、安装标高、垂直度进行校核与调整。安装时在楼层应设置临时支撑。

b. 叠合构件、预制梁等水平构件应对安装位置、安装标高、平整度、高低差、拼缝尺寸进行校核与调整。

c. 临时固定措施、临时支撑系统应具有足够的强度、刚度和整体稳定性。

⑨ 预制构件与吊具的分离，应在校准定位及临时支撑安装完成后进行。

⑩ 构件的临时支撑要稳固可靠。

(3) 预制构件临时支撑

在施工中使用的定型工具式支撑、支架等系统时，应安全验算通过后方可使用。

1) 竖向预制构件临时支撑

竖向预制构件（柱、墙板、整体飘窗等）安装后需进行垂直度调整，并进行临时支撑（见图 5.92）。

图 5.92 竖向预制构件临时支撑安装流程

竖向预制构件的临时支撑通常采用可调斜支撑，与构件可靠连接，对构件的位置和垂直度进行微调。可以实现柱子在底部就位并调整好后，进行 x 和 y 两个方向垂直度的调整，墙板就位后进行垂直度调整。

① 竖向预制构件的临时支撑不宜少于两个（见图 5.93），并在柱的相邻两个侧面上支设。每块预制墙板可设高低两道斜支撑。

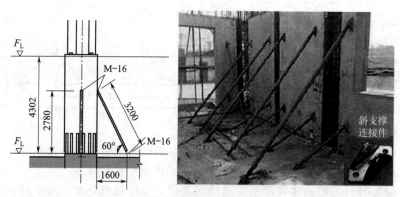

图 5.93 预制柱、墙斜支撑

② 构件上部斜支撑的支撑点距离板底的距离不宜小于构件高度的 2/3，且不应小于构件高度的 1/2。

③ 支撑在地面上的支点，应使斜支撑与地面的水平夹角保持在 45°～60°。水平夹角过大时水平支撑力不足，斜支撑作用效果差；过小时构件对斜支撑地脚产生太大的推力，造成支点锚固被破坏。

④ 预制构件上的支撑点，应在确定方案后提供给预制构件工厂，在构件生产时将支撑用的预埋件预埋到预制构件中。

⑤ 斜支撑的固定地脚，宜采用预埋方式，在叠合层浇筑前预埋，且应与桁架筋连接在一

起或与楼板钢筋网焊接牢固，避免斜支撑受力将预埋件拔出；预埋位置要准确，并在浇筑混凝土时尽量避免预埋件位置移动，万一发生移动，要及时调整。如果采用膨胀螺栓固定斜支撑地脚，需要楼面混凝土强度达到 20MPa 以上后使用，通常会影响工期，应提前周密安排。

⑥ 斜支撑宜采用无缝钢管制作，要有足够的刚度与强度。吊装前应检查斜支撑的拉伸及可调性，避免在施工作业中进行更换，不得使用脱扣或杆件锈蚀的斜支撑。

⑦ 竖向预制构件就位前，宜先将斜支撑的一端固定在楼板上，待竖向预制构件就位后可马上抬起另一端，与预制构件连接固定，以提高效率。

⑧ 竖向预制构件水平及垂直的位置尺寸，可通过旋转斜支撑杆调整，调整时用钢卷尺和水平尺测量位置和垂直度，边测量、边调整。调整好后，须将斜支撑调节螺栓锁紧，避免在受到外力后发生松动，导致调好的尺寸发生改变；在校正预制构件垂直度时，应同时调节两侧斜支撑，避免预制构件产生扭转位移。

⑨ 在斜支撑两端未连接牢固前，吊装预制构件的索具不能脱钩，以免预制构件倾倒或倾斜。

2）水平预制构件的临时支撑

水平预制构件（楼板、楼梯、阳台板、梁、空调板、遮阳板、挑檐板等）在施工过程中会承受较大的临时荷载，其临时支撑的质量和安全性非常重要。

水平预制构件临时支撑安装流程如图 5.94 所示。

图 5.94　水平预制构件临时支撑安装流程

① 楼面板的水平临时支撑。水平临时支撑有两种体系：传统满堂红脚手架体系、独立支撑体系。层高较高时要经过严格的计算，制定详细的施工方案（水平支撑的步距、水平杆数量、适宜采用独立支撑体系还是满堂红脚手架体系等内容），并认真执行。

独立支撑搭设时的基本要求：

a. 宜选用定型独立钢支柱，要保证整个体系的稳定性（首层地基应平整坚实，宜采取硬化措施；竖向连续支撑楼层数不宜少于两层且上下层支撑宜对准），三脚架必须搭设牢固可靠；

b. 要严格控制支撑的间距、支撑离墙体的距离（间距及其与墙、柱、梁边的净距应经设计计算确定）；

c. 支撑的标高和轴线定位应按要求支设准确，避免叠合楼板搭设不平整；

d. 搭设的尺寸偏差应符合规定。

浇筑混凝土前检查独立支撑是否可靠（立柱下脚三脚架开叉角度是否等边，立柱上下是否对顶紧固，立柱上端套管是否设置配套插销）；浇筑混凝土时组设专人看模（随时检查支撑是否变形、松动），并组织及时调整。

② 预制梁支撑体系。独立支撑在预制梁吊装前进行搭设，可参考传统满堂红脚手架体系的搭设方法，另外还要符合以下要求：

a. 支撑体系通常使用盘扣架，立杆步距不大于 1.5m，水平杆步距不大于 1.8m，梁体本身较高的可以使用斜支撑辅助，以防止梁倾倒。

b. 预制梁支撑架体的上方可加设 U 型托板（见图 5.95），其上放置木方、铝梁或方管，安装前调水平；也可直接采用将梁放置到水平杆上，搭设时需要将所有水平杆调至同一设计标高。

c. 梁底支撑搭设需牢固，保证足够安全和稳定。在吊装或位移进行钢筋对接过程中，要随

图 5.95　铝合金支撑梁及 U 型托板

时检查支撑的牢固程度，和预制梁的水平情况，以保证连接钢筋对准位置。

d. 梁底支撑应与现浇板架体支撑相连接。

③ 悬挑水平预制构件临时支撑。距离悬挑端及支座处 300～500mm 距离各设置一道支撑。垂直悬挑方向的支撑间距，根据预制构件重量等经计算确定，常见的间距为 1～1.5m。板式悬挑预制构件下，支撑数不得少于 4 个。

3）临时支撑拆除

① 拆除条件。各种预制构件拆除临时支撑的条件应当由设计给出。《装配式混凝土结构技术规程》（JGJ 1—2014）中要求：在预制构件连接部位后浇混凝土及灌浆料的强度达到设计要求后，方可拆除临时固定措施。

a. 叠合预制构件在后浇混凝土同条件立方体抗压强度达到设计要求后，方可拆除临时支撑。在设计没有给出预制构件临时支撑拆除条件的情况下，建议参照《混凝土结构工程施工规范》（GB 50666—2011）中"底模拆除时的混凝土强度要求"的标准确定（见表 5.16）。

表 5.16　现浇混凝土底模拆除时的混凝土强度要求

预制构件类型		预制构件跨度/m	达到设计混凝土强度等级值的百分率/%
板		≤2	≥50
		>2,≤8	≥75
		>8	≥100
梁、拱、壳		≤8	≥75
		>8	≥100
悬臂构件			≥100

b. 预制柱、预制墙板等竖向预制构件，灌浆完成后的临时支撑拆除时间，可参照灌浆料制造商的要求来确定。预制柱斜支撑，应在预制柱与结构可靠连接、连接节点部位后浇混凝土或灌浆料强度达到设计要求，且上部构件吊装完成后方可拆除。预制墙板斜支撑临时调节杆和限位装置，应在连接节点和连接接缝部位的后浇混凝土或灌浆的料强度达到设计要求后拆除；当设计无具体要求时，应达到设计强度的 75% 以上方可拆除；拆除宜在现浇墙体混凝土模板拆除前进行。

② 拆除注意事项。

a. 拆除支撑前，准备好拆除工具及材料，包括：电动扳手、手动扳手、手锤、木方、人字梯等（见图 5.96）。对所支撑的预制构件进行检查，确认彻底安全后方可拆除。

b. 拆除支撑时，需要两人一组进行操作，一人操作，另一人配合。

c. 拆除顺序为：先内侧、后外侧，先高处、后低处，从一侧向另一侧推进。

d. 在拆除长支撑上端时，要准备人字梯，拆除人员站在人字梯上进行拆除作业。

e. 临时支撑拆除后，要码放整齐（见图 5.97），以方便后续使用。同一部位的支撑最好放

图 5.96　临时支撑拆除用工具材料
(a) 电动扳手；(b) 手动扳手；(c) 手锤；(d) 木方；(e) 人字梯

在同一位置，转运至上一层后放在相应位置，以便减少支撑的调整时间，提高支撑的安装效率。拆除的模板和支撑应分散堆放并及时清运，采取措施避免施工集中堆载。

(4) 试安装

装配式混凝土建筑施工前，宜选择有代表性的单元进行预制构件试安装（见图 5.98）。即在正式安装前对平面跨度内，包括各类预制构件的单元，进行试验性的安装，以便提前发现、解决安装中存在的问题，并在正式安装前做好各项准备工作。

图 5.97　临时支撑拆除后堆放

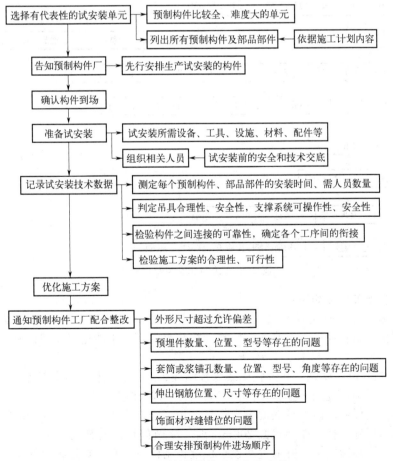

图 5.98　预制构件单元试安装流程

选择预制构件比较全、难度大的单元进行试安装。通过单元试安装，可以验证施工组织设计的可行性、检验施工方案的合理性、可行性，优化施工方案；培训安装人员，调试安装设备。

签订预制构件采购合同时，告知预制构件厂需要试安装的构件，要求预制构件厂先行安排生产。试安装的预制构件生产后及时组织单元试安装，试安装发现的问题应立即告知预制构件厂，并进行整改完善，避免批量生产有问题的预制构件。

5.2.1.2 预制柱安装

装配式柱梁结构体系，按照柱、梁、楼板、外挂墙板、楼梯的先后顺序进行安装施工。预制柱宜按照角柱、边柱、中柱的顺序进行安装，与现浇部分连接的柱先行吊装。预制柱安装工艺基本流程如图 5.99 所示。

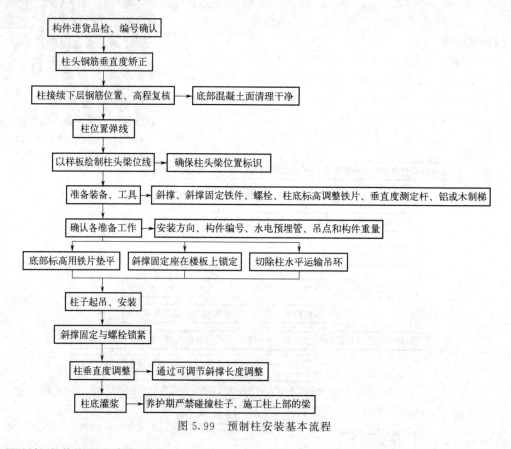

图 5.99　预制柱安装基本流程

预制柱安装施工要点如下：

① 预制柱就位前，应清洁结合面，不得有混凝土残渣、油污、灰尘等，以防止构件灌浆后产生隔离层影响结构性能；以高压空气清理柱套筒内部，不能用水清理；确认柱头架梁位置是否已经进行标识。如图 5.100 所示。

② 预制柱的就位：以轴线、外轮廓线为控制线，边柱和角柱应以外轮廓线控制为准。

③ 柱起吊。预制柱起吊就位如图 5.101 所示，预制柱起吊就位流程如图 5.102 所示。

柱起吊翻转过程中应做好柱底混凝土成品保护工作，采用垫黄沙或橡胶软垫的办法。

预制柱吊运至施工楼层距离楼面 200mm 时，略做停顿，安装工人对着楼地面上已经弹好的预制柱定位线扶稳预制柱，并通过小镜子检查预制柱下口套筒与连接钢筋位置是否对准，检

图 5.100　清理柱套筒、柱头架梁位置线标识

图 5.101　预制柱起吊就位

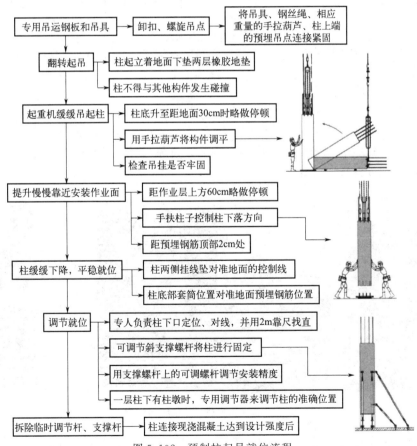

图 5.102　预制柱起吊就位流程

查合格后缓慢落钩，使预制柱落至找平垫片上就位放稳。

④ 控制柱安装标高、设置柱底调平装置。首层柱标高可采用调整接缝厚度、钢质垫片控制。标高控制垫片（见图 5.103）设置在柱底部四角并防止垫片移动，垫片应有不同厚度（最薄厚度为 1mm，垫片叠合总高度为 20mm），每根柱先在下面设置三点或四点，位置均在距离柱外边缘 100mm 处，柱垂直度调节完成后再安装柱四脚部位。垫片要提前用水平仪测好标高，垫片标高以柱顶面设计结构标高＋20mm 为准。可增减垫片的数量进行调节标高，直至达到要求标高为准。垫片安装应注意避免堵塞注浆孔及灌浆连通腔。

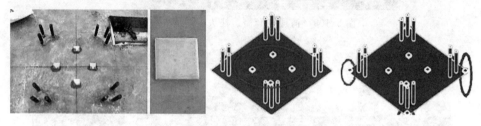

图 5.103　用垫片进行标高找平

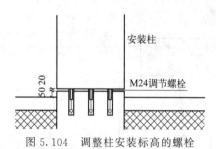

图 5.104　调整柱安装标高的螺栓

上部楼层柱标高可采用螺栓（见图 5.104）控制。利用水平仪将螺栓标高测量准确，螺栓顶面标高以柱顶面设计标高＋20mm 为准。可采用松紧螺栓的方式，来控制柱子的高度及垂直度。

⑤ 预制柱就位后，应在两个方向设置可调斜撑（见图 5.105）做临时固定，并应进行垂直度、扭转调整和控制。斜撑确保预制柱安装垂直度，加强预制柱与主体结构的连接；确保灌浆和后浇混凝土浇筑时，柱体不产生位移。楼面斜支撑如采用膨胀螺栓进行安装时，需考虑板厚等因素，避免损坏、打穿、打断楼板预埋线管、钢筋、其他预埋装置等，打穿楼板。

安装处楼面板预埋管线、钢筋位置、板厚等因素，避免损坏、打穿、打断楼板预埋线管、钢筋、其他预埋装置等，打穿楼板。

图 5.105　安装预制柱临时斜支撑

柱垂直度使用防风型垂直尺量测偏差，并以柱斜撑调整垂直度，调整至满足规范要求为止，待柱垂直度调整后，再在 4 个角落放置垫片。

柱水平位置的精度可制作专用调节器来调节（见图5.106），将调节器钩在主筋上，调节板顶在柱侧表面，利用扳手旋转螺栓来调整调节板的位置，直到支顶柱到精确位置。

⑥ 采用灌浆套筒连接、钢筋浆锚搭接连接的预制柱调整就位后，接头灌浆前，应对连接接缝周围按工艺设计要求进行堵封（见图5.107）。封堵措施应符合结合面承载力设计要求；柱脚连接部位宜采用不低于柱强度的砂浆并配合模板进行封堵。

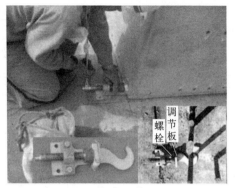

图5.106　挂钩式钢筋位置调节器

(a)　　　　　　　　　　　　　　(b)

图5.107　柱底接缝周围进行砂浆封堵
(a) 封堵注浆缝；(b) 模板封闭

5.2.1.3　预制剪力墙安装

吊装施工前核对墙板型号、尺寸，检查质量无误后，由专人负责挂钩，待挂钩人员撤离至安全区域时，由下面信号工确认构件四周安全情况，确认无误后进行试吊（起吊到距离地面约0.5m时，进行起吊装置安全确认，确定起吊装置安全），完成起吊作业（见图5.108）。预制剪力墙板构件的基本安装流程如图5.109所示。

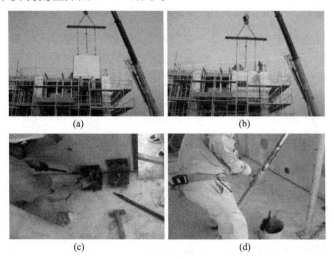

(a)　　　　　　　　　　　　　　(b)

(c)　　　　　　　　　　　　　　(d)

图5.108　外墙吊装
(a) PC外墙吊装；(b) 外墙吊装就位；(c) PC外墙水平位置调整固定；(d) 外墙垂直度调整固定

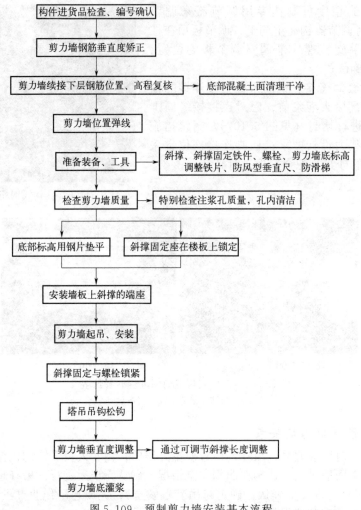

图 5.109 预制剪力墙安装基本流程

（1）基本要求

① 预制剪力墙板安排安装顺序时，按照外墙板→梁→内墙板→隔墙板→楼板的顺序。宜先吊装与现浇部分连接的墙板，然后先外墙后内墙。外墙板吊装顺序编制时，先安排楼梯及大阳角处开始吊装，然后按顺时针方向逐一安装。施工单位在设计阶段和设计单位沟通吊装顺序，确定钢筋弯锚方向，梁和内墙搭接处需根据吊装顺序适当进行调整。预制墙板就位宜采用由上而下插入式安装形式，隔墙在浇筑完竖向混凝土并拆模后进行吊装。吊装基本过程如图 5.110 所示。

② 安装前，应对钢筋与预制剪力墙板查前的配合度进行检查，不允许在吊装过程中对安装钢筋进行校正（见图 5.111）。

可用钢筋卡具（见图 5.112）对钢筋的垂直度、定位及高度进行复核，对不符合要求的钢筋进行校正，确保上层预制外墙上的套筒与下一层的预留钢筋能够顺利对孔。

③ 连接起重机械与预制构件。预制混凝土墙板吊点位置与吊点数量，由构件长度、断面形状决定，在吊点处锁好卡环钢丝绳，吊装机械的钩绳与卡环相钩区用卡环卡住，吊绳应处于吊点的正上方（见图 5.113）。

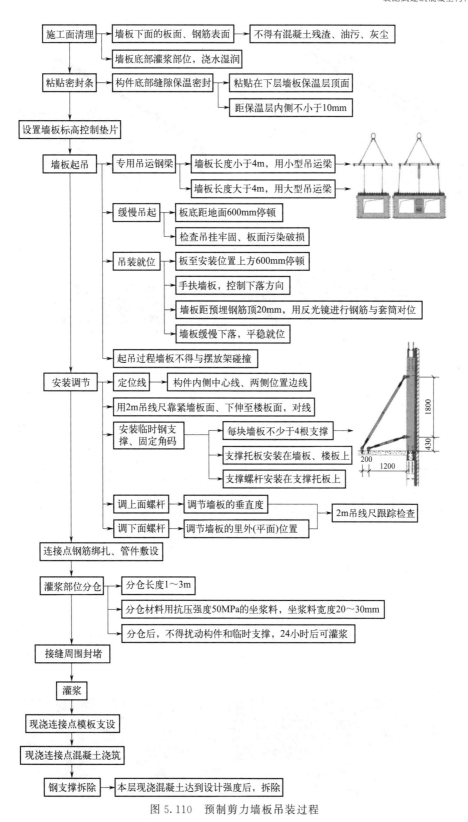

图 5.110　预制剪力墙板吊装过程

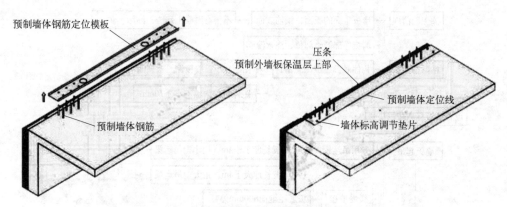

图 5.111　预制剪力墙安装前准备

图 5.112　自制剪力墙钢筋卡具

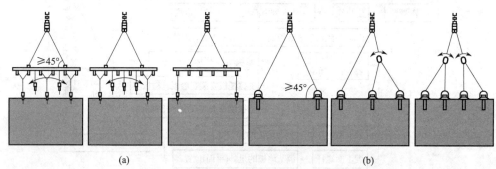

图 5.113　预制混凝土墙板吊点连接方式

（a）适用于构件中预埋吊丁或螺母；（b）适用于构件中预埋螺母

　　预制墙板吊装时，为了保证墙体构件整体受力均匀，可采用 H 型钢焊接而成的专用吊梁（即模数化通用吊梁，见图 5.114），根据各预制构件吊装时的不同尺寸、重量，及不同的起吊点位置，设置模数化吊点，吊点合力作用线应与顶制构件重心重合，确保预制构件在吊装时吊装钢丝绳保持竖直。专用吊梁下方设置专用吊钩，用于悬挂吊索，进行不同类型预制墙体的吊装。

图 5.114　预制墙板吊装用模数化通用吊梁

　　带门洞预制内墙板吊装和安装过程中，应对门洞处采取临时加固措施（见图 5.115）。加固件具体形式及连接方式，由生产单位和施工单位按国家现行有关标准自行设计。带有飘窗的外墙板等偏心构件宜采用多点吊装，应制定钢丝绳受力均衡的措施，保持构件底部水平状态。

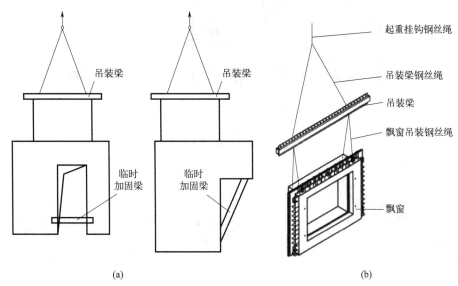

图 5.115　带洞不对称预制墙板吊装

（a）预制墙板吊装；（b）预制飘窗吊装

　　墙板类构件吊装的吊索与构件的水平夹角不宜小于 60°。

例题二：吊装梁及钢丝绳计算

　　④ 墙板以轴线和轮廓线为控制线，外墙应以轴线和外轮廓线双控制，如图 5.116 所示。

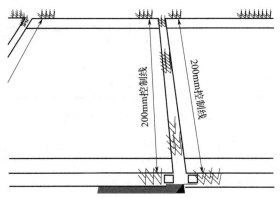

图 5.116　墙体边线及 200mm 控制线

　　⑤ 就位前在墙板底部设置调平装置（见图 5.117）。工作面上吊装人员提前按构件就位线和标高控制线及预埋钢筋位置调整好，将垫铁准备好，构件就位至控制线内，并放置垫铁。将各点的标高 a 值与平均标高 b 值记录清楚，待对应的预制外墙进场后，通过验收后可得出对应垫片位置的内叶墙高度 c 值，然后根据层高进行等式计算，可得出放置垫片的高度值 d。

　　墙板的垂直度和水平度，可使用检测尺和靠尺控制（见图 5.118）。

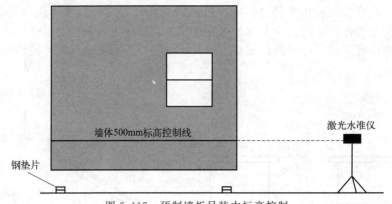

图 5.117　预制墙板吊装中标高控制

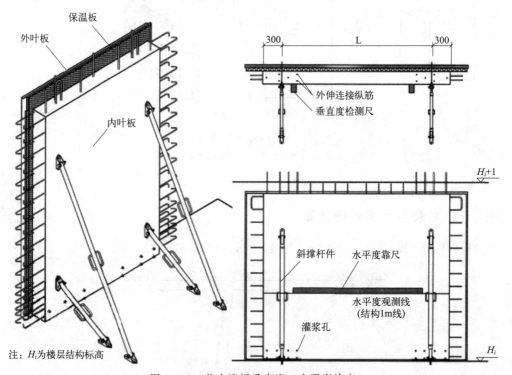

注：H_i为楼层结构标高

图 5.118　剪力墙板垂直度、水平度检查

⑥ 待墙体下放至距楼面 0.5m 处，根据预先定位的导向架及控制线微调，微调完成后减缓下放。由于垫片的原始放置面和与上层预制外墙的下侧接触面均为粗糙面，在测量标高前，需人工对放置面进行处理，确保其水平。在待吊装预制外墙下侧的垫片接触面同样进行处理，确保此处的水平，且与对应的内叶墙外边缘在一条水平线上，如凸出或凹陷太多，在最后放置垫片时可进行相应调整。

由两名专业操作工人手扶引导降落，降落至 100mm 时一名工人利用专用目视镜观察连接钢筋是否对孔，如图 5.119 所示。

⑦ 采用灌浆套筒或浆锚搭接连接的夹芯保温外墙板，应在保温材料部位采用弹性密封材料进行封堵，如墙板需要分仓灌浆时应采用满足设计要求的坐浆料。多层预制剪力墙底部采用坐浆材料时，其厚度不宜大于 20mm。

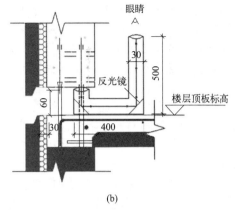

(a) (b)

图 5.119 墙板吊装下放引导及钢筋对孔
(a) 两名专业操作工手扶引导;(b) 用专用目视镜观察钢筋对孔

⑧ 安装就位后,由专人安装可调斜支撑和七字码(见图 5.120),利用斜支撑和七字码固定并调整预制墙体,确保墙体安装垂直度。预制剪力墙外墙板应在校准定位和临时支撑安装完成后方可脱钩。

现场安装斜支撑　　　　　斜支撑及七字码

图 5.120 预制墙板临时固定

斜支撑分为普通斜支撑、带拉环斜支撑。根据墙板长度,4m 以下布 2 根,4m 以上布 3 根,其中每块墙板布置数量不少于 2 根。墙板斜支撑套筒预埋高度为 2m,带拉环斜支撑拉环布置投影距离为距墙板 1.5m;带拉环斜支撑为反向且在同一水平线上的,可共用同一个斜支撑拉环。模板安装时可适当拆除与模板安装有冲突的斜支撑,拆模后可拆除所有斜支撑。楼梯休息平台板、电梯井处根据项目情况确定斜支撑布置方案。

斜支撑需在楼板上预埋 U 形埋件(见图 5.121),也有用地脚斜支撑。

图 5.121 双钩斜支撑

七字码设置于预制墙体底部，主要用于加强预制墙体与主体结构的连接，确保灌浆和后浇混凝土浇筑时，墙体不产生位移。每块墙板应安装七字码不少于 2 个、间距不大于 4m，安装定位需注意避开预制墙板灌、出浆孔位置，以免影响灌浆作业。七字码与墙板及楼板的固定点都采用后置膨胀螺栓固定，或两个均为预埋（但七字码上的孔应适当开大，方便调节）。采用膨胀螺栓进行安装时，需与安装处楼面板预埋管线及钢筋位置、板厚等因素进行综合考虑，避免损坏、打穿、打断楼板预埋线管、钢筋、其他预埋装置等，打穿楼板。

采用定位调节工具对预制墙板微调。调整短斜支撑（下斜支撑，见图 5.122）可调节墙板位置，微调转动斜支撑丝杆调整长支撑的长度使墙板具备撬动间隙，配合用撬棍拨动墙板，用激光铅垂仪、铅锤、靠尺校正墙板的位置和垂直度，并随时用检测尺进行检查。调整垫块标高，可校正构件拼缝垂直度；墙板面挂靠尺检测构件垂直度偏差方向，转动长斜支撑（上斜支撑，1 人拿靠尺，2 人调节斜拉杆）伸缩丝杆，核准墙板正立面垂直度。经检查预制墙板水平定位、标高及垂直度调整准确无误后，紧固斜向支撑，卸去吊索卡环。

图 5.122　墙板斜支撑调节丝杆

⑨ 叠合墙板（由桁架钢筋连接两层厚度为 5～7cm 的内外板组成，安装到位后，两层墙板中间的空隙处由现浇混凝土填充，见图 5.123）安装就位后，进行叠合墙板拼缝处附加钢筋安装，附加钢筋应与现浇段钢筋交叉点全部绑扎牢固。

图 5.123　叠合墙板连接

（2）接缝

① 预制剪力墙底部接缝宜设置在楼面标高处。竖向钢筋一般采用套筒灌浆或浆锚搭接连接，在灌浆时宜采用灌浆料将墙底水平接缝（接缝高度不宜小于 20mm）同时灌满。灌浆料强

度较高且流动性好，有利于保证接缝承载力。灌浆时，预制剪力墙构件下表面与楼面之间的缝隙周围可采用封边砂浆进行封堵和分仓，以保证水平接缝中灌浆料填充饱满。接缝处后浇混凝土上表面应设置粗糙面。如图 5.124 所示。

预制剪力墙下水平接缝

座浆料封闭灌浆区域

图 5.124　预制剪力墙底部接缝

外墙板因设计有企口而无法封缝，为防止灌浆时浆料外侧渗漏，墙板吊装前在预制墙板保温层部位粘贴弹性防水密封胶条（见图 5.125）。胶条安装应注意避免堵塞注浆孔及灌浆连通腔，每个分仓封缝应回合密封，与外界隔离。须保证连通腔四周的密封结构可靠、均匀，密封强度满足套筒灌浆压力的要求。

② 预制剪力墙安装时下部是悬空的，考虑到预制构件与其支承构件不平整，直接接触会出现集中受力的现象。墙安装前，应在预制构件及其支承构件间设置钢质垫片（见图 5.126），有利于均匀受力。墙板吊装前要对底板基础面进行测量，并在每块墙板下脚放置水平标高控制垫片，通过垫片调整预制构件的底部标高。可通过在构件底部四角加塞垫片，调整构件安装的垂直度。

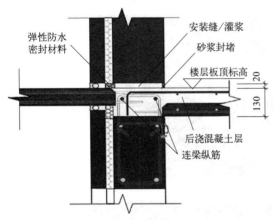

图 5.125　弹性防水密封胶条构造

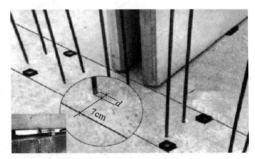

图 5.126　构件间设置的垫片

（3）竖向钢筋

上下层预制剪力墙的竖向钢筋，当采用套筒灌浆连接和浆锚搭接连接时，应符合下列规定：边缘构件竖向钢筋应逐根连接；预制剪力墙的竖向分布钢筋，当仅部分连接时（见图 5.127），被连接的同侧钢筋间距不应大于 600mm。

5.2.1.4　预制墙板安装

（1）墙板安装工法

预制混凝土墙板的安装，有后安装法（日本工法）、先安装法（香港工法）两种主流的安装方式。

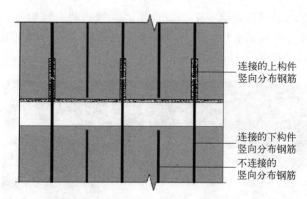

图 5.127　预制剪力墙竖向钢筋部分连接

连接的上构件
竖向分布钢筋

连接的下构件
竖向分布钢筋
不连接的
竖向分布钢筋

1）后安装法

后安装法是待房屋的主体结构施工完成后，再将预制好的墙板作为非承重结构（又称为外墙挂板）安装在主体结构上，其现场施工时基本是以"干作业"为主。是预制混凝土建筑发展的高级阶段，此做法在欧美日非常多，尤其以日本发展的最为成熟。

后安装法由于安装过程会产生误差积累，因此对主体建筑的施工精度和预制混凝土构件的制作精度要求都非常高；而且构件之间多数采用螺栓、埋件等机械式连接，构件之间不可避免地存在"缝隙"，必须进行细致的填缝处理或打胶密封施工，否则容易出现防水、隔音等方面的问题（见图 5.128）。

图 5.128　后安装法及问题

（a）某集团后安装法的实践；（b）某样板楼缝隙出现渗水；
（c）某企业实践的后安装法构件之间存在明缝；（d）为了掩盖明管明线，只能增加造价做 SI 体系

2）先安装法

在进行建筑主体施工时，把预制混凝土墙板先安装就位，用现浇的混凝土将墙板连接为整体的结构（见图 5.129）。墙板既可以是非承重墙体，也可以是承重墙体，甚至可以是抗震的剪力墙，其主体结构构件一般为现浇混凝土或预制叠合混凝土结构。

图 5.129　先安装法

（a）北京万科的先安装法施工；（b）长沙远大的先安装法施工；
（c）快而居的先安装法试验（墙板预埋了插座）；（d）快而居装配整体式样板楼施工

先安装法在施工过程中，用现浇混凝土来填充预制混凝土构件之间的空隙而形成"无缝连接"的结构，增强了房间的防水、隔音性能；现浇连接施工的过程是消除误差的机会，而不会形成"误差积累"，从而大大降低了构件生产和现场施工的难度。

（2）外挂墙板安装要求

预制混凝土外挂墙板是装配在混凝土结构或者钢结构上的非承重外围护构件，不属于主体结构构件。有普通墙板和夹心保温墙板两种类型。

1）安装流程

外挂墙板基本安装流程，如图 5.130 所示。

根据实际需要，外挂墙板的安装可以使用塔式起重机、汽车式起重机、履带式起重机。吊装过程简洁方便、效率较高，吊装过程如图 5.131 所示。

起吊要求缓慢匀速，保证外挂墙板边缘不被损坏。

螺栓紧固到设计要求的程度即可。并非所有螺栓都需要拧紧，活动支座拧紧后会影响节点的活动性。

2）校核与偏差调整

外挂墙板侧面中线及板面垂直度的校核，应以中线为主调整；板上下校正时，应以竖缝为主调整；板接缝应以满足外墙面平整为主，内墙面不平或翘曲时，可在内装饰或内保温层内调

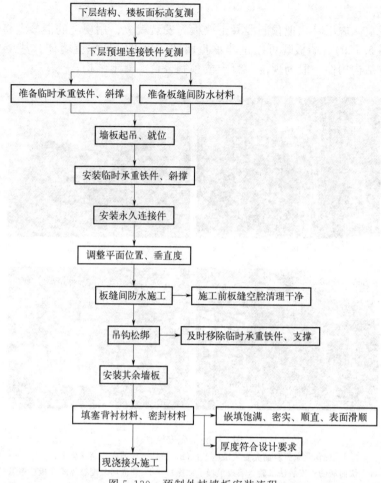

图 5.130 预制外挂墙板安装流程

整；板山墙阳角与相邻板的校正，以阳角为基准调整；板拼缝平整的校核，应以楼地面水平线为基准调整。

3）安装过程中的注意事项

施工过程中须重视外挂节点的安装质量，保证其可靠性。

外挂墙板均为独立自承重构件，应保证板缝四周为弹性密封构造，严禁在板缝中放置硬质垫块，避免外挂墙板通过垫块传力造成节点连接破坏。墙板安装完成后，应及时移除临时支承支座、墙板接缝内的传力垫块。

外挂墙板的连接节点及接缝构造应符合设计要求；墙板之间的构造"缝隙"，必须进行填缝处理和打胶密封。接缝防水施工前，应将板缝空腔清理干净，并按设计要求填塞背衬材料，密封材料嵌填应饱满、密实、均匀、顺直、表面平滑，其厚度应满足设计要求。

（3）内外墙体定位安装

1）预制墙板安装施工要点

① 不同构件之间吊装时，吊梁两侧钢丝绳更换吊点会消耗大量时间。可将吊梁设置为一侧两个吊点，另一侧根据工程构件需要设置构件编号吊点。

② 墙板吊装采用模数吊装梁（见图5.132），根据预制墙板的吊环位置，采用合理的起吊点。用卸扣将钢丝绳与外墙板的预留吊环连接，起吊。

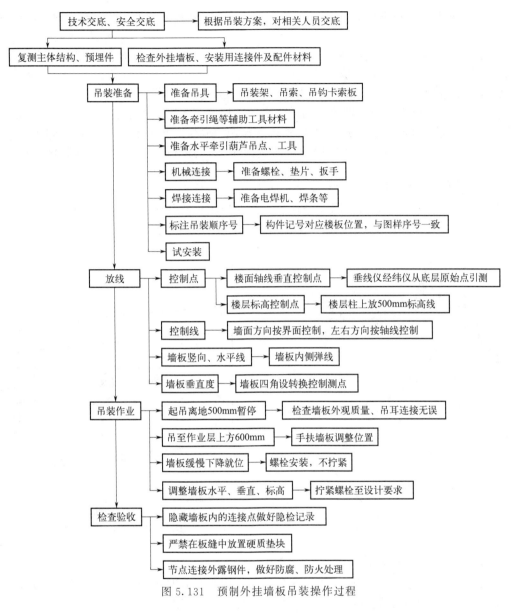

图 5.131　预制外挂墙板吊装操作过程

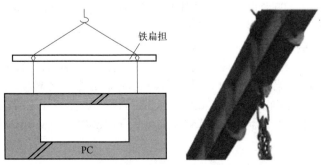

图 5.132　吊装梁（铁扁担）

③ 起吊前做好墙板下侧阳角保护（可钉上 500mm 宽通长多层板），起吊要求缓慢匀速，保证墙板边缘不被损坏。

④ 预制墙板缓慢吊运至作业层上方 600mm 左右时，施工人员用两根溜绳用搭钩钩住，再用溜绳将板拉住，缓缓下降墙板。

2）在对预制构件进行安装时，可选择合适的辅助性器械

现浇顶板的预留钢筋与预留墙板的灌浆套筒连接后，预制墙板吊装时使用快速定位措施件（见图 5.133）进行定位，就位后利用墙体斜支撑调节固定；墙板校正、微调、固定完毕后进行预制墙板灌浆操作，利用灌浆枪里的水泥基灌浆料，将钢筋连接套筒灌满封堵连接后形成一体。

3）内外墙体、叠合板节点钢筋连接与浇筑

在预制墙板就位后经过校正微调无误后，将专用灌浆料分区分段从灌浆孔灌入，直到溢流孔有灌浆料流出后，在灌浆缝灌满后立即使用软木塞对灌浆孔和溢流孔进行封堵（见图 5.134）。

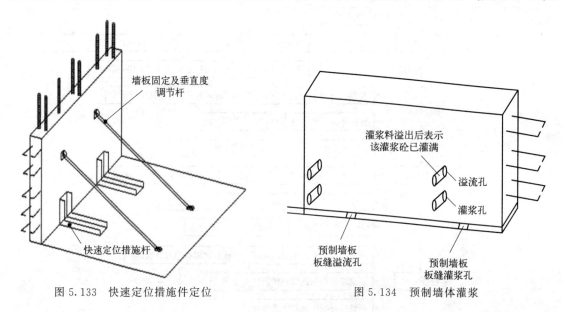

图 5.133　快速定位措施件定位　　　　图 5.134　预制墙体灌浆

5.2.1.5　预制梁安装

预制梁或叠合梁安装，宜遵循先主梁后次梁、先低后高的顺序原则（见图 5.135）。主梁吊装前，需表示出次梁安装基准线，作为次梁吊装定位的依据。

莲藕梁吊装过程中，四角钢筋先穿过其他钢筋入孔，直至入位，然后安装斜支撑、调整水平、校正位置、缝隙封堵，如图 5.136 所示。

① 采用专用吊运钢梁起吊预制梁（见图 5.137）。

② 预先架立好竖向支撑（通常采用盘扣架，立杆步距不大于 1.5m，水平杆步距不大于 1.8m），调整好标高。梁体较高时，可采用斜支撑辅助防止梁侧倾。装配式预制叠合梁支撑体系宜采用可调式独立钢支撑体系（见图 5.138），梁底支撑由 Z 字形、U 字形夹具和独立立杆组成。支撑高度不宜大于 4m；当支撑高度大于 4m 时，宜采用满堂红钢管支撑脚手架体系。

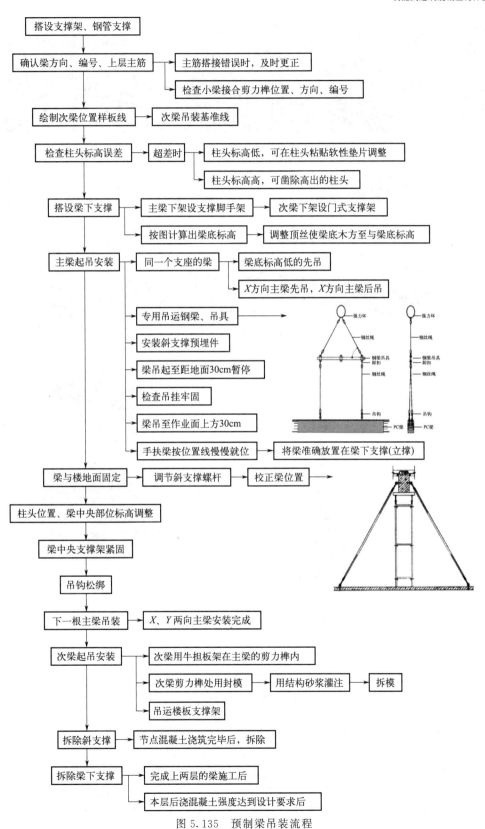

图 5.135 预制梁吊装流程

图 5.136 莲藕梁吊装过程

图 5.137 预制梁采用专用吊运钢梁吊装

图 5.138 可调式独立钢支撑

可调式独立钢支撑的搭设，应根据结构施工支撑体系专项施工方案及支撑平面布置图，在楼面放出支撑点位置。场地应坚实、平整，底部应做找平夯实处理，地基承载力应满足受力要求，并应有可靠的排水措施，防止积水浸泡地基。独立钢支撑立柱搭设在地基土上时，应加设垫板，垫板应有足够的强度和支撑面积，垫板下如有空隙应予垫平垫实。

③ 以柱轴线为控制线；兼做外围护结构的边梁以外界面为控制线。

④ 测量并修正临时支撑标高、弹出梁边线控制线、复核柱钢筋与梁钢筋位置及尺寸，如梁柱钢筋有冲突应按设计单位确认的技术方案进行调整，具备条件后进行吊装。

调整支撑体系顶部架体标高时，先利用手柄将支撑调节螺母旋至最低位置，将上管插入下管至接近所需的高度，然后将销子插入位于调节螺母上方的调节孔内，把可调钢支顶移至工作

位置，搭设支架上部工字钢梁，旋转调节螺
母，调节支撑使铝合金工字钢梁上口标高至叠
合梁底标高，待预制梁底支撑标高调整完毕后
进行吊装作业。

⑤ 梁吊装过程中，防止伸出钢筋（见图
5.139）挂碰其他构件。

⑥ 梁伸入支座的长度与搁置长度应符合
设计要求，就位时找好柱头上的定位轴线和梁
上轴线之间的相互关系，控制梁正确就位。叠
合梁吊装至楼面 500mm 时停止降落，操作人
员稳住叠合梁，参照柱、墙顶垂直控制线和下

图 5.139   预制叠合梁起吊

层板面上的控制线，引导叠合梁缓慢降落至柱头支点上方。

⑦ 梁就位（见图 5.140）稳定后，方可进行摘勾。吊装摘勾后，根据预制墙体上弹出
的水平控制线及竖向楼板定位控制线，测量标高、水平度与位置误差，符合要求后架立构
件支撑。

图 5.140   预制叠合梁就位

通过调节竖向独立支撑架架顶高程，使柱头位置、梁中标高一致及水平，确保叠合梁满足
设计标高及质量控制要求；若柱头高程太低，则于吊装主梁前应于柱头置放铁片调整高差；若
柱头高程太高，则于吊装主梁前须先将柱头修正至设计标高。通过撬棍（撬棍应配合垫木使
用，避免损伤预制梁边角）调节叠合梁水平定位，确保叠合梁满足设计图纸水平定位及质量控
制要求。

调整完成后应检查梁吊装定位是否与定位控制线存在偏差。采用铅垂和靠尺进行检测，如
偏差仍超出设计及质量控制要求，或偏差影响到周边叠合梁或叠合楼板的吊装，应对该叠合梁
进行重新起吊落位，直到通过检验为止。

⑧ 次梁吊装须待两向主梁吊装完成后才能进行，吊装前须检查主梁吊装顺序，确保主梁
上下部钢筋位置，然后安装次梁。

⑨ 在后浇混凝土达到设计强度后，临时支撑方可拆除。

5.2.1.6　叠合楼板安装

本层墙混凝土拆模完成后，搭设叠合板支架，在墙顶面上弹出标高控制线，吊装叠合板
（见图 5.141）。预制叠合楼面板安装的基本流程如图 5.142 所示。

(1) 基本要求

① 二阶段成型的水平叠合受弯构件，当预制构件高度不足全截面高度的 40% 时，施工阶
段应有可靠支撑。因此叠合板根据设计要求或施工方案，应设置临时支撑（预先架立竖向支

图 5.141　叠合板吊装就位
(a) 板吊装；(b) 板安装就位

撑，支承点间距 150mm，每个开间设置 2～3 排支架，见图 5.143)，调整好标高并控制相邻板缝的平整度。

```
架设装配支撑
    ↓
清理支座面
    ↓
吊装预制楼板
    ↓
封堵预制构件接缝
    ↓
安装侧面及开口处模板
    ↓
安装管线等预埋件
    ↓
布设对接处配筋、附加配筋
    ↓
敷设现浇层的上层分布筋
    ↓
湿润预制板顶表面
    ↓
浇筑现浇层和连接点混凝土
    ↓
拆除装配支撑
```

图 5.142　预制楼板安装流程

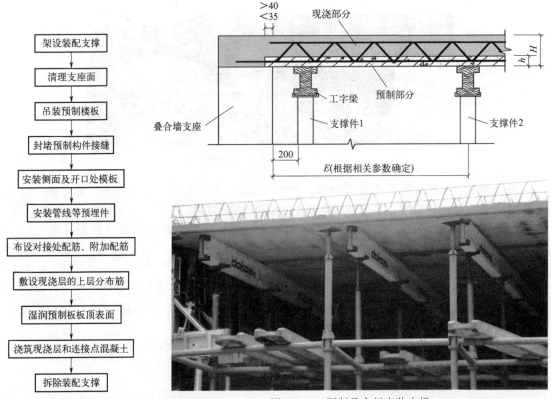

图 5.143　预制叠合板安装支撑

②　施工荷载宜均匀布置，施工集中荷载或受力较大部位应避开拼接位置；吊点不应少于 4 个 (见图 5.144)，并不应超过设计规定。

③　叠合板吊装利用模数化自平衡吊装架 [通过工字钢、钢板、槽钢焊接而成，吊架长 2600mm，宽 900mm，吊耳采用 20mm 厚钢板，架体为 H 型钢，并设置有专用吊耳和滑轮组 (4 个定滑轮、6 个动滑轮)] 通过滑轮组实现构件起吊后的水平自平衡，避免因局部受力不均

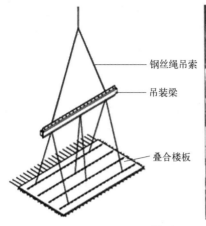

钢丝绳吊索

吊装梁

叠合楼板

图 5.144　叠合板吊装时吊点布置均匀

造成叠合楼板出现裂纹甚至断裂，如图 5.145 所示。检查吊装用钢丝绳长度是否合适，绳结是否牢固，检查吊钉、吊环、卡具等，确认完好。起吊过程缓慢，楼板保持水平、避免碰撞，停稳慢放，确保叠合板平稳、完好。

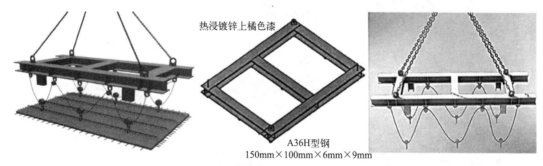

热浸镀锌上橘色漆

A36H型钢
150mm×100mm×6mm×9mm

图 5.145　预制叠合板吊装专用平衡吊装架

　　④ 吊装过程中，距离作业层 300mm 高处，稍停顿，调整、定位叠合板方向（见图 5.146）。用撬棍调整板位置时，要用木块垫好，避免损坏板的边角。

图 5.146　叠合板定位，绑扎连接钢筋

　　⑤ 安装时板端部的搁置长度、接缝宽度，应符合设计要求；板位置偏差不大于 5mm。
　　⑥ 可采用找平软坐浆或粘贴软性垫片，控制楼板水平标高。
　　⑦ 叠合板预制底板吊装完成后，应对板底接缝高差进行校核，未达到设计要求的应重新起吊，通过可调托座调节，安装后高差及水平接缝宽度均应满足设计要求。

⑧ 板端部与支承构件之间，应坐浆或设置支承垫块，厚度不宜大于 20mm；楼板间拼缝可采用硬性防水砂浆塞缝，大于 30mm 的拼缝应采用防水细石混凝土填缝。

⑨ 在混凝土浇筑前，应按设计要求检查结合面的粗糙度及预制构件的外露钢筋；外伸预留筋伸入支座时，预留筋不得弯折。安装后浇层内电气管线、各种预埋件绑扎上铁；验收合格后，浇筑后浇层混凝土。

⑩ 叠合板板底标高、接缝高差用红外线标线仪校核调整后，应待后浇混凝土强度达到设计要求后，方可拆除临时支撑。本楼层叠合楼板结构施工完成，现浇混凝土强度达到设计强度 70% 后，才可以拆除下一楼层的支架。

（2）叠合板竖向临时支撑搭设

叠合板临时支撑有满堂红脚手架（搭设方法属于传统楼板支撑，层高较大时用）和独立支撑两类，如图 5.147 所示。

(a)　　　　　　　　　　　　　　　　(b)

图 5.147　叠合梁板的支撑架
（a）满堂红支撑架；（b）三脚架支撑

楼面板独立支撑搭设要点如下。

① 独立支撑（见图 5.148）搭设时要保证整个体系的稳定性。叠合楼板支撑体系安装应垂直，楼板支撑体系工字梁设置方向必须垂直于叠合楼板格构梁方向，支撑下面的三脚架必须搭设牢固可靠。

图 5.148　叠合板的独立支撑

② 独立支撑的间距要严格控制，不得随意加大支撑间距；控制好独立支撑离墙体的距离。第一道支撑需在楼板边附近 0.2～0.5m 设置。支撑最大间距不得超过 1.8m，当跨度达 4m 时房间中间的位置适当起拱。

③ 独立支撑的标高、轴线定位应按要求支设准确（见图 5.149），控制板缝平整度，防止叠合楼板搭设出现高低不平。

④ 独立支撑体系（见图 5.150）中，顶部 U 形托内支撑铝合金托梁或木方，木方不可用变形、腐蚀、不平直的材料，且叠合楼板交接处的木方需要搭接。

⑤ 支撑的立柱套管旋转螺母不允许使用开裂、变形的材料；立柱套管不允许使用弯曲、变形、锈蚀的材料。

⑥ 浇筑混凝土前必须检查：立柱下脚三脚架开叉角度是否等边、立柱上下是否对顶紧固、立柱上端套管是否设置配套插销、独立支撑是否可靠。浇筑混凝土时必须由专人监视模架，随时检查支撑是否变形、松动，并组织及时调整。

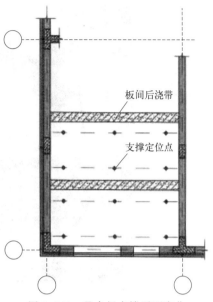

图 5.149 叠合板支撑平面定位

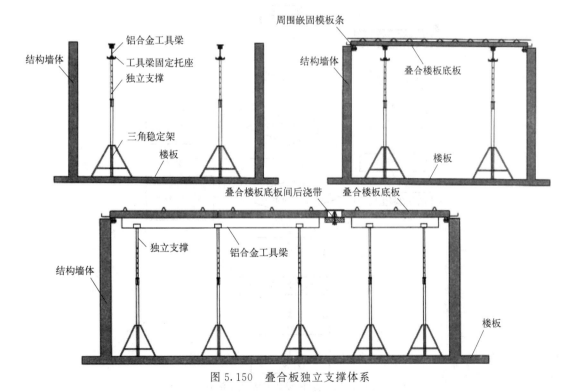

图 5.150 叠合板独立支撑体系

5.2.1.7 预制楼梯安装

梯段吊装应在本层休息平台（含梯梁）混凝土浇筑、养护后进行，结构每上去一层吊装楼梯板（见图 5.151）。预制楼梯安装基本流程如图 5.152 所示。

图 5.151　楼梯吊装

（a）楼梯吊装；（b）楼梯吊装位；（c）楼梯钢筋调整入梁；（d）楼梯顶撑

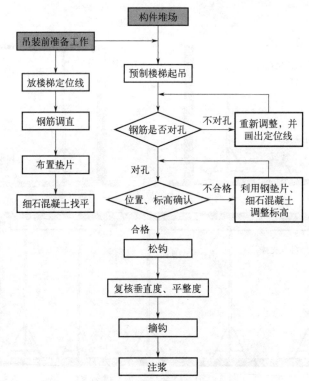

图 5.152　预制楼梯安装基本流程

（1）安装前准备

预制楼梯安装前，由质量负责人核对楼梯型号、尺寸，检查质量无误后，检查楼梯构件平面定位及标高，并宜设置调平装置。对预制楼梯板弹出左右、前后控制定位线（见图 5.153）、根据休息平台完成面标高在墙面上划出标高控制线，在楼梯段上下梯梁处铺设找平层等措施均已完成无误后，即可进行预制楼梯板的安装施工。

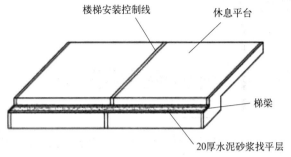

图 5.153　预制楼梯定位线

施工前，先搭设楼梯梁（平台板）支撑排架，按施工标高控制高度，并按先梯梁后楼梯（板）的顺序进行。楼梯与梯梁搁置前，应先在楼梯 L 型支座内铺砂浆，采用软坐灰方式。

（2）吊装就位

将吊装专用螺栓与楼梯段板预埋的内螺纹连接，起吊楼梯段。由专人负责挂钩，待挂钩人员撤离至安全区域时，由下面信号工确认构件四周安全情况，指挥缓慢起吊，起吊到距离地面0.5m 左右，塔吊起吊装置确定安全后，继续起吊。如图 5.154 所示。

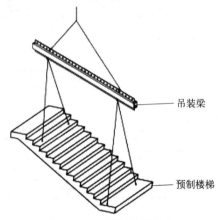

图 5.154　预制楼梯起吊

待墙体下放至距楼面 0.5m 处，由专业操作工人稳住预制楼梯，在梯段上下口梯梁处铺水泥砂浆找平层，找平层标高要控制准确，根据水平控制线缓慢下放楼梯，对准预留钢筋，安装至设计位置。

就位后应及时调整并固定。安装过程如图 5.155 所示。

基本就位后再用撬棍微调楼梯板，直到位置正确，搁置平实。调整楼梯板的方向、控制楼梯板的就位过程中，应缓慢操作确保楼梯板的完整无损（见图 5.156）。

安装楼梯时，应特别注意标高正确，下口用砂浆或流动性较好的灌浆料填实，校正后再脱钩；确定无误后，可焊接固定（见图 5.157）或螺栓紧固固定。梯段与休息平台安装处预留30mm 面层，休息平台的混凝土浇筑时不能超打。

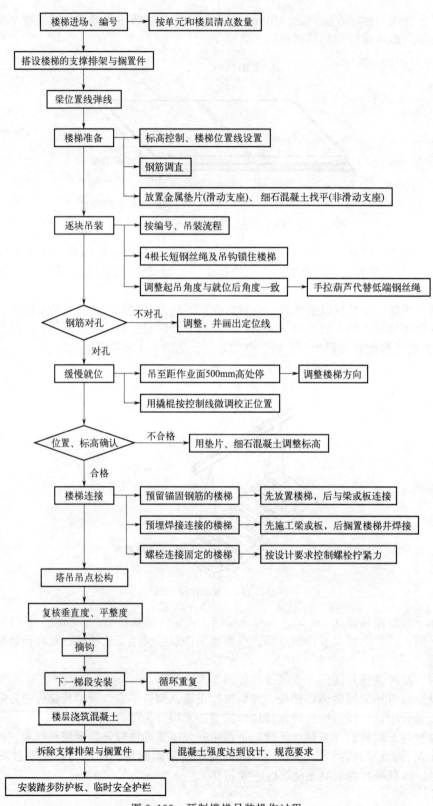

图 5.155　预制楼梯吊装操作过程

图 5.156　预制楼梯段缓慢吊放过程

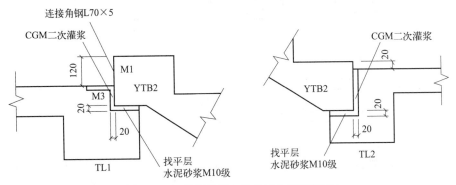

图 5.157　预制楼梯与休息平台安装构造

由于楼段面即为交房标准，且梯段安装完成后要作为施工通道实用，周期也较长，一旦破损修补困难，所以梯段成品保护要求较高，工地一般在梯段安装完成后，利用废旧模板钉成方盒保护阳角（见图 5.158），直至施工结束。

5.2.1.8　其他预制构件安装

预制混凝土阳台板、挑檐板、空调板、遮阳板等构件，属于装配式建筑非结构构件，并且都是悬挑构件。阳台板、挑檐板属叠合板类构件，有叠合层与主体结构连接；空调板、遮阳板是非叠合板类构件，靠外露钢筋与主体结构锚固在一起。

图 5.158　预制梯段板安装完成后的成品保护

安装该类构件需要注意：安装前需对安装时的临时支撑做好专项方案，确保安装临时支撑安全可靠；保证外露钢筋与后浇节点的锚固质量；拆除临时支撑前要保证现浇混凝土强度达到设计要求；施工过程中，严禁在悬挑构件上放置重物。

外墙饰面工程在加工车间内与墙体预制施工同时完成，形成综合形式的拼块，运输到施工现场后直接进行组装，组装完毕后，无需再进行墙面的内外装饰工作。在稳定性保证的前提下，楼层越多，拼装工法节省工期的优势就越加明显。

（1）阳台、挑檐板

预制阳台板、挑檐板安装前，应检查支座顶面标高及支撑面的平整度，临时支撑应在后浇混凝土强度达到设计要求后方可拆除。预制叠合阳台板安装过程如图 5.159 所示，施工要点有：

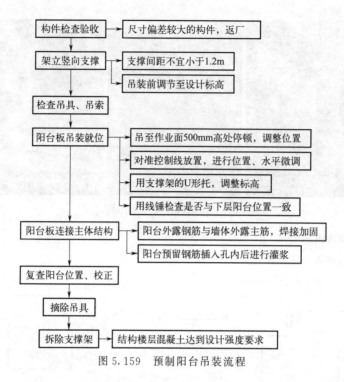

图 5.159　预制阳台吊装流程

① 阳台是具有造型的构件，构件尺寸问题会影响后期成型效果，验收标准要高。

② 阳台属于悬挑构件，安装前设置防倾覆支撑架，搭设支撑体系要严格按施工方案要求。

③ 预制阳台一般为 4 个吊点，根据设计使用不同的吊具进行吊装，吊具有万向旋转吊环配预埋螺母、鸭嘴口吊具配吊钉两种形式（见图 5.160）。

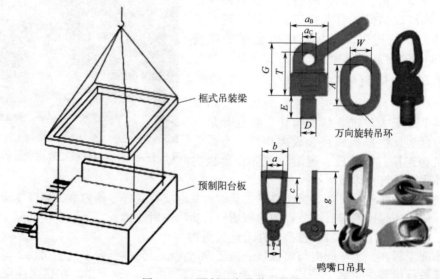

图 5.160　预制阳台吊装用吊具

④ 按照设计要求，安装时保证伸进支座的长度。阳台就位后，阳台板预留锚固钢筋应伸入现浇结构内，并应与现浇混凝土结构连成整体（见图 5.161）。避免在后浇混凝土时阳台移位。

图 5.161　整体式预制阳台安装

⑤ 阳台与侧板采用灌浆连接方式时，灌浆预留孔的直径应大于插筋直径的 3 倍，并不应小于 60mm，预留孔壁应保持粗糙或设波纹管齿槽。

⑥ 阳台吊装安装好后，还要对其进行校正，保证安装质量。

⑦ 阳台板、空调板处采用承插式或碗扣式支撑（见图 5.162），兼做外防护，横杆长度采用 600mm、900mm、1200mm。在水平混凝土浇筑完成后可拆除该层支撑的扫地杆；阳台板、空调板等悬挑构件支撑拆除时，除达到混凝土结构设计强度，还应确保该构件能承受上层阳台通过支撑传递下来的荷载。

吊装阳台板时，支撑系统的标高必须是阳台板的底标高，阳台的支撑标高必须是外高内低，内外高差约 20mm。

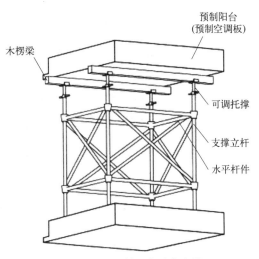

图 5.162　预制阳台垂直支撑

（2）预制空调板、遮阳板吊装

空调板与遮阳板构件体积相对较小，靠钢筋的锚固固定构件。吊装时需要注意以下几点：

① 严格检查外露钢筋的长度、直径是否符合图样要求。

② 预制空调板安装时，板底应采用临时支撑措施（见图 5.163），应做专项方案（需对空调板下支撑挂架承载力验算，或单独加立杆支撑）确保支撑架体稳定可靠。

图 5.163　空调板吊装、就位

③ 吊装前应检查支座顶面标高及支撑面的平整度，将架体顶端标高调整至设计要求后方可进行安装。

④ 预制空调板与现浇结构连接时，预留锚固钢筋应伸入现浇结构部分，并应与现浇结构连成整体。

a. 板的外露钢筋要与主体结构的钢筋焊接牢固，保证后浇混凝土时不至预制板移位。

b. 预制空调板采用插入式安装方式时，连接位置应设预埋连接件，并应与预制墙板的预埋连接件连接。

⑤ 空调板与墙板交接的四周防水槽口，应嵌填防水密封胶。

⑥ 临时支撑（见图 5.164）应在后浇混凝土强度达到设计要求后方可拆除。

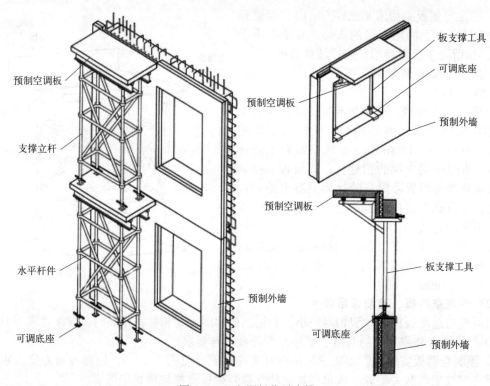

图 5.164　空调板临时支撑

图 5.165　预制保温飘窗

（3）飘窗

飘窗是较特殊的一种竖向预制构件，窗口外侧有向外凸出的部分（见图 5.165），造成了飘窗整体起吊时不易平衡。飘窗的安装工艺步骤跟预制外墙板相同，在施工安装过程中需要注意以下几点：

① 飘窗运到施工现场存放，一般可选择平放、立放两种形式。平放时在起吊前需要翻转，立放时需要采取墙体面设斜支撑、凸出面的下侧设竖向顶支撑（见图 5.166）或者垫块，以确保飘窗平衡稳定。

② 吊装前，下一层飘窗凸出部位最前端两侧各放置一个垫片（厚度 20～30mm），避免飘窗吊装下

图 5.166   预制飘窗墙存放时突出面的下面加竖向支撑

落过程中下端面前端与下层飘窗上端面前端发生磕碰，同时保证在飘窗就位后使整体向内少量倾斜，在调整飘窗垂直度的时候斜支撑调长向外顶撑，要比调短内拉更便于操作，避免将地脚预埋件拉出。

在调整飘窗垂直度前，将前端垫片取出。

③ 飘窗吊装采用吊耳、螺栓以及飘窗上的预留螺母进行连接。

④ 在起吊时，飘窗外凸部分（通常不大于 500mm）导致起吊后墙体不宜垂直，有一定的倾斜角度，对吊装施工并不会造成影响。

试吊装时观察构件垂直度（过于偏斜将很难安装），可通过调整吊具吊索等方式调整重心。

⑤ 将飘窗距离作业面 300mm 位置处，按照位置线，用溜绳牵引飘窗，慢慢移动就位，使得螺栓插入墙板连接孔洞。

⑥ 窗户安装好，需要对窗户做好保护措施（如在窗框表面套上塑料保护套）。考虑到玻璃在施工过程中易碰碎，在墙体出厂时不宜将玻璃安装好。

5.2.2   预制构件连接

5.2.2.1   连接钢筋处理

施工现场常用的钢筋连接方式包括套筒灌浆连接、浆锚搭接连接、机械连接、绑扎连接、焊接等。预制构件施工，应检查被连接钢筋的规格、数量、位置和长度。后浇区受力钢筋锚固的形式（弯锚、贴焊锚筋、穿孔塞焊锚板、螺栓锚头）、位置、长度，及钢筋接头的形式、位置、长度等，必须符合设计、图集、规范的要求。

（1）伸出筋定位

混凝土构件的伸出钢筋，是相邻混凝土构件连接的关键点，为确保结构能按设计要求有效、可靠地连接，对现浇混凝土伸出钢筋的定位要求比较严格，一般包括中心位置定位、相对位置定位、伸出长度定位。

伸出钢筋应采用专用模具进行定位，并应采用可靠的固定措施控制连接钢筋的中心位置、外露长度，满足设计要求。

① 中心位置定位。根据施工图上的基准点位置或控制线、控制点，经测量后确定伸出钢筋的绝对位置。

② 相对位置定位。在某个指定范围内，根据预定的间距或尺寸，固定每根伸出钢筋的相对位置。施工中通常采用模胎、模架等器具来确定钢筋的相对位置，如图 5.167 所示。

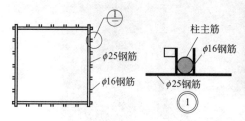

图 5.167 柱钢筋间距控制

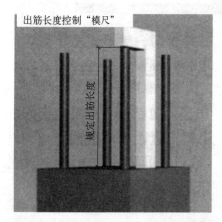

图 5.168 预制构件出筋长度控制用模尺

③ 伸出长度定位。伸出长度定位指施工现场，与预制构件套筒相对应的伸出钢筋的定位。伸出长度不足会影响连接强度，伸出长度过长无法安装需截断，又会增加后续作业的工作量。钢筋伸出长度，通常通过标高基准点，放线后用尺子测量伸出钢筋超出标高基准线的长度来确定。也可根据伸出钢筋的标准长度制作一个专用的模尺（见图 5.168），作为检测工具。

（2）伸出筋矫正

构件的套筒、浆锚孔与连接钢筋对不上，就会导致构件无法准确安装就位。如果遇到这种情况应首先编制处理方案，并经监理及设计单位审核同意后方可处理施工。

通常情况下有以下四种情况会导致构件的套筒或浆锚孔与连接钢筋对不上，其具体情况及处理方法如下：

① 钢筋位置准确，顶端倾斜。预制构件伸出钢筋如果因运输、吊装不慎造成弯折扭曲，在施工现场预制构件就位前或钢筋连接前，应对发生偏差的钢筋进行矫正，以确保伸出钢筋能进行有效的连接。

当连接钢筋倾斜时，应采用钢筋扳手将连接钢筋调整垂直，即可进行构件安装施工。连接钢筋偏离套筒或孔洞中心线不宜超过 3mm。

② 钢筋位置偏差。连接钢筋中心位置存在严重偏差，影响预制构件安装时，应会同设计单位制定专项处理方案，严禁随意切割、强行调整定位钢筋。

可首先定位钢筋位置，准确测量出偏差值，再将主筋周围的混凝土剔凿清除一定深度，将主筋按照 1∶6 比例弯曲调整至准确位置，然后采用高于原混凝土一个等级的混凝土将剔凿部位浇筑修补到位。

③ 构件底部套筒或浆锚孔歪斜。如果歪斜偏差较小，可以调整所对应的连接钢筋垂直度进行简单处理即可。如果歪斜偏差较大时，构件只能退厂更换处理。

④ 构件底部套筒或浆锚孔位置偏移。这种情况构件需退厂处理或更换构件处理。

（3）配送筋就位

对于梁柱等预制构件，预制构件厂一般会配齐构件伸出钢筋部位应配置的箍筋；叠合梁还会配置梁上部现浇部分的钢筋。当这些预制构件在施工现场安装后，只要将所配送的钢筋就位后进行绑扎固定即可。

叠合楼板上部现浇叠合层内的钢筋，在现场加工制作并安装。

5.2.2.2 套筒灌浆连接

钢筋套筒灌浆连接接头、钢筋浆锚搭接连接接头，应按检验批划分要求及时灌浆，灌浆作业（见图 5.169）应符合标准及施工方案的要求。

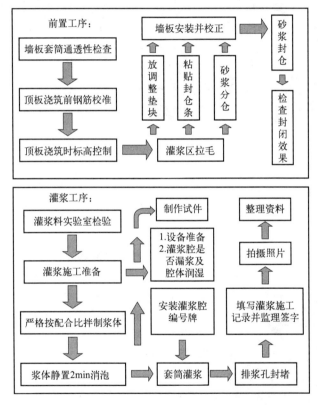

图 5.169　套筒灌浆施工前置及灌浆工序

① 灌浆施工时，环境温度不应低于 5℃；当连接部位养护温度低于 10℃ 时，应采取加热保温措施。

② 灌浆操作全过程，应有专职检验人员负责旁站监督，并及时检查记录施工质量。

③ 应按产品使用说明书的要求计量灌浆料和水的用量，并搅拌均匀；每次拌制的灌浆料拌合物应进行流动度的检测，且其流动度应满足规定。

④ 灌浆作业应采用压浆法从下口灌注，当浆料从上口流出后应及时封堵，必要时可设分仓进行灌浆。

⑤ 灌浆料拌合物，应在制备后 30min 内用完。

构件安装前应检查预制构件中的套筒、预留孔的规格、位置、数量和深度；当套筒、预留孔内有杂物时，应清理干净。

（1）作业类型

① 机械灌浆。机械灌浆作业（见图5.170）是利用灌浆机的机械压力，将搅拌好的灌浆料拌合物灌满整个封闭的空腔；再通过持续压力的输送，充满整个套筒。机械灌浆主要用于多个套筒同时灌浆，也可用于单个套筒灌浆。

图 5.170　机械灌浆

图 5.171　手动灌浆

② 手动灌浆。手动灌浆作业（见图5.171）是利用手动灌浆枪的挤压压力，将灌浆料拌合物充满整个套筒或浆锚孔。手动灌浆主要适用于单个套筒及浆锚孔灌浆。

（2）套筒进场检查

① 灌浆套筒进场验收：灌浆套筒进场时，应按组批规则的要求从每一检验批中，随机抽取10个灌浆套筒进行外观、标识和尺寸偏差的验收：灌浆套筒外表面不应有影响使用性能的夹渣、冷隔、砂眼、缩孔或裂纹等质量缺陷；机械加工灌浆套筒表面不应有裂纹或影响接头性能的其他缺陷，端面或外表面的边棱处应无尖棱、毛刺；灌浆套筒外表面标识应清晰，不应有锈皮；灌浆套筒尺寸偏差应符合《钢筋连接用灌浆套筒》(JG/T 398—2012) 的要求。

② 灌浆套筒连接性能：钢筋套筒灌浆连接接头的抗拉强度试验，应在预制构件生产前在预制构件工厂完成，工地是否需要验证，应根据具体实际情况确定，基本过程如图5.172所示。

（3）灌浆料使用

① 灌浆料类型。钢筋连接用的灌浆料分为套筒灌浆料、浆锚搭接灌浆料。

套筒灌浆料是以水泥为基本材料，配以细骨料、混凝土外加剂和其他材料加水搅拌而成的干混料，简称灌浆料（见图5.173），具有规定的流动性、早强、高强和微膨胀等性能指标。

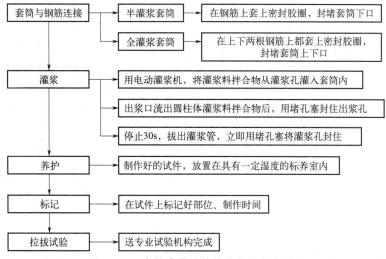

图 5.172　套筒灌浆连接接头抗拉强度试验

浆锚搭接灌浆料也是水泥基灌浆料，主要材料是高强度水泥、级配骨料和外加剂等。由于浆锚孔壁的抗压强度低于套筒的，故其抗压强度低于套筒灌浆料的抗压强度。

② 灌浆料使用。灌浆料按规定比例加水搅拌后，形成具有规定流动性、早强、高强、硬化后微膨胀等性能的浆体，称为灌浆料拌合物，具体拌合过程如图 5.174 所示。

图 5.173　套筒灌浆料

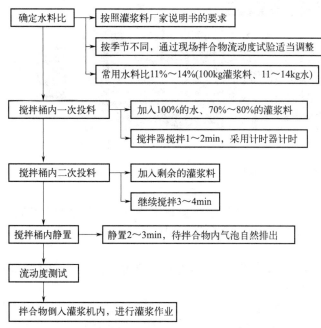

图 5.174　灌浆料搅拌操作流程

灌浆料搅拌注意环境温度：夏天环境温度高于30℃时，严禁将灌浆料、搅拌设备、灌浆设备直接暴晒在阳光下；搅拌用水宜使用25℃以下的清水，搅拌前应用清水对搅拌设备和灌浆设备进行降温和湿润；冬天施工环境的温度原则上不得低于5℃，搅拌用水宜使用温度不高于25℃的温水。

③ 灌浆料保管。灌浆料存放应做到防水、防潮、防晒，存放在通风、阴凉的地方，底部应使用托盘或木方隔垫，必要时库房可撒生石灰防潮。运输过程中应注意避免阳光长时间照射。

灌浆料保质期一般为90天，采购宜多次少量，应在保质期内使用完毕。

（4）灌浆设备、器具

套筒灌浆使用的主要设备、器具有：滚筒式搅拌机、空气压缩机、电子台秤、灌浆筒、钢丝软管、橡胶塞、灌浆泵（或灌浆枪）、搅拌器（和桶）、温度计等（见图5.175）。

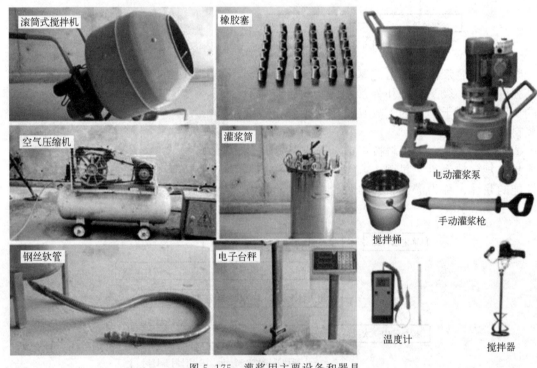

图5.175 灌浆用主要设备和器具

① 灌浆孔胶塞。灌浆孔胶塞用于封堵灌浆套筒和浆锚孔的灌浆孔与出浆孔，选用耐酸碱腐蚀的橡胶材料或者其他软质材料制作，确保可以重复使用。

② 灌浆缝堵缝条。灌浆缝堵缝条主要起到堵缝以防止灌浆料外流的作用。例如在预制柱灌浆时采用充气管（见图5.176），灌浆前将塑胶管充满气体，待浆料凝固后再放出气体，将塑胶管取出重复利用。

③ 灌浆设备和工具保存。灌浆设备和工具的完好性直接决定了灌浆作业的效率和质量，因此对设备和工具的管理不容忽视。

a.清洗要求：灌浆设备和工具的清洗应由专人负责，在使用完毕后应及时清理，清除残余的灌浆料拌合物等，把表面残留的水分擦干净，防止设备生锈。灌浆作业的试验用具应及时清理，试模应及时刷油保养。清洗完的设备及工具应及时覆盖，防止其他作业工序对设备及工具

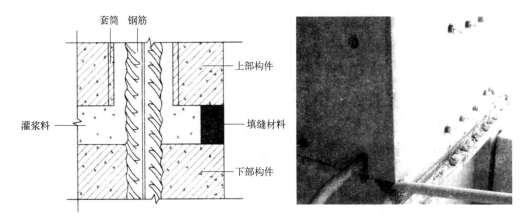

图 5.176　充气管封堵条

造成污染。

b. 存放要求：灌浆设备和工具的存放应由专人负责，建立设备、工具的存放使用台账。灌浆设备和工具存放在固定的场所或位置，摆放整齐，设备工具上严禁放置其他物品。

（5）检验、试验

灌浆设备和工具所涉及的产品，根据不同的条件，需进行的检验有：型式检验、出厂检验、进场及使用前检验、抗压强度检验、流动度检测（见图 5.177）等。

(a)　　　　　　　　　　　(b)　　　　　　　　　　　(c)

图 5.177　灌浆料及灌浆测试
（a）灌浆料流动度测试；（b）灌浆测试；（c）灌浆完成

（6）灌浆前检查

钢筋套筒灌浆前，应在现场模拟 1∶1 的构件连接接头的灌浆方式（见图 5.178），进行工艺可行性和合理性试验。观察灌浆料拌合物的流动路径、排气情况和饱满度情况，以便制定正确的灌浆作业方案，避免出现灌浆不饱满的现象。

每种规格钢筋应制作不少于 3 个套筒灌浆连接接头，进行灌注质量以及接头抗拉强度的检验；经检验合格后，方可进行灌浆作业。

① 灌浆孔与出浆孔识别。竖向预制构件灌浆套筒灌浆孔与出浆孔是上下对应（见图 5.179）、用 PVC 管或钢丝

图 5.178　套筒灌浆模型试验

软管与灌浆套筒连接。灌浆孔在下、出浆孔在上，孔内径尺寸一般约为20mm；波纹管只有灌浆一个孔，内径尺寸约为30mm。

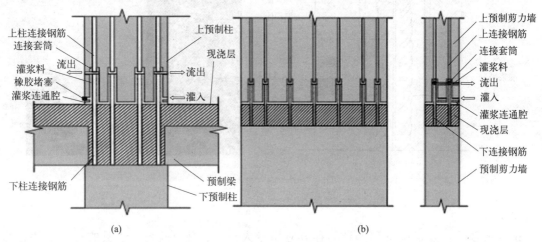

图5.179　柱、墙钢筋套筒灌浆作业
(a) 柱套筒灌浆；(b) 墙套筒灌浆

　　水平钢筋套筒灌浆连接使用的套筒灌浆孔与出浆孔没有区分，可以选择任何一个作为灌浆孔、另一个作为出浆孔。

　　套筒上的出浆孔起到排气的作用，使灌浆料拌合物得到充分填充，也是灌浆是否饱满的检测部位。

图5.180　钢筋位置定位模板

　　② 检查竖向钢筋套筒灌浆连接的伸出钢筋。用目测或尺量的方式，全数检查钢筋的规格、数量、位置、长度及钢筋上是否残留混凝土。钢筋应采用专用模板进行定位（见图5.180），定位精度对预制构件的安装有重要影响。如果钢筋位置偏差超过要求，并在可校正范围内，可用钢管套住钢筋等方法进行矫正。

　　③ 检查水平钢筋套筒灌浆连接钢筋。用目测或尺量的方式，全数检查钢筋的规格、数量、位置、长度及钢筋上是否残留混凝土。连接钢筋的外表面应标记插入灌浆套筒最小锚固长度位置，标记位置应准确、清晰。构件吊装后，检查两侧预制构件伸出的待连接钢筋对正情况。

　　④ 检查预制构件结合面。结合面应清理干净；如果设计要求有键槽或粗糙面，应检查是否符合要求，如有遗漏应采取剔凿等方式进行处理；与灌浆料接触的构件表面应做湿润处理，不得形成积水。检查接缝封堵和分仓的座浆料的高度、密实度。

　　⑤ 检查套筒、浆锚孔。采用目测方式全数检查套筒数量是否与伸出钢筋数量相符。用手电透光检查或通气检查，全数检查套筒、浆锚孔内部是否有影响灌浆料拌合物流动的杂物，确保孔路通畅。内部松散杂物可用空压机吹出。

　　⑥ 检查灌浆孔、出浆孔。对照伸出钢筋数量，采用目测方式全数检查灌浆孔和出浆孔的数量。检查孔内是否有残留的砂浆等。

（7）灌浆作业

　　套筒灌浆连接主要用于剪力墙、框架梁柱等的连接节点处（见图5.181）。灌浆作业操作要点包括：灌浆顺序、灌浆过程中对出浆口出浆的观察控制与封堵、连续灌浆的要求、出浆孔无法出浆时紧急情况的原因排查与处理。

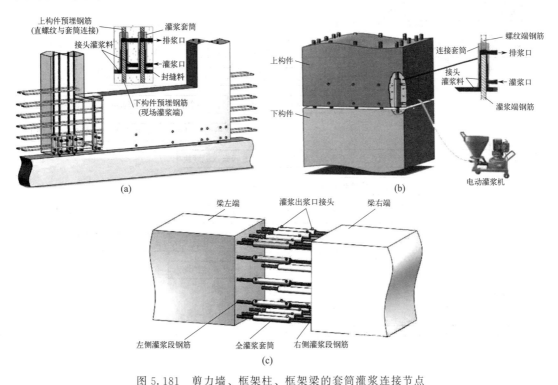

图 5.181　剪力墙、框架柱、框架梁的套筒灌浆连接节点
（a）预制混凝土剪力墙连接；（b）预制混凝土框架柱连接；（c）预制混凝土框架梁连接

1）钢筋套筒灌浆工艺

钢筋套筒灌浆连接是装配式混凝土结构建造中常用的一种钢筋连接方式，是施工中的一项关键工序，对连接节点的性能乃至整体装配式结构的整体性能影响较大，必须由经过专业培训，具有一定操作技能的专业技术工人来施工完成。在施工过程中，灌浆施工操作人员必须严格按照施工方案、技术交底进行施工，保证灌浆施工的质量。

灌浆作业目前有两种：随层灌浆、隔层灌浆。

随层灌浆，是指一层竖向预制构件安装完毕后，在预制构件除自身重量不受其他任何外力的情况下及时进行、完成该层灌浆；隔层灌浆，是指竖向预制构件安装完毕后，上一层甚至两层的拼装都结束后再进行灌浆。由于竖向预制构件安装后，只靠垫片在底部对其进行点支撑，靠斜支撑阻止其倾覆，灌浆前整个结构尚未形成整体。如果未灌浆就进行本层混凝土的浇筑或上一层结构的施工，施工荷载会对本层预制构件产生较大扰动，导致尺寸出现偏差，甚至产生失稳的风险。隔层灌浆甚至隔多层灌浆，对结构构件的稳定性是有危险的。

钢筋套筒灌浆连接的基本流程如图 5.182 所示。

采用钢筋套筒灌浆连接时，施工还应符合下列规定：

① 灌浆前应制定套筒灌浆操作的专项质量保证措施，灌浆操作全过程应有专职检验人员旁站质量监控，及时做好施工质量检查记录，每工作班制作一组试件。

② 灌浆料应按配比要求计量灌浆材料、水的用量，经搅拌均匀后测定其流动度应满足设计要求。灌浆料拌合物应在制备后 30min 内用完。

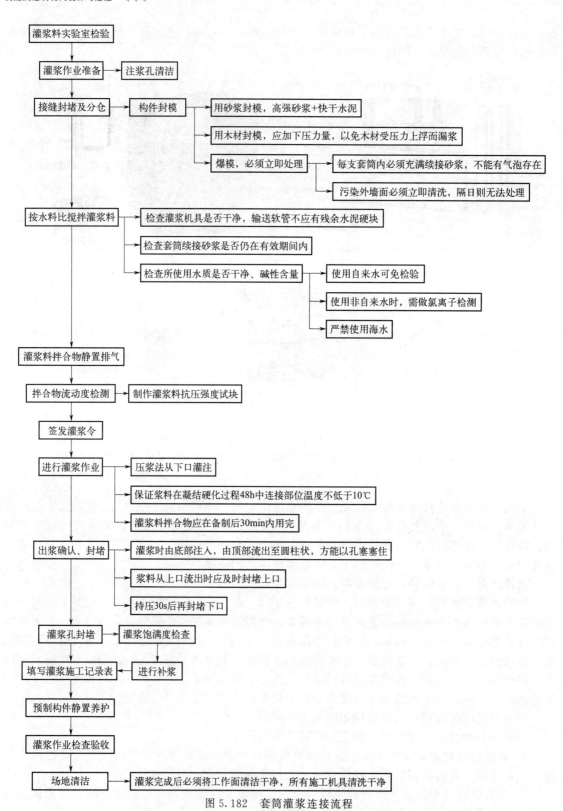

图 5.182 套筒灌浆连接流程

③ 因为检验批划分要求及时灌浆，灌浆作业应符合相关标准及施工方案的要求；灌浆施工时环境温度不应低于 5℃，当连接部位养护温度低于 10℃时，应采取加热保温措施，低于 0℃时不得施工，高于 30℃时应采取降低灌浆料拌合物温度的措施。

④ 接头的设计应满足强度及变形性能的要求。

⑤ 接头连接件的屈服承载力和抗拉承载力的标准值，应不小于被连接钢筋的屈服承载力和抗拉承载力标准值的 1.10 倍。每种规格钢筋应制作不少于三个，套筒灌浆连接接头进行灌注质量和接头抗拉强度的检验，抗拉试验破坏时应断于接头外钢筋，如图 5.183 所示。

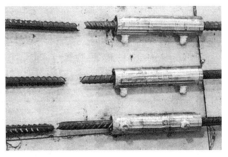

图 5.183　套筒灌浆连接抗拉强度试验断头

钢筋与全灌浆套筒连接时，插入深度应满足设计锚固深度要求，一般应插到套筒中心挡片处，如图 5.184 所示。

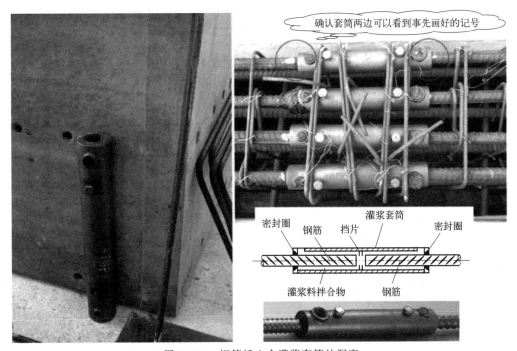

图 5.184　钢筋插入全灌浆套筒的深度

2）浆孔封堵

① 出浆孔封堵。竖向预制构件套筒灌浆时，灌浆料拌合物慢慢达到套筒出浆孔高度时会从出浆孔流出。拌合物开始流出时，将堵孔塞倾斜 45°放置在出浆孔，待出浆孔流出圆柱状灌浆料拌合物后，将堵孔塞塞紧出浆孔。

通过水平缝联通腔一次向预制构件的多个套筒灌浆时，应按拌合物排出先后顺序依次封堵出浆孔。封堵时灌浆泵一直保持灌浆压力，直至所有出浆孔全部流出圆柱状的拌合物，封堵牢固后再停止灌浆。

② 灌浆孔封堵。竖向预制构件套筒灌浆时，待所有出浆孔按出浆顺序依次封堵，灌浆机持续保持灌浆状态 5～10s，关闭灌浆机，灌浆机灌浆管继续在灌浆孔保持 20～25s 后，迅速将

灌浆机灌浆管撤离灌浆孔,同时用堵孔塞迅速封堵灌浆孔。

水平钢筋套筒灌浆连接时,当灌浆孔、出浆孔、连接管或连接接头的拌合物均高于灌浆套筒外表面最高点时,应停止灌浆,并及时用堵孔塞封堵灌浆孔和出浆孔。

3)梁(横向)钢筋灌浆套筒连接

梁钢筋套筒连接操作流程如图 5.185 所示。

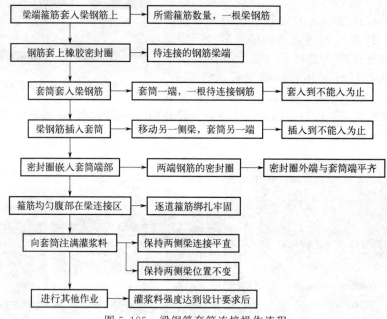

图 5.185　梁钢筋套筒连接操作流程

4)预制墙板(竖向)钢筋套筒灌浆

灌浆工艺过程如图 5.186 所示。浆料同条件养护试件抗压强度达到 $35N/mm^2$ 后,方可进行对预制墙板有扰动的后续施工。

5)灌浆作业质量

灌浆作业是灌浆套筒连接方式的核心作业,如果灌浆料的选用、搅拌不符合要求,灌浆作业未灌满等,都会埋下结构安全的重大隐患。

为确保灌浆作业质量,应做到:

① 采用经过验证的钢筋连接件和灌浆料配套产品。灌浆料的制备过程应严格遵循工艺要求,每批灌浆料在使用前必须进行流动度检测。

② 预制构件套筒灌浆是一项专业化程度较高的特殊作业,灌浆作业人员应经职业技能培训,取得合格证,并严格按技术操作要求执行。

③ 操作施工时,应做好灌浆作业的视频资料,质量检验人员或旁站监理应进行全程施工质量检查,能提供可追溯的全过程灌浆质量检测记录。

④ 检验批验收时,如对灌浆连接接头质量有疑问,可委托第三方独立检测机构进行非破损检测;当施工环境温度低于 5℃时,可采取加热保温措施,使结构构件灌浆套筒内的温度达到产品使用说明书要求;有可靠经验时,也可采用低温灌浆料。

套筒灌浆质量检测方法有:预埋传感器法、钻孔内窥镜法、X 射线数字成像法、预埋钢丝拉拔法。事中检测可采用预埋传感器法,在检测灌浆的同时可实现灌浆质量管控;事后检测可采用钻孔内窥镜法,必要时可用 X 射线数字成像法或预埋钢丝拉拔法进行校核。

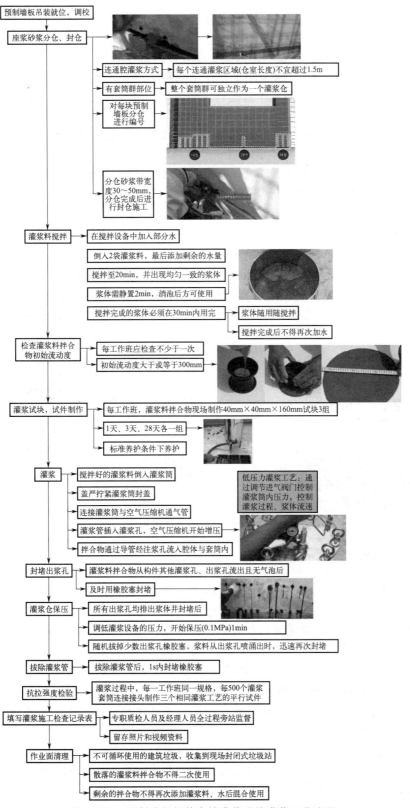

图 5.186　预制墙板钢筋套筒灌浆连接灌浆工艺流程

⑤ 建议随层灌浆。不能为了追求进度而采用安全风险性很大的隔层甚至隔多层灌浆。

⑥ 安装前应对构件安装基础面进行处理，并对构件伸出钢筋进行检查与调整。构件吊装就位、调整、固定时，应注意灌浆套筒内腔是否有异物。

⑦ 水平缝联通腔须分仓时，宜采用干硬性坐浆料进行分仓，且一般单仓长度不超过 1m，分仓隔墙宽度宜为 3～5cm。使用专用封缝料（坐浆料）配合专用封堵工具，对接缝周圈进行密封。

⑧ 灌浆后节点保护：每个灌浆后灌浆料同条件试块强度达到 35MPa 后方可进入后续工序施工，避免对构件扰动。通常，环境温度在 15℃ 以上，24h 内构件不得受扰动；5～15℃，48h 内构件不得受扰动；5℃ 以下，视情况而定。如对构件接头部位采取加热保温措施，要保持加热 5℃ 以上至少 48h，期间构件不得受扰动。拆支撑要根据设计荷载情况确定。

5.2.2.3　钢筋浆锚搭接连接

(1) 内模成孔浆锚搭接

以往钢筋的搭接，强调将需搭接的钢筋绑扎在一起，以便于钢筋之间的传力。

钢筋浆锚连接技术将相邻的搭接钢筋拉开一定距离（见图 5.187），意味着在钢筋中的拉力必须通过剪力传递到灌浆料中，进一步再通过剪力传递到灌浆料和周围混凝土之间的界面中去。对预留孔成孔工艺、孔道形状和长度、构造要求、灌浆料和被连钢筋，应进行力学性能以及适用性的实验验证。

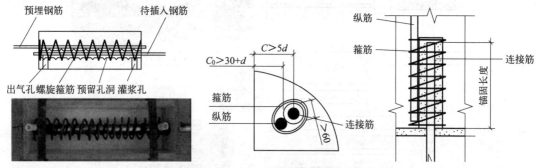

图 5.187　内模成孔浆锚构造

(2) 波纹管浆锚连接

波纹管连接的施工工艺，与钢筋套筒灌浆连接基本相同。

① 按照灌浆料厂家提供的水料比及灌浆料搅拌操作规程进行灌浆料的搅拌。

② 将搅拌好的灌浆料拌合物倒入手动灌浆枪内。

③ 手动灌浆枪对准波纹管灌浆口位置，进行灌浆；也可以通过自制漏斗把灌浆料拌合物倒入波纹管内。

④ 待灌浆料拌合物达到波纹管灌浆口位置后停止灌浆，灌浆作业完成。

5.2.2.4　预埋螺母螺纹连接

非承重构件的钢筋连接，采用现场施工时在钢筋端部加工螺纹后，与预埋的螺母进行连接。预埋螺母螺纹连接的操作：

① 按预埋螺母的螺纹参数，对待连接钢筋的端部加工与之匹配的螺纹。

② 逐根将钢筋螺纹端与预埋的螺母连接，使用工具拧紧至规定的扭矩。

③ 按要求安装并绑扎好箍筋及其他的钢筋。

除上面所述连接方式外，采用伸入支座的锚固板连接时，应根据预制构件伸出钢筋的位置、间距等，确定锚固板安装、焊接的施工顺序。

此外还有诸如绑扎连接和焊接等，与常规的现浇混凝土结构作业相同，此处不再赘述。

5.2.3 预制构件与后浇混凝土连接

预制装配式混凝土结构中，预制构件与后浇混凝土连接采用节点现浇连接（见图5.188）。就是在预制构件节点处将钢筋绑扎或原有预留钢筋连接，然后支模浇筑混凝土，形成预制构件连接的一种处理工艺。

图5.188 预制构件与后浇混凝土现浇连接节点

5.2.3.1 后浇混凝土施工要求

装配式混凝土构件之间连接可采用干式连接或湿式连接（后浇混凝土）。湿式连接主要包括对后浇部位钢筋绑扎、模板支设、混凝土浇筑及养护三个环节的质量控制。后浇混凝土的施工必需按图纸要求，才能具有足够的抗弯、抗剪、抗震性能，才能保证结构的整体性以及安全性。在施工过程中的注意事项如下。

(1) 预制构件接触面处理

预制混凝土构件与后浇混凝土的接触面，应做成粗糙面或键槽，以提高抗剪能力。

1）粗糙面是对压光面（如叠合板、叠合梁表面）混凝土在初凝前"拉毛"形成的；对模具面（如梁端、柱端表面），可在模具上涂刷缓凝剂，拆模后用水冲洗未凝固的水泥浆，露出骨料，形成粗糙面。

2）键槽是在构件预制时，靠模具凸凹成型的。

3）预制构件与后浇区的接触面没做键槽或粗糙面时，处理方法有：

① 没留设键槽的构件，可用角磨机在遗漏键槽的部位进行切割，然后再将键槽剔凿出来。

② 没做粗糙面的构件，可用剔凿式、酸洗式方法进行处理。注意必须保证整面剔凿到位；要使用经过稀释的盐酸溶液进行冲洗，酸洗时要保证酸洗到位，并做好安全防护措施，避免发生烧伤事故。

(2) 模板支设和拆除

① 装配式结构后浇混凝土部位，模板可根据工程现场实际情况而定，一般采用木模板、钢模板或铝模板等（见图5.189）。对清水混凝土工程及装饰混凝土工程，应使用能达到设计效果的模板；装配式结构多为后期免抹灰施工，要求模板必须表面光滑平整、接缝严密、加固方式牢固可靠。

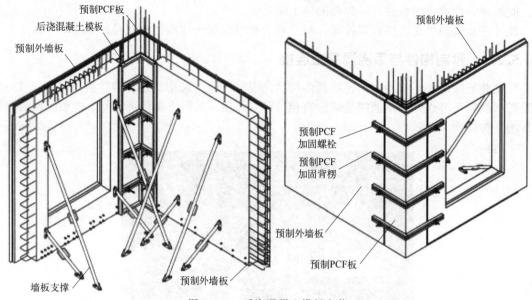

预制PCF板
后浇混凝土模板
预制外墙板
预制外墙板
墙板支撑

预制外墙板
预制PCF加固螺栓
预制PCF加固背楞
预制外墙板
预制PCF板

图 5.189　后浇混凝土模板安装

② 要根据现场实际情况及尺寸进行加工制作，模板与支架宜采用工具式支架和定型模板。模板应保证后浇混凝土部分形状、尺寸和位置准确，模板与预制构件接缝处应采取防止漏浆的措施，可粘贴密封条。

③ 模板的加固方式一般是，在预制构件加工生产时，提前在预制构件上预埋固定模板用的预埋螺母，在施工现场支设安装模板时，采用螺栓与预制构件上预埋螺母进行连接对模板加固（见图 5.190）。

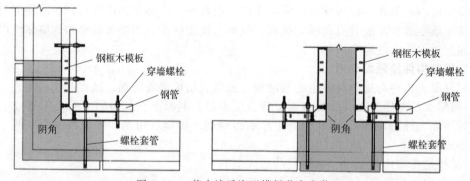

钢框木模板
穿墙螺栓
钢管
阴角
螺栓套管

钢框木模板
穿墙螺栓
钢管
阴角
螺栓套管

图 5.190　剪力墙后浇区模板节点安装

如果在预制构件加工制作过程中遗漏模板安装预埋螺母，可支模时安装膨胀螺栓。在安装膨胀螺栓时，应首先经监理工程师同意；为打孔作业时避开钢筋位置，可提前使用钢筋保护层探测仪在构件表面确认内部钢筋位置。

④ 构件连接部位，后浇混凝土及灌浆料的强度达到设计要求后，方可拆除临时固定措施。对于悬挑构件，混凝土必须达到设计强度 100％时，方可拆除模板。

在模板拆除过程中，需注意对后浇部位混凝土及预制构件进行成品保护，避免造成损坏。

(3) 混凝土浇筑

① 后浇混凝土在施工前，预制构件结合面疏松部分的混凝土应剔除并清理干净。

混凝土浇筑应布料均衡，浇筑和振捣时，应对模板及支架进行观察和维护，发生异常情况应及时处理。构件接缝混凝土浇筑和振捣应采取措施防止模板、相连接构件、钢筋、预埋件及其定位件移位。

② 后浇混凝土部位在浇筑前，应按标准进行隐蔽工程验收。由于浇筑量小，所以要考虑铸模和构件的吸水影响，混凝土结合面、模板应洒水润湿，但模板内不应有积水。

③ 固定在模板上的预埋件、预留孔和预留洞，均不得遗漏且应安装牢固，其偏差应符合规定。

④ 为了使混凝土填充到每个角落，获得密实的混凝土，浇筑过程中要进行充分夯实和轻轻敲打。但是，除非是用坚固铸模将构件紧密连接时，一般最好不使用振动器。

使用振捣棒进行振捣时，要提前将振捣棒插入柱内底部，随分层浇筑而分层振捣；注意振捣时间不得过振，以防止预制构件或模板因侧压力过大造成开裂。

后浇混凝土部位为钢筋的主要连接区域，钢筋较密浇筑空间狭小，要特别注意混凝土的振捣，振捣时且尽量使混凝土中的气泡逸出，保证混凝土的密实性。

⑤ 预制梁、柱混凝土强度等级不同时，预制梁、柱节点区混凝土强度等级应符合设计要求。

楼板混凝土浇筑时要分段进行，每一段混凝土要从同一端起，分一或两个作业组平行浇筑、连续施工。浇筑完成后，应随即采取保水养护措施，以防止楼板发生干缩裂缝。

⑥ 同一配合比的混凝土，每工作班且建筑面积不超过 $1000m^2$ 应制作一组标准养护试件，同一楼层应制作不少于三组标准养护试件。

5.2.3.2 预制构件与后浇混凝土连接节点

(1) 梁柱节点

预制梁、柱混凝土强度等级不同时，预制梁柱节点区混凝土强度等级应符合设计要求。

节点区采用现浇时，预制柱混凝土顶面到预制梁底部位，预制梁混凝土端面到柱侧面，柱筋与梁筋在节点部位错开插入连接点（见图 5.191）。在梁柱吊装完成后支模浇筑节点混凝土，通常该节点与楼面混凝土同时浇筑。

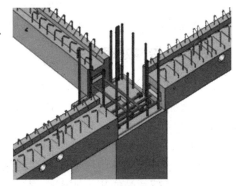

图 5.191　预制梁柱节点区现浇

(2) 叠合梁板节点

框架体系中叠合梁板，预制梁的上层筋区域设计为现浇部分，梁上层钢筋现场绑扎，箍筋预先浇筑在预制构件中，梁侧边留有 2.5cm 的空隙。叠合板的预制板上浇筑混凝土现浇层。

1）主次梁后浇段连接

主梁与次梁可采用后浇段连接，在主梁上预留后浇段，混凝土断开而钢筋连续，以便穿过和锚固次梁钢筋（见图 5.192）。次梁的下部纵向钢筋伸入主梁后浇段内，次梁上部纵向钢筋应在现浇层内贯通。

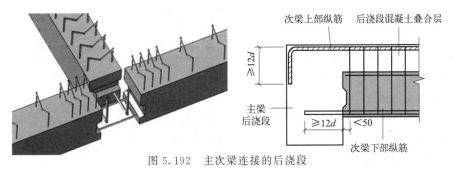

图 5.192　主次梁连接的后浇段

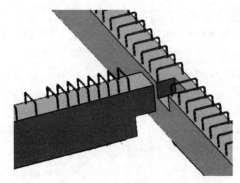

图 5.193　主次梁挑耳连接

2）主次梁挑耳连接

当主梁截面较高且次梁截面较小时，主梁预制混凝土可不完全断开，采用预留凹槽的形式与次梁连接，同时次梁端做成挑耳搁置于主梁的凹槽上（见图 5.193）。在完成主、次梁的负筋绑扎后，与楼层的后浇层一起施工，从而形成主梁、次梁的整体式连接。

（3）剪力墙间节点

预制剪力墙间节点部位通常采用现浇的节点连接方式，节点内侧钢筋绑扎，立模现浇。

虽然结合部位浇筑的混凝土量较少，立模侧面受压力较小，但立模支撑要牢靠防止胀模；立模要和结构构件连接紧密，防止水泥浆从预制件面与模板的结合面处溢出。

（4）叠合阳台板、空调板

预制阳台、空调板通常为叠合设计，与楼面连接部位留有锚固钢筋，预制板吊装就位后预留钢筋锚固到楼板钢筋内，与楼面混凝土一同现浇。预制阳台、空调板设计时通常有降板处理，所以在楼面混凝土浇筑前要做吊模（阳台板与楼板的标高不同但要同时施工，可用侧模把高出的部位挡住，侧模放在 40～50mm 厚水泥砂浆垫块上，垫块放在阳台板的钢筋上面）处理。

5.2.4　接缝处理

5.2.4.1　接缝封堵

灌浆作业前，需对预制构件底部与结合面接缝的外沿进行封堵，使接缝处于密闭状态，确保灌浆作业时灌浆料拌合物不会溢出。

预制柱、预制剪力墙板等竖向预制构件接缝，底部封堵方式分为材料封堵与措施封堵，当采用材料封堵时，图纸中应明确座浆封堵材料性能指标要求，宜采用无收缩、早强、快干型专用封堵料，并按产品使用说明书拌制浆料。常用封堵方式如表 5.17 所示。

表 5.17　竖向预制构件的接缝封堵方式

预制构件类型		木方封堵	充气管封堵	橡塑海绵胶条封堵	座浆料封堵		木板封堵
					座浆方式	抹浆方式	
预制柱		●	●	—	—	●	—
预制剪力墙内墙板		—	—	—	●	●	—
普通预制剪力墙外墙板	有脚手架	—	—	—	●	●	●
	无脚手架	—	—	●（外侧、在保证保护层厚度的前提下）	●	●（内侧）	—
预制夹芯保温剪力墙外墙板		—	—	●（外侧保温板处）	●（内侧）	●（内侧）	—

（1）夹芯保温剪力墙外墙接缝

1）外叶板的水平缝节点

夹芯保温剪力墙板的内叶板，是通过套筒灌浆或浆锚搭接的方式与后浇梁实现连接的；保温层与外叶板外延，以遮挡后浇区，同时也作为后浇区混凝土的外模板。外叶板有水平接缝，竖缝一般在后浇混凝土区，其构造如图 5.194 所示。

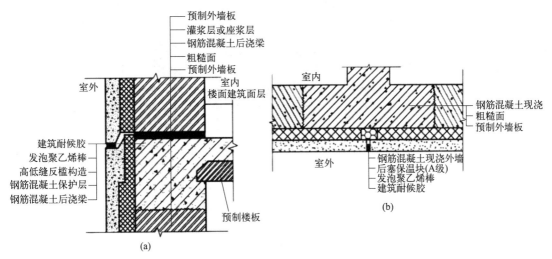

图 5.194 夹芯保温剪力墙外叶板板缝构造
(a) 水平缝构造；(b) 竖缝构造

2) L 形后浇段构造接缝

带转角剪力墙转角处为后浇区，接缝构造如图 5.195 所示。

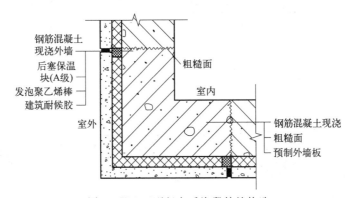

图 5.195 L 型竖向后浇段接缝构造

(2) 无保温层或外墙内保温的构件构造接缝

建筑表面为清水混凝土或涂漆时，连接节点的灌浆部位通常做成凹缝，构造如图 5.196 所示。为保证接缝处受力钢筋的保护层厚度，灌浆前用橡胶条塞入接缝处堵缝，灌浆后取出橡胶条，接缝处形成凹缝。

(3) 建筑变形缝

建筑的变形缝构造如图 5.197 所示。

(4) 外挂墙板间的构造接缝

外挂墙板属于干式连接，是自承重构件，不能通过板缝进行传力，施工时要保证板的四周空腔不得混入硬质杂物；对施工中设置的临时支承支座、墙板接缝内的传力垫块，墙板安装完成后应及时移除。

外挂墙板的接缝主要有无保温外挂墙板接缝、夹芯保温板接缝及外叶板端部封头等（见图 5.198）。

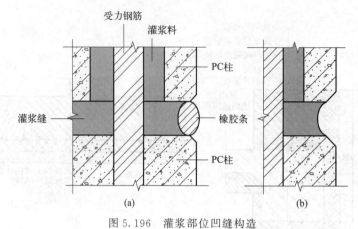

图 5.196　灌浆部位凹缝构造
（a）灌浆时用橡胶条临时封堵；（b）灌浆后取出橡胶条

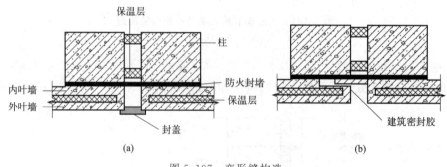

图 5.197　变形缝构造
（a）封盖式；（b）悬臂式

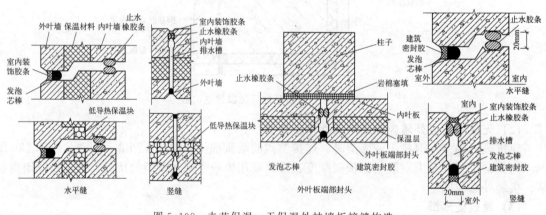

图 5.198　夹芯保温、无保温外挂墙板接缝构造

5.2.4.2　接缝防水、防火处理

（1）接缝防水施工要求

预制外墙板的板缝室内外是相通的，对于板缝的保温、防水性能要求很高；外墙挂板之间禁止传力，所以板缝控制及密封胶的选择非常关键。

采用装配式剪力墙结构时，外立面防水主要由胶缝防水、空腔构造、后浇混凝土三部分组成；采用外挂墙板时，外立面防水主要靠胶缝防水、空腔构造保证。预制外挂墙板接缝通常设置三道防水措施，第一道为密封胶防水、第二道采用构造防水、第三道为气密防水（止水胶条）。防水封堵作业应严格按照规范及设计要求进行。

① 严格按照设计图纸要求进行板缝的施工，制定专项方案，报监理批准后认真执行。

② 外挂墙板接缝的气密条（止水胶条）是空心的，要求密封性能好、耐久性好、有较好的弹性、压缩率高。应在安装前粘接到外挂墙板上，止水胶条要粘贴牢固。

③ 建筑防水密封胶应与混凝土有良好的黏性、耐候性、弹性，压缩率要高，同时还要考虑密封胶的可涂装性和环保性。密封胶应填充饱满、平整、均匀、顺直、表面平滑，厚度符合设计要求，不得有裂缝现象。

胶缝的质量控制主要在于基层处理与耐候胶的选择。基层处理（可以提高胶与结合面的粘结性）、耐候胶与混凝土相容性的选择，这两方面均可避免可能产生的胶缝开裂，此外还应注意在十字胶缝处的连续打胶等工艺组织，通过控制胶缝宽度、厚度、连续性来保证胶缝质量。

④ 外挂墙板安装过程中要做到操作精细，防止构造防水部位受到磕碰，一旦产生磕碰应立即进行修补。

⑤ 现场吊装前，应检查在构件加工厂或现场粘贴止水条的牢固性与完整性。防水空腔、止水条与水平缝等部位，运输、堆放、吊装过程中造成缺棱掉角及损坏处，应在吊装就位前修复。

⑥ 宜使用专用工具进行打胶，保证胶缝美观。打胶前应先修整接缝，清除垃圾和浮灰。打胶缝两侧须粘贴美纹纸，以防止污染墙面。打胶作业程序如图 5.199 所示。外墙板"十"字拼缝处的防水密封胶注胶应连续完成。

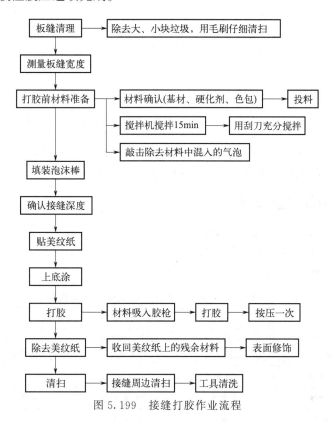

图 5.199　接缝打胶作业流程

⑦ 控制后浇混凝土的密实性，采用加强振捣等措施。

⑧ 空腔构造保护主要是水平拼缝企口不损坏，保证后浇混凝土不进入空腔内，避免堵塞空腔，造成排水困难。

接缝防水封堵作业完成后，应在外墙外侧做淋水、喷水试验，并在外墙内侧观察有无渗漏。

（2）接缝防火处理

有防火及保温要求的构造缝隙，应按设计要求选用封堵材料、封堵密实，保证保温效果，防止冷桥产生，同时还要满足防火要求。

1）接缝防火构造

预制外墙板防火构造的部位，包括有防火要求的两块预制外墙板之间的缝隙、预制外墙板与楼板或梁之间的缝隙、预制外墙板与柱（或内墙）之间的缝隙，防火构造及封堵方式如图5.200所示。

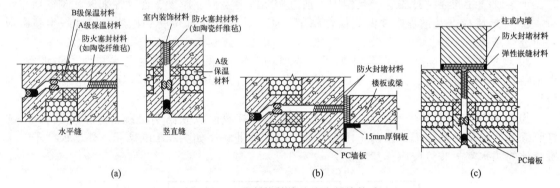

图 5.200　预制构件接缝防火封堵构造
（a）预制板间接缝；（b）层间缝隙；（c）板柱（或内墙）缝隙

2）接缝防火处理要点

① 必须严格按照设计要求，保证接缝的宽度。

② 封堵保温材料的边缘，须使用 A 级防火保温材料且为弹性嵌缝材料封堵，并按设计要求封堵密实。

③ 封堵材料塞填深度，要达到图纸设计要求，并保证塞填的材料饱满密实。塞填的长度与耐火极限的要求和缝的宽度有关，施工时要根据设计要求塞填。

5.2.5　构件安装安全措施

任何建筑施工系统的安全风险，都是由施工人员、设备、材料、施工环境、安全措施等五个要素组成，装配式建筑施工中存在问题的原因也应从这五个方面进行分析。预制装配式建筑施工安全管理存在问题的原因可以大致分为五类（见表5.18）。

表 5.18　不同原因对不同风险类型的影响程度

风险类型	风险原因				
	施工人员安全 意识薄弱	企业安全 监督不足	机械设备故障、 操作不当	预制构件 质量缺陷	安全防护 措施不完善
装运卸载风险	★★★	★★	—	—	—
吊装风险	★★★	★★★	★★★	★★	—
高处坠落风险	★★	★	★★★	—	★★★

续表

风险类型	风险原因				
	施工人员安全意识薄弱	企业安全监督不足	机械设备故障、操作不当	预制构件质量缺陷	安全防护措施不完善
重物坠落风险	★	★	—	★★	★★★
触电风险	★	★	—	—	—

注：★★★表示该原因对对应的风险类型影响程度很大；★★表示大；★表示一般。

5.2.5.1　安全员

施工现场安全员的要求和职责，与构件加工生产厂的安全员大部分相同，不同的有：

① 与装配式施工有关（如构件卸车、吊装、临时支撑架设，脚手架架设、灌浆作业的安全操作规程等）的安全制度的编制、修改及完善。

② 安全管理的内业资料，必须符合建设管理部门资料的规定和公司文明施工各项管理资料的要求。

③ 编制装配式建筑施工的安全计划与技术方案，包括起重设备与吊索吊具检查计划、临时支撑架设方案、地锚锚固方案、吊装方案、随层灌浆方案、临时支撑拆除时间等。

④ 对装配环节施工作业人员（起重机司机、吊装工、信号工、临时支撑安装工和灌浆工等）进行上岗培训，保证工作人员的专业能力以及对施工现场有足够的了解，确保施工安全。汽吊司机、履带吊司机、塔吊司机以及指挥、司索均属于特种作业人员，必须经专门的培训并考核合格，持《特种作业操作证》方可上岗作业。

⑤ 检查施工现场安全设施时，重点是塔式起重机及附墙设施、吊具、吊装区域地面围挡和警示、支撑体系、脚手架及后浇混凝土部位安全设施等的安全隐患。

a. 参加施工现场临时用电、大型机械和设备、高大异形脚手架、消防设备设施使用前的安装验收工作，定期对吊具、绳索、外挂架等进行检查、更换，要有验收记录。要对设备的有效期进行检验，在对塔吊设备进行操作时要严格按照规范，严禁出现无证上岗、不遵守规范操作等情况。起重所用的钢索每周都要检查，当发现磨损或损坏时要及时上报并更换，并且要在起吊构件时设置拉绳，便于控制构件的方向。

b. 安装点的安全防护措施或安全标志，按规范和方案要求设置；危险部位设置安全警示标志。

c. 逐项检查吊具、吊索、卡环等各种吊装用具，确认安全。由项目部安全负责人检查吊装用具，并确认安全。

⑥ 吊装人员安全操作指导要点。

a. 吊装司索指挥严禁擅离职守，要当好塔吊操作人员的耳目，确保指挥准确无误。吊装司索指挥在作业时要身临施工现场，做到措施得当，安全定位，对不安全的作业行为和违章指令有权拒绝。发现施工现场吊装有不安全状况，吊装司索指挥有权及时制止。现场司索指挥必须检查工吊运大件重物捆绑是否平衡牢靠，做好衬垫措施。

b. 吊装司吊必须在有司索指挥和挂钩条件下工作，必须服从司吊指挥人员发出的信号，有权拒绝无证人员指挥。特别是塔吊处于盲吊状况，塔吊指挥必须发出单一的准确信号后，塔吊司机才能启动吊运。作业前起重机司机必须检查起重机设备的完好性，进行试运转，保证制动器、安全连锁装置灵敏可靠，机件润滑油位合格。

c. 构件吊装既要就位准确，也要所有现场操作人员站在重物倾斜方向的旁侧面，严禁面对倾斜方向和反方向站立，防止断绳被砸事故隐患。

d. 吊装中，由于经常需要抬头望高处（安装楼梯时）、在构件（安装叠合板时）边缘进行操作，因此特别防范临边高处坠落（见图 5.201），人员在现场高处作业时必须正确配戴安全带、防坠器等劳保用品。

图 5.201　吊装过程中临边位置

坠落区域防护要做到：生命绳和安全带按规定在固定点设置（见图 5.202）；临时支撑和拉结符合方案设计要求；作业登高及工作平台安全可靠有验收挂牌。

图 5.202　高处作业没有稳固站脚处、没系安全带

e. 吊运作业过程中，禁止用手直接校正被吊重物张紧的绳索，在重物就位固定前，严禁解开吊装索具。

f. 严禁在吊起的构件上行走或站立，不得用起重机载运人员（并禁止施工作业人员随同吊装的重物或吊装机具升降），不得在构件上堆放或悬挂零星物件。

g. 吊运作业时，被吊重物应尽可能放低行走。严禁被吊重物从人员上空穿越，所有人员不得在被吊重物下逗留、观看或随意走动，不得将重物长时间悬吊于空中。

h. 吊装中因故（天气、下班、停电等）未形成空间稳定体系的部分，应采取有效的加固措施。

现场预制构件吊装在未就位时，由于未安装支撑属于临时停靠，属于"半"起吊"半"站立状，应满足稳固牢靠要求，预制构件支撑完成期间不得脱钩。

i. 独立支撑及空调板撑按照支撑方案就位、圈边龙骨根据模板方案固定就位，自检合格并且项目现场负责人及质检员验收，不合格不准安装。例如构件下部支撑 U 形托自由端过长、偏位（见图 5.203），影响架体稳定性。

图 5.203　构件支撑 U 形托偏位

5.2.5.2　安全管理

结合预制装配式建筑施工特色，制定施工安全管理规定，采用旁站式安全管理，使用标准化、定型化新型工具式安全防护系统等先进安全管理措施，合理布置现场堆场、便道，使用新型模板、新型支撑体系等，项目在开工以前，以及每天班前会上都要进行安全培训、安全技术交底，从而提高施工现场整体文明施工水平。

装配式项目的安全管控要点不仅仅体现在现场施工，安全管理从深化设计阶段就已经开始体现作用。整个安全管控体系可分为四个阶段（见图 5.204）。

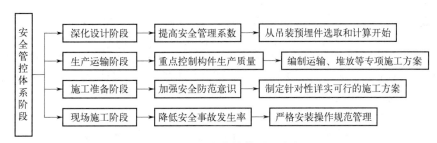

图 5.204　安全管控体系四阶段

（1）基本管理要求

装配式建筑专项工程安全管理，包括预制构件吊装作业、临时支撑架设、灌浆作业、脚手架架设、外墙打胶等。应依照安全相关标准规范的相关要求进行管理。

① 装配式混凝土建筑施工应执行国家、地方、行业和企业的安全生产法规和规章制度，落实各级各类人员的安全生产责任制。

a.施工单位应及时编制装配式建筑施工的质量、安全专项方案，并按规定履行审批手续。施工总包单位应根据施工现场构件堆场设置、设备设施安装使用、因吊装造成非连续施工等特点，编制安全生产文明施工措施方案。

b.对于采取新材料、新设备、新工艺的装配式建筑专用的施工操作平台、高处临边作业的防护设施等，其专项方案应按规定通过专家论证。

c.施工单位应根据工程施工特点对重大危险源进行辨识、分析并予以公示，制定落实重大安全隐患的规避、消除措施，并制定相对应的安全生产应急预案。

② 施工总包单位应针对交叉施工的环节，在分包合同中明确总分包责任界限，以有效落实安全责任；并协调督促各分包单位相互配合，有效落实施工组织设计及专项方案的各项内容。分包单位应服从总包单位的总体施工调度安排，特别是吊装分包单位应加强和其他分包单位的协调配合。

③ 施工单位应对从事预制构件吊装作业及相关人员进行安全培训与交底，现场从事预制构件吊装的操作工人须持建筑施工高处作业的特种工种上岗证书。识别预制构件进场、卸车、存放、吊装、就位各环节的作业风险，并制定防控措施。

④ 安装作业开始前，应对安装作业区进行围护并做出明显的标识，拉警戒线，根据危险源级别安排旁站，严禁与安装作业无关的人员进入。

⑤ 施工作业使用的专用吊具、吊索、定型工具式支撑、支架等，应进行安全验算，使用中进行定期、不定期检查，确保其处于安全状态。

⑥ 预制构件安装过程中废弃物等应进行分类回收。施工中产生的胶粘剂、稀释剂等易燃易爆废弃物应及时收集送至指定储存器内并按规定回收，严禁随意丢弃未经处理的废弃物。

（2）制定各施工环节安全操作要求

装配式混凝土建筑施工中，根据主要施工环节（如部品部件装卸车和运输、构件翻转和吊装、部品吊装、临时支撑架设、制浆灌浆、浆锚搭接、后浇混凝土模板支护、钢筋焊接等）作业特点、国家有关标准规定，制定安全操作要求。例如：

1）垂直运输安全要求

① 严格按照有关方案选用汽车吊，并进场查验，汽车吊的使用也应严格按照方案执行，及时复核，确保使用安全；

② 编制塔吊基础施工方案，塔吊装拆方案，并严格评审，安装拆除应严格按照方案进行。起重量300kN及以上的起重设备安装工程，需要专家组论证；

③ 塔吊在安装前应对全体施工技术人员开展专项的安全技术交底；

④ 使用塔吊智能管理设备，通过机械传感器传输的精准数据对塔吊运行实时监控；

⑤ 群塔吊装作业，顶升到群塔作业所设定的高度，形成高低差，检测合格并经过验收后方可投入使用；进行安全交底，按交底内容做好安全防护措施；严格按方案进行吊装、固定；

⑥ 所有吊装设备必须符合规范要求，定期检查。

2）模板支撑安全要求

① 按照《模板专项施工方案》，严格履行方案论证和审批的有关要求。

② 进场的模板支撑材料必须应由相关部门组织现场检验，检验合格后方可使用。

③ 模板吊装时，应提前计算模板的重心，以便合理设置吊装的起吊点，保证模板吊装安全。

④ 对模板支撑等施工方案进行逐级交底，经由专业人员在现场指导，严格控制满堂架立杆、横杆及剪刀撑的间距。

⑤ 对搭设好的支撑架由相关部门组织进行验收，经验收合格后方可使用。

⑥ 混凝土浇筑时，应沿固定方向均匀浇筑，避免混凝土浇筑对模板产生过大荷载，委派专业木工时刻监督模板情况。

⑦ 模板拆除前，混凝土强度必须满足拆模要求，模板及支撑架应按顺序拆除。未经过相关人员审批，严禁拆除支撑。

（3）安全培训

1）安全教育培训

预制装配式建筑施工前及施工过程中，相关人员必须经过专项安全培训。例如高处作业人员应经培训具备高空作业资质后持证上岗，并应定期体检，有心脑血管疾病史、恐高症、低血糖等病症的人员严禁从业。

安全培训的主要内容包括：施工现场一般安全规定、相关作业环节的操作规程、岗位标准、设备和机具的使用规定、劳保用品使用规定等。

安全教育的主要内容包括：施工现场一般安全规定、构件存放场地安全管理要求、岗位操作规程和岗位标准、设备机具的使用规定、劳动防护用具的使用规定。

2）安全技术交底

安全技术交底是依据审批确认的专项施工方案为基础，依据专项施工方案工艺流程，对各个操作环节进行详细的说明。具体交底要求有：

① 安全技术交底要图文并茂、直观、简练、易懂，宜辅以图片、视频等方式。

② 对每个操作环节的技术要求要明确。

③ 针对装配式建筑工程施工各个过程，明确施工安全措施。

④ 围绕每个操作环节，明确相对应安全设施的设置方法及要求。

⑤ 尽可能地采用有代表性单元制作的模型，采用培训方式进行安全技术交底。

⑥ 当改变工艺时，必须重新进行全面的安全技术交底。

（4）文明施工

文明施工是指施工现场保持良好的作业环境、卫生环境和工作秩序，并贯穿施工过程及结束后的清场。主要内容有：科学组织施工生产有序进行、规范施工现场的场容、保持作业环境的整洁卫生、保证职工的安全和身体健康、减少施工对周围居民和环境的影响等。

装配式混凝土建筑工程，文明施工应符合以下要求。

① 有健全的施工组织管理机构和指挥系统，岗位分工明确、工序交叉合理、工作交接责任明确。

② 有整套的施工组织设计或施工方案，施工总平面布置紧凑、施工场地规划合理，符合环保、市容和卫生要求。

③ 施工场地平整，道路硬化、畅通，排水设施得当通畅，水电线路整齐，机具设备状况良好，使用合理。车辆冲洗后出场。

④ 预制构件存放场地有严格的成品保护措施和制度。各种原材料、半成品、预制构件、预制部品、临时支撑杆、设备、工具、吊具等按平面布置计划存放整齐。

⑤ 结构吊装时，部品要有序存放，不要影响结构吊装。所有周转料具应做到场外加工、场内安装。

⑥ 灌浆作业作为装配式建筑施工过程的关键环节，文明施工主要有：

a. 搅拌灌浆料、座浆料时应避免灰尘对环境造成污染；搅拌完成后应及时清理搅拌现场，保持卫生；灌浆料、座浆料等材料包装物应及时回收，不可随意丢弃。

b. 落地的灌浆料拌合物以及出浆口溢出来的灌浆料拌合物应及时清理，存放在专用的废料收集容器内。

c. 现场的设备、工具和材料应存放整齐，并设置标识牌，留出作业通道。

d. 试验用具使用后应及时清理，并摆放整齐有序。清洗搅拌桶和灌浆设备的废水应集中收集处理。

⑦ 降低噪声污染、光污染、夜间施工等对周围居民及环境的干扰。

⑧ 施工区和生活区环境卫生、食堂卫生管理良好。

⑨ 建筑垃圾要分类存放，设分类存放处。现场设立垃圾回收点，部品部件的包装物要周转利用，无法周转使用的要集中回收、及时清理，并送至指定地点堆放。

5.2.5.3 安全设施和护具

（1）劳动保护

由于预制装配式建筑的特殊性，为免遭或减轻事故伤害和职业危害，进入施工现场的施工作业人员和其他人员必须穿戴相应的个人作业劳动防护用品：安全帽、安全带、安全鞋、工作服、工具袋等。常用的劳动防护用品如表 5.19 所示。

表 5.19　施工现场个人劳动防护用品

类别	个人作业劳动防护用品
头部防护类	安全帽、工作帽

续表

类别	个人作业劳动防护用品
眼、面部防护类	护目镜、防护罩(分防冲击型、防腐蚀型、防辐射型等)
听觉、耳部防护类	耳塞、耳罩、防噪声帽等
手部防护类	防腐蚀、防化学药品手套,绝缘手套,搬运手套,防火防烫手套等
足部防护类	绝缘鞋、保护足趾安全鞋、防滑鞋、防油鞋、防静电鞋等
呼吸器官防护类	防尘口罩、防毒面具等
防护服类	防火服、防烫服、防静电服、防酸碱服等
防坠落类	安全带、安全绳等
环境工作类	防雨、防寒服装及专用标志服装、一般工作服装

防坠落用具用于个人高空作业保护,限制使用者活动范围的防跌器具,如表 5.20 所示。

表 5.20 高处作业防坠落保护用具

用具	材料	使用环境	用途
安全带	用锦纶、维纶、蚕丝料制成,金属配件用普通碳素钢或铝合金钢,包裹绳子的套用皮革、维纶或橡胶	高处作业必备	防止从高处坠下
牵索	有弹性的带子、人造纤维或钢丝锁(用钢丝锁,必须同时使用个人缓冲器)	配合安全带使用	用来把安全带或全身式安全带连接到救生索或固定物上
水平救生索(生命线)	选用直径 12mm 的软钢丝制作的钢丝绳	用于安全带无处挂设的水平作业场合(如叠合楼板安装、屋面作业)吊装时	用于作业人员挂设安全带的固定点
防坠器	据作业高度及半径合理选用	高空作业时(如安装外墙板攀登作业使用梯子)	高挂低用的防坠落设施
垂直安全绳	人造纤维或钢索	垂直狭窄空间与较高筒体内安装构件时	连接在独立的固定物上,通常用于防跌
自锁器	一个可以在救生索上下移动的装置	与安全绳配合	坠下的时候,握锁可锁定位置,握锁必须和绳索的直径匹配

(2) 临边防护

在装配式建筑施工中,有些施工现场没有搭设外架;施工人员进行外挂墙板吊装时,安全绳索常常因为没有着力点而无法系牢等情况可能发生，高空临边坠落的风险较大。

为了防止登高作业和临边作业事故的发生，应在安装点临边处按规范和方案要求，设置安全防护措施、危险部位设置安全警示标志。坠落区域防护（见图 5.205），生命绳和安全带按规定在固定点设置，临时支撑和拉结应符合方案设计要求，作业登高及工作平台应安全可靠，有验收挂牌。

① 专用安全护栏。除一般工程使用的钢管现场装配的护栏外，装配式建筑临边施工还可在临边搭设定型化工具式防护栏杆（见图 5.206），搭设过程中应当严格按照规范要求。安全防护采用围挡式安全隔离时，楼层围挡高度不应低于 1.50m，阳台围挡不应低于 1.10m，楼梯临边应加设高度不小于 0.9m 的临时栏杆。围挡式安全隔离应与结构层有可靠连接，满足安全防护需要。

作为工作面安装安全防护措施，防护栏杆可固定在外墙板上（见图 5.207）。围挡设置应采取吊装一件外墙板，拆除相应位置围挡的方法，按吊装顺序，逐块进行。预制外墙板就位后，应及时安装上一层围挡。

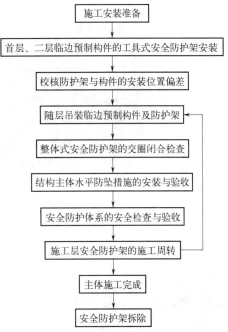

图 5.205　防坠安全防护措施实施流程

图 5.206　专用外防护设施

② 攀登作业所使用的设施、用具，结构构造应牢固可靠。使用梯子时，单梯不得垫高使用，不得多人在梯子上作业，在通道处使用梯子应安排专人监控，安装外墙板使用梯子时，必须系好安全带，正确使用防坠器。

图 5.207　楼层作业面临边防护栏杆

图 5.208　外挂防护脚手架

③ 脚手架。采用扣件式钢管脚手架、门式脚手架、附着式升降脚手架等，应符合现行规范标准。

a.附着式外挂脚手架：预制装配式结构外防护架宜采用可拆分式外挂架。架体由三角形钢支座、水平操作钢平台、立面钢防护网组成，三个部分内部均采用焊接连接成整体，如图 5.208 所示。

通常，三脚架支座由竖杆、横杆、斜杆及加劲杆焊接而成。踏板骨架由纵杆、横杆及套管组成。踏板悬挑较大处需焊接一道斜撑，连接三脚架加劲杆和通道骨架。立面防护骨架由方管焊接而成；围护网采用铁丝方格网片焊于骨架内侧，下方焊接 200mm 踢脚板于骨架外侧。三个部分之间则采用螺栓（见图 5.209）或 U 形卡的锚固连接方法，使安拆更加方便。

图 5.209　三脚架安装固定

将提前固定好的走道板和护栏一起起吊安装在三脚架上，用卡扣和螺母将走道板固定在三脚架上方（见图 5.210）。

外挂架安装好后，由安全管理人员和作业班组共同对外挂架进行验收，验收合格后方可使用。

常规配备两套外挂架进行周转使用（见图 5.211）。在每栋楼作业层的下一层预制外墙安装一套外挂架，对作业层临边施工人员进行防护，作业层的预制外墙吊装时同步安装另一套外挂架，做为上一层施工的防护架。

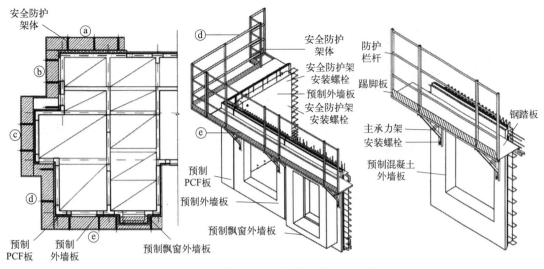

图 5.210 临边安全防护架安装施工布置

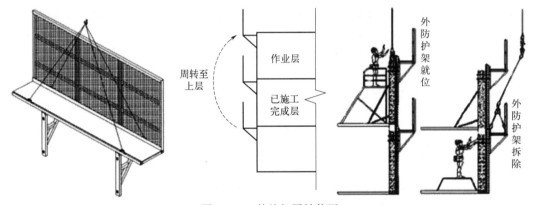

图 5.211 外挂架周转使用

例题三：安全防护架设计计算

b. 提升式脚手架：提升式脚手架是随着吊装工作同步升高的一种提升式外脚手架（爬架），如图 5.212 所示。

上述外架的通常特点是架设在预制构件上，需要工厂在生产构件时，把架设脚手架的预埋件提前埋设进去，事先要经过设计安全验算。

5.2.5.4 构件运输堆放安全

(1) 运输安全

施工方与运输方应签订安全生产协议，协议的主要内容有：依据安全生产法律、法规，落实各自的安全职责；出厂运输的构件检测、合格出厂按图编号、构件装车有方案；根据装配式建筑施工特点，结合预制构件运输特性，编制专项运输方案，经论证审批实施；明确预制构件运输、车辆设备等安全职责，协调督促各单位相互配合；制定意外、坏损责任认定范围。

图 5.212 附着式升降式脚手架

构件运输安全准备重点工作，一是察看运输路线：组织有司机参加的有关人员察看道路情况，沿途上空有无障碍物，公路桥的允许负荷量，通过的涵洞净空尺寸等。如不能满足车辆顺利通行，应及时采取措施。此外，应注意沿途是否横穿铁道，如有应查清火车通过道口的时间，以免发生交通事故。二是和交通部门沟通：询问交管部门的道路状况，获取通行线路、时间段的信息十分重要。

构件运输主要安全要求如下。

① 运输车辆需满足相应运输要求，针对构件的不同尺寸和载重的要求，应选用合适机具、制定合理的运输方案。有伸出钢筋的构件，构件总长、总宽（包括伸出钢筋）应当小于车辆的限长、限宽；针对重型长条构件，应按照其具体安装要求提前确定构件的装车方位，以便于现场卸货就位。

② 运输过程中，应采取临时固定措施，防止构件倾倒，对于易发生破坏的构件应予以适当保护措施。要注意选择适合构件的运输台架，避免途中构件发生裂缝、破损和变形等。墙板宜采用竖向运输，并使用专用的靠放架。运输细长构件时，应根据需要设置水平支架。运输台架和车斗之间要放置缓冲材料，对构件边角部或链索接触处的混凝土，宜采用垫衬加以保护。

③ 柱、梁、楼板、阳台板、楼梯类构件，宜采用平放运输（叠放层数、高度要符合要求）。

④ 预制构件运输时，因道路或施工现场场地不平整而导致颠簸倾覆，应重点做好选择正确的运输方式和固定措施，堆码摆入时要捆绑牢固，必要时点焊固定，做好防倒塌、滑动的安全措施。运输过程中为了防止构件发生摇晃或移动，要用钢丝或夹具对构件进行充分固定。

⑤ 构件卸车时应根据构件的堆放、安装顺序组织卸车。构件卸车挂吊钩、就位摘取吊钩应设置专用登高工具及其他防护措施，严禁沿支承架或构件等攀爬。

⑥ 装卸构件时应考虑车体平衡，重物运输时应摆放均衡防止偏载，避免造成车体倾覆。须派专人监视重物运输的全过程，随时注意检查装载物的偏移情况，如发现装载物有异动，应立即通知驾驶员停车进行整理加固。

⑦ 预制构件的运输线路应根据道路、桥梁的实际条件确定，场内运输宜设置循环线路。要走运输计划中规定的道路，安全驾驶，防止超速或急刹车现象。

⑧ 一些大型异形预制构件，由于外形超大、超宽。应有紧固措施、高度标示、宽度标识。夜间车身贴有反光标示措施；路上可能还会受到时限限制，要特别关注。

（2）存放安全

在施工安装现场，应合理安排构件运输通道和临时堆放场地。构件堆放应严格按照堆放计划执行，结合现场布置图对构件进行分类堆放。

预制构件存放安全要求主要有：

① 施工场地应划出专用堆放场，不与其他材料设备混放；构件堆场吊装上方及半径内应没有架空供电线路；一般设在靠近预制构件的生产线及起重机起重性能所能达到的范围内。施工现场临时存放场地一般以塔式起重机能一次起吊到位为佳，尽量避免在施工现场内进行二次倒运。

② 涉及堆场加固、构件吊点、塔吊及施工升降机附墙预埋件、脚手架拉结等，需设计单位核定。

③ 预制构件堆场的地基承载力和变形，需根据构件重量进行验算，满足要求后方能堆放。在地下室顶板等结构部位设置的堆场，必须有经过设计单位复核的支撑措施。堆场、构件堆放架、操作平台、临时支撑体系必须由施工方、监理方组织验收。

④ 根据施工现场情况，在建筑物周边布置塔吊、施工电梯、构件堆场、材料堆场、车间等。现场平面布置时应能满足各类构件运输、卸车、堆放、吊装的相关要求。构件存放场地应

平整、有足够的承载力、不积水。

⑤ 应采取成品堆放保护措施。预制构件存放方式，要防止外力造成构件倾倒或掉落，堆放整齐以保证顺利运输，保证构件不发生变形，明显标示构件信息以避免翻找造成跌落、碰伤。

⑥ 构件应按安装顺序，分类存放于专用存放架（见图 5.213）或垫方、垫木上，不能直接和地面接触，防止构件发生倾覆或硌坏。

⑦ 严禁在构件存放场地外存放构件，严禁将预制构件以不稳定状态放置于边坡上。

⑧ 应采用侧向支撑的方式，放置预制墙板（见图 5.214）、楼梯等构件。

图 5.213 专用存放架

图 5.214 墙板、带门窗墙板存放用 H 型钢支架

⑨ 构件存放区应用防护栏杆围上，并设置警示标志牌，严禁无关人员入内。

⑩ 对于特殊构件（如伸出钢筋较长的构件）要采取相应防护措施，防止人员或运输车辆的刮碰，造成安全隐患。防护措施为卸车过程中用警示带拦护，禁止非施工人员人内；在伸出钢筋处标记显著标识。

⑪ 按规定堆放，叠放层数不超限。一般板叠放不大于 6 层，柱、梁叠放不大于 2 层。

5.2.5.5 吊装作业安全

(1) 操作人员

落实特种作业人员（包括塔式起重机司机、汽车/履带式吊车司机、安装工、司索、信号工等）教育培训、资格证件（如特种作业操作证）及安全技术交底情况。安装作业人员须是经过培训的专业工人，应持有效证件上岗。

① 塔式起重机司机。预制构件的起重吊装工作属于高危险作业，预制构件的安装精度要求较高。竖向构件有多个套筒或浆锚孔，需要同时对准连接钢筋才能安装到位。

要制定详细严格的塔式起重机司机岗位标准和操作规程。在施工操作过程中，司机应严格遵守岗位标准和操作规程，服从指挥、集中精力、精心操作，才能保证安全和安装质量。

② 信号工。信号工负责向塔式起重机司机传递吊装信号。应熟悉预制构件的安装流程、质量要求，全程指挥预制构件的起吊、平移降落、就位、脱钩等工序。是安装中保证质量、效率和安全的关键。

③ 安装工。安装工负责预制构件的起吊、就位、安装和调节等工作，要熟练掌握不同预

制构件的安装特点、安装要求，施工操作过程中与塔式起重机司机、信号工密切配合，严格遵守相应的岗位标准和操作规程，保证预制构件的安装质量、施工安全。

（2）操作安全要求

1）吊装作业前安全检查

吊装作业可能存在的安全风险主要见表5.21。

表 5.21　预制构件吊装作业风险及后果

风险	后果
连接部位失效	造成构件掉落，不但会损坏构件，还可能会造成人员伤亡，后果极其严重
吊装设备问题	导致构件在吊运时滞留在空中，由此会形成巨大的安全隐患；设备长期超负载运行，被预制构件压垮，出现折臂或倒塌的严重后果
附着件连接问题	预制构件往往自重较大，塔吊附墙件与外挂板、内墙板等非承重构件连接，会造成连接失效塔吊倾覆
操作不当	起重机使用频繁，较容易发生操作人员操作失误；塔式起重机的地面指挥人员与操作人员配合不当，在施工中引发刮碰等安全事故

作业前，应做好以下安全检查。

① 落实起重机械设备租赁、安装单位资质，设备进场验收、维修保养情况。起重机操作人员需持证上岗，应严格按照操作规程操作。安装拆卸方案中，必须明确起重设备的附着方式安全可靠、起重设备与构件的重量应匹配。

② 作业人员持证上岗和佩戴安全防护用品（安全帽、安全带等）。

③ 预制构件坠落半径内，地面安全隔离防护情况。在吊装作业时，严禁吊装区域下方交叉作业，非吊装作业人员应撤离吊装区域。

④ 预制构件吊装、吊具、吊点数量、完整性及强度情况。

⑤ 已安装预制构件的临时支撑，能保证所安装预制构件处于安全状态，连接接头达到设计强度，并确认结构形成稳定结构体系。

⑥ 起吊大型预制构件或薄壁预制构件前，应按规范或设计要求采取避免预制构件变形或损伤的临时加固措施。

⑦ 起吊的方式应符合方案要求，吊索、吊具和牵引绳应有明确的可使用标识。起重所用的钢索每周都要检查，当发现磨损或损坏时要及时上报并更换，并且要在起吊构件时设置拉绳，便于控制构件的方向。

⑧ 每班开始作业时，应先试吊，确认吊装起重机械设备、吊点和吊具可靠后，方可进行吊装作业。

2）吊装作业安全要求

预制构件吊装作业应做到以下几点。

① 起重作业时必须明确指挥人员，指挥人员应佩戴明显的标识。指挥人员必须按规定的指挥信号进行指挥，其他作业人员应清楚指挥信号。吊装司索指挥要当好塔吊操作人员的耳目，确保指挥准确无误，严禁擅离职守；发现施工现场吊装有不安全状况，有权及时制止。

② 重物吊运要保持平衡，应尽可能避免振动和摇摆。预制构件起吊后，应先将预制构件提升300mm左右后，停稳构件，检查钢丝绳、吊具和预制构件状态，确认吊具安全且构件平稳后，方可缓慢提升构件。

③ 设置构件起吊的安全区域，构件所经区域，应有设置防护栏杆或者其他临时可靠的防护措施、标识警示（如警戒线、锥筒等），起吊过程中此区域禁止有人；吊机吊装区域内，非

作业人员严禁进入。作业人员应选择合适的上风位置及随物护送的路线，注意招呼逗留人员和车辆避让。

④ 吊装前先将物件捆扎牢靠，并试吊；长短不一的吊物不得一起吊运；小件易落物品必须用网兜罩好，以免空中遗落伤人。

⑤ 吊运预制构件时，构件上或下方严禁站人，应待预制构件降落至距地面 1m 以内方准作业人员靠近，就位固定后方可脱钩。高空应通过缆风绳改变预制构件方向，严禁在高空直接用手扶预制构件。吊装既要就位准确，同时也要防止断绳被砸事故隐患，如图 5.215 所示。

图 5.215　构件吊装下降时安装人员安全站位

⑥ 吊装就位的构件，斜支撑没有固定好不能撤掉吊钩。严禁起重机悬吊重物在空中长时间停留。

⑦ 构件吊装中，由于经常要求抬头望高处，因此特别防范临边高处坠落。例如叠合楼板吊装核对就位时，严防身边的"老虎口"（见图 5.216），人员在现场高空作业时必须配戴安全带。严禁吊装区域下方交叉作业，非吊装作业人员应撤离吊装区域。

⑧ 预制柱、墙板立拼安装时，由于构件下方可视面隙狭小，可采用小镜反射查看（见图 5.217），便于下部预留钢筋与上方的预制柱孔口接茬，但不得将手伸进去以免被夹受伤。

图 5.216　构件吊装过程中的临边坠落隐患

高处作业吊装脱钩应使用专用梯子（见图 5.218），必要时佩戴穿芯自锁保险带。没有稳固的站脚处、未挂安全带，极容易引发高处坠落事故。

使用的工器具和配件（螺栓、垫片等辅材）等，要采取防滑落措施（装入工具袋），严禁上下抛掷。钢丝绳等吊具应根据使用频率增加检查频次，发现问题立即更换。严禁使用自编的钢丝绳接头及违规的吊具。

⑨ 遇到雨、雪、雾天气，或者风力大于 5 级时，不得进行吊装作业。

⑩ 吊装作业、灌浆作业不应安排在夜间施工。

⑪ 施工环境温度低于 5℃时要采取加热保温措施，使灌浆套筒内的温度达到产品说明书要求。

图 5.217 预制竖向构件立拼对正

图 5.218 高处作业注意防坠落

3）构件支撑系统安全要求

临时固定预制构件用的定型工具式支撑、支架等系统，需要按照专项施工方案进行，要在使用中定期或不定期地进行检查，以确保其始终处于安全状态。预制构件安装就位后应及时校准，校准后须及时安装临时支撑连接件，防止构件变形和位移。

① 斜支撑的地锚浇筑在叠合层上的时候，钢筋环一定要确保与桁架筋连接在一起。

② 斜支撑架设前，要用回弹仪测试地锚周边的混凝土强度，如果强度过低应当制定解决办法与应对措施。

③ 检查支撑杆规格、支撑点位置、数量、角度是否与设计要求一致，支撑杆上下两个螺栓是否扭紧，支撑杆中间调节区定位销是否固定好。

④ 检查斜支撑是否与其他相邻支撑冲突，若有冲突应及时调整。

⑤ 每个预制构件的临时斜支撑不宜少于两道（见图 5.219）。

图 5.219 构件安装时的临时斜支撑

⑥ 预制柱、预制墙等竖向构件的临时支撑拆除时间，可参照灌浆料制造商的要求来确定，拆除支撑要根据设计荷载情况确定。

⑦ 独立支撑体系按照支撑平面布置图的纵横向间距进行搭设。电梯井、通风井、采光井，井模板构件四周支撑应牢固（见图 5.220），防护要到位。

⑧ 叠合板、叠合梁的独立支撑体系搭设完成后，验收合格，方可进行楼板混凝土的浇筑。

⑨ 浇筑混凝土前必须检查独立支撑是否可靠（独立支撑的立柱下脚三脚架开叉角度是否等边，立柱上下是否对顶紧固、不晃动，立柱上端套管是否设置配套插销）。浇筑混凝土时必须由模板支设班组设专人看模，随时检查支撑是否变形、松动。

⑩ 上下爬梯需要搭设稳固，应定期检查，发现问题及时整改。

⑪ 独立支撑拆除后要及时清理移除出去，楼层内垃圾需要清理干净。

图 5.220　各种井模板四周支撑

5.2.5.6　灌浆作业安全

(1) 操作人员安全要求

① 灌浆料制备工。灌浆料制备工负责灌浆料的搅拌配制，须熟悉掌握灌浆料的性能、配制要求，严格按照灌浆料的水料比进行灌浆料的配制，严格遵守岗位标准和操作规程。

② 灌浆工。灌浆工负责预制构件连接节点的灌浆作业，须熟悉掌握灌浆料的使用性能、灌浆设备的机械性能，须经过专业培训，并经考试合格获得证书后，方可上岗作业。施工过程中与灌浆料制备工要协同作业。

(2) 灌浆作业安全要求

灌浆作业应随层进行，即在上一层构件吊装前进行。其安全操作要求如下：

① 灌浆人员须进行灌浆操作培训，经考核合格后持证上岗。

② 电动灌浆机电源要有防漏电保护开关；电动灌浆机应有接地装置；严禁使用不合格的电缆线作为电动灌浆机的电源线。灌浆设备使用的临时电源线应采用临时架架立，不得随意拖放在楼地面上。

③ 电动灌浆机开机后，严禁将枪口对准作业人员；电动灌浆机工作期间，严禁将手伸向灌浆机出料口。

④ 电动灌浆机拆洗要由专人操作，灌浆机移动、清洗前要切断电源。

⑤ 灌浆料、座浆料搅拌人员需佩戴绝缘手套，穿绝缘鞋，并佩戴口罩和防护眼镜；裤腿口需要绑紧，避免搅拌机搅拌杆刮缠到裤腿，对作业人员造成伤害。

⑥ 搅拌作业时，工人手持搅拌机要握紧，因搅拌机搅拌时传力不均，如果不握紧就可能失控，对作业人员造成伤害。

⑦ 在使用粘结剂和注胶过程中，要注意避免接触火源，现场禁止烟火；使用粘结剂、聚氨酯嵌缝膏，必须离开火源、戴好手套，注意保护好眼睛及裸露皮肤部位。

⑧ 分仓后，预制构件吊装时，分仓人员要撤离到安全区域。

⑨ 预制构件安装后，必须在临时支撑架设完成且确认安全后，方可进行接缝封堵等作业。作业人员在高处进行边缘预制构件接缝封堵、分仓及灌浆作业，水平钢筋套筒灌浆连接时，须佩戴安全带。

⑩ 施工过程使用的工具、螺栓、垫片等辅材，要有适用的工具袋和存储袋，防止施工过程中工具、材料散落发生危险。用后的黏结剂、聚氨酯嵌缝膏包装盒要扔入指定的垃圾箱。

5.2.5.7　模板作业安全

模板工程搭设支撑体系时，要严格按照设计图纸的要求进行搭设；如果设计未明确相关要求，需施工单位会同设计单位、预制构件工厂共同做好施工方案，报监理批准方可实施。

临时支撑搭设过程中的安全保障措施：

① 单顶支撑体系搭设前，需要对工人进行技术和安全交底。

② 工人在搭设支撑体系的时候需要佩戴安全防护用品，包括安全帽、安全防砸鞋、反光背心。

③ 在浇筑混凝土前工长需要通知生产经理、技术总工、质量总监、安全总监、监理及劳务吊装人员参与叠合板、叠合梁的独立支撑验收，验收合格，方可进行楼板混凝土的浇筑；如果不合格，需要整改后再浇筑混凝土。

④ 搭设人员必须通过考核、持证上岗，不允许患高血压、心脏病的工人上岗。

⑤ 楼层周边临边防护、电梯井内、预留洞口封闭需要及时搭设。

⑥ 竖向受力构件混凝土达拆模设计强度要求时，方可拆除模板；对于悬挑构件混凝土必须达到设计强度100%时，方可拆除模板。

⑦ 拆模时需注意对预制构件进行成品保护，避免造成损坏。

⑧ 预制构件遗漏模板安装预埋螺母，可现场安装膨胀螺栓再进行模板安装。安装膨胀螺栓前，使用钢筋保护层探测仪测定内部钢筋位置，以便打孔施工时避开构件内部钢筋位置。

案例二：装配式建筑施工安全事故，构件运输、进场、堆放、吊装事故及叠合板支撑事故分析

本章小结

1. 预制混凝土构件安装施工前施工准备工作，根据装配式建筑的特点，重点做好计划方案、组织人员、构件进场、材料设备、测量放样、作业前检查等。

2. 预制构件柱、剪力墙、墙板、梁、叠合楼板、楼梯、阳台、飘窗、空调板等的吊装工艺过程，技术要点等给出详细描述和说明。重点是预制构件连接，包括钢筋连接方法、后浇混凝土配合要点、构件间接缝处理等，处理不好将直接影响预制装配式建筑的使用功能、结构安全、使用寿命。

3. 预制构件安装的质量和安全管理，除与常规工程的要求一样外，还要重点理解符合装配式建筑特点的相关原则和措施。

思考与练习题

1. 是在同一楼层所有预制墙体固定就位后，再进行所有预制构件一同灌浆吗？

2. 与传统现浇建筑相比，装配式建筑施工具有哪些优越性？

3. PC结构施工工法大致可分为几种？分别是什么？

4. 预制楼板吊装前应完成的测量工作有哪些？

5. 竖向及水平预制构件在安装过程中，采用临时支撑，分别有什么要求？

6. 预制梁或叠合梁安装施工规定有哪些？

7. 钢筋浆锚搭接接头采用水泥基灌浆料，灌浆料的性能应满足哪些要求？

8. 某工地现场四层正在进行装配式施工，混凝土浇筑前，监理单位对各项进行了检查和验收，竖向预制构件混凝土强度等级为 C30，预应力混凝土构件的混凝土强度等级为 C40，经检验后合格，同意浇筑，现场采用泵车浇筑。监理单位现场检查商用混凝土运输单上信息如下：C35P6；坍落度 160±20。现场实测坍落度数值为 196。监理员在做坍落度检测后，发现现场浇筑混凝土的施工人员私自往泵车里加水；监理员在检测中还发现，后面一辆混凝土罐车等待时司机私自往商用混凝土罐车里加水。问题：

(1) C35P6 是什么意思？

(2) 现场实测坍落度数值是否符合要求，为什么？

(3) 请叙述一下坍落度如何检测，并使用到哪些工具？

(4) 混凝土加水会造成什么后果？

(5) 监理员发现工人往泵车里加水后应该做什么？

(6) 监理单位发现商混车司机往罐车里加水，应该如何应对？

【参考提示】

1. 这个和施工工序有关，没有强制要求。可以项目规模、施工要求按施工流水段或楼层来进行灌浆。

2. 装配式建筑施工的优越性：

(1) 构件可在工厂内进行产业化生产，施工现场可直接安装，方便又快捷，可缩短施工工期；

(2) 构件在工厂采用机械化生产，产品质量更易得到有效控制；

(3) 周转料具投入量减少，料具租赁费用降低；

(4) 减少施工现场湿作业量，有利于环保；

(5) 因施工现场作业量减少，可在一定程度上降低材料浪费；

(6) 构件机械化程度高，可较大减少现场施工人员配备。

3. 可分为①WPC 工法；②RPC 工法；③WRPC 工法；④SRPC 工法。

4. 依据轴线和控制网线分别引出控制线；在校正完的墙板或梁上弹出标高控制线；在梁上或墙板上标识出楼板的位置。

5～7　略。

8. 一提示：混凝土标号及抗渗等级。

二提示：为不符合要求，应在 140～180。

三提示：检测工具：坍落度桶、捣棒、米尺。检测方法：①检测前将坍落桶内冲洗干净，放在不吸水的平板上，用脚踩住坍落桶的踏脚板；②分三次将混凝土装入坍落桶内，每次装入高度稍大于桶高度的 1/3，用捣棒在每一层混凝土面上均匀插捣（顺时针或逆时针）。在顶层插捣时，装入混凝土要高于桶高，在插捣结束后，清除掉高出部分的混凝土，使混凝土面跟桶高一样平。整个过程在 90s 内完成。③松开坍落桶的脚踏板，双手握住坍落桶把手，匀速慢慢往上提，20s 内分离桶跟混凝土，将桶放在混凝土旁边，将捣棒水平放在桶顶，用米尺测量混凝土顶端跟捣棒底部的数值，得到坍落度值。

四提示：①加水后会改变原来的配合比，导致混凝土强度降低。②加水后混凝土搅拌不均匀，导致混凝土形成薄弱层，影响整个混凝土的整体强度。③加水后混凝土密实度降低，导致混凝土自防水能力下降。

五提示：监理员发现后，应立即要求施工单位停止该部位的混凝土浇筑工作，然后汇报专监或总监，通知现场工厂及质检员到位，并通知试验员到场，进行进一步协调解决。

六提示：监理单位发现商用混凝土罐车司机往罐车里加水，应通知施工单位质检员，要求将此罐车商混运输单号做记录，并退厂。

第6章

装配式建筑中的 BIM 技术应用

本章要点

1. 介绍 BIM 的定义、特点、各阶段作用与价值。
2. 介绍装配式建筑在设计阶段、施工阶段、运维阶段，应用 BIM 技术的基本流程。

学习目标

了解 BIM 的基本理论、常用软件，掌握 BIM 技术在装配式建筑的设计、施工、运维等阶段的应用流程。

【引言】

BIM 技术应用内容包括：典型流程、模型元素、交付成果、软件要求。因此软件的通用功能包括：①模型输入、输出；②模型浏览或漫游；③模型信息处理；④相应的专业应用；⑤应用成果处理和输出；⑥支持开放的数据交换标准。工程项目相关方应根据 BIM 应用目标和范围，选用具有相应功能的 BIM 软件。

例如 BIM 技术的应用，在装配式建筑施工方面（见表 6.1），面向对象是施工技术和管理人员（懂专业，但不一定会 BIM 应用），要求这些懂专业的施工专业人员知道 BIM 能做什么以及如何做。

表 6.1　建筑工程施工 BIM 应用

应用领域		施工阶段								
		深化设计	采购管理	数字化加工	运输管理	施工方案	计划进度管理	造价管理	质量安全管理	竣工验收管理
应用的专业领域	土建	●	●	●	●	●	●	●	●	●
	钢结构	●	●	●	●	●	●	●	●	●
	机电	●	●	●	●	●	●	●	●	●
	幕墙	●	●	●	●	●	●	●	●	●
	装修	●	●	●	●	●	●	●	●	●
	总承包项目管理	—	●	●	●	●	●	●	●	●
应用的工作领域		模型集成	—	—	物联网	施工方案模拟	变更管理	工程量计算	可视化交底	竣工验收
		空间协调	—	—	条码/芯片	施工方案优化	—	工程预算	细腻安装	竣工教辅
								成本控制	质量验收	

6.1　BIM 技术理论与应用概述

BIM 设计软件不同于 CAD 软件的地方在于，BIM 设计软件在完成方案时，是选择需要的构件，像搭积木一样设计。这个搭积木恰恰就是预制装配式的做法。

装配式的难题并非是技术上的，而是资源整合上的。一个装配式项目的完成，需要用到从设计到施工每个环节的信息，这些信息可以通过 BIM 保证在项目生命全周期进行准确传递。在此之前，每一个环节的信息收集与处理，都是一项非常繁重而浩大的任务。如今资源整合在很大程度上依赖于 BIM 这一高度整合的信息技术。利用 BIM 完成产业链整合，从而更好地将装配式落地是未来建筑行业的发展大趋势。

6.1.1　BIM 技术基本理论

6.1.1.1　BIM 概念

BIM 的英文全称是 building information modeling，国内较为一致的中文翻译为：建筑信息模型。我国《建筑信息模型应用统一标准》(GB/T 51212—2016) 关于 BIM 的定义如下：建筑信息模型（building information model，BIM）是在建设工程及设施全生命期内，对其物理和功能特性进行数字化表达，并依此设计、施工、运营的过程和结果的总称。

美国国家 BIM 标准对 BIM 的定义由三部分组成：

① BIM 是一个设施（建设项目）物理和功能特性的数字表达。

② BIM 是一个共享的知识资源，是一个分享有关这个设施的信息，为该设施从概念到拆除的全生命周期中的所有决策提供可靠依据的过程。

③ 在项目的不同阶段，不同利益相关方通过在 BIM 中插入、提取、更新和修改信息，以支持和反映其各自职责的协同作业。

6.1.1.2　BIM 特点

(1) 可视化

可视化即"所见所得"的形式，对于建筑行业来说，可视化的真正运用在建筑业的作用是非常大的，例如经常拿到的平面化施工图纸，只是各个构件的信息在图纸上采用线条绘制表达，但是其真正的构造形式就需要建筑业参与人员去自行想象了。

近几年建筑业的建筑形式各异，复杂造型在不断地推出，那么靠人脑去想象的东西在工程上不太现实；设计效果图分包给专业的效果图制作团队，进行识读设计制作出的线条式信息制作出来，缺少同构件之间的互动性和反馈性。BIM 提供了可视化的思路，让人们将以往的线条式的构件形成一种三维的立体实物图形，展示在人们的面前。

BIM 提到的可视化，是一种能够同构件之间形成互动性和反馈性的可视。BIM 应用有利于通过可视化的设计，实现人机友好协同和更为精细化的设计（见图 6.1）。

在 BIM 中，由于整个过程都是可视化的，可视化的结果不仅可以用于效果图的展示及报表的生成，更重要的是，项目设计、建造、运营过程中的沟通、讨论、决策都在可视化的状态下进行。

(2) 协调性

协调性是工作协同建筑业中的重点内容。不管是施工单位还是业主及设计单位，无不在做着协调及相配合的工作。一旦项目的实施过程中遇到了问题，就要将各有关人士组织起来开协

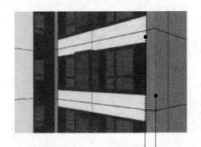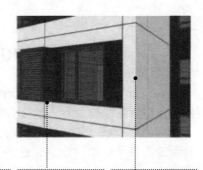

| 材料交接处理：面砖与混凝土交接处，留有20mm宽的勾缝，避免材料直接交接产生生硬伤 | 立面转角处理一：立面最外侧转角处采用清水混凝土饰面，增加竖向线条，并减少产生转角砖 | 现浇层金属盖板：现浇层比预制层向外突出50mm。由于现浇层与预制层的立面风格一致，不宜使用明显的装饰打断。且整体风格为现代风格，更不宜使用过多的累赘的装饰构件，因此，采用简洁的金属盖板解决立面收口问题 | 立面转角处理二：南向中户型突出位置转角处依然采用方形小面砖，增加与侧面面砖的整体连续性。方形面砖依然可以避免使用转角砖 | 空调冷凝水管位置：预留冷凝水管位置后期亦可做外包装饰 |

图 6.1 预制外墙板可视化设计

调会，找各施工问题发生的原因及解决办法，然后变更，做相应补救措施等进行问题的解决。

那么这个问题的协调真的就只能出现问题后再进行协调吗？在设计时，往往由于各专业设计师之间的沟通不到位，而出现各种专业之间的碰撞问题。例如暖通等专业中的管道在进行布置时，由于施工图纸是各自绘制在各自的施工图纸上的，真正施工过程中，可能在布置管线时正好在此处有结构设计的梁等构件妨碍着管线的布置，这种就是施工中常遇到的碰撞问题。

BIM 的协调性服务就可以帮助处理这种问题。BIM 以三维信息模型作为集成平台，在技术层面上适合各专业的协同工作，各专业可以基于同一模型进行工作（见图 6.2）。

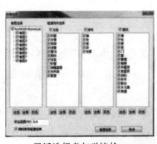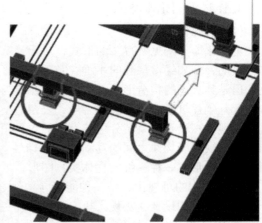

灵活选择参与碰撞检测的专业和构件类型

碰撞点列表

可视化显示碰撞构件和碰撞位置

在设计过程中可不离开当前环境直接完成碰撞检测，即时解决冲突

图 6.2 BIM 协同设计中的碰撞检查

BIM 可在建筑物建造前期对各专业的碰撞问题进行协调，生成协调数据，提供出来；BIM 还包含了建筑的材料信息、工艺设备信息、成本信息等，这些信息可以用来进行数据分

析，从而使各专业的协同达到更高层次。通过施工模拟对复杂部位和关键施工节点进行提前预演（见图 6.3），增加工人对施工环境和施工措施的熟悉度，提高施工效率。

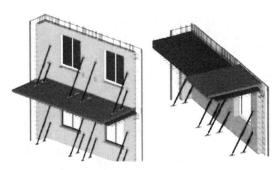

图 6.3　关键节点施工 BIM 模拟

BIM 的协调作用也并不是只能解决各专业间的碰撞问题，它还可以解决：电梯井布置与其他设计布置及净空要求的协调，防火分区与其他设计布置的协调，地下排水布置与其他设计布置的协调等。

（3）模拟性

1）实验模拟

模拟性并不是只能模拟设计出的建筑物模型，还可以模拟不能够在真实世界中进行操作的事物。

在设计阶段，BIM 可以对设计上需要进行模拟的一些东西进行模拟实验，例如：节能模拟、紧急疏散模拟、日照模拟、热能传导模拟等；在招投标和施工阶段可以进行 4D 模拟（三维模型加项目的发展时间），也就是根据施工的组织设计模拟实际施工，从而来确定合理的施工方案以指导施工。同时还可以进行 5D 模拟（基于 3D 模型的造价控制），从而来实现成本控制；后期运营阶段可以模拟日常紧急情况的处理方式的模拟，例如地震人员逃生模拟及消防人员疏散模拟等。

2）施工现场组织及工序模拟

将施工进度计划写入 BIM，将空间信息与时间信息整合在一个可视的 4D 模型中，就可以直观、精确地反映整个建筑的施工过程（见图 6.4）。提前预知本项目主要施工的控制方法、施工安排是否均衡，总体计划、场地布置是否合理，工序是否正确，并可以进行及时优化。

（4）优化性

事实上整个设计、施工、运营的过程就是一个不断优化的过程，当然优化和 BIM 也不存在实质性的必然联系，但在 BIM 的基础上可以做更好的优化、更好地做优化。优化受三样东西的制约：信息、复杂程度和时间。没有准确的信息做不出合理的优化结果，BIM 模型提供了建筑物的实际存在的信息，包括几何信息、物理信息、规则信息，还提供了建筑物变化以后的实际存在。复杂程度高到一定程度，参与人员本身的能力无法掌握所有的信息，必须借助一定的科学技术和设备的帮助。现代建筑物的复杂程度大多超过参与人员本身的能力极限，BIM 及与其配套的各种优化工具提供了对复杂项目进行优化的可能。

1）辅助拆分设计

在装配式建筑中要做好预制构件的"拆分设计"。避免方案性的不合理导致后期技术经济性的不合理。BIM 信息化有助于完成上述工作，单个外墙构件的几何属性经过可视化分析，可以对预制外墙板的类型数量进行优化，减少预制构件的类型和数量。

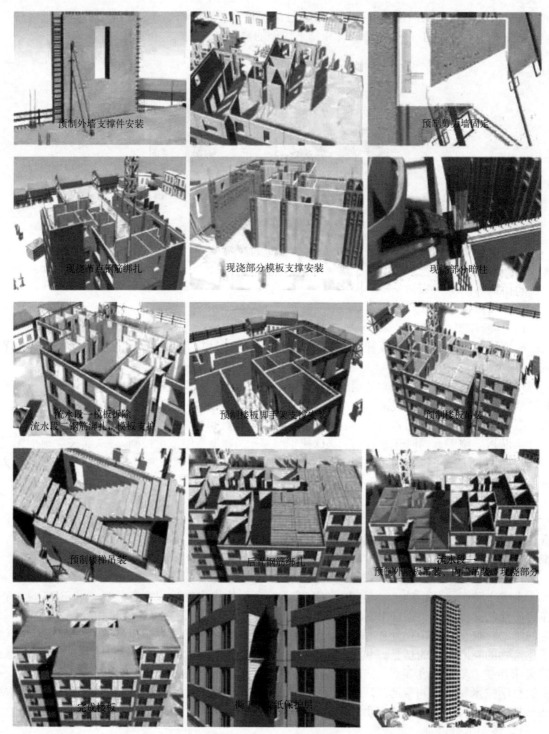

图 6.4　施工过程 BIM 模拟

2）优化构件生产

BIM 建模是对建筑的真实反映，在生产加工过程中，BIM 信息化技术能自动生成构件下料单、派工单、模具规格参数等生产表单，并且能通过可视化的直观表达帮助工人更好地理解设计意图，可以形成 BIM 生产模拟动画、流程图、说明图等辅助培训的材料，有助于提高工人生产的准确性和质量效率。例如符合设计要求的钢筋在工厂自动下料、自动成型、自动焊接（绑扎），形成标准化的钢筋网片实现钢筋网片的商品化生产；借助工厂化、机械化的生产方式，采用集中、大型的生产设备，只需要将 BIM 信息数据输入设备，就可以实现机械的自动化生产，这种数字化建造的方式可以大大提高工作效率和生产质量。

　　3）优化一体化装修

　　土建装修一体化作为工业化的生产方式可以促进全过程的生产效率提高，将装修阶段的标准化设计集成到方案设计阶段（见图6.5），可以有效地对生产资源进行合理配置。

图 6.5　建设家居库进行资源配置

　　业链中各家具生产厂商的商品信息都集成到 BIM 模型中，为内装部品的算量统计提供数据支持。对装修需要定制的部品和家具，可以在方案阶段就与生产厂家对接，实现家具的工厂批量化生产，同时预留好土建接口，按照模块化集成的原则确保其模数协调、机电支撑系统协调及整体协调。

（5）可出图性

　　BIM 并不是为了提供建筑设计院所出的传统的建筑设计图纸，而是通过对建筑物进行了可视化展示、协调、模拟、优化以后，可以帮助业主得到改进图纸：

　　① 综合管线图（经过碰撞检查和设计修改，消除了相应错误以后）。

　　② 综合结构留洞图（预埋套管图）。

　　③ 碰撞检查侦错报告和建议改进方案。

　　通过 BIM 模型对建筑构件的信息化表达，构件加工图在 BIM 模型上直接完成和生成（见图6.6），不仅能清楚地传达传统图纸的二维关系，而且对于复杂的空

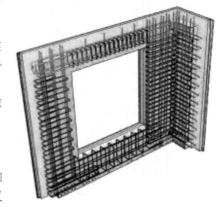

图 6.6　构件加工图

间剖面关系也可以清楚表达，同时还能够将离散的二维图纸信息集中到一个模型当中，这样的模型能够更加紧密地实现与预制工厂的协同和对接。

6.1.2 BIM 技术软件工具与应用

装配式建筑核心是"集成"，BIM 方法是"集成"的主线。这条主线串联起设计、生产、施工、装修和管理全过程，服务于设计、建设、运维、拆除的全寿命周期。BIM 技术可以数字化虚拟，信息化描述各种系统要素，实现信息化协同设计、可视化装配，工程量信息的交互和节点连接模拟及检验等全新运用，整合建筑全产业链，实现全过程、全方位的信息化集成。

各阶段包含的典型任务模型如下：

① 策划与规划阶段宜包含项目策划、项目规划设计、项目规划报建等任务信息模型。

② 勘察与设计阶段宜包含工程地质勘察、地基基础设计、建筑设计、结构设计、给水排水设计、供暖通风与空调设计、电气设计、智能化设计、幕墙设计、装饰装修设计、消防设计、风景园林设计、绿色建筑设计评价、施工图审查等任务信息模型。

涉及工程造价的任务信息模型应包含工程造价概算信息，工程造价概算应按工程建设现行全国统一定额及地方相关定额执行。

③ 施工与监理阶段宜包含地基基础施工、建筑结构施工、给水排水施工、供暖通风与空调施工、电气施工、智能化施工、幕墙施工、装饰装修施工、消防设施施工、园林绿化施工、屋面施工、电梯安装、绿色施工评价、施工监理、施工验收等任务信息模型。

涉及工程造价的任务信息模型，应包含工程造价预算及决算管理信息，工程造价预算应按工程建设现行全国统一定额及地方相关定额执行。

涉及现场施工的任务信息模型，应包含施工组织设计信息。

④ 运行与维护阶段宜包含建筑空间管理、结构构件与装饰装修材料维护、给水排水设施运行维护、供暖通风与空调设施运行维护、电气设施运行维护、智能化设施运行维护、消防设施运行维护、环境卫生与园林绿化维护等任务信息模型。

⑤ 改造与拆除阶段宜包含结构工程改造、机电工程改造、装饰工程改造、结构工程拆除、机电工程拆除等任务信息模型。

BIM 应用者根据实际需要选择若干应用选项，创建相应的 BIM 模型，完成所需的应用。随着 BIM 技术的发展，应用选项数量和内容会不断扩充和更新。

常见应用流程如图 6.7 所示。

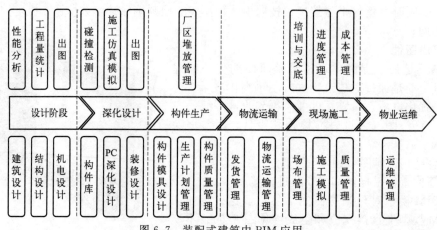

图 6.7 装配式建筑中 BIM 应用

随着计算机技术的快速发展，计算机技术在建筑业得到了空前的发展和广泛的应用，目前，开始涌现出大量的建筑类软件。随着装配式建筑的推广应用，各种装配式 BIM 应用软件也应运而生。将装配式软件按照用途划分，可分为核心建模类软件、深化设计类软件、结构设计类软件和施工运维类软件。

企业应根据自身实际和行业要求，制定执行企业信息战略和规划，充分考虑 BIM 技术的实施应用，持续实现企业的最大效益。企业 BIM 应用条件包括软件、硬件、协同平台、构件库、应用管理规定等。为了保障 BIM 应用顺利实施，实现数据共享和协调工作，工程项目相关企业应事先搭建软、硬件工作平台，创建适宜的数据环境，并确立包括各类用户的权限控制、软件和文件的版本控制、模型的一致性控制等的管理运作机制。

6.1.2.1 核心建模软件

（1）Revit

Revit 是美国 Autodesk 公司一套系列软件的名称。Revit 从 2013 版本结合了 Autodesk Revit Architecture、Autodesk Revit MEP 和 Autodesk Revit Structure 软件的功能。Revit 独有的族库功能把大量 Revit 族按照特性、参数等属性分类归档而成数据库，相关行业企业或组织随着项目的开展和深入，都会积累到一套自己独有的族库，在以后的工作中，可直接调用族库数据，并根据实际情况修改参数，便可提高工作效率。Revit 族库可以说是一种无形的知识生产力。族库的质量，是相关行业企业或组织的核心竞争力的一种体现。在目前国内建筑市场核心建模软件中 Revit 的市场占有率最高，全球通用性最强，欧特克旗下多款软件与 Revit 数据交互性较强。

（2）Archicad

Archicad 由匈牙利 Graphisoft 开发，这款产品由建筑师开发设计，专门针对建筑师的三维软件产品 Archicad，故其主要应用在房屋建筑领域，其细节处理和表现能力明显优于其他同类软件，尤其在美国、加拿大等国家方案、结构、装饰及施工一体化的房屋建筑领域应用较多。

（3）MicroStation

MicroStation 由 Bentley 公司研发，专为公用事业系统、公路和铁路、桥梁、建筑、通信网络、给排水管网、流程处理工厂、采矿等所有类型基础设施的建筑、工程、施工和运营而设计。MicroStation 既是一款软件应用程序，也是一个技术平台。它可通过三维模型和二维设计实现实境交互，生成工程图、三维 PDF 和三维绘图。同时，该软件还具有较强大的数据分析功能，可对设计进行性能模拟。

6.1.2.2 深化设计类软件

（1）ETABS

ETABS 系统利用图形化的用户界面来建立一个建筑结构的实体模型对象，通过先进的有限元模型和自定义标准规范接口技术来进行结构分析与设计，实现了精确的计算分析过程和用户可自定义的（选择不同国家和地区）设计规范来进行结构设计工作。

（2）BoCAD

BoCAD 软件能实现三维建模，双向关联，可以进行较为复杂的节点、构件的建模。

（3）Tekla（Xsteel）

Tekla（Xsteel）能实现三维钢结构建模，进行零件、安装、总体布置图及各构件参数，零件数据、施工详图自动生成，具备校正检查的功能。

（4）Strucad

Strucad 能实现三维构件建模，进行详图布置等。但复杂空间结构建模困难，复杂节点、特殊构件难以实现。

6.1.2.3　装配式结构设计软件

（1）ETABS

ETABS 系统利用图形化的用户界面来建立一个建筑结构的实体模型对象，通过先进的有限元模型和自定义标准规范接口技术来进行结构分析与设计，实现了精确的计算分析过程和用户可自定义的（选择不同国家和地区）设计规范来进行结构设计工作。

（2）STAAD

STAAD 本身具有强大的三维建模系统及丰富的结构模板，用户可方便快捷地直接建立各种复杂三维模型。用户亦可通过导入其他软件（例如 AutoCAD）生成的标准 DXF 文件在 STAAD 中生成模型。

（3）PKPM

PKPM 是一套集建筑设计、结构设计、设备设计、节能设计于一体的大型建筑工程综合 CAD 系统，形成建筑－结构数据数据共享、双向互通，如图 6.8 所示。

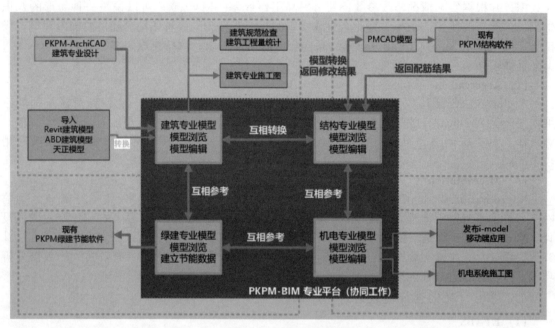

图 6.8　PKPM-BIM 建筑协同设计系统

（4）YJK-AMCS

YJK-AMCS 是在 YJK 的结构设计软件的基础上开发的装配式结构设计软件。软件提供了预制混凝土构件的脱模、运输、吊装过程中的单构件验算，整体结构分析及相关内力调整、构件及连接设计功能。可实现三维构件拆分、施工图及详图设计、构件加工图、材料清单、多专业协同、构件预拼装、施工模拟与碰撞检查、构件库建立等功能。

（5）GSRevit

GSRevit 是深圳市广厦科技有限公司在 Revit 上二次研发的结构 BIM 装配式设计软件，包括了模型及荷载输入、生成有限元计算模型、自动成图、装配式设计、基础设计等功能。

6.1.2.4 BIM 施工与运维软件

(1) 广联达 BIM5D

BIM5D 是在 3D 建筑信息模型基础上，融入"时间进度信息"与"成本造价信息"，形成由 3D 模型＋1D 进度 ＋1D 造价的五维建筑信息模型。5D BIM 集成了工程量信息、工程进度信息、工程造价信息，不仅能统计工程量，还能将建筑构件的 3D 模型与施工进度的各种工作 (WBS) 相链接，动态地模拟施工变化过程，实施进度控制和成本造价的实时监控。5D BIM 是建筑业信息化技术、虚拟建造技术的核心基础模型，通过 5D BIM 才能实现以"进度控制""投资控制""质量控制""合同管理""资源管理"为目标的数字化三控两管项目总控系统。

(2) 鲁班 BIM

鲁班 BIM 软件围绕工程项目基础数据的创建、管理和应用共享，其主要应用价值点在于建造阶段碰撞检查、材料过程控制、对外造价管理、内部成本控制、基于 BIM 的指标管理、虚拟施工指导、钢筋下料优化、工程档案管理、设备（部品）库管理、建立企业定额库。

(3) ARCHIBUS 软件

ARCHIBUS 软件通过对现有空间进行规划分析、优化使用、可以大大提高工作场所利用率，建立空间使用标准和基准、透明的预算标准以利于建立和谐的内部关系，减少内部纷争。

6.2 装配式建筑设计中的 BIM 技术应用

6.2.1 BIM 技术对装配式建筑设计的必要性

6.2.1.1 BIM 技术价值

国内装配式设计仍按传统现浇结构方式设计，各个环节之间割裂，阶段间协作差、效率低，设计问题多，加工生产自动化程度低，加工工作繁重，成本居高不下。

解决这些问题的根本是要让装配式设计与 BIM 技术、信息化技术结合（见图 6.9），将装配式设计的各个环节打通，提供一体化设计，没有软件难以实现。

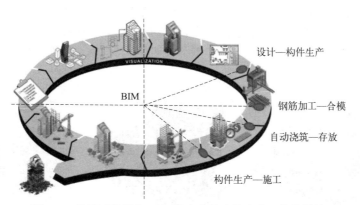

图 6.9 装配式设计与 BIM 信息化技术结合的一体化设计

IT 业和制造业的跨界处，就是数字化制造；制造业和建筑业的跨界处，就是装配式建筑；建筑业和 IT 业的跨界处，就是 BIM 技术。BIM 技术在装配式建筑设计中展现着重要价值。

从装配式建筑未来发展看，信息化技术必将成为重要的工具和手段。装配式建筑核心是"集成"，BIM 方法是"集成"的主线。这条主线串联起设计、生产、施工、装修和管理的全过程，服务于设计、建设、运维、拆除的全生命周期，可以数字化虚拟，信息化描述各种系统要素，实现信息化协同设计、可视化装配，工程量信息的交互和节点连接模拟及检验等全新运用，整合建筑全产业链，实现全过程、全方位的信息化集成。BIM 信息模型技术的主要功能是三维可视、专业协同、数据共享，主要用途在于建筑设计、施工模拟、技术协调，它在整个企业信息化平台中所处的位置，如图 6.10 所示。当前建设行业信息化技术正处在发展的初级阶段，主要表现为数据不能共享、系统不能整合、流程不能贯通。

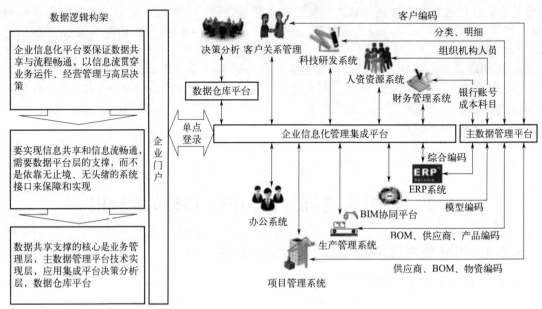

图 6.10　BIM 平台在企业信息化集成平台中的位置

① 改变设计流程与模式，实现项目一体化协同设计（土建与机电设计、预制构件设计、装修设计、部品深化设计、施工安装模拟设计）。

② 改变设计精度的标准，达到毫米计量，全面提升设计完成度。

③ 改变设计方式，实现设计全过程三维设计可视化（见图 6.11）。与传统建筑方式采用 BIM 类似，装配式建筑的 BIM 应用有利于通过可视化的设计，实现人机友好协同和更为精细化的设计。

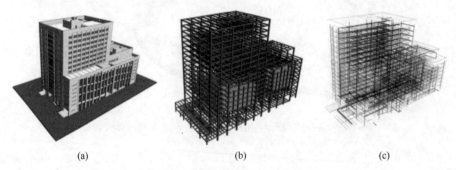

(a)　　　　　　　　　(b)　　　　　　　　　(c)

图 6.11　装配式建筑 BIM
(a) 建筑模型；(b) 结构模型；(c) 机电模型

6.2.1.2　BIM 技术的用途

(1) BIM 与标准化设计

1）提高装配式建筑设计效率

装配式建筑由于需要对预埋构件和预留孔洞进行严密设计，因此各专业的沟通显得比现浇建筑更为重要。通过 BIM 平台，方便了各个专业的交流，各个专业的设计人员可以实现自己的诉求，并通过碰撞模拟找出模型设计过程中的疏漏，减少了变更设计带来的费用。

2）实现装配式预制构件的标准化设计

装配式建筑的典型特征是标准化的预制构件或部品在工厂生产，然后运输到施工现场装配、组装成整体。装配式建筑设计要适应其特点，应模拟工厂加工的方式，以"预制构件模型"的方式来进行系统集成和表达，这就需要将不同建筑构件的构件尺寸、样式上传至云端进行整合，并建立成预制构件的标准化族库。不断增加 BIM 虚拟构件的数量、种类和规格，逐步构建标准化预制构件库，进而促进装配式建筑规范和标准的制定。将各个族库中的构件任意组装，增加了装配式结构建筑样式的多样性，同时也减少了建筑设计的成本和时间。

3）降低装配式建筑的设计误差

通过 BIM 技术进行设计装配式建筑构件，可以对构件尺寸、钢筋直径、间距以及保护层厚度进行精细化设计。在三维模型中，可以判断相邻构件之间的连接情况，并可以通过碰撞检测发现构件之间的冲突。避免因设计粗糙而在吊装拼装的过程中出现问题，影响工期并造成经济损失。

4）BIM 构件拆分及优化设计

在装配式建筑中，需要做好预制构件的"拆分设计"。传统方式下大多是在施工图完成以后，再由构件厂进行"构件拆分"。合理的做法是在前期策划阶段构件厂就专业介入（因此总承包模式就非常必要），确定好装配式建筑的技术路线和产业化目标，在方案设计阶段根据既定目标依据构件拆分原则进行方案创作（见图 6.1），这样才能避免方案性的不合理导致后期技术经济性的不合理，避免由于前后脱节造成的设计失误。

BIM 信息化有助于建立上述工作机制，单个外墙构件的几何属性经过可视化分析，可以对预制外墙板的类型数量进行优化，减少预制构件的类型和数量。

5）BIM 协同设计

BIM 模型以三维信息模型作为集成平台，在技术层面上适合各专业的协同工作，各专业可以基于同一模型进行工作。

BIM 模型还包含了建筑的材料信息、工艺设备信息、成本信息等，这些信息可以用来进行数据分析，从而使各专业的协同达到更高层次。

6）BIM 性能化分析

运用 CFD 软件分析模拟出建筑物周围行人区的风速，冬季或夏季建筑前后压差，通过对项目日照、投影的分析模拟（见图 6.12）等，可以帮助设计师调整设计策略，实现绿色目标，提高建筑性能。

(2) BIM 与工厂化生产

1）构件加工图设计

通过 BIM 对建筑构件的信息化表达，构件加工图在 BIM 上直接完成和生成，不仅能清楚地传达传统图纸的二维关系，而且对于复杂的空间剖面关系也可以清楚表达（见图 6.13）；还能够将离散的二维图纸信息集中到一个模型当中，这样的模型能够更加紧密地实现与预制工厂的协同和对接。

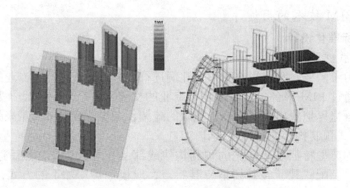

图 6.12　Ecotect 日照模拟

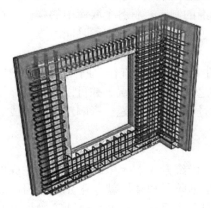

图 6.13　BIM 模拟空间构件

2）构件生产指导

BIM 是对建筑的真实反映，在生产加工过程中，BIM 信息化技术可以直观地表达出配筋的空间关系和各种参数情况，自动生成构件下料单、派工单、模具规格参数等生产表单，通过可视化直观表达帮助工人更好地理解设计意图，形成 BIM 生产模拟动画、流程图、说明图等辅助培训的材料，有助于提高工人生产的准确性和质量效率。

3）通过 CAM 实现预制构件的数字化制造

借助工厂化、机械化的生产方式，采用集中、大型的生产设备，只需要将 BIM 信息数据输入设备，就可以实现机械的自动化生产，这种数字化建造的方式可以大大提高工作效率和生产质量。

例如钢筋网片的商品化生产，符合设计要求的钢筋在工厂自动下料、自动成型、自动焊接（绑扎），形成标准化的钢筋网片。一旦打通设计信息模型和工厂自动化生产线之间的协同瓶颈，实现 CAM（计算机辅助制造）将指日可待。

（3）BIM 与装配化施工

1）施工现场组织及工序模拟

将施工进度计划写入 BIM 信息模型，空间信息与时间信息整合在一个可视的 4D 模型中，就可以直观、精确地反映整个建筑的施工过程。提前预知本项目主要施工的控制方法、施工安排是否均衡，总体计划、场地布置是否合理，工序是否正确，并可以进行及时优化。

2）施工安装培训

通过虚拟建造，安装和施工管理人员可以非常清晰地获知装配式建筑的组装构成，避免二维图纸造成的理解偏差，保证项目的如期进行。

3）施工模拟碰撞检测

通过碰撞检测分析，可以对传统二维模式下不易察觉的"错漏碰缺"进行收集更正。如预制构件内部各组成部分的碰撞检测，地暖管与电器管线潜在的交错碰撞问题。

4）复杂节点的施工模拟

通过施工模拟对复杂部位和关键施工节点进行提前预演（见图 6.14），增加工人对施工环境和施工措施的熟悉度，提高施工效率。

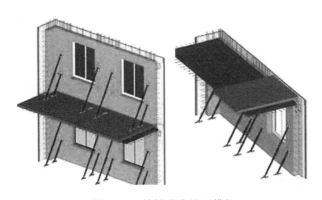

图 6.14　关键节点施工模拟

（4）IM 与一体化装修

1）装修部品产品库的建设

土建装修一体化作为工业化的生产方式可以促进全过程的生产效率提高，将装修阶段的标准化设计集成到方案设计阶段，可以有效地对生产资源进行合理配置。

2）可视化设计

通过可视化的便利进行室内渲染，可以保证室内的空间品质，帮助设计师进行精细化和优化设计。整体卫浴等统一部品的 BIM 设计、模拟安装，可以实现设计优化、成本统计、安装指导。

3）信息化集成

产业链中各家具生产厂商的商品信息都集成到 BIM 中，为内装部品的算量统计提供数据支持。对装修需要定制的部品和家具，可以在方案阶段就与生产厂家对接，实现家具的工厂批量化生产，同时预留好土建接口，按照模块化集成的原则确保其模数协调、机电支撑系统协调及整体协调（见图 6.15）。

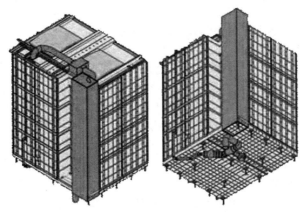

图 6.15　BIM 精装集成卫浴

4）装配式装修

装修设计工作应在建筑设计时同期开展，将居室空间分解为几个功能区域，每个区域视为一个相对独立的功能模块（如厨房模块、卫生间模块）。由装修方设计几套模块化的布局方案，建筑设计时可直接套用方案。装修方在模块化设计时，综合考虑部品的尺寸关系，采用标准模数对空间及部品进行设计，以利于部品的工厂化生产。装修方在装配方案设计时，按照工厂下单图纸的精度标准进行生产，避免现场加工的尺寸误差，提高现场装配效率及部品的精确程度。

（5）BIM 与信息化管理

1）经济算量分析

经济算量的主要原则是做到"准量、估算"，按照工业化建筑的组成及计价原则分为预制构件部分和现浇构件部分。通过装配式设计插件，可以将预制构件与现浇构件进行分类统计。

通过分类统计可以快速地对设计方案进行工程量分析，从而进行方案比选，再由确定的工程量结合地区的定额，计算出项目的工程量清单，实现在方案策划阶段对成本的初步控制。

2）RFID 技术等实现装配式建筑质量管理可追溯

实现在同一 BIM 上的建筑信息集成，BIM 服务贯穿整个工程全寿命周期。一方面，可以实现住宅产业信息化；另一方面，可以将生产、施工及运维阶段的实际需求及技术整合到设计阶段，在虚拟环境中预演现实，真正实现 BIM 信息化应用的信息集成优势。通过在预制构件中预埋芯片等数字化标签，在生产、运输、施工、管理的各个重要环节记录相应的质量管理信息，可以实现建筑质量的责任归属，从而提高建筑质量。

3）利用 BIM 云平台实现适时、全域化、数字化的管理

BIM 信息化技术与云技术相结合，可以有效地将信息在云端进行无缝传递，打通各部门之间的横向联系，通过借助移动设备设置客户端，可以实时查看项目所需要的信息，真正实现项目合作的可移动办公，提高项目的完成精度。

6.2.2　基于 BIM 的装配式建筑设计

6.2.2.1　BIM 化设计与传统设计

（1）传统设计流程

传统的装配式建筑设计方法，是以现浇结构的设计为参照，先结构选型、结构整体分析，然后拆分构件和设计节点，预制构件深化设计后，由工厂预制再运送到施工现场进行装配。这种设计方法会导致预制构件的种类繁多，不利于预制构件的工业化生产，与建筑工业化的理念相冲突。该流程可简单归纳为先按整体设计，然后进行拆分。

（2）标准化设计流程

装配式建筑要实现以工业化生产的方式完成建造过程，这个过程中会涉及多种上下游行业。任何一个关键环节缺乏统一的标准都会导致上下游产业的对接困难。

标准化设计的主要思路，是首先基于 BIM 形成预制构件库，然后通过预制构件组合形成单元空间，然后由单元空间依次组合成户型模块、组合平面和建筑整体。该流程（见图 6.16）在装配式建筑设计时，预制构件库中已有相应的预制构件可供选择，减少设计过程中的构件设计，从设计人工成本、时间成本方面减少造价，而不用详尽考虑每个构件的最优造价，以此达到从总体上降低造价的目的。

预制构件库是预制构件生产单位和设计单位所共有的，设计时预制构件的选择可以限定在预制构件厂所提供的范围内，保证二者的协调性；预制构件厂可以预先生产通用性较强的预制构件，及时提供工程项目需要的预制构件，工程建设的效率得到大大提高。预制构件库是不断完善的，并且应包含一些特殊的预制构件以满足特殊的建筑布局要求；基于 BIM 的 CAD 采用智能化电子交付，无需图纸环节，减少生产厂二次录入，提高效率、减少错误。BIM 基础上的备料、划线、布边模及内模、吊装钢筋网、混凝土浇筑（搅拌、运送、浇筑、振捣、养护、脱模）、存放等生产自动化，大大提高构件制作质量和生产效率。见图 6.17。

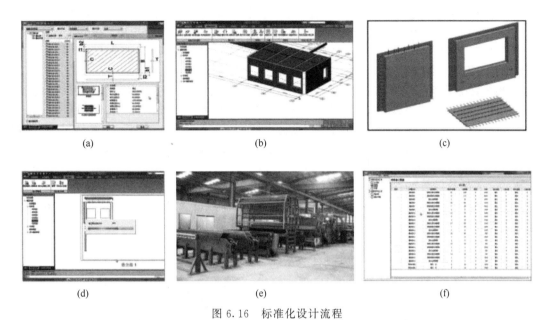

图 6.16　标准化设计流程

（a）构件库；（b）装配式结构方案；（c）深化与拆分；（d）自动出拆分；（e）自动加工；（f）钢筋表（CAM）

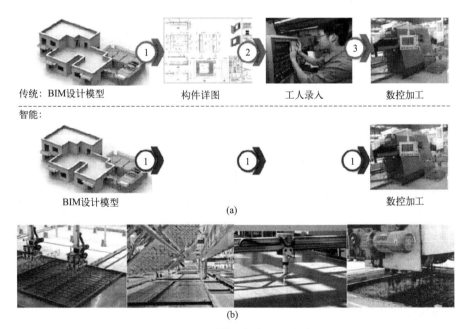

图 6.17　BIM 模型智能化控制应用

（a）BIM 智能化传递数据；（b）BIM 智能化控制钢筋、混凝土作业

6.2.2.2　基于 BIM 的装配式建筑标准化设计

（1）BIM 构件库的建立

装配式建筑的典型特征是采用标准化的预制构件或部品部件。装配式建筑设计要适应其特点，通过装配式建筑 BIM 构件库的建立，不断增加 BIM 虚拟构件的数量、种类和规格，逐步构建标准化预制构件库。

构件是构成模型的最小三维几何和信息单元，是标准化设计的基础，而构件库则是构件的集合。按照专业，构件库一般可划分为建筑、结构、给排水、暖通、电气、智能化、幕墙等专业，各专业可以根据需要在本专业清单范围内进行检索、使用其中的构件。

1）BIM 构件库的功能分析

① 预制装配式结构设计方法采用了搭积木的方式进行虚拟建造，各构件如何组合成型，是预制装配式结构必须解决的关键问题，因此，BIM 构件库必须提供优秀的实体模型。

② BIM 构件库为 BIM 的结构设计与分析提供信息支撑，其本质上是研发基于 BIM 构件库的自主预制装配式结构设计 BIM 平台。因此，BIM 构件库必须提供完备的参数信息。

2）BIM 构件库的创建步骤。

在实际的构建完善构件库的过程中，普遍会进行如下的 BIM 构件库创建四个步骤。

① 预制构件的分类：对构件进行标准化的分类是构件录入构件库的首要流程，也是构件检索的重要影响因素。

② 预制构件编码录入：构件的标准化分类，仅仅是完成了对于构件的选择，而构件库的内容还有着较大的缺失。对于存储在构件库中的各个构件而言，为了达到良好的区分效果，必须要制定相应的标识码，并且做到一一对应。装配式建筑中预制构件为了保证编码的简单实用，需要统一形式编码，如 DL 代表叠合梁，YZ 代表预制柱。

③ 预制构件信息录入：在构件设计的每个流程中，需要的信息数量是有着一定程度的差异的。在这样的背景之下，要求必须进行信息的进一步分级，在 BIM 构件中完成预制构件信息录入。

④ 预制构件审核入库：根据不同的分类把用户上传的构件分配到入库界面中，审核合格者正式入库，审核不合格者删除并提交反馈意见和反馈说明。

BIM 构件库实例如图 6.18 所示。

NQ-B-18.27.20- 　　NQ-B-D-39.27.20- 　　NQ-B-D-39.27.20- 　　NQ-D-18.27.20 　　NQ-D-27.27.20
　　10-24 　　　　　　08 09-23 　　　　　　09 10-23

图 6.18　BIM 构件库

（2）建模

利用软件的建模功能（见图 6.19），建立项目各专业子模型，在各子模型基础上，整合建筑和机电模型，形成单层的整合模型及整栋楼的模型。

（3）碰撞检查和优化设计

在 BIM 整合模型的基础上，进行预制构件内部、预制构件与机电、预制构件之间的碰撞检查，在设计阶段解决碰撞问题，如图 6.20 所示。对预制构件的类型数量进行优化，减少预制构件的类型和数量。

（4）建筑性能分析

可利用 BIM 的参数化特征，建立计算模型进行建筑性能分析，主要包括以下五个特征。

① 自然采光模拟：分析相关设计方案的室内自然采光效果，通过调整建筑布局、饰面材料、围护结构的可见光透射比等，改善室内自然采光效果，并根据采光效果调整室内布局布置等。

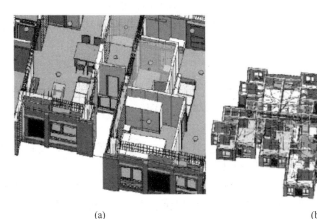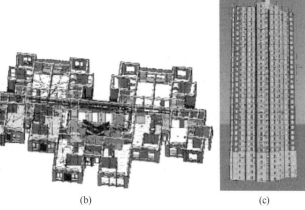

图 6.19　BIM 预制装配式建筑建模应用
（a）建筑子模型；（b）单层整合模型；（c）整栋楼整合模型

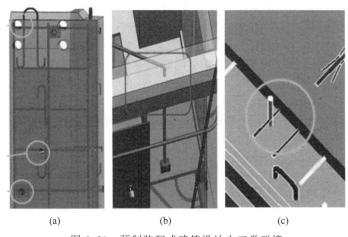

图 6.20　预制装配式建筑设计中三类碰撞
（a）预制构件内部；（b）预制构件与机电；（c）预制构件之间

② 室外风环境模拟：改善住区建筑周边人行区域的舒适性，通过调整规划方案建筑布局、景观绿化布置，改善住区流场分布、减小涡流和滞风现象，提高住区环境质量；分析大风情况下，哪些区域可能因狭管效应引发安全隐患等。

③ 建筑环境噪声模拟分析：计算机噪声环境模拟的优势在于，建立几何模型之后，能够在短时间内通过材质的变化，房间内部装修的变化，来预测建筑的声学质量，以及对建筑声学改造方案进行可行性预测。

④ 小区热环境模拟分析：模拟分析住宅区的热岛效应，采用合理优化建筑单体设计、群体布局和加强绿化等方式消弱热岛效应。

⑤ 室内自然通风模拟：分析相关设计方案，通过调整通风口位置、尺寸、建筑布局等改善室内流场分布情况，并引导室内气流组织有效的通风换气，改善室内舒适情况。

6.2.3　装配式结构设计中的 BIM 技术应用

基于 BIM 的装配式混凝土结构设计主要包括：结构整体计算分析、结构构件的设计、预制构件的拆分与归并设计、预制构件的连接节点设计、预制构件的深化设计。

这里以北京盈建科软件股份有限公司研发的 YJK-AMCS 为例，简要介绍基于 BIM 的装配式结构设计基本方法。

6.2.3.1 结构建模

目前，装配式混凝土结构设计采用等同现浇的设计分析方法，故其整体计算分析与现浇混凝土结构相同。但考虑到装配式混凝土结构与现浇混凝土结构的区别，需要按照现行国家规范及一些成熟的预制装配技术的要求，对某些计算参数和计算模型进行调整。

YJK-AMCS 在 YJK 的上部结构建模、计算模块功能的基础上，扩充钢筋混凝土预制构件的指定、预制构件的相关计算、预制构件的布置图和大样详图的绘制等工作。

YJK-AMCS 中结构建模可采用传统的建模方式，即依次进行轴线输入、构件布置、楼板布置、荷载输入、楼层组装等工作，完成设计模型制作。也可以通过导入 Revit 模型完成结构建模工作，其基本操作流程为：

① 打开需要生成结构模型的 Revit 文件。

② 在导出选项中调整标高及归并距离等参数。

③ 进行截面匹配，将 Revit 中的族匹配成 YJK 可以识别的截面形式（只有进行匹配的截面才进行转换，不匹配不转换，如果匹配成功则条目颜色将变成绿色）。

④ 参数设定完成后点击"确认"按钮，模型转换成功后将弹出"模型转换完毕"提示框，并自动定位生成文件的路径（也可以在再次加载时通过"打开 YJK 模型文件"按钮进行定位）。程序将在 Revit 文件的同级目录下生成一个 *.ydb 文件（YJK 的数据库文件）作为导入文件。

⑤ 新建一个 yjk 工程，在 yjk 主窗口中点左上角数据导入命令，加载生成的 YJK 文件创建 YJK 结构模型。

6.2.3.2 装配式输入

在对应的菜单下设置预制叠合板、预制柱、预制梁、预制剪力墙、预制楼梯等构件，即可完成装配式构件输入。下面以预制叠合板输入为例，了解 YJK-AMCS 中装配式构件输入流程。

(1) 叠合板菜单

建模的楼板布置菜单下设置了叠合板菜单，进行预制叠合板底板的定义、布置和修改，如图 6.21 所示。

图 6.21 叠合板布置菜单

(2) 预制叠合板布置

叠合板布置以房间为单元进行。叠合板布置需要用户输入叠合板的宽度、布置方式（按单向板布置或者自动判断单向板和双向板布置）、双向板的接缝宽度、桁架钢筋参数。图 6.22 所示为点取叠合板布置弹出的叠合板定义对话框。

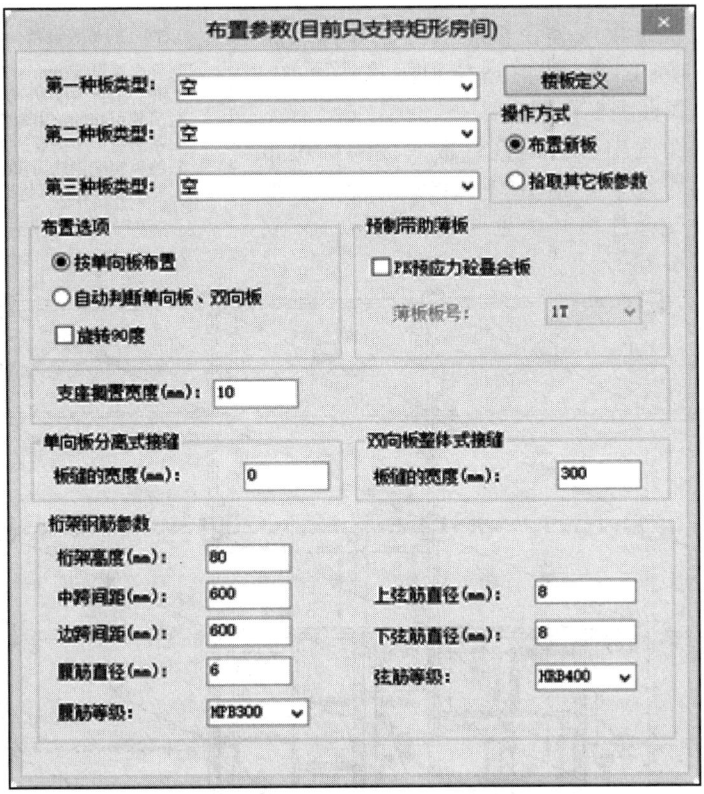

图 6.22　叠合板定义对话框

选中需布置的房间单元后，软件在所选房间内对叠合板底板自动排块。可用叠合板的"修改"菜单人工修改自动排块的结果，点修改菜单后，再点取需要修改排块的房间，将弹出如图 6.22 所示对话框，上面排列着已有的从左到右（或从下到上）的各板块、各板缝数据，用户可直接在对话框上修改各板块的宽度和各缝宽的数值。

（3）叠合板房间的楼板计算

叠合板房间的楼板计算和叠合板底板的平面布置图、底板大样详图均在楼板施工图菜单下进行，如图 6.23 所示。

图 6.23　叠合板计算菜单

（4）脱膜及吊装验算

软件自动进行预制底板脱膜及吊装验算，如脱膜吸附验算结果的配筋最大，则取脱膜验算配筋作为底板的控制配筋。

吊装验算时考虑底板自重，并通过钢筋控制应力（HPB300 钢筋为 65MPa）验算桁架腹筋所需直径。在楼板计算书中同时给出吊装验算的步骤和结果，如图 6.24 所示。

（5）施工图纸

计算完成后，软件生成叠合板施工图，叠合板施工图主要包括三种施工图，即前述楼板配筋平面图、底板平面布置图、底板大样详图。

底板平面布置图画出各房间叠合板底板的排块布置图，相同布置的房间只在其中的一个房间进行详细标注，其余房间做仅标注房间类别号的简化标注。底板平面布置图如图6.25所示。

五、板钢筋的吊装验算：

1. 叠合板厚度(mm)：60
2. 叠合板自重(kN/m²)：1.500
3. 吊装引起的跨中弯矩(kN·m)：0.368
4. 吊装弯矩所需要的钢筋面积(mm²)：143.3
5. 跨中实配钢筋面积(mm²)：251.3
6. X方向吊装验算结果：满足

图6.24 吊装验算结果

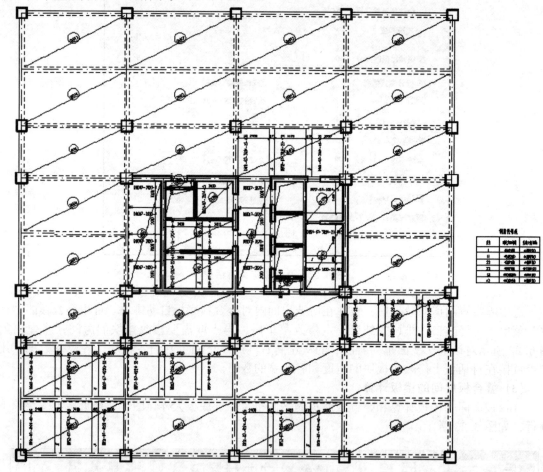

图6.25 叠合板平面布置

勾选需画详图的底板号，再在平面上的空余位置拉出一个窗口，被勾选的各个底板将在窗口范围内画出模板及配筋详图，如图6.26所示。

（6）计算参数中的装配式信息填写

其他构件装配式信息输入与叠合板流程接近，在此不再赘述，但应注意的是，进行预制柱墙梁等结构构件定义时，应在结构计算参数中补充装配式结构的信息，以满足《装配式混凝土结构技术规程》(JGJ 1—2014)要求。

（7）预制构件的连接节点设计

装配式混凝土结构等同现浇混凝土结构的设计是通过节点的可靠连接来保证的。装配式混

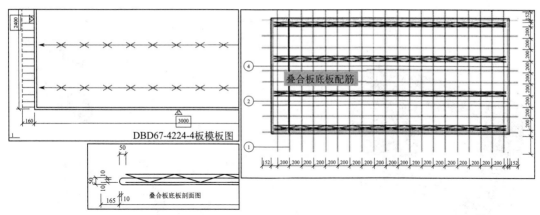

图 6.26　叠合板底板模板图、剖面图、配筋图

凝土结构连接节点的选型和设计应注重概念设计，满足承载力、延性及耐久性要求。通过合理的连接节点与构造，保证构件传力的连续性和结构的整体稳定性，使整个结构具有与现浇混凝土结构相当的承载能力、刚度和延性，以及良好的抗风、抗震和抗偶然荷载的能力，并避免结构体系出现连续倒塌。装配式混凝土结构的节点连接应同时满足正常使用和施工阶段的承载力、稳定性和变形的要求；在保证结构整体受力性能的前提下，应力求连接构造简单，受力明确，传力直接，施工便捷，适合于工业化、机械化、标准化的施工及安装。

传统结构设计以二维施工图纸作为交付成果，各专业的图纸汇总时不免会发生碰撞等问题。BIM 应用中的碰撞检查能够出具碰撞报告，报告给出 BIM 中各种构件碰撞的详细位置、数量和类型。设计人员根据碰撞报告修改相应的 BIM，使 BIM 更加优化，深化设计是调整优化 BIM 的一种重要方式。BIM 技术在深化设计阶段的应用包括：构件深化设计、钢筋及与预埋件碰撞检查、专业间碰撞检查、基于模型协同与沟通、设计优化、校核出图。

在确定了各专业的设计意图并明确了大的设计原则之后，深化设计人员就可利用 BIM 软件，如 Revit 等，建立详尽的预制构件 BIM，模型包含钢筋、线盒、管线、孔洞和各种预埋件。建成后的预制构件 BIM 可以在协同设计平台上拼装成整体结构模型，进行专业内或专业间的碰撞检查。

6.3　装配式建筑生产施工中的 BIM 技术应用

6.3.1　预制构件制作过程中的 BIM 应用

BIM 在预制构件制作中的应用主要包括：构件加工图设计、构件加工指导、通过实现预制构件的数字化制造等方面。

6.3.1.1　构件加工图设计

通过 BIM 对建筑构件的信息化表达，构件加工图（见图 6.27）在 BIM 上直接完成和生产，不仅能清楚表达传统图纸的二维关系，而且对于复杂空间剖面关系也可以清楚表达，同时还能将离散的二维图纸信息集中到一个模型当中，这样的模型能够紧密地实现与预制工厂的协同和对接。

6.3.1.2　构件加工指导

在生产加工过程中，BIM 信息化技术可以直观地表达构件空间关系和各项参数，能自动

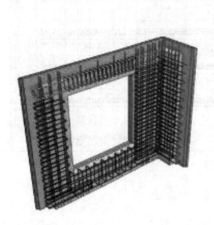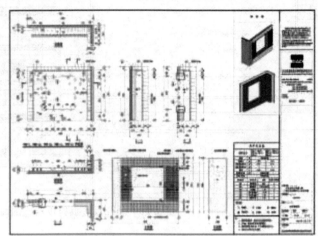

图 6.27　构件加工图

生成构件下料单、派工单、模具规格参数等，并且通过可视化的直观表达（见图 6.28）帮助工人更好地理解设计意图，可以形成 BIM 生产模拟动画、流程图、说明图等辅助材料，有助于提高工人生产的准确性和质量效率。

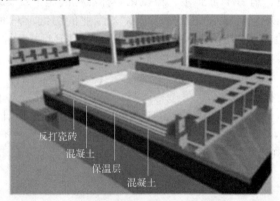

图 6.28　BIM 指导加工

6.3.1.3　实现预制构件数字化制造

　　将 BIM 构件的信息数据输入设备，就可以实现机械的自动化生产，这种数字化建造的方式可以大大提高工作效率和生产质量，例如现在已经实现了钢筋网片的数字化生产。

6.3.2　装配式施工管理中的 BIM 应用

BIM 技术可与 RFID 技术结合，对构件的出厂、运输、进场和安装进行追踪监控，并以无线网络即时传递信息，信息以设置好的方式在云平台上的 BIM 中进行响应，以此对构件施工实施质量、进度追踪管理。互联网与 BIM 相结合的优点在于信息准确丰富，传递速度快，减少人工录入信息可能造成的错误。

（1）吊装管理

在预制件吊装过程中，通过 RFID 扫描获取构件信息，包括预制构件安装位置及要求等属性。吊装完成后由吊装管理员进行质量检查，并将结果上传服务器永久保存。

（2）施工现场组织及工序模拟

将施工进度计划与 BIM 相关构件进行关联，将空间信息与时间信息整合在一个可视的 4D 模型中，就可以直观、准确地反映整个建筑的施工过程。

（3）复杂节点施工模拟

如图 6.29 所示，通过施工模拟对复杂部位和关键施工节点进行提前预演，增加工人对施工环境和施工措施的熟悉度，提高施工效率。

图 6.29　复杂节点施工模拟

本章小结

1.简要描述了 BIM 技术的基本知识，如果有需要，应进行本书以外广泛的拓展阅读。

2.对 BIM 技术软件做了简单介绍，读者可根据自身工作、工程条件需要，进行选择性深入学习。

3.着重分析、梳理了装配式建筑应用 BIM 技术的方法和基本流程，并以一个广泛使用的相关软件进行工程应用的入门引导。

思考与练习题

1.常用的装配式 BIM 应用软件有哪些？

2.装配式建筑设计中，BIM 的应用价值点主要体现在哪些方面？

3.装配式建筑标准化设计与传统的设计方法有何不同？

4.简要叙述装配式建筑结构 BIM 的设计流程。

5.预制构件制作过程中，BIM 的应用价值点主要体现在哪些方面？

参 考 文 献

[1] 汪杰, 等.装配式混凝土建筑设计与应用 [M].南京: 东南大学出版社, 2018.

[2] 江韩, 等.装配式建筑结构体系与案例 [M].南京: 东南大学出版社, 2018.

[3] 曾兴贵. 等.装配式混凝土建筑产工艺与施工技术 [M].天津: 天津科学技术出版社, 2018.

[4] 张铮燕, 等.装配式混凝土建筑安全管理 [M].天津: 天津科学技术出版社, 2018.

[5] 叶浩文.欧洲装配式建筑发展经验与启示 [M].北京: 中国建筑工业出版社, 2019.

[6] 田玉香.装配式混凝土建筑结构设计及施工图审查要点解析 [M].北京: 中国建筑工业出版社, 2018.

[7] 中国建筑业协会.装配式混凝土建筑施工指南 [M].北京: 中国建筑工业出版社, 2019.

[8] 中建科技有限公司, 等.装配式混凝土建筑设计 [M].北京: 中国建筑工业出版社, 2017.

[9] 张金树、王长春.装配式建筑混凝土预制构件生产与管理 [M].北京: 中国建筑工业出版社, 2017.

[10] 中国建设教育协会, 等.预制装配式建筑施工要点集 [M].北京: 中国建筑工业出版社, 2018.

[11] 钟振宇, 那丽岩.装配式混凝土建筑构造 [M].北京: 科学出版社, 2018.

[12] 张晓娜.装配式混凝土建筑: 建筑设计与集成设计 200 问 [M].北京: 机械工业出版社, 2018.

[13] 李青山.装配式混凝土建筑: 结构设计与拆分设计 200 问 [M].北京: 机械工业出版社, 2018.

[14] 李营.装配式混凝土建筑: 构件工艺设计与制作 200 问 [M].北京: 机械工业出版社, 2018.

[15] 杜常岭.装配式混凝土建筑: 施工安装 200 问 [M].北京: 机械工业出版社, 2018.

[16] 赵树屹.装配式混凝土建筑: 政府、甲方、监理管理 200 问 [M].北京: 机械工业出版社, 2018.

[17] 高中.装配式混凝土建筑口袋书: 构件制作 [M].北京: 机械工业出版社, 2019.

[18] 杜常岭.装配式混凝土建筑口袋书: 构件安装 [M].北京: 机械工业出版社, 2019.

[19] 黄营.装配式混凝土建筑口袋书: 钢筋加工 [M].北京: 机械工业出版社, 2019.

[20] 李营.装配式混凝土建筑口袋书: 灌浆作业 [M].北京: 机械工业出版社, 2019.

[21] 潘峰.装配式混凝土建筑口袋书: 安全管理 [M].北京: 机械工业出版社, 2019.

[22] 张玉波.装配式混凝土建筑口袋书: 工程监理 [M].北京: 机械工业出版社, 2019.

[23] 郭学明.装配式混凝土结构建筑的设计、制作与施工 [M].北京: 机械工业出版社, 2017.

[24] 中国建筑标准设计研究院.建筑工业化系列标准应用实施指南 (装配式混凝土结构建筑) [M].北京: 中国计划出版社, 2016.

[25] 刘占省.装配式建筑 BIM 技术概论 [M].北京: 中国建筑工业出版社, 2019.

[26] GB/T 51231—2016.装配式混凝土建筑技术标准 [S].

[27] GB/T 51129—2017.装配式建筑评价标准 [S].

[28] GB 50352—2019.民用建筑设计统一标准 [S].

[29] GB 55001—2021.工程结构通用规范 [S].

[30] GB 55002—2021.建筑与市政工程抗震通用规范 [S].

[31] GB 55006—2021.钢结构通用规范 [S].

[32] GB 50009—2012.建筑结构荷载规范 [S].

[33] GB 50010—2010.混凝土结构设计规范 (2015 年版) [S].

[34] GB 50011—2010.建筑抗震设计规范 (2016 年版) [S].

[35] GB 50017—2017.钢结构设计标准 [S].

[36] GB 50666—2011.混凝土结构工程施工规范 [S].

[37] GB 50204—2015.混凝土结构工程施工质量验收规范 [S].

[38] GB 50210—2018.建筑装饰装修工程质量验收标准 [S].

[39] GB/T 50107—2010.混凝土强度检验评定标准 [S].

[40] GB 50205—2020.钢结构工程施工质量验收标准 [S].

[41] GB 50661—2011.钢结构焊接规范 [S].

[42] GB 50666—2011.混凝土结构工程施工规范 [S].

[43] GB/T 51129—2017.装配式建筑评价标准 [S].

[44] GB/T 50640—2010.建筑工程绿色施工评价标准 [S].

[45] GB/T 50905—2014.建筑工程绿色施工规范 [S].

[46] GBT 51212—2016.建筑信息模型应用统一标准 [S].

[47] GB/T 51235—2017.建筑信息模型施工应用标准 [S].

［48］ JGJ 1—2014.装配式混凝土结构技术规程［S］.

［49］ JGJT 445—2018.工业化住宅尺寸协调标准［S］.

［50］ JGJ 467—2018.装配式整体卫生间应用技术标准［S］.

［51］ JGJ/T 219—2010.混凝土结构用钢筋间隔件应用技术规程［S］.

［52］ JGJ 355—2015.钢筋套筒灌浆连接应用技术规程［S］.

［53］ JG/T 398—2012.钢筋连接用灌浆套筒［S］.

［54］ JG/T 408—2013.钢筋连接用套筒灌浆料［S］.

［55］ JGJ 107—2010.钢筋机械连接技术规程［S］.

［56］ JGJ/T 219—2010.混凝土结构用钢筋间隔件应用技术规程［S］.

［57］ JGJ 3—2010.高层建筑混凝土结构技术规程［S］.

［58］ JGJ/T 445—2018.工业化住宅尺寸协调标准［S］.

［59］ JGJ 355—2015.钢筋套筒灌浆连接应用技术规程［S］.

［60］ JGJ 18—2012.钢筋焊接及验收规程［S］.

［61］ JGJ 107—2016.钢筋机械连接技术规程［S］.

［62］ JGJ 3032—1995.预制混凝土构件钢模板［S］.

［63］ DGJ 32/TJ219—2017.装配整体式混凝土框架结构技术规程［S］.

［64］ DB 33/T1154—2018.建筑信息模型（BIM）应用统一标准［S］.

［65］ 15G367—1.预制钢筋混凝土板式楼梯［S］.

［66］ 15G368—1.预制钢筋混凝土阳台板、空调板及女儿墙［S］.

［67］ 15G107—1.装配式混凝土结构表示方法及示例［S］.

［68］ 中华人民共和国住房和城乡建设部.《建筑工程设计文件编制深度规定（2016 年版）》建质函［2016］247 号.

［69］ 中华人民共和国住房和城乡建设部.《建筑工程施工图设计文件技术审查要点》建质［2013］87 号.

［70］ 中华人民共和国住房和城乡建设部.《装配式混凝土结构建筑工程施工图设计文件技术审查要点》建质函［2016］287 号.

［71］ 中华人民共和国住房和城乡建设部.《绿色施工导则》建质［2007］223 号.

［72］ 中华人民共和国国务院办公厅.《关于大力发展装配式建筑的指导意见》国办发［2016］71 号.

［73］ 中华人民共和国交通运输部.《超限运输车辆行驶公路管理规定》交通运输部令 2016 年第 62 号、交通运输部令 2021 年第 12 号.